DIE ZWECKMÄSSIGKEIT IN DER ENTWICKLUNGS-GESCHICHTE

EINE FINALE ERKLÄRUNG EMBRYONALER UND VERWANDTER GEBILDE UND VORGÄNGE

VON

KARL PETER
GREIFSWALD

MIT 55 TEXTFIGUREN

BERLIN
VERLAG VON JULIUS SPRINGER
1920

Einleitung.

»Die Zweckmäßigkeit in der Entwicklungsgeschichte« — ein veralteter Standpunkt, ein unmodernes Buch! So werden die folgenden Ausführungen wohl begrüßt und vielleicht abgetan werden.

Ja, es ist in der Tat ein unmodernes Buch, da es neben dem die Biologie jetzt beherrschenden Experiment die Beobachtung des Organismus in seiner Umwelt, und neben dem phylogenetischen und kausalen Standpunkt den finalen in seine Rechte einsetzen will.

Ich halte es für sehr nützlich für die Wissenschaft, wenn eine alte, für erledigt gehaltene Anschauungsweise einmal wieder hervorgesucht und die reiche Ausbeute von neuen Tatsachen, die ein von anderen Ansichten beherrschtes Zeitalter gezeitigt hat, von ihr aus betrachtet wird; vielleicht kann die alte Denkweise doch wieder zur Geltung gelangen, indem auch sie zur Erklärung manches Problems beizutragen imstande ist.

Von diesem Gedanken ausgehend habe ich versucht, die embryonalen Gebilde und Vorgänge auf ihren Nützlichkeitswert hin zu untersuchen.

Das Buch zerfällt in drei Teile: Der erste behandelt einführende Fragen, der zweite das eigentliche Thema, die Zweckmäßigkeit in der Embryologie, der dritte streift verwandte Gebiete.

Der erste Teil besteht aus drei Kapiteln. Im ersten wird die Stellung unserer finalen Betrachtungsweise zu der phylogenetischen und kausalen festgelegt. Nach einer kurzen Besprechung der finalen Anschauung der Embryologie in der Literatur (Kapitel 2) wird der Geltungsbereich der Zweckmäßigkeit in der Tierwelt überhaupt abgegrenzt (Kapitel 3).

Der zweite Teil beschränkt sich auf die Entwicklungsgeschichte. Die beiden ersten Kapitel behandeln Fragen allgemeiner Natur.

Um die Zweckmäßigkeitslehre vom erwachsenen Tier auf die embryonalen Stadien ausdehnen zu können, muß die Lebensaufgabe der geschlechtsreifen und der sich entwickelnden Form, von der die Zweckmäßigkeit abhängig ist, unterschieden werden (Kapitel 4). Sodann werden die Gründe klargelegt, die der finalen Betrachtung in der Embryologie keinen Raum gewähren wollen, sowie die verschiedenen Gestalten, in denen die Zweckmäßigkeit während der Ontogenie auftritt, besprochen (Kapitel 5).

Kapitel 6—9 erläutern an speziellen Beispielen die Zweckmäßigkeit embryonaler Organe (Kapitel 6), embryonaler Vorgänge (Kapitel 7), und der Rückbildungen (Kapitel 8). In Kapitel 9 folgen kleine Abschnitte der Embryologie in finaler Darstellung, eine Nutzanwendung des eben Vorgetragenen.

Der dritte Teil überträgt unsere Anschauungen auf Gebiete, die mit der Entwicklungsgeschichte mehr oder weniger eng verknüpft sind, nämlich auf die Erscheinungen der Regeneration (Kapitel 10), der Vererbung (Kapitel 11), der Variabilität (Kapitel 12), auf das biogenetische Grundgesetz (Kapitel 13), und schließlich auch auf die Histologie (Kapitel 14).

Erster Teil.

Einführendes.

Erstes Kapitel.

Die drei Betrachtungsweisen der Embryologie.

Einleitung. Einfluß der verbesserten Technik und des Deszendenzgedankens auf die Entwicklung der Embryologie. Phylogenetische Betrachtungsweise der Entwicklungsgeschichte. Kausale Betrachtungsweise. Anschauungen von His, Roux. Arbeitsgebiet der Entwicklungsmechanik, ihre Stellung zur phylogenetischen Fragestellung. Finale Betrachtungsweise, ihre Stellung zu der phylogenetischen und kausalen. Notwendigkeit der Frage nach dem Zweck embryonaler Bildungen. Ihre Ausdehnung auf das gesamte Gebiet der Embryologie. Zusammenfassung der drei Fragestellungen. Anwendung auf drei Beispiele. 1. Der Schlundapparat der amnioten Wirbeltiere, phylogenetisch, kausal, final betrachtet, ebenso 2. Die prospektive Potenz der Blastomeren und 3. Die Neuroporusverdickung. Notwendigkeit strenger Trennung der drei Betrachtungsweisen. Verstöße dagegen: Jablonowski, Rückert.

Der rasche Fortschritt einer Wissenschaft ist meistens einer technischen Errungenschaft oder einer neuen Idee zu verdanken.

Erstere schafft neue Untersuchungsmethoden und kann mit deren Hilfe eine ungeahnte Fülle von Entdeckungen zeitigen; ich brauche nur an den enormen Aufstieg der Bakteriologie nach Einführung der Züchtungsmethoden zu erinnern.

Ein neuer Gedanke gestattet die Tatsachen einer Wissenschaft von einer neuen Seite aus zu betrachten und regt zu Untersuchungen an, die früher als überflüssig und nutzlos erschienen wären. Auch eine »vollständig durchgearbeitete«, anscheinend fertige Wissenschaft kann so zu neuer Blüte erstehen. So glaubte man der systematischen Anatomie nach dem Erscheinen von Henles zusammenfassendem Handbuch als einem abgeschlossenen Wissenszweig gegenüberzustehen, dem nichts mehr hinzuzufügen wäre. Wie anders denkt man jetzt darüber, nachdem die vergleichende Anatomie, durch den Deszendenzgedanken befruchtet, den menschlichen Körper in Beziehung zu dem der Tiere zu setzen gelehrt hat, wie hat sich durch sie allein schon z. B. die Lehre von den Varietäten von einer bloßen trockenen Aufzählung zu einer hochbedeutsamen Wissenschaft ausgestaltet. Auch die Entwicklungsmechanik hat durch Forschen nach kausaler Erkenntnis auf viele Befunde ungeahntes Licht geworfen und ganz neue Gesichtspunkte in die Anatomie hineingetragen.

Beide Faktoren, verbesserte Technik und neue Ideen, haben nun zusammengearbeitet, um die Entwicklungsgeschichte, die Embryologie, zu einer weitverzweigten Wissenschaft zu gestalten.

Von der Technik war es zuerst die Vervollkommnung des Mikroskops, die der Embryologie zugute kam, ja ein Studium der ersten Phasen der Entwicklung überhaupt erst ermöglichte. Denn es ist natürlich, daß die meist unter der Grenze des mit bloßem Auge Sichtbaren sich abspielenden Vorgänge nur mit starken Vergrößerungen untersucht werden können. In besonders hohem Grade gilt dies für die allerersten Entwicklungsstufen, die Befruchtung und Teilung des Eies, und erst durch die mit neuen Hilfsmitteln ermöglichten exakten Untersuchungen ist die Lehre von der Befruchtung vom Zustand halt- und uferloser Phantastereien zu einem wissenschaftlich fest begründeten Lehrgebäude geworden.

Daß andere technische Fortschritte, die Einführung der Färbung, der Schnittmethode, der Rekonstruktion die weitere Entwicklung der Embryologie kräftig gefördert haben, sei hier noch hervorgehoben.

Von neuen Gedanken war es in erster Linie die Abstammungslehre, die die Entwicklungsgeschichte mächtig beeinflußte und vorwärts trieb. Unsere Wissenschaft hatte das Glück, daß der Deszendenzgedanke sich ihrer gleich während des Ausbaues, gewissermaßen in den Jugendjahren bemächtigte und sie bald zu beherrschen begann. Bildete doch gerade die Embryologie eine gewaltige Stütze der Entwicklungstheorie, indem das einzelne Individuum, wie das von Häckel formulierte biogenetische Grundgesetz angab, wenn auch abgekürzt und teilweise gefälscht, in seiner Entwicklung, der Ontogenie, die seines Stammes, die Phylogenie, zu wiederholen schien, so daß man aus der individuellen Entwicklung eines Tieres Schlüsse auf seine Stammesentwicklung ziehen zu können glaubte. Wenn wir jetzt auch etwas anders über diese Verhältnisse denken, — in dem 13. Kapitel werden wir auf dieses Gesetz zurückkommen, — so wirkte doch die Deszendenzlehre außerordentlich fördernd auf die junge Wissenschaft und trieb zu immer weiteren Untersuchungen und Vertiefungen an.

Dieser glückliche Umstand bewahrte die Embryologie davor, eine öde Aufzählung von Tatsachen zu werden. War sie ja auch schon dadurch vor dieser Gefahr behütet, daß jeder Befund sich in eine Kette von Vorgängen einreiht, so daß Entstehen und Weitergestaltung des Gefundenen des Interessanten genug bot.

Andererseits kann nicht verschwiegen werden, daß die Abstammungslehre in gewisser Beziehung eine Gefahr für die junge Wissenschaft bot und noch bietet, indem sie eine unleugbare Einseitigkeit in der Auffassung embryonaler Organe und Vorgänge beförderte.

Die Herkunft aller Organe des Embryo wurde von phylogenetischen Gesichtspunkten aus durchgearbeitet. Eine lange Reihe vorzüglicher Arbeiten setzte die neuen Befunde in Beziehung zur Deszendenzlehre und erklärte ihr Vorkommen eben durch diese Lehre.

Besonders für die Existenz von »embryonalen Organen«, d. h. solchen, die der Embryo besitzt, die dem erwachsenen Tier aber nicht mehr zukommen, glaubte man durch diese Anschauung ein Verständnis gewonnen zu haben: Man erklärte das Auftreten solcher Gebilde während der Embryogenese höherer Tierklassen auf dem biogenetischen Grundgesetze fußend dadurch, daß »niedriger stehende« Tierformen, aus denen die höheren hervorgegangen seien, die fraglichen Organe im ausgebildeten Zustand trügen. Kraft der Vererbung hätten sich diese Organe der Vorfahren, die die Nachkommen nicht mehr benötigten, in deren Entwicklung noch erhalten, und zwar in um so kümmerlicheren Spuren, je länger die Ahnenreihe sei, die Vorfahren und Nachkommen verbände. Als klassisches Beispiel für solche Organe seien die Schlundspalten der amnioten Wirbeltiere erwähnt, die uns noch öfters zu beschäftigen haben. Kiementragende Wirbeltiere, wie die Fische, besitzen sie und ihre Abkömmlinge im Dienste der Atmung stehend gut ausgebildet in erwachsenem Zustande, (siehe Fig. 1 und 2), bei den Lungenatmern dagegen, die von jenen Tierformen abgeleitet werden, treten sie nur in geringer Entwicklung während der Ontogenese auf. Die Amnioten atmen eben durch Lungen, brauchen also nach dieser Anschauung die Kiemen und Schlundtaschen, die diese hervorgehen lassen, nicht mehr. Aber bei ihren Embryonen haben sich die Anlagen dieser Organe als Zeichen ihrer Abstammung von Kiemenatmern erhalten. Den beiden Bildern vom Haifisch (Fig. 1 und 2) entsprechen zwei Abbildungen von Eidechsenembryonen, die in der Aufsicht (Fig. 3) und im Frontalschnitt (Fig. 4) den Schlundapparat wiedergeben. Hier finden wir also bei Embryonen dieselben Bildungen wie dort bei erwachsenen Tieren.

So beherrschte die phylogenetische Betrachtungsweise die embryologische Forschung.

Die Erklärung der »Herkunft« eines Organs galt zugleich als Erklärung für seine Existenz, und zwar als eine vollgenügende, so daß für andere Betrachtungsweisen kein Raum mehr war.

Bei dieser alles überragenden genetischen Anschauung der Embryologie hatte es eine zweite Forschungsrichtung, die nach

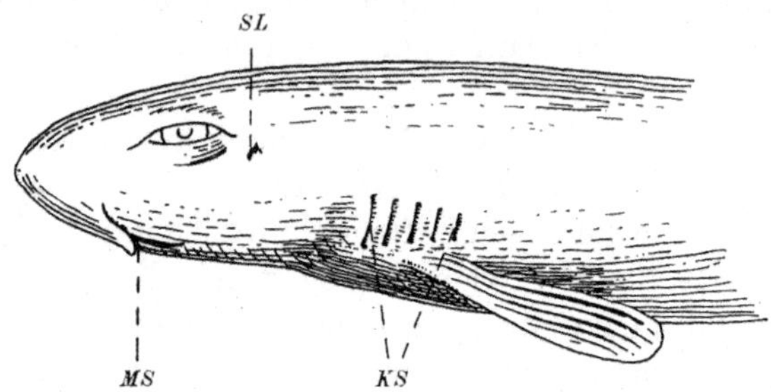

Fig. 1. Kopf eines Haifisches. *KS* Kiemen- oder Schlundspalten. *MS* Mundspalte. *SL* Spritzloch. Aus Gaupp.

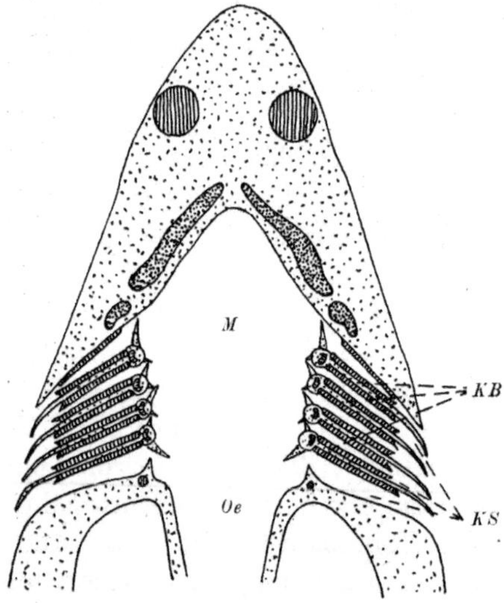

Fig. 2. Frontalschnitt durch einen Haifischkopf. Von der Mundhöhle *M*, die sich in den Ösophagus *Oe* fortsetzt, führen die Kiemenspalten *KS* zwischen den Kiemenbögen *KB* nach außen. Aus Gaupp.

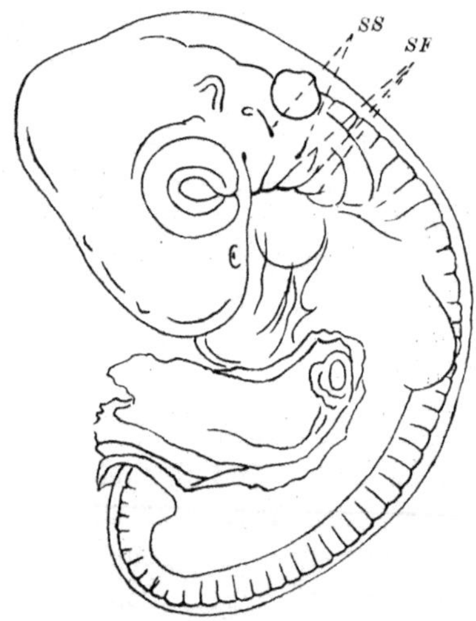

Fig. 3. Eidechsenembryo von 41 Ursegmenten. An der Seite des Halses sind Schlundfurchen sichtbar (*SF*), die teilweise zu Schlundspalten (*SS*) durchgebrochen sind.

einer kausalen Erklärung all der so verwickelten Entwicklungsvorgänge suchte, anfangs recht schwer, und His' Faltungstheorie, die die Prozesse der Embryogenese auf mechanische Faktoren zurückzuführen suchte, mußte sich sogar ein Lächerlichmachen gefallen lassen.

Erst als Roux in veränderter Weise anfing »die Kräfte zu erforschen, die den organischen Gestaltungsvorgängen zugrunde liegen«, als er besonders zu diesem Zwecke das analytisch durchdachte Experiment einführte, da wurde die Aufmerksamkeit der Biologen auch auf die zweite Frage gelenkt, »wodurch« die embryonalen Gebilde entstehen.

Roux präzisiert selbst seine Forschungsrichtung mit den Worten: »Die Aufgabe der Entwicklungsmechanik ist es, die organischen Gestaltungsvorgänge schließlich auf die wenigsten und einfachsten Wirkungsweisen zurückzuführen und ihre Wirkungsgrößen zu ermitteln, somit auch den an diesen Wirkungen beteiligten Stoff- und Kraftwechsel zu erforschen.« Die Entwicklungsmechanik ist also bemüht, wie E. Schultz sagt, »organisches Geschehen in Chemie und Physik aufzulösen«.

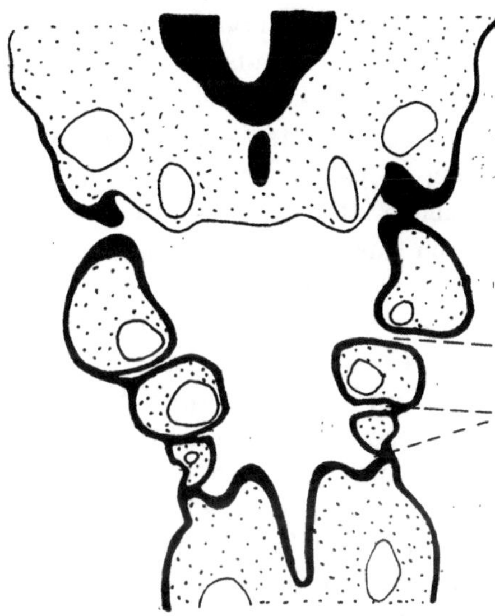

Fig. 4. Längsschnitt durch die Schlundgegend eines Eidechsenembryo, nach Liessner. *SS* Schlundspalte, *ST* Schlundtasche.

Heute steht diese Forschungsrichtung in voller Anerkennung da, und ein stattlicher Kreis von Forschern arbeitet erfolgreich an ihrem Ausbau.

Was das Arbeitsgebiet der jungen Wissenschaft der Entwicklungsmechanik angeht, so begreift es nicht die ganze Embryologie in sich; erfolgreich kann sich der Forscher in dieser Hinsicht erst mit einem Teile der Entwicklungsgeschichte beschäftigen. Die Kräfte, denen er nachgeht, sind naturgemäß dort am einfachsten und ungestörtesten zu beobachten, wo auch die Gestaltungsvorgänge einfacher Natur sind. Dies ist besonders in den ersten Entwicklungsstadien der Fall, die demnach das Hauptmaterial für diese Forschungen darstellen und dem jungen Wissenszweig bereits ein herrliches Gebäude geliefert haben. Betont doch Roux (S. 29) selbst, daß zunächst die rein analytische Entwicklungsmechanik vorzugsweise zu pflegen sei, deren Aufgabe die Ermittlung der allgemein gestaltenden Wirkungsweisen ist, die an der Entwicklung aller Lebewesen beteiligt sind. »Die Pflege spezieller Forschung muß ihr folgen«, die Ermittelung des speziellen Anteils, »den jede der erkannten gestaltenden Wirkungsweisen an der wirklichen Entwicklung eines Lebewesens nimmt«.

An die Genese der Organe hat sich die Entwicklungsmechanik nur wenig herangewagt, — hier vermochten die Forscher nicht die letzten Kräfte zu ergründen und mußten sich mit Zwischengliedern begnügen.

So betont Roux mit Recht, daß His in seinen kausalen Erklärungen in der Organogenese nicht bis zu den letzten Ursachen vordrang. Denn wenn der große Embryologe auch diese Prozesse auf ungleiches Wachstum zurückführte, und weiter noch als durch die Vorgänge in den Zellen selbst bewirkt hinstellte (Wachstum, Verkleinerung, Teilung, Umgestaltung, Umordnung der Zellen), so mußten diese Zellveränderungen eben erst ihrerseits erklärt werden.

Immerhin, für unsere Betrachtungen muß His in gleicher Weise wie Roux und seine Schüler berücksichtigt werden; denn, man mag die letzten Ursachen erforschen oder auf halbem Wege dahin stehen bleiben, — die Arbeitsrichtung all dieser Forscher ist die gleiche; sie suchen alle die Ursache des Geschehens, sie fragen darnach, wodurch die Organe entstanden sind, wodurch die Entwicklungsprozesse vor sich gehen.

Diese Erörterung über das Arbeitsgebiet der entwicklungsmechanischen Forschung gibt uns auch einen Hinweis auf die Stellung der beiden besprochenen Anschauungsweisen der Embryologie, der phylogenetischen und der kausalen, zueinander.

In einem gewissen Gegensatz standen die beiden Forschungsrichtungen, ohne daß es aber spezielle Reibungspunkte gegeben hätte. Dazu waren die Untersuchungsobjekte zu verschieden: während der in phyletischen Gesichtspunkten arbeitende Forscher sich hauptsächlich mit den Organen beschäftigte, beschränkte sich der Entwicklungsmechaniker auf die ersten Phasen der Embryogenese. Es bestand mehr eine allgemeine Abneigung zwischen den beiden Richtungen, die sich wenig oder nicht beachteten und einander feindlich gegenüber zu stehen schienen.

Und doch war dazu nicht der geringste Grund vorhanden. Beide Richtungen hätten dasselbe Objekt in Angriff nehmen können, ohne sich ins Gehege zu kommen. Dabei hätte sich ergeben, daß sie beide in anderer Weise eine der anderen gleichwertige Erklärung für das untersuchte Gebilde geben konnten. Denn diese beiden Betrachtungsweisen, oder wie man gern sagt Erklärungen embryonaler Organe und Vorgänge schließen einander nicht aus. Im Gegenteil, sie ergänzen sich, indem die eine die phylogenetische Herkunft eines Organs, die andere seine mechanische Entstehung untersucht.

Somit bestehen phylogenetische und kausale Forschung nebeneinander, und sie müssen zusammenarbeiten, um vereint ein embryonales Gebilde zu erklären, nicht aber sich bekämpfen.

Meines Erachtens ist mit diesen beiden Erklärungsversuchen den embryonalen Vorgängen aber noch nicht voll Genüge getan. Um bei den ihrer Existenzberechtigung wegen am meisten umstrittenen embryonalen Organen zu bleiben, so erklärt die phylogenetische Betrachtungsweise ihre Herkunft, die kausale die Art ihres Entstehens.

Keine der beiden Betrachtungsweisen gibt aber Auskunft über die Frage: *Weshalb sich das betreffende Organ bei Embryonen gerade dieser Art bis zu dem bestimmten Grade entwickelt, zu welchem Zwecke sich ein Organ, das später wieder vielleicht vollständig zugrunde geht, bei dem Embryo anlegt und bis zu einer gewissen Höhe ausbildet.*

Mir erscheint die Forderung unabweislich, daß man derartigen embryonalen Gebilden einen gewissen *Zweck* für ihren Träger zusprechen muß, daß man neben dem *Woher* und *Wodurch* auch nach dem *Wozu* fragen soll. Ohne diese Betrachtung bleibt eine Seite der embryonalen Organe völlig unerklärt; der Zweck des Organs wird erst den Grund aufdecken, weshalb das Organ überhaupt auftritt, um später wieder zu verschwinden. Meines Erachtens genügt es nicht, hierfür die Kraft der Vererbung allein verantwortlich zu machen. Der Phylogenetiker gibt sich gern mit der Antwort auf diese Frage zufrieden, die fraglichen Gebilde müssen eben in der Ontogenie auftreten, weil die Ontogenie die Phylogenie wiederholt und die Vorfahren das betreffende Organ im ausgebildeten Zustand besessen haben. Bestünde dieser Gedankengang zu recht, so müßten die Embryonen der Nachkommen mit allen Organen ihrer Vorfahren ausgestattet sein, — das gäbe natürlich ein unmögliches Geschöpf ab. Warum sollen nun sich gerade die erhaltenen Organe allein in der Ontogenese anlegen, warum sind die übrigen geschwunden?

Darüber gibt aber die phylogenetische Betrachtungsweise keine Antwort. Ich kann, wie es auch *Kranichfeld* in seiner interessanten Arbeit tut, mir die Existenz dieser Gebilde nur dadurch erklären, daß sie eine *funktionelle Bedeutung* haben, sie müssen irgend einen Zweck haben.

Präzisieren wir unsere neue Fragestellung und stellen wir ihr Verhältnis zu der nach der Phylogenese und der mechanischen Entwicklung fest.

Es handelt sich um die *Frage nach der Zweckmäßigkeit embryonaler Organe und Vorgänge*, nach ihrer physiologischen, ihrer biologischen Bedeutung, wir wollen eine Antwort suchen auf die Frage »wozu?« diese Gebilde vorhanden sind. Es ist die finale, die ökologistische Betrachtungsweise der Embryologie im Gegensatz zur phylogenetischen und kausalen. Ich vermeide den sich vielleicht aufdrängenden Begriff des »teleologischen«; ein »Telos«, ein Ziel erkenne ich dem Zweckmäßigen, oder, wie Roux sagt, Dauerfördernden nicht zu; ein Organ oder Vorgang ist zweckmäßig, aber nicht zwecktätig, zielstrebig.

Natürlich ist diese grundlegende finale Fragestellung in der biologischen Wissenschaft keineswegs neu; sie blickt auf ein ehrwürdiges Alter zurück, da schon im Altertum die Frage nach der physiologischen Bedeutung der Organe gestellt wurde. Indes ist sie in Verachtung geraten, da neue Anschauungen das Interesse der Forscher in Anspruch nahmen.

Insbesondere ist es die jugendfrische Entwicklungsmechanik, die neben ihrer kausalen Betrachtung keinen Platz für die finale findet. Wenn Triepel z. B. schreibt: »Der ernste Naturforscher fragt heute, warum ist ein Organ, ein Organismus vorhanden, und nicht wie er es früher mit Aristoteles getan hat, ‚wozu, zu welchem Zwecke'«, so liegt darin eine Einseitigkeit, die der Begeisterung für die von dem Autor selbst kräftig geförderten Entwicklungsmechanik entflossen ist.

Ebenso erfreut sich die finale Betrachtung der Entwicklungsgeschichte der Nichtachtung der Phylogenetiker. Wie oben schon bemerkt, stand die ganze Embryologie so unter dem Banne der Abstammungslehre, daß man mit der Antwort auf die Frage nach der Herkunft eines Organs eine vollständige Erklärung für seine Existenz gefunden zu haben glaubte. Man vergaß völlig, nach dem Zweck des Organs zu fragen und ging so weit, daß man ein embryonales Gebilde, dessen Herkunft bekannt war, dessen Funktion aber nicht in die Augen sprang, kurzerhand als »gleichgültiges« oder gar »nutzloses« Organ brandmarkte. Dies ist die allgemein verbreitete Ansicht.

Andererseits begegnet man häufig der Meinung, daß die finale Fragestellung selbstverständlich ist. Besonders außerhalb der speziellen Wissenschaft stehende Forscher halten die Ansicht, daß jedes auch embryonale Gebilde eine Funktion besitze, für so über allen Zweifel erhaben, daß sie ein besonderes Betonen oder gar Verfechten dieser Idee für völlig überflüssig oder gar lächerlich erachten. Ihnen gegenüber sei nochmals hervorgehoben, daß den meisten auf dem Boden der Abstammungslehre stehenden Forschern diese ganze Betrachtung nicht selbstverständlich, im Gegenteil nicht beachtenswert erscheint.

Und doch glaube ich nachweisen zu können, daß die Frage nach dem Zwecke embryonaler Bildungen nicht überflüssig, sondern wohlberechtigt und sogar notwendig ist, um eine volle Erklärung für das Vorhandensein embryonaler Gebilde zu geben. Dies habe ich in verschiedenen Arbeiten darzulegen versucht, und das soll hier auf breiterer Grundlage durchgeführt werden.

Stets habe ich dabei hervorgehoben, daß die Frage nach der biologischen Bedeutung der embryonalen Organe der nach ihrer Herkunft, nach ihrem phylogenetischen Wert in keiner Weise entgegentritt, geschweige denn sie ausschließen will. Auch diese beiden Betrachtungsweisen, die phylogenetische und die finale, können oder müssen nebeneinander bestehen, und nach wie vor wird das Forschen nach der stammesgeschichtlichen Bedeutung eines embryonalen Organs zu den reizvollsten Aufgaben der Entwicklungsgeschichte gehören und seinerseits die Abstammungslehre in hohem Maße fördern.

Ebensowenig ist die Frage nach dem Zwecke einer embryonalen Bildung durch die nach seiner kausalen Genese überflüssig geworden; auch diese beiden Anschauungen befehden sich nicht im geringsten, sie bestehen beide nebeneinander.

Zusammengefaßt beeinträchtigt also die Frage nach der Funktion eines Organs die nach seiner Herkunft und seiner Entstehung in keiner Weise, wie sie umgekehrt auch nicht unter ihnen zu leiden braucht. Alle drei Fragen können völlig unabhängig voneinander gestellt werden, und erst die Beantwortung von allen dreien liefert uns eine vollständige Erklärung für das Dasein embryonaler Bildungen, indem sie ihre phylogenetische Herkunft, die Kräfte, denen sie ihre Entstehung verdanken, und ihre physiologische Bedeutung aufdeckt.

Ich erachte also alle drei Forschungsrichtungen für gleichwertig und gleichberechtigt; jede betrachtet unsere Gebilde von einem anderen Standpunkt aus. Keine ist der anderen untergeordnet, wenn sie sich ihrer auch einmal als Helferin bedienen kann.

Somit überschätze ich die finale Fragestellung durchaus nicht und betrachte sie nur als Glied der Dreiheit. Wenn ich ihr dieses Buch widme, so hat dies seinen Grund darin, daß ich ihre Gleichberechtigung mit der phylogenetischen und kausalen Forschung erkämpfen will, eine Anerkennung, die ihr meistens versagt wird, während jene sie seit längerer oder kürzerer Zeit in vollem Umfange genießen. Daher bedarf die finale Anschauung der Embryologie einer genauen Durcharbeitung.

Wenn wir uns nun fragen, auf welche Gebiete der Embryologie wir unsere finale Betrachtungsweise ausdehnen dürfen, so lautet die Antwort: auf die gesamte Entwicklungsgeschichte in allen ihren Teilen, auf sämtliche embryonale Organe und Vorgänge.

Gerade bei den entwicklungsgeschichtlichen Prozessen tritt die Notwendigkeit der Frage nach ihrem Zwecke recht deutlich hervor. Sehr lebhaft wurde z. B. gestritten, ob der Bau des Eies isotrop oder anisotrop sei, ob jede Blastomere des gefurchten Keimes alle Potenzen des ganzen Eies besitze und so befähigt sei, isoliert einen ganzen Embryo aufzubauen (s. Fig. 5), oder ob mit einer Teilung des Eies gleichzeitig eine Abtrennung der einzelnen Gegenden des Embryo Hand in Hand gehe, eine isolierte Furchungszelle demnach nur eine Teillarve liefere und die Entwicklung dann als Mosaikentwicklung vor sich gehe (s. Fig. 6). Beides kommt in der Natur vor, ersteres bei

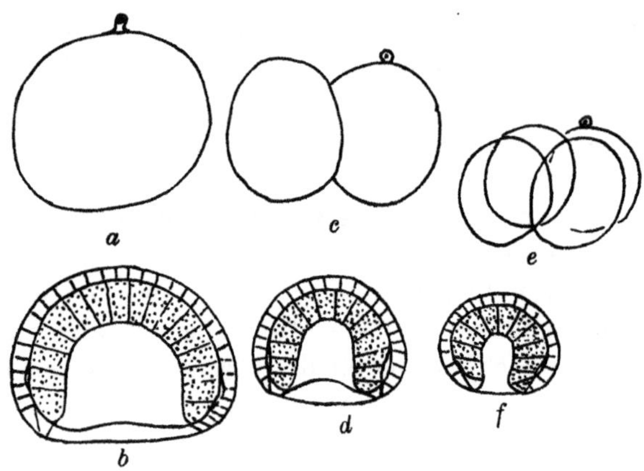

Fig. 5. Ei des *Amphioxus lanceolatus*. *a* nach der Befruchtung, *b* daraus gezogene Gastrula, *c* im Zweizellenstadium, *d* aus isolierter Blastomere dieses Stadiums gezogene Gastrula, *e* im Vierzellenstadium, *f* aus isolierter Blastomere dieses Stadiums gezogene Gastrula. Nach Yves Delâge aus Przibram.

den sogenannten Regulationseiern, letzteres bei den Mosaikeiern. Fig. 5 zeigt vom *Amphioxus*, daß sich isolierte Blastomeren im 2-Zellenstadium (*c*) oder 4-Zellenstadium (*e*) zu kleinen, aber vollständigen Gastrulis (*d*, *f*) entwickeln können, während halbierte Eier von der Rippenqualle *Beroë* nur Halblarven mit 4 statt 8 Wimperschnüren liefern (vgl. Fig. 6 *d* u. *b*). Der Streit dreht sich ausschließlich um die prinzipielle Frage nach dem Bau des Eies und berücksichtigt die Tatsache, daß beide Entwicklungsformen verwirklicht sind, kaum. Mit einem Schlage wird die Tatsache, daß die eine Form sich nach dem einen Typus entwickelt, eine andere nach dem zweiten, aber klar, wenn wir die biologische Betrachtungsweise einsetzen lassen und diese Ungleichheiten aus den Lebensverhältnissen der verschiedenen Keime zu erklären versuchen. Dann erkennen wir, daß beide Entwicklungsformen existieren müssen, und dann gewinnt auch die angeführte Streitfrage eine phylogenetische Richtung, indem sie sich darauf beschränkt zu ergründen, welcher Typus der urprüngliche und welcher der abgeleitete ist, und nicht welcher der allgemein gültige ist, in den der andere mit einzupressen ist.

Es sind also verschiedene Punkte, die unsere Anschauung zu erklären bestrebt ist und vermag: Weshalb gewisse Organe, die nur während der Entwicklung vorhanden sind und später wieder schwinden, sich anlegen und gerade bis zu einer ge-

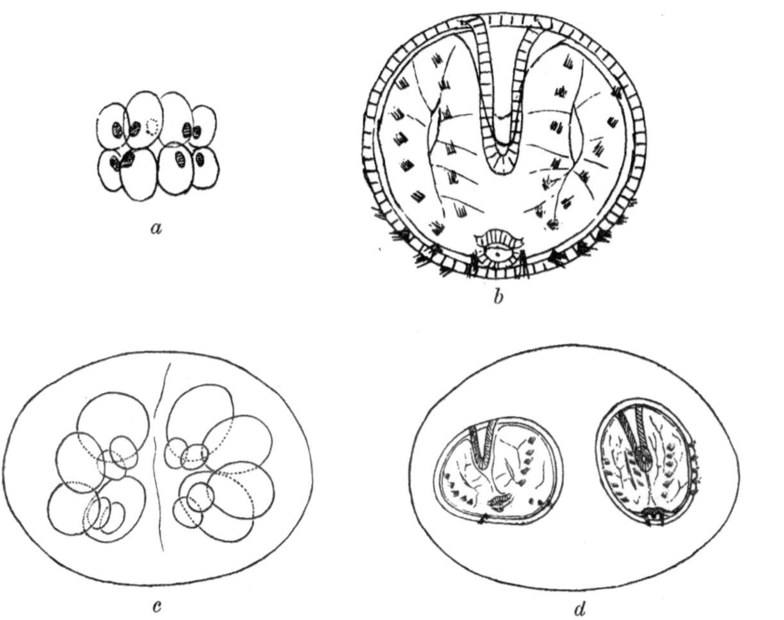

Fig. 6. Entwicklung von *Beroë ovata*. *a* im 16-Zellenstadium, *b* Larve, nach Ziegler und Delâge, aus Przibram, *c* Trennen der Blastomeren im 16-Zellenstadium, *d* daraus erhaltene Halblarven, nach Fischel.

wissen Höhe ausbilden; weshalb bei einigen Tierformen die eine, bei anderen die andere Entwicklungsart eingeschlagen wird, und endlich, warum die Entwicklungsvorgänge gerade in der bestimmten Weise ablaufen und nicht in einer anderen.

Fassen wir das über die verschiedenen Betrachtungsweisen der Embryologie Gesagte noch einmal zusammen:

Dem Bedürfnis nach der Erklärung der Entstehung und Existenz eines embryonalen Organs oder Vorgangs kann auf dreifache Weise genügt werden, nämlich durch Beantwortung der Frage

1. nach der Herkunft eines Organs, nach seiner phylogenetischen Bedeutung (phylogenetische Betrachtungsweise),

2. nach dem mechanischen Vorgang seiner Bildung, nach den Kräften, die dabei tätig sind (kausale Betrachtungsweise),

3. nach dem Zweck des Organs, nach seiner Funktion, nach seiner biologischen Bedeutung (finale Betrachtungsweise).

Oder in Frageworten: Woher, wodurch, wozu existiert ein embryonales Gebilde?

Wenn man nun an einem Organ oder Vorgang alle drei Fragen anwenden, es von allen drei Anschauungen her beleuchten könnte, da würde man sicher am besten ihr gegenseitiges Verhältnis erkennen; man würde sehen, daß sie sich in keiner Weise ausschließen, sondern erst zu einer vollgültigen Erklärung des Gebildes vereinigen.

Deshalb wollen wir erst einmal die genetische, die kausale und die finale Betrachtungsweise an drei Beispielen durchführen, eine genaue Besprechung ihrer biologischen Bedeutung auf ein späteres Kapitel verschiebend. Allerdings sind solche Beispiele nicht leicht aufzufinden; das verschiedene Arbeitsgebiet der deszendenztheoretischen und der kausalen Forschung bringt es mit sich, daß nur wenige Organe von allen drei Seiten bearbeitet worden sind.

Dies ist aber der Fall bei dem Schlundapparat der amnioten Wirbeltiere, der Frage nach der prospektiven Potenz der Blastomeren und bei der Neuroporusverdickung.

1. Der Schlundapparat der amnioten Wirbeltiere.

Als klassisches Beispiel eines embryonalen Organs werden die Schlundtaschen der amnioten Wirbeltiere angesehen, und an ihnen können wir am besten die Gegenüberstellung unserer drei Anschauungsweisen ausführen.

Bei den Embryonen aller Wirbeltiere legen sich diese Gebilde als seitliche Aussackungen des Schlunddarmes an, erreichen die äußere Haut, die zu einer Schlundfurche eingezogen wird, und brechen — außer bei Säugetieren — nach außen durch (s. Fig. 3, 4).

Bei wasserbewohnenden Klassen bleiben diese Kiemenspalten erhalten und führen das durch den Mund aufgenommene Wasser wieder nach außen, wobei ihm durch gefäßhaltige Wucherungen mit großer Oberfläche, die Kiemen, der zur Atmung nötige Sauerstoff entnommen wird (s. Fig. 1, 2). Bei Amniotenembryonen schließen sich die Spalten wieder, soweit sie sich geöffnet haben, und die Taschen bilden sich zurück, so daß die Seitenwände des Schlunddarmes glatt ohne laterale Ausstülpungen verlaufen.

Diese Organe kann man also von den drei Gesichtspunkten aus betrachten und fragen:

a) Woher stammen diese in embryonaler Zeit sich anlegenden, bald aber wieder sich rückbildenden und schwindenden Gebilde?

b) Welche Kräfte sind bei ihrer Entstehung tätig? und

c) Haben sie für den Embryo oder für den ausgebildeten Organismus eine Bedeutung oder sind es nutzlose, indifferente Bildungen?

a) Phylogenetische Betrachtung.

Die Antwort auf die erste Frage nach der Herkunft des Schlundapparates ist schon in den einleitend diese Organe schildernden Sätzen enthalten; es handelt sich nicht um Neuerwerbungen der Amnioten, sondern um Gebilde, die bei allen Wirbeltieren angelegt werden und bei Wasserbewohnern sich immer weiter progressiv entwickeln, ihre höchste Ausbildung im fertigen, geschlechtsreifen Zustand erhaltend.

Mit Recht wird daher aus diesen Befunden auf eine Abstammung der landbewohnenden Amnioten von wasserbewohnenden Anamniern geschlossen (natürlich nicht von jetzt existierenden Formen!). Zeigt uns doch die Natur selbst in der Klasse der Amphibien, daß die hohe Ausbildung des Kiemenapparates ein ursprünglicher Charakter ist: manche Arten leben lange mit offenen Kiemenspalten im Wasser, können selbst dort geschlechtsreif werden, verlieren dann aber beim Übergang aufs Land die Kiemen, und ihre Schlundspalten schließen sich. Der Zustand des rückgebildeten Schlundapparates ist also eine Weiterbildung des ausgebildeten Zustandes und als aus ihm hervorgegangen anzusehen.

Diese Stufenreihe von ausgebildeten zu rückgebildeten Schlundspalten ist so einleuchtend und in der Klasse der Amphibien in allen Übergängen zu finden, so daß wir hier ein besonders klares Beispiel der Herkunft eines embryonalen Organes von einem bleibenden niederer Tierklassen, besser gesagt der Vorfahren, vor uns haben.

Die Antwort auf unsere erste Frage lautet also: Die Schlundtaschen der amnioten Embryonen sind aufzufassen als Anlagen, die sich bei allen Wirbeltierembryonen finden und sich bei Wasserbewohnern zu einer höheren Ausbildung entwickeln, — sie sind als Anlagen der Kiemenspalten dieser anzusehen.

Diese phylogenetische Betrachtungsweise des Schlundapparates ist letzthin durch O. Hertwig in seinem Buche: »Das Werden der Organismen« vertreten worden. Es wird in diesem ausgeführt, »daß die Schlundspalten . . . historische Dokumente sind, die sich als Beweise für die Abstammung der landbewohnenden Wirbeltiere von wasserbewohnenden verwerten lassen«. Hertwig betrachtet also diese embryonalen Organe mit Recht als Überbleibsel aus einer Zeit, in der die Voreltern der Amnioten noch mit Kiemen atmeten. Daß damit eine volle Erklärung für ihre Existenz gegeben sei, spricht er nicht aus.

Doch fehlt es nicht an Stimmen, die sagen: Bei den amnioten Embryonen legen sich die Schlundtaschen an, weil diese bei Wasserbewohnern gut ausgebildete Organe heranbilden. Damit wäre eine Erklärung für die Notwendigkeit ihres Auftretens gegeben, und viele Forscher begnügen sich mit ihr. So meint C. K. Schneider in seinen Vorträgen zur Deszendenztheorie: Das Vorhandensein von Rudimenten von Kiemenspalten bei Amniotenembryonen »wird nur verständlich durch die auch sonst gut gestützte Annahme, daß die Amnioten von Formen, die im Wasser lebten, abstammen«.

b) Kausale Betrachtung.

Wir können aber auch mit unserer zweiten Frage an den Schlundapparat herantreten und erforschen, wodurch er entsteht.

Freilich werden wir bei so komplizierten Gebilden nicht die letzten Ursachen ihrer Entstehung, die letzten Kräfte, die bei ihr am Werke sind, ergründen können, das ergibt sich aus dem oben von dieser Betrachtungsweise Gesagten. Aber der Weg zu einer kausalen Analyse ihrer Genese ist mehrmals beschritten worden; mehrere Arbeiten haben die Vorgänge zu erforschen gesucht, denen die Viszeraltaschen ihre Bildung verdanken.

His hat auch hier den ersten Schritt getan. In dem Kapitel »Geometrische Anatomie des Kopfes« seiner Arbeit über die morphologische Betrachtung der Kopfnerven versuchte er die Entstehung der Schlunddarmfalten als bedingt durch die ventralgerichtete Biegung des embryonalen Kopfes zu erklären.

His verlegt die Ursache der Segmentierung des embryonalen Körpers überhaupt in seine Biegungen. S. 429 ist zu lesen: »Nach meiner Überzeugung vermag ein Geschöpf mit völlig gestreckter Achse keinerlei segmentale Gliederung zu besitzen, weil die Bedingungen der letzteren eben in Biegungsfalten zu suchen sind.« Auch die Viszeraltaschen »äußern sich zuerst in Faltungen der Seitenwand des Vorderdarmes«. Und weiterhin: »Zu der Zeit, da die Viszeralfurchen auftreten, ist die entsprechende Stelle des Kopfes ventralwärts konkav gebogen und die Furchen haben die Richtung von Radien des betreffenden Bogens, sie konvergieren ventralwärts und divergieren dorsalwärts, ihr dorsales Ende erscheint verbreitert, das ventrale zugeschärft.«

Bei genauem Nachprüfen der Entstehung der Schlundtaschen ergeben sich allerdings His' Anschauungen als nicht zu Recht bestehend. Weder stützte die Untersuchung der Verteilung der Kernteilungsfiguren die Vermutung, daß eine einfache Faltung im Gange sei, noch war bei ihrem ersten Auftreten ein radiär gerichteter Verlauf der Taschen, wie ihn die Entstehung durch die Körperbiegung erforderte, wahrzunehmen. Immerhin hat His auch hier zuerst den Weg gewiesen, den bei diesem Organ die kausale Forschung einzuschlagen hat, und hat die Aufmerksamkeit auf diese Betrachtungsweise hingelenkt.

Ich konnte bei dem Studium der Anlage des Viszeralapparates bei der Eidechse nachweisen, daß die Zellteilungsvorgänge nicht gleichmäßig in der ganzen Wand des Schlunddarmes ablaufen; die Karyokinesen finden sich gehäuft an dem blinden lateralen Ende der Schlundtaschen. Daraus ergibt sich, daß diese aktiv gegen die äußere Bedeckung vorwachsen, um mit ihr dann zu verschmelzen. Dann wird das Ektoderm zur Furche eingezogen und die Verschlußmembran reißt ein.

Die Viszeraltaschen entstehen also durch selbständiges Auswachsen von einzelnen Zonen der Schlunddarmseitenwand und aktives lateral gerichtetes Wachstum.

Damit ist natürlich erst der erste Schritt zu einer kausalen Erforschung dieses Problems getan. Welche Kräfte weiterhin die Zellen an den Seitenwänden des Kopfdarmes zur Teilung anregen und diese Ausstülpungen zum Vorwachsen veranlassen, bis sie, das Mesoderm beiseite drängend, das Hautblatt erreichen, das ist noch völlig dunkel. Ihre Erkenntnis würde das Ideal einer kausalen Beschreibung dieses Vorgangs ermöglichen, — das aber jedenfalls bis auf lange Zeit hin unerreichbar bleiben dürfte.

c) Finale Betrachtung.

Endlich können wir noch fragen: Wozu, zu welchem Zweck legt sich der Schlundapparat bei den Embryonen der amnioten Wirbeltiere an?

Die funktionelle Bedeutung dieser Bildung kann unschwer durch Kombination erschlossen werden und wird weiter unten (Kapitel 6) ausführlich behandelt werden.

Hier nur so viel, daß die Schlundorgane auch der durch Kiemen atmenden Vertebraten nicht allein im Dienst der Atmung stehen; sie beteiligen sich an der Bildung des Gehörorgans, und ihr Epithel hat wichtige Drüsen mit innerer Sekretion, Thymus und Epithelkörper, sowie die Froriepschen Schlundorgane hervorzubringen. Mit dem

Wegfall der Kiemenatmung ist also ihr Untergang nicht geboten, da sie noch eine zweite und dritte Tätigkeit zu vollbringen haben.

Für die Eidechsenembryonen gestaltet sich die Bedeutung der einzelnen Schlundtaschen folgendermaßen: die erste beteiligt sich nur in geringem Grade an der Thymusbildung, tritt aber in den Dienst des Gehörorgans, um Ohrtrompete und Paukenhöhle zu liefern. Aus der zweiten und dritten geht der Hauptteil des Thymus hervor. Die vierte und linke sechste geben die Anlage für Epithelkörperchen. Alle müssen sich aber ans Hautepithel anlegen, um die Froriepschen Organe an den Berührungsstellen von Entoblast und Ektoblast entstehen zu lassen. Somit ist Anlage und Ausbildung der Schlundtaschen sehr wohl auch bei Amniotenembryonen als eine physiologische Notwendigkeit aufzufassen: sie sind erhalten geblieben, um die obengenannten Organe zu entwickeln.

Eine volle Erklärung des Schlundapparates der Amnioten ist also durch die Antworten auf unsere drei Fragen gegeben worden:

a) Phylogenetische Erklärung: Die Schlundtaschen der Embryonen der Amnioten stammen von dem Kiemenapparat kiemenatmender Wirbeltiere ab.

b) Kausale Erklärung: ihre Anlage geschieht durch stärkeres Wachstum bestimmter Stellen der Seitenwände des Kopfdarmes.

c) Finale Erklärung: sie sind erhalten geblieben und existieren, weil sie wichtige Organe hervorzubringen haben.

Dieses Beispiel lehrt klar die Unabhängigkeit der Betrachtungsweisen eines embryonalen Organs. Sie haben einander nicht zu bekämpfen, sondern zu ergänzen.

2. Prospektive Potenz der Blastomeren.

Für ein zweites Beispiel richten wir unseren Blick auf die ersten Entwicklungsprozesse und wollen prüfen, ob sich unsere drei Fragestellungen nicht nur auf Organe, sondern auch auf Vorgänge der Embryogenese anwenden lassen.

Schon oben wurde die Notwendigkeit der finalen Betrachtung der Entwicklungsvorgänge an diesem wichtigen Problem illustriert. Es handelt sich um die Tatsache, daß bei einigen Tierklassen aus einzelnen isolierten Furchungszellen ganze Larven herangezüchtet werden können (s. Fig. 3), während bei anderen jede Blastomere auch isoliert nur den Teil des Embryos liefert, den sie im unverletzten Keim aufgebaut haben würde (s. Fig. 4). So stehen »Regulationseier«, die auch einen Teil eines Eies zu einem ganzen Embryo regulieren, bei denen also die prospektive Potenz der Blastomeren sehr groß ist, den »Mosaikeiern« mit geringer prospektiver Potenz, die aus einzelnen Zellen nur Teillarven entwickeln, gegenüber; eine Regulation tritt bei diesen nicht ein. Wie sich dieses verschiedene Regulationsvermögen auf die einzelnen Tierklassen verteilt, wird in einem speziellen Kapitel (Kapitel 7) genau ausgeführt werden.

Auch dieses Problem ist ausschließlich nach der genetischen und kausalen Seite hin bearbeitet worden; doch können wir es ebenso von der bisher hier noch nicht berücksichtigten finalen in Angriff nehmen. Die Fragen würden sich dann in folgender Weise stellen lassen:

a) genetisch: Welche der beiden Eiformen ist die Urform und welche ist die von ihr abgeleitete?

b) kausal: Auf welche Kräfte ist die verschiedene Reaktion der beiden Eiformen zurückzuführen?

c) final: Was hat diese verschiedene Regulationsmöglichkeit für eine biologische Bedeutung? Warum finden wir bei dieser Art Regulationseier, bei jener Mosaikeier?

Rein genetisch hat sich Roux über diesen Punkt geäußert. Er nimmt an, daß die Regulationseier den primären Typus vorstellen, denn es »konnten zunächst bloß solche Lebewesen entstehen, welche vom Anfang ihrer Entwicklung an dieses Regulationsvermögen besaßen«.

Von diesen Formen leitet er die Mosaikeier ab durch Verlust des Anteiles der Selbstregulation auf den frühen Stufen der individuellen Entwicklung zugunsten der Selbstdifferenzierung einzelner Teile.

Interessant ist, daß Roux als Ursache dieser Veränderung finale Prozesse angibt, und zwar teilweise die gleichen, die wir uns vor Kenntnis dieses Aufsatzes vorgestellt haben. Ähnlich hat sich E. Schultz in seinem Buche »Prinzipien der rationellen vergleichenden Embryologie« ausgesprochen. Die Abkürzung der Entwicklung nennt er Tachygenese. »Das Endziel aller Tachygenese ist eine Entwicklung, wo jedes Organ des erwachsenen Tieres durch sehr früh sich separierende Anlagen gekennzeichnet wird. Teleoblastische Anlagen der Organe sind also . . . in jeder Tiergruppe meist jünger, als eine minder geordnete und zahlenmäßig minder feststehende Anlagesubstanz. Zuletzt werden die Anlagen als Blastomeren schon bei der Segmentation des Eies in geringer Anzahl gebildet. Die frühe Absonderung von Blastomeren mit bestimmter prospektiver Bedeutung ist also das Endziel aller Tachygenese.«

Schultz faßt demnach wie Roux den isotropen Bau des Eies, der die Ergänzung einer Blastomere zu einer vollständigen Larve gestattet, als den primären auf und leitet von ihm den anisotropen mit seiner Mosaikentwicklung ab; Przibram glaubt dagegen, wie aus dem folgenden Zitat hervorgeht, daß das Ei von vornherein auf Mosaikarbeit eingerichtet ist.

Sehr klar wird die genetische Seite dieses Problems oft nicht herausgeschält, da meist nicht die Frage formuliert wird: Welches ist der ursprüngliche Eitypus?, sondern die Alternative aufgestellt wird: Ist der Bau des Eies isotrop oder anisotrop?

Die kausale Frage ist ebenso in verschiedenem Sinne beantwortet worden. Ich begnüge mich hier, Przibrams Ausführungen wiederzugeben, die mir zutreffend zu sein scheinen. Seine Worte sind folgende: »In verschiedenen Eizonen sind verschiedene . . . Stoffe vorhanden, die normalerweise die Differenzierung der verschiedenen Organe in ihren Bezirken . . . veranlassen. Diese prospektive Bedeutung der Blastomeren führt, wenn bei Verminderung des Eimaterials keine Umordnung der Stoffe stattfinden kann, zu einer Selbstdifferenzierung der Teilbildungen, wodurch Halb-, Viertel-, Achtel- . . . Bildungen entstehen; wenn hingegen eine Umordnung des Eiinhaltes in der Weise möglich ist, daß wieder alle Stoffe in gegenseitiger Lage wie im unverletzten Ei angeordnet erscheinen, so entstehen Ganzbildungen in einem proportional verkleinerten Maßstabe.«

Przibram erklärt sich also für einen anisotropen Bau des Eies und führt das Vorhandensein oder Fehlen einer Regulation auf eine bestehende oder fehlende Möglichkeit der Umordnung des Eiinhaltes zurück.

Dies ist also eine mechanische, kausale Erklärung der verschiedenen prospektiven Potenz der Blastomeren. Sie gibt aber keine Antwort auf die Frage, weshalb diese Umordnung in einigen Eiern stattfindet, in anderen nicht, weshalb also aus einigen nach Isolation der Furchungszellen Teillarven, aus anderen Ganzlarven entstehen.

Hier muß wieder die finale, die biologische Betrachtung einsetzen und versuchen, aus den Lebensverhältnissen einen Grund für diese Verschiedenheiten zu erkennen.

Einen großen Vorteil kann das Regulationsvermögen den Eiern bieten, die auch in ihren natürlichen Verhältnissen leicht Verletzungen ausgesetzt sind. Da können sich leicht einzelne Blastomeren isolieren, und es ist dann von großem Wert, wenn auch aus solchen zerstückelten Keimen Ganzlarven und damit später geschlechtsreife Tiere entstehen können. Eier dagegen, die vor Verletzungen geschützt sind, bei denen derartige Isolationen nie vorkommen können, bedürfen dieser Fähigkeit, einzelne Furchungszellen zu Ganzlarven zu ergänzen, nicht. Ähnlich meint Roux, daß die Mosaikentwicklung entstanden sei durch den Selbstschutz der Eier vor Störungen, durch eine schützende Hülle oder durch Einschluß in den Mutterleib. Leicht verletzlich sind hüllenlose Eier, die in stark bewegtem Wasser sich entwickeln, geschützt solche, die im mütterlichen Leibe ihre Furchung durchmachen oder eine feste Hülle besitzen, die kein Zerschütteln zuläßt, oder an ruhige Stellen, am Boden der Tiefsee oder ins Plankton abgelegt werden.

Gehen wir die Reihe der Tiere auf diesen Punkt hin durch, wie es das spezielle Kapitel bringen wird, so zeigt sich, daß dieser Gedanke in der Tat uns den Schlüssel zum Verständnis der Verteilung der Regulationsfähigkeit in der Tierwelt gibt, daß durch ihn auch ein verschiedenes Verhalten nahe verwandter Formen seine Erklärung findet: hüllenlos oder in der Verletzungen leicht verursachenden Brandungszone oder in sonst stark bewegtes Wasser abgelegt werden die Eier der Cnidarier, Echinodermen, des *Amphioxus* und *Petromyzon*, die auch Regulationseier sind, während die Mosaikeier der Ctenophoren, Würmer, Mollusken, Tunikaten durch feste Hüllen oder Entwicklung an geschützten Orten vor Verletzungen behütet sind.

Also auch diese ersten Entwicklungsvorgänge des befruchteten Eies sind von unseren drei Gesichtspunkten aus zu betrachten:

a) Genetisch kann die eine Form der beiden Eitypen von der anderen abgeleitet werden.

b) Kausal ist das verschiedene Regulationsvermögen der Eier auf die vorhandene oder fehlende Möglichkeit einer Umlagerung der Plasmastoffe im Ei zurückzuführen, und

c) Final ist sie durch eine verschieden weit gehende Verletzungsmöglichkeit der Eier zu erklären, die biologisch eine Ergänzung eines Teiles des Keimes zu einer Vollarve fordert oder nicht.

3. Die Neuroporusverdickung.

Noch an einem dritten Beispiel wollen wir das Verhältnis der drei Fragestellungen zueinander prüfen.

Am Vorderkopfe von Wirbeltierembryonen, und zwar bei Paarnasen, Gnathostomen, fand Kupffer an der Stelle des Schlusses des Gehirnrohres, am vorderen Neuroporus, eine Epithelverdickung, der er eine hohe phylogenetische Bedeutung zusprach. Er nannte sie »die unpaare Riechplakode der Gnathostomen«, da er sie von der unpaaren Anlage des Riechorgans des *Amphioxus* und der Cyclostomen herleitete. Diese geistreiche Hypothese schien die Kluft zwischen den Unpaarnasen und den Paarnasen zu überbrücken.

Doch ergaben eingehende Untersuchungen, daß sich diese genetische Erklärung nicht aufrecht erhalten ließ, da diese Verdickung gar nicht den Charakter einer Sinnesorgansanlage besitzt, und andererseits das unpaare Riechorgan der Cyclostomen nicht in der Gegend dieses Epithelwulstes, am vorderen Neuroporus, oder erst nach dessen Schluß entsteht.

Es galt nun, an die Stelle dieser morphologischen Erklärung der Neuroporusverdickung eine bessere zu setzen.

Wenn wir bedenken, daß sich bei Knochenfischen und Amphibien keine gleichwertige Bildung auffinden läßt (die von Kupffer bei Froschlarven beschriebene unpaare Riechplakode ist die Stirndrüse der Kaulquappen), sondern nur bei Wirbeltierembryonen, deren Nervenrohr sich durch Schluß einer tiefen und weiten Rinne bildet, so scheint ein Zweifel zu bestehen, ob wir dieser Verdickung überhaupt eine hohe phylogenetische Bedeutung beimessen dürfen, oder ob sie nicht bloß eine Bildung ist, die sich erst bei Selachier- und Amniotenembryonen aus irgend welchen Ursachen angelegt hat, so daß sie gar keine Vergangenheit hat, und die Frage nach ihrer Herkunft negativ beantwortet werden muß.

Ich glaube in der Tat, daß wir es mit einem neuen Gebilde zu tun haben, das auf mechanische Faktoren zurückzuführen ist. Die Frage nach der phyletischen Bedeutung dieser Verdickung ist berechtigt und notwendig; die Antwort fällt hier allerdings negativ aus.

Auch für eine Abstammung der Neuroporusverdickung der Amnioten von der der Selachier spricht nichts; da bei beiden Klassen sich das Nervenrohr in gleicher Weise schließt, muß man annehmen, daß wir es hier mit einer Konvergenzerscheinung zu tun haben. Bei anderen Wirbeltierklassen ist, wie gesagt, ein gleiches Gebilde nicht zu beobachten.

Dieses Beispiel zeigt, wie eine einseitige phylogenetische Betrachtung der Entwicklung Organe für sich in Anspruch nehmen kann, die für sie gar nicht in Betracht kommen.

Fragen wir also zweitens: Wodurch entsteht diese Neuroporusverdickung? Die grob mechanischen Vorgänge bei ihrer Genese sind die, daß die einander schnell entgegenwachsenden Falten des Nervenrohres aneinanderstoßen und ihre gestauten Ränder sich dabei aufwulsten. Bei der Abschnürung des Nervenrohres bleibt dann eine Verdickung im Ektoblast übrig. Wahrscheinlich wird diese Erklärung der Entstehung aus mechanischen Ursachen, wenn wir ähnliche Marken beim Schluß von anderen sich schnell abschnürenden Organanlagen finden. Und das ist in der Tat der Fall beim Schluß des Linsen- und des Gehörbläschens, während an dem sich mehr allmählich abschnürenden Rückenmark keine solchen Reste hinterlassen werden.

Genauer betrachtet zeigt sich, daß beim Schluß des Gehirns an den sich berührenden Wällen eine auffallende Produktion von Zellen stattfindet, und daß die Verdickung sich später dadurch ausgleicht, daß die Kernteilung in ihr im Vergleich zu den angrenzenden Abschnitten der Epidermis besonders auffallend nachläßt.

Eine letzte Untersuchung hätte endlich festzustellen, welche Kräfte bei einem so schnellen Schluß von Röhren und Blasen tätig sind und eine derartige Anschoppung von Zellen veranlassen.

Stellen wir endlich unsere dritte Frage: Welcher biologische Wert kommt der Neuroporusverdickung zu?

Eine sichere Antwort ist hierauf nicht zu geben. Ein bleibendes Organ wird durch sie nicht vorbereitet, da sie bald wieder schwindet. Ob ein solcher Zellhaufen an Schlußstellen sich schnell abschnürender Organe besonders vorteilhaft ist, weil hier wegen des intensiven Wachstums ein Vorrat von Zellen benötigt wird, ist eine Annahme, die vorläufig durch nichts gestützt ist. Störend ist die Bildung auf keinen Fall, da sie sich sehr bald zurückbildet.

Dieses dritte Beispiel lehrt uns wieder den beiden vorhergehenden gegenüber manches Neue. Einmal, daß auch jede noch so geringfügige embryonale Bildung auf unsere drei Fragestellungen hin untersucht werden kann. Zweitens, daß eine morphogenetische Erklärung oft gar nicht gegeben werden kann, wenn es sich um eine neue Erwerbung handelt, und daß dann das Auftreten der gleichen Bildung bei verschiedenen Klassen als eine Konvergenzerscheinung aufzufassen ist.

Wiederholt ist darauf hingewiesen worden, und unsere drei Beispiele haben es wieder gelehrt, daß die drei Anschauungen der Embryologie einander nicht ins Gehege kommen und völlig nebeneinander bestehen können.

Logischerweise muß man sie also immer streng auseinanderhalten und darf nicht eine Erklärung, die auf eine dieser Fragen Antwort gibt, mit einer anderen Betrachtungsweise zurückweisen. Und doch ist dies öfters geschehen. Ich führe hier ein Beispiel dafür an, das eine finale Erklärung durch eine phylogenetische zu ersetzen sucht.

Die biologische Erklärung für den Befund, daß sich bei Knochenfischen das Nervenrohr nicht als offene Falte anlegt, wie bei den meisten anderen Wirbeltieren, sondern als solider Kiel, ist darin zu sehen, daß sich infolge des Raummangels innerhalb des Eies keine Falte bilden kann und der Embryo sich diesen veränderten Verhältnissen in der Art seiner Organogenese anpassen muß. Jablonowski wendet sich gegen diese Erklärung, da zwischen Keim und Eihaut genügend Raum vorhanden sei, um Faltenbildung zu ermöglichen. Indes vergißt der Autor, daß die Bildung des Medullarrohrs bei Teleostiern auch unter der dem Keim eng aufliegenden Deckschicht vor sich geht, also sicher in größter Raumbeschränkung, die die Kielbildung dieser Anlage wohl erklärt.

Jablonowski glaubt indes die solide Anlage des Nervenrohrs bei Knochenfischen darauf zurückführen zu können, daß sich bei ihnen eine Abkürzung des palingenetischen Entwicklungstypus, der sich in der Faltenbildung bei den meisten anderen Wirbeltieren erhalten hat, erkennen läßt. Er leitet also den Typus der Knochenfische von dem anderer Vertebraten ab.

Dies ist eine phylogenetische Erklärung, die ja auch berechtigt ist, aber neben unserer finalen. Beide können nebeneinander bestehen, keine kann aber die andere ersetzen. Wenn Jablonowski die eine biologische Erklärung zurückweist, so hat er eine andere, ebenfalls finale an ihre Stelle zu bringen.

Interessant ist es endlich, den Ausführungen Rückerts über die Ursachen der physiologischen Polyspermie, die er seiner prachtvollen Arbeit über die Befruchtung des Selachiereies angehängt hat, nachzugehen.

Rückert hat die Verschiedenheit unserer drei Fragestellungen wohl gefühlt, sie aber doch nicht genügend voneinander getrennt, und setzt schließlich eine phylogenetische und kausale Erklärung an die Stelle einer finalen.

Wir werden später ausführlich zur Frage der physiologischen Polyspermie Stellung nehmen. Das Eindringen mehrerer Samenfäden in die großen dotterreichen Eier der Selachier, Reptilien und Vögel, von denen doch nur einer mit dem Eikern zur Befruchtung verschmelzen kann, erklärt Boveri final damit, daß es für einen einzigen in den großen Eiern zu schwierig sei, den Eikern aufzufinden, weshalb mehrere ins Ei gelangen müssen; dadurch sei die Sicherheit gegeben, daß einer der Fäden dem Eikern naheliege und die Befruchtung vollziehen könne.

Rückert glaubte diesen Erklärungsversuch durch den Einwand abtun zu können, daß die Spermien sich nicht auf das ganze große Ei verteilten, sondern sich auf die Keimscheibe beschränken — welche indes auch so ausgedehnt ist, daß mir Boveris Erklärung auf sie durchaus anwendbar erscheint.

Rückert erklärt final die Polyspermie des Selachiereies damit, daß sie völlig unschädlich sei. Dies ist eine Zurückweisung, die ich nicht annehmen kann, denn ohne triftigen

Grund darf man einen Vorgang, der von einer Seite als vorteilhaft bezeichnet wird, nicht als gleichgültig hinstellen.

Dem gleichen Gedankengang begegnet man mehrmals in derselben Arbeit. Bezüglich des Nutzens der Spermaköpfe für die weitere Entwicklung des Eies erwägt Rückert, ob sie nicht doch z. B. die Abfurchung der peripheren Blastomeren begünstigen. Doch fährt er fort: »Aber es ist ebensogut möglich, ja vielleicht sogar wahrscheinlicher, daß sie in den gedachten Fällen ohne besonderen Nutzen für das Ei sind.«

Der Autor vermengt übrigens die finale Fragestellung mit der phylogenetischen. Er nennt Boveris Erklärungsversuch direkt einen phylogenetischen. Er schreibt nach dessen Zurückweisen: »Jedenfalls kann man sich die phylogenetische Einführung der Polyspermie auch noch auf eine andere Weise erklären«, und fährt dann fort: »Der unmittelbare Anlaß für die Polyspermie der Selachier wird der Verlust der Eihaut gewesen sein; es traten in das so gut wie nackte und gegen eine Überfruchtung diesmal nicht reagierende Ei eine Mehrzahl von Samenfäden ein, und dieser Befruchtungsmodus wurde beibehalten, weil er infolge bestimmter, gleich zu besprechender Einrichtungen vollkommen unschädlich war.«

Dies ist streng logisch betrachtet eine genetische Erklärung, wie Rückert selbst angibt, da sie die Ableitung der Polyspermie von der Monospermie gibt. Es wird ja vom »Verlust« der Eihaut gesprochen. Gleichzeitig ist in dieser Anschauung auch ein kausaler Grund vorhanden, der in dem »Fehlen einer Eihaut« zu suchen ist.

Dennoch fühlt Rückert, daß diese Erklärung Boveris Vermutung nicht voll befriedigend zu ersetzen vermag, denn seine folgenden Worte lauten: »Daß damit ein größerer oder geringerer Vorteil für das Gelingen der Befruchtung und die Weiterentwicklung des Eies verbunden war, ist eine wohl mögliche, aber nicht notwendige Annahme. Es reicht für die Erklärung vollkommen aus, wenn wir wissen, daß das Ei gegen die Nachteile und Gefahren, welche das Eindringen einer Mehrzahl von Spermaköpfen mit sich bringen kann, geschützt war oder sich durch Anpassung zu schützen vermochte. Das letztere ist bei dem ganzen Polyspermieproblem offenbar der springende Punkt . . .«

Diesem Nachweis der Unschädlichkeit der Polyspermie ist der größte Teil von Rückerts Darlegungen gewidmet. So wertvoll und interessant diese Betrachtungen sind, so kann hier doch nicht näher auf sie eingegangen werden, da sie eben mechanische Gründe dafür geltend machen, wir aber eine Nützlichkeit der Polyspermie nicht von der Hand weisen wollen.

Rückerts Darlegungen sind sehr einleuchtend und können meines Erachtens unbedenklich angenommen werden, und zwar nicht an Stelle, sondern neben Boveris Idee, da sie keine finalen, sondern phylogenetische und kausale Erklärungen geben.

Die Polyspermie der Selachier kann also erklärt werden:

1. phylogenetisch durch den Verlust der das Ei vor Eindringen der Spermatozoen schützenden Eigenschaften, sie ist abzuleiten von der Monospermie;

2. kausal durch das Fehlen dieser Eigenschaften;

3. final durch die Notwendigkeit, in die große Keimscheibe mehrere Spermien hineinzuschicken, damit einem die Möglichkeit gegeben wird, den in der großen Plasmamasse liegenden Eikern zu erreichen.

Ich habe diesen Beispielen einen großen Raum gewidmet, um eben die gegenseitige Stellung der phylogenetischen, der kausalen und der finalen Betrachtungsweise recht klar zu machen, um zu zeigen, daß sie logisch streng auseinander zu halten sind, daß sie einander nicht ins Gehege kommen, sondern, um das hier zum Schluß noch ein letztes Mal zu betonen, nebeneinander angewendet werden können. Nicht eine allein genügt zu einer vollgültigen Erklärung einer embryonalen Erscheinung, sondern erst alle drei vereinigt: Man kann und muß jede embryonale Bildung von der phylogenetischen, der kausalen und der finalen Seite betrachten.

Literatur.

1892. Boveri, Th., Befruchtung. Ergebn. d. Anat. u. Entwgesch. I.
1866. Haeckel, E., Generelle Morphologie der Organismen. Berlin.
1866. Henle, J., Handbuch der systematischen Anatomie des Menschen. Braunschweig, Vieweg.
1916. Hertwig, O., Das Werden der Organismen. Jena, Fischer.
1874. His, W., Unsere Körperform und das physiologische Problem ihrer Entstehung. Leipzig 1874.
1887. His, W., Die morphologische Betrachtung der Kopfnerven. Arch. f. Anat.
1894. His, W., Über mechanische Grundvorgänge tierischer Formenbildung. Arch. f. Anat. u. Phys. Anat. Abt.
1899. Jablonowski, J., Über die Bildung des Medullarstranges beim Hecht. Abh. u. Ber. zool. Mus. Dresden. Festschr. f. A. B. Meyer.
1914. Kranichfeld, H., Einige Beobachtungen, welche die Annahme einer physiologischen Bedeutung der Schlundtaschen bei den Embryonen der höheren Wirbeltiere nahe legen. Anat. Hefte, Bd. 50.
1894. Kupffer, C. v., Über Monorhinie und Amphirhinie. Sitz.-Ber. math.-phys. Klasse Akad. d. Wiss. München.
1915. Laqueur, E., Entwicklungsmechanik tierischer Organismen. Allgemeine Biologie. Kultur der Gegenwart IV, 1.

1901. Peter, K., Mitteilungen zur Entwicklungsgeschichte der Eidechse. II. Die Schlundspalten in ihrer Anlage, Ausbildung und Bedeutung. Arch. f. mikr. Anat. Bd. 57.

1901. Peter, K., Die Neuroporusverdickung und die Hypothese von der primären Monorhinie der amphirhinen Wirbeltiere. Mitteil. zur Entwicklungsgesch. der Eidechse III. Arch. f. mikr. Anat. Bd. 58.

1911. Peter, K., Entwicklung des Geruchsorgans. Erg. d. Anat. u. Entwgesch. XX, 1.

1907. Przibram, H., Embryogenese. Experimental-Zoologie Bd. I.

1905. Roux, W., Die Entwicklungsmechanik, ein neuer Zweig der biologischen Wissenschaft. Leipzig, Engelmann.

1914. Roux, W., Die Selbstregulation, ein charakteristisches und nicht notwendig vitalistisches Vermögen aller Lebewesen. Nov. act. Leop. Carol. Acad. Halle, Bd. 100.

1899. Rückert, J., Die erste Entwicklung des Eies der Elasmobranchier. Festschr. f. C. v. Kupffer. Jena.

1911. Schneider, K. C., Einführung in die Deszendenztheorie. Jena, Fischer.

1910. Schultz, E., Prinzipien der rationellen vergleichenden Embryologie. Leipzig, Engelmann.

1913. Triepel, H., Die Ursachen der tierischen Entwicklung. Sammlung anat. und phys. Vorträge und Aufsätze von Gaupp u. Trendelenburg, Bd. II. Jena, Fischer.

Zweites Kapitel.

Die finale Betrachtungsweise der Embryologie in der Literatur.

Geringe Berücksichtigung der finalen Betrachtungsweise der Embryologie in der Literatur. Hensens Ansicht von der Zweckmäßigkeit embryonaler Vorgänge. Roux' Meinung vom Vorkommen des »Dauerfähigen«. Schultz' Prinzipien der rationellen vergleichenden Embryologie. Kranichfelds Arbeit über die physiologische Bedeutung des Schlundapparates der amnioten Wirbeltiere. Stellung unserer Anschauung über embryonale Organe zu der dieser Autoren.

Nach dem im ersten Kapitel über die mangelnde Berücksichtigung der finalen Betrachtung der Embryologie Gesagten ist anzunehmen, daß ihr bisher nur wenig Arbeiten gewidmet sind. In der Tat ist die literarische Ausbeute in dieser Hinsicht sehr gering, wenigstens soweit es sich um embryonale Organe und Vorgänge handelt, deren Zweckmäßigkeit nicht offen zutage tritt.

Hier und da habe ich in speziellen Arbeiten Bemerkungen gefunden, die auch auf eine physiologische Bedeutung einer rein embryonalen, allgemein als funktionslos betrachteten Bildung hinweisen. Indes geschieht dies meist nebenher, ohne daß großes Gewicht auf diese Anschauungsweise gelegt wird. Immerhin mag mir manche einschlägige Notiz entgangen sein, da es natürlich ein Ding der Unmöglichkeit ist, die ganze embryologische Literatur auf diese Frage hin durchzuarbeiten. Auf eine vollständige Sammlung solcher zerstreuter finaler Erklärungsversuche kommt es mir hier auch nicht an, da ich erst einmal eine zusammenfassende, wenn auch keineswegs erschöpfende Übersicht über unseren Standpunkt zu geben beabsichtige. Der Zweck dieses Buches ist ja, für die Gleichberechtigung der Frage nach der Zweckmäßigkeit embryonaler Organe und Vorgänge neben der nach ihrer phylogenetischen Bedeutung und der mechanischen Entwicklung einzutreten.

Ausführlich sind nur wenig Forscher auf die physiologische Betrachtung der Embryologie eingegangen.

Sehr nahe stehen meine Ansichten denen von V. Hensen, die er in eine Streitschrift verborgen hat.

Hensen meint in einem »unbedingten Vertrauen zu der Natur«, daß alle Entwicklungsprozesse mit möglichster Vollkommenheit vor sich gehen, also, um unseren Ausdruck zu gebrauchen, in zweckmäßiger Weise. Keibel rügt zwar, diese Annahme liege für ihn außerhalb des Rahmens naturwissenschaftlicher Betrachtungen, doch hoffe ich nachweisen zu können, daß sie durchaus die Berechtigung dazu hat.

Hensen erkennt also den vorhandenen Entwicklungsgang als den richtigen und einzig möglichen an, und zwar ist er es deshalb, weil »jeder andere Weg nicht erhalten bleiben könnte, weil die davon betroffenen Organismen dadurch in Nachteil gesetzt werden und zugrunde gehen müßten«. So erklärt Hensen die Entwicklung der Keimblätter und die Durcheinanderschiebungen der Gewebe zur Bildung der Organe in finaler Weise ähnlich wie wir (s. Kapitel 8) durch die Notwendigkeit, daß erst einmal sich einzelne Zellagen bilden müßten, »die sich durch bestimmte Eigenschaften von den Zellen der anderen Lagen unterscheiden. Die Organe gebrauchen, oder, richtiger gesagt, enthalten nach ihrem Aufbau Zellbestandteile, welche meistens dreien dieser Lagen entnommen sind. Weil dies die Erfahrung lehrt und weil die Lagenbildung und darauf die Schiebungsprozesse schon sehr frühzeitig beginnen, schließen wir, daß dieselbe eine Hauptbedingung für die Entwicklung der Organe sein müßte.« An dem Beispiel der Entwicklung des Auges erläutert er diesen Gedanken und kommt zum Schluß, daß diese Entwicklung durch sich selbst gerechtfertigt ist; »kein Verfahren ist angebbar, welches unter Innehaltung aller bezüglichen Bedingungen ein so verwickelt aufgebautes Gebilde in einfacherer Weise herstellen könnte, als dasjenige ist, welches die Natur einschlägt«.

Aber Hensen geht noch weiter, indem er auch das Auftreten embryonaler und sich rückbildender Organe final erklärt. »Daß selbst bei den höchsten Tieren die Chorda überhaupt noch entsteht, beruht meiner Meinung nach darauf, daß in der frühen Zeit ihrer Entstehung Scheidungen der Zellen behufs Ausbildung ihrer spezifischen, gewebsbildenden Eigenschaften notwendig werden, welche in der erforderlichen Weise sich nur oder am besten auf diesem Wege vollziehen.«

Die Erklärungsversuche Hensens sind richtig, wenn auch meines Erachtens nicht genügend zum finalen Verständnis der embryonalen Gebilde. Auch schlägt er bei seinen Betrachtungen einen anderen Weg ein als wir.

Hensen geht von seinem unbedingten Vertrauen zu der Natur aus und sucht dann die embryonalen Prozesse zu deuten; mir drängte sich bei speziellen Arbeiten die Notwendigkeit einer Funktion embryonaler Organe auf, und zwar gleich, welches Gebilde ich auch in Angriff nahm. So kam ich dazu, auch andere Organe auf ihre biologische Bedeutung hin zu studieren, und daraus entwickelte sich meine Anschauung von der Allgegenwart der Zweckmäßigkeit, die mit Hensens Vertrauen zur Natur identisch ist.

Nicht ganz so weit wie Hensen geht Roux. Er sagt, daß »alles typische Lebende, was wir jetzt sehen, die summierten ‚selbsterhaltungsfähigen' Bestandteile sind des ganzen bezüglichen irdischen Geschehens vor unserer Zeit. Alle Prozesse, welche nicht dauerfähig in sich selbst waren, oder trotz dieser inneren Fähigkeit nicht zugleich dauerfähig in den äußeren Verhältnissen waren, hörten auf; und wir finden von ihnen bloß noch Spuren ihrer früheren Tätigkeit oder auch diese nicht, während alles, was im Laufe der Millionen Jahre und im ewigen Wechsel des Geschehens zufälligerweise Dauerfähiges entstanden ist, sich aufgespeichert hat«.

Roux meint also wie wir, daß alle Lebensprozesse dauerfähig, d. h. zweckmäßig verlaufen, gibt aber doch zu, daß von nicht Dauerfähigem Spuren der früheren Tätigkeit erhalten bleiben können, leugnet also nicht rundweg das Vorhandensein von Unzweckmäßigem.

Von neueren Autoren sind hier nur Schultz und Kranichfeld zu erwähnen, von denen ersterer das ganze große Gebiet der tierischen Entwicklung bespricht, letzterer ein spezielles Organ des Hühnerembryo, die Schlundspalten, ins Auge faßt, beide verschieden in der Ausgangsidee und in ihrer Durchführung, aber sich gleichend darin, daß sie ihre Anschauung nicht auf alle Gebilde des Embryo ausdehnen wollen.

Beide Arbeiten müssen wir einer eingehenden Besprechung unterziehen, da gerade durch diese Gegenüberstellung mein eigener Standpunkt und der Zweck dieser Schrift besonders deutlich hervortritt.

Erst wollen wir unsere Stellung zu dem sehr lesenswerten Buch von Eugen Schultz: »Prinzipien der rationellen vergleichenden Embryologie« festlegen.

Liest man das einleitende und das beschließende Kapitel, so könnte man annehmen, daß meine Ausführungen nur eine Wiederholung der von Schultz gegebenen seien, — auch dann würden sie nicht überflüssig sein, denn das si duo faciunt idem, non est idem würde sich gerade auf einem so wenig betretenen Gebiete bewahrheiten. In der Tat, auch für Schultz ist die »Phylogenie nicht Endzweck der Untersuchung« (S. 4), er betrachtet die Embryologie auch wie ich nicht kausal, sondern fragt nach dem »Wozu?« (S. 6), er sieht den Organismus »vom Standpunkt der Zweckmäßigkeit« an (S. 189). Besonders die Untersuchungsmethode deckt sich mit der meinen, indem auch auf seine Fragen nicht so das Experiment, sondern mehr die Beobachtung in der Natur Antwort zu geben imstande ist.

Und doch, wenn auch Fragestellung und Untersuchungsmethode sich gleichen, so sind unsere Arbeitsgebiete doch verschieden, hier und da sich berührend, aber bald wieder auseinandergehend.

Schultz beschränkt nämlich seine Betrachtungen auf die cenogenetischen Prozesse, die Abweichungen von den altererbten palingenetischen Vorgängen, und sucht sie durch die verschiedene Lebensweise der Organismen zu erklären. Die palingenetischen nimmt er als gegeben hin, ohne sich aber über die Schwierigkeiten der Unterscheidung der beiden Formen einer Täuschung hinzugeben. Ja, er spricht direkt aus, daß »die Wiederholung phyletischer Stadien in der Ontogenese keinen Nutzen haben kann«, engt also ausdrücklich seine finale Anschauung auf die cenogenetischen Vorgänge ein.

Mir kommt es im Gegenteil darauf an, gerade die altererbten, nicht oder wenig veränderten Organe und Entwicklungsprozesse auf ihre Zweckmäßigkeit hin zu studieren, wobei natürlich die leichter final zu verstehenden cenogenetischen nicht auszuschließen sind und uns gar oft den Fingerzeig zur Beantwortung der Fragen auf jenem Gebiet geben. Oder genauer gesagt: Ohne Rücksicht auf Palingenese und Cenogenese versuche ich alle Erscheinungen der Embryogenese als zweckmäßig zu erklären, — ein weitergehendes, aber ungleich schwerer zu erreichendes Ziel, als die Beschränkung auf das Verständnis der Veränderungen von der ursprünglichen Entwicklung.

Am besten wird unsere Stellung zueinander klar, wenn wir unsere Behandlung der Frage nach der Bedeutung der Rückbildungen vergleichen. Während ich sie, soweit sie noch vorhanden sind, als für den Körper nützlich ansehe, spricht Schultz von »oft allen Sinn verloren habenden Gebilden« (S. 61). Die Frage nach ihrer funktionellen Bedeutung berührt er nicht; er nimmt sie eben als palingenetisch, also als gegeben hin.

Schultz steht in seinen Anschauungen den meinen gegenüber noch zu sehr im Banne der Abstammungslehre, um nicht entgegen seiner Ankündigung im ersten Kapitel doch immer auf phylogenetische Gesichtspunkte einzugehen; letzten Endes versucht er doch oft den ursprünglichen palingenetischen Entwicklungsgang aus dem durch cenogenetische Veränderungen verschleierten Entstehen herauszuschälen. Für ihn ist also die finale Betrachtung der Embryologie nicht Selbstzweck, wie in dieser Schrift für mich.

In diesen Gegenüberstellungen ist natürlich kein Tadel gegen das sehr interessante Büchlein enthalten. Im Gegenteil, ich freue mich, ein mit Unrecht so wenig beachtetes Gebiet, das dem meinen so nahe liegt, in dieser vollständigen Weise behandelt zu sehen. Die vortreffliche Zusammenstellung von Beispielen hat mir manchen Dienst geleistet.

Kranichfeld hat eine schwerere Aufgabe vor sich, indem er als Untersuchungsobjekt nicht einen cenogenetischen Vorgang, sondern ein altererbtes, allgemein als rückgebildet und funktionslos angesehenes Gebilde genommen hat. Er geht daher auch nicht von Voraussetzungen aus, daß ihm eine Funktion innewohnt, und sucht zu ergründen, welcher Art sie ist, sondern bemüht sich nachzuweisen, daß dem Organ eine besondere Tätigkeit zukommen muß.

Interessant ist es, zu verfolgen, auf welchem Umweg Kranichfeld zu der Annahme einer Bedeutung der Schlundspalten für das Leben des Hühnerembryo geführt wird. Die Wichtigkeit des Gegenstandes verlangt, daß wir die Einleitung zu dieser Arbeit ausführlich besprechen und oft wörtlich wiedergeben.

Dem Autor fällt auf, daß »der Schlundapparat in einer bestimmten Zeit des Embryonallebens noch vollständig erhalten zu sein« scheint, während nach Mehnert doch die Rückbildung eines nicht funktionierenden Organs unaufhaltsam fortschreitet. Er meint daher, »daß das von dieser Regel abweichende Verhalten des Schlundapparates einen Grund haben muß«. Kranichfeld hält es weiter für »möglich, daß die Organe der phylogenetisch älteren Stufen, welche wir bei den Embryonen antreffen, nicht nur deswegen erhalten geblieben sind, weil diese die Stammesgeschichte noch einmal durchlaufen müssen, sondern weil zugleich auch die einfacheren Organe der älteren Zeit die für die Lebensfunktionen der Embryonen geeignetsten Formen sind«, letzteres in Anlehnung an eine von J. v. Sachs aufgestellte Regel, »nach der der Grad der Differenzierung eines Organs im geraden Verhältnis zur Größe des Organismus« stehen soll.

Ohne auf die Gültigkeit der von Mehnert und Sachs gegebenen Gesetze einzugehen, finden wir in den kurz wiedergegebenen Ausführungen ein ernstes Bestreben, die Notwendigkeit der Funktion dieses embryonalen Organs zu beweisen. Leider verallgemeinert der Autor diese Anschauung nicht, denn er fügt gleich bei: »auf offenbare Rudimente, wie das os centrale, darf man das Gesagte natürlich nicht anwenden«.

Auch in der Suche nach der Funktion des Schlundapparates geht Kranichfeld nicht direkt auf sein Ziel los. Er forscht erstens nach Bildungen, die als ein Hindernis gewisser embryonaler Lebensvorgänge aufzufassen sind, da deren Erhaltung nach den Gesetzen der Entwicklung unmöglich wäre, »wenn die Schädigung nicht durch eine andere nützliche Funktion der betreffenden Einrichtung ausgeglichen wird«. Solche Anlagen findet er in den für die Blutzirkulation sehr hinderlichen Aortenbögen.

Dann forscht der Autor weiter nach Bildungen, die nicht als embryonale Kiemenanlagen gedeutet werden können, also eine physiologische Funktion des Schlundapparates auch ohne Rücksicht auf die Kiemenatmung beweisen. Als derartige Bildungen werden die erste Schlundfurche und -tasche angeführt, die auch bei Kiemenatmern nie zur Atmung benutzt worden sind. Der erste Schlundbogen bildet das Gesicht, die Tasche das Mittelohr, — alle Taschen und Furchen formieren die Verschlußmembranen, in deren Bildung das eigentliche Ziel dieser Organe gesehen wird.

Diese Betrachtungen führen einen Schritt weiter, als die oben wiedergegebenen allgemeinen Erörterungen, indem sie nachweisen, daß speziell der Schlundapparat des Hühnerembryos eine physiologische Bedeutung hat.

Bezüglich der Funktion des Apparates selbst begnügt sich Kranichfeld mit dem Hinweis auf Zusammenhänge, die eine physiologische Bedeutung sicherstellen. Eine »prospektive Bedeutung« des Gebildes, ein Hervorbringen von im späteren Leben notwendigen Organe, die mehrfach erwähnt werden, wird nicht als physiologische Funktion aufgefaßt, wie ich es tue; eine besondere Hypothese der Tätigkeit wird nicht aufgestellt. Immerhin deutet er doch darauf hin, daß an den Grenzen von Ektoderm und Entoderm die Froriepschen Schlundorgane entstehen, die er nicht wie ihr Entdecker als Sinnesorgane, sondern als Drüsen mit innerer Sekretion auffaßt.

Kranichfeld hat ein reiches Material zusammengetragen, das die Notwendigkeit der physiologischen Tätigkeit des Schlundapparates zwingend beweist; über die Art der Funktion äußert er sich, wie gesagt, nicht.

Es ergibt sich aus diesen Darlegungen, daß die Anschauungen von Schultz und Kranichfeld sich doch mit der meinen nicht vollständig decken. Ersterer beschränkt seine finale Betrachtung auf cenogenetische Vorgänge, letzterer sucht sich erst zu der Annahme einer physiologischen Funktion embryonaler Gebilde durchzukämpfen und will Rückbildungen von dieser Betrachtung auch ausgenommen wissen.

Ich bin dagegen durch meine entwicklungsgeschichtlichen Studien zu der Anschauung gelangt, daß alle Organe des Embryos, alle Vorgänge während seiner Entwicklung vom Standpunkt der Zweckmäßigkeit aus betrachtet werden können und suche dies durchzuführen.

Literatur.

1891. Hensen, V., Die Planktonexpedition und Haeckels Darwinismus. Kiel.

1898. Keibel, Fr., Das biogenetische Grundgesetz und die Cenogenese. Erg. d. Anat. u. Entwgesch. Bd. 7.

1914. Kranichfeld, H., Einige Beobachtungen, welche die Annahme einer physiologischen Bedeutung der Schlundtaschen bei den Embryonen der höheren Wirbeltiere nahe legen. Anat. Hefte Bd. 50 (Heft 150).

1914. Roux, W., Die Selbstregulation, ein charakteristisches und nicht notwendig vitalistisches Vermögen aller Lebewesen. Nova acta Leop. Carol. Acad. Halle, Bd. 100.

1910. Schultz, Eugen, Prinzipien der rationellen vergleichenden Embryologie. Leipzig.

Drittes Kapitel.

Die Zweckmäßigkeit und ihr Geltungsbereich in der Tierwelt.

I. Begriff der Zweckmäßigkeit. Jensens primäre und sekundäre Zweckmäßigkeit. Die Zweckmäßigkeit ist ein relativer Begriff.

II. Reichweite der Zweckmäßigkeit. Stellungnahme zu den Eigenschaften, die für indifferent und schädlich gehalten werden. Ansicht von Jensen, Plate und Schultz. Eigene Auffassung von der Allgegenwart der Zweckmäßigkeit. Vorteile dieser Anschauung. Prinzip der Sparsamkeit. Widerlegung der Ansicht vom Vorhandensein unnützer Gebilde auf historischem Wege. Plates

Einwürfe. Besprechung einzelner Fälle von für unzweckmäßig gehaltenen Merkmalen. A. Indifferente Merkmale. 1. Organisationsmerkmale. Vorteilhaft zur Zeit ihrer Entstehung. Zweizahl der Extremitätenpaare der Wirbeltiere. Rabls Theorie. Flügelform der Vanessen. Artunterschiede nützlich durch die Variabilität. 2. Die noch nicht selektionswertigen Anfänge erst später nützlicher Eigenschaften. Nützlichkeit geringfügiger individueller Variationen. Bumpus, Weldons Beispiele. Nützlichkeit der Variabilität. 3. Die große Fülle von Farben, Formen und Zeichnungen von Schmetterlingsflügeln, Vogelgefiedern usw. 4. Kolossale Schnäbel mancher Vögel ebenfalls nicht indifferent. B. Schädliche Eigenschaften. 1. Exzessive Bildungen. 2. Schalenlosigkeit von Schnecken, die aus schalentragenden sich entwickelt haben. Relative Ungeschütztheit aufgewogen durch größere anderweitige Vorteile der Schalenlosigkeit. 3. Manche rudimentäre Organe wie der Wurmfortsatz des Blinddarms. Anhang: Das Aussterben der Arten trotz voller Zweckmäßigkeit aller Eigenschaften auf katastrophale Naturereignisse zurückzuführen. Kampf ums Dasein: Anteil des Menschen und seiner Haustiere. Leichteres Aussterben hoch spezialisierter Formen.

Das erste spezielle Kapitel soll der Zweckmäßigkeit im Tierreiche gewidmet werden. Wir müssen erst untersuchen, was unter diesem Begriff zu verstehen ist und in welcher Ausdehnung er auf die Tierwelt angewendet werden kann.

I. Begriff der Zweckmäßigkeit.

»Das Grundproblem der Biologie ist das der Zweckmäßigkeit« beginnt zur Strassen sein Kapitel in der Kultur der Gegenwart über diese Eigenschaft der Organismen.

Zweckmäßig nennt man einen Organismus, der seiner Umwelt voll angepaßt ist, sich also im Kampf ums Dasein gut behaupten kann.

Meist wird dieser Begriff aber nicht auf Tiere, sondern nur auf deren Organe oder Lebensvorgänge angewandt. Man legt diesen die Eigenschaft »zweckmäßig« bei, wenn sie ihrem Träger oder dessen Art direkt oder indirekt Nutzen bringen, die Organe also ihre Tätigkeit in normaler, nutzbringender Weise verrichten und die Prozesse in vorteilhafter Weise ablaufen.

Als Synonyma fügt zur Strassen die Ausdrücke bei »angepaßt, dauerfördernd, erhaltungsmäßig«, bei einem Organ spricht man auch im gleichen Sinne von einer »biologischen oder physiologischen Bedeutung«, von einer Funktion, und die Betrachtung der Organismenwelt auf ihre Zweckmäßigkeit nennt man die ökologistische oder die »finale Betrachtungsweise« im Gegensatz zur kausalen.

Oft wird die Zweckmäßigkeit auf Lebensfunktionen beschränkt.

So sagt zur Strassen: »Die Erhaltung des Individuums oder des Stammes erscheint als »Zweck« solcher Geschehnisse«, und Johannsen definiert diesen Begriff als »selbsterhaltende Reaktion«, als Ausdruck dafür, daß das System der Organismen sich im dynamischen Gleichgewicht befindet.

Ich möchte aber in unsere Definition die körperlichen Gebilde, Organe oder Gewebe mit einschließen. Es handelt sich dabei um keine Erweiterung des Begriffs, da man hier auch die Funktion des Organs oder Gewebes im Auge haben kann, und sich in diesem Falle die finale Betrachtung in der Tat auf eine Tätigkeit erstreckt. Es ist mehr eine Bequemlichkeit des Ausdrucks, die ihren Grund gerade in der Embryologie darin hat, daß uns die Funktion der meisten embryonalen Organe völlig unbekannt ist und wir damit zufrieden sein müssen, wenn uns der Nachweis gelingt, daß ein solches Gebilde überhaupt eine Tätigkeit ausübt. Dann kann man sagen, daß das Organ einer Funktion gemäß, also in der Tat zweckmäßig gebaut ist, während über den Charakter eben dieser unbekannten Tätigkeit nichts ausgesagt werden kann. Und wir müssen gerade die embryonalen Organe auf ihre Zweckmäßigkeit hin untersuchen, da ihnen diese Eigenschaft oft abgesprochen wird und viele von ihnen als indifferent oder gar schädlich bezeichnet werden.

Ich unterscheide daher zweckmäßige Gebilde und Vorgänge, ohne aber diesem Unterschied eine grundlegende Bedeutung beilegen zu wollen.

Auf die Zweckmäßigkeit hin sollen die Embryonen in ihren Organen und Entwicklungsvorgängen untersucht werden.

Dabei nehmen wir diese Eigenschaft als gegeben hin und haben uns nicht über ihre Ursächlichkeit zu äußern. Wir brauchen nicht in den Streit einzudringen, ob sie mechanischer, psycho-vitalistischer oder supravitalistischer Natur ist. Wer sich für diese Fragen interessiert, findet Näheres darüber in zur Strassens Aufsatz.

In der Literatur sind verschiedene Formen der Zweckmäßigkeit aufgestellt worden, die sich in der Hauptsache auf die Entstehung der Zweckgebilde gründen, für uns also, wie aus dem eben Gesagten hervorgeht, weniger von Wert sind. Ich erwähne hier die Ansichten von Roux und Jensen.

Roux will den Begriff der Zweckmäßigkeit einengen und diese Bezeichnung beschränken auf »das einem vorbedachten Zwecke entsprechend geleitete Geschehen und dessen Produkt (1915, S. 57). Nur solches Tun oder Geschehen ist Zwecktätigkeit, Teleoergasie, und das Produkt ist die wahre oder genetische Zweckmäßigkeit, Epitedeiotes . . konkret das wirkliche »Zweckgebilde«, Teleomorphose«. Diesem stellt er gegenüber »das aus irgendwelchen Ursachen entstandene, aber einem von nicht Mitwirkenden gedachten Ziele oder Zwecke Entsprechende«, die »Dauerfähigkeiten«, konkret die »Dauergebilde«, Bebaiomorphosen.

Für uns kommen alle nützlichen Gebilde in Betracht, sowohl Bebaimorphosen wie Teleomorphosen; wir nehmen das ganze große Gebiet der Zweckmäßigkeit — im weitesten Sinne — in unsere Betrachtungen auf, da wir ihren Geltungsbereich in der Ontogenese erst bestimmen wollen.

Auch Jensens Unterscheidung in eine »primäre« oder »sekundäre« Zweckmäßigkeit, auf die er großen Wert legt, hat für uns keine Bedeutung. Von Wert ist sie, will man, wie es Jensen tut, ihrer Entstehung nachgehen. Da unterscheidet man gut die beiden Formen. Als primäre Zweckmäßigkeit wird da »Elementarzweckmäßigkeit« betrachtet, die schon das erste lebendige Material besaß, die bereits mit der Organisation gegeben war und nicht durch Selektion entstanden sein konnte. Unter diesen Begriff fallen nach Plate Assimilation, Wachstum, Reizbarkeit, Kontraktilität, Atmung und Fortpflanzung.

»Aus diesen primären, elementaren Zweckmäßigkeiten würden dann nach der Darwinschen Lehre die ‚sekundär zweckmäßigen' ... Eigenschaften hervorgehen, die uns besonders in der hohen Leistungsfähigkeit, Erhaltungsfähigkeit und Regenerationsfähigkeit der Organe und Organsysteme der höheren Tiere entgegengetreten« (Jensen).

Der Qualität nach sind diese beiden Formen der Zweckmäßigkeit nicht zu trennen, deshalb sind sie für unser Problem, die ihre Tragweite in der Embryologie zum Gegenstand hat, von keinem Wert.

Wiederholen möchte ich hier noch, daß ich mit dem Begriff der Zweckmäßigkeit nicht irgend eine »Zwecktätigkeit«, eine »Zielstrebigkeit« verbinde. Ich kann mich nicht dazu entschließen, in der Organismenwelt eine bestimmt gerichtete Entwicklung anzunehmen. Eine neue Eigenschaft kann dauerfördernd sein, mag sie sich in den Organisationsplan des Tieres einfügen und ihn in der begonnenen Weise weiter ausbauen, oder mag sie ihn in eine andere Richtung drängen.

Wichtig ist für uns, sich klar zu machen, daß die Zweckmäßigkeit kein absoluter, sondern ein relativer Begriff ist. Eine Eigenschaft, die in einer Hinsicht nützlich ist, kann in einer anderen schädlich sein; da ist immer nachzuforschen, welche Seite die wichtigere ist. So ist die Erhaltung des Artbestandes eine viel bedeutungsvollere Aufgabe der Organismenwelt als die Erhaltung der Individuen, von denen unendliche Mengen dem erstgenannten Zwecke geopfert werden. Ein Zugrundegehen vieler Tiere ist also kein Beweis dafür, daß eine Eigenschaft schädlich ist; sie kann in einem bestimmten Fall dem Tier den Untergang bringen, dennoch aber für die Art im allgemeinen zweckdienlich sein.

Eine nützliche Eigenschaft kann aber für das Tier zu einer schädlichen werden, auch wenn sie dem Träger sonst nützlich ist. Sie kann dieses Vorteils sofort verlustig gehen, wenn die Lebensbedingungen plötzlich eine bedeutende Veränderung erfahren.

Nehmen wir z. B. an, ein Tier habe sich auf einem Felsen angesiedelt und lebe auf ihm angeheftet, sei es ein Echinoderm, Cirripedier oder eine andere Form. Aus dieser seßhaften Lebensweise zieht es viele Vorteile. Nun würde der Felsen durch ein Naturereignis mit Vulkanasche oder Schlamm bedeckt. Die beweglichen Tiere können den neuen Bedingungen, denen sie nicht angepaßt sind, entgehen, indem sie sich geeignetere Wohnorte aussuchen. Die angehefteten dagegen werden zugrunde gehen müssen: ihre sonst so vorteilhafte Unbeweglichkeit ist ihnen zum Unheil geworden.

Ändern sich dagegen die Lebensbedingungen langsam, so ist das angepaßte Organ imstande, auf diese Änderung mit Umgestaltung zu reagieren, die der neuen Umwelt in der gleichen Weise angepaßt ist, wie die alte Gestalt der früheren. Die alte Form, wäre sie geblieben, würde in der neuen Umgebung nicht mehr zweckmäßig zu nennen sein. Dagegen bleibt bei der Anpassung die Zweckmäßigkeit bestehen, aber ihre Grundlage ändert sich.

Im obigen Fall ist dagegen die nützliche Eigenschaft infolge des schnellen Wechsels der Lebensbedingungen für den Träger zur schädlichen geworden. Dennoch braucht sie für die Art nicht als unzweckmäßig bezeichnet zu werden; sie wird fortdauernd den an anderen Stellen lebenden Exemplaren der Art weiterhin vorteilhaft sein und zur Erhaltung des Artbildes beitragen.

Bei der Frage nach der Zweckmäßigkeit eines Organs oder einer Eigenschaft müssen wir also erst immer fragen, in welcher Richtung diese Nützlichkeit liegt, ob sie dem Individuum oder der Art gewidmet ist.

Jedenfalls ist die Frage nach der Zweckmäßigkeit einer Bildung vollberechtigt. Wenn sie von vielen Seiten so mißachtet wird, so liegt dies daran, daß mit diesem Begriff in phantastischer Weise umgegangen wurde. Auch fürchtete man, wie im einleitenden Kapitel ausgeführt wurde, daß er die Forschung in kausaler oder phylogenetischer Richtung ausschließe oder beeinträchtige. Diese Gefahr ist nicht vorhanden, da ja alle drei Betrachtungsweisen nebeneinander bestehen können.

II. Reichweite der Zweckmäßigkeit.

Was Zweckmäßigkeit von Merkmalen der Organismen anlangt, so sind unendlich zahlreiche Fälle seit langem bekannt und haben die Bewunderung und das Staunen der Forscher erregt, und noch immer werden neue interessante Beispiele beschrieben, die uns von einer schier unmöglich scheinenden Anpassung eines Organs an eine bestimmte Umgebung oder Lebensweise berichten.

Doch beschränkt man sich hierbei auf einzelne besonders ins Auge fallende Anpassungen. Auf den gesamten Organismus mit all seinen Organen und Lebensvorgängen will man die Zweckmäßigkeit nicht ausdehnen, ja man spricht von gleichgültigen, indifferenten, funktionslosen oder gar schädlichen Gebilden.

Wollen wir die finale Betrachtungsweise in die Embryologie hineintragen, so müssen wir uns erst klar werden über die Reichweite der Zweckmäßigkeit in der Welt der Organismen überhaupt; die sich entwickelnden Tiere fallen natürlich auch mit unter diesen Begriff, und die Frage nach der physiologischen Bedeutung embryonaler Organe stellt nur einen Einzelfall von der nach der Zweckmäßigkeit im allgemeinen dar. Aus verschiedenen Ursachen, die später (im 5. Kapitel) aufgezählt werden, beschränkt sich aber die Erörterung über die Nützlichkeitsfrage meistens auf die geschlechtsreifen, erwachsenen Tiere. Eine solche Besprechung wollen wir hier auch unserer eigentlichen Aufgabe voranstellen und uns vorerst auf die ausgebildete Form beschränken.

Wir müssen also zu den fast von allen Autoren angenommenen unzweckmäßigen Gebilden Stellung nehmen.

Bevor wir unsere eigene Ansicht über sie darlegen, wollen wir untersuchen, wie die Autoren, die sich speziell mit dem Zweckmäßigkeitsproblem befassen, darüber denken. Aus der gewaltigen Literatur wähle ich drei Beispiele aus und führe die Angaben dreier Forscher an, die besonders großes Gewicht auf die Zweckmäßigkeit der Organismen legen, sich aber doch nicht dazu entschließen können, sie allgegenwärtig zu nennen; es sind sind dies Jensen, Plate und Schultz.

Jensen schätzt in seinem Buche »Organische Zweckmäßigkeit, Entwicklung und Vererbung« die Zweckmäßigkeit der Organismen sehr hoch ein. Obwohl er aber zugibt, daß (S. 160) »wir auch deshalb häufig in der Nützlichkeitsfrage keine Entscheidung zu treffen vermögen, weil wir zurzeit über die physiologische Bedeutung mancher Einrichtungen der Organismen noch zu wenig wissen«, so zählt er doch eine Anzahl von indifferenten und schädlichen Eigenschaften auf, die wir später im einzelnen durchsprechen müssen. Ausdrücklich beschränkt er allerdings die schädlichen Charaktere auf eine »spärliche Menge« und ihr Vorkommen »meistens nur in einem derartigen Maße und Umfang, daß die Erhaltungsfähigkeit der betreffenden Organismenart dadurch nicht in Frage gestellt wird«. Doch hält er ihr Vorhandensein aufrecht und betrachtet es als einen besonderen Vorzug seiner Hypothese vom Entstehen des Lebens, daß sie neben der Entstehung der zweckmäßigen Eigenschaften auch die der nicht zweckmäßigen erklärt.

Ob Jensen diese letzteren ausschließlich der sekundären Zweckmäßigkeit zurechnet oder auch der primären, darüber läßt er sich nicht besonders aus. Mir scheint, er beschränkt sie auf die sekundäre, da er von einem »Entwickeln der schädlichen Eigenschaften« spricht. Es handelt sich auch hier um »bestimmt gerichtete Entwicklungen, denen erst durch das Aufhören der Erhaltungsfähigkeit ein Ziel gesetzt würde«. Dieser Entscheid ist nicht unwichtig, denn damit verweisen wir die schädlichen Eigenschaften unter die Anpassungen und können sie genauer analysieren, als wenn sie mit der Organisation gegeben wären.

Plate zieht die Grenzen der Zweckmäßigkeit weiter als Jensen, dem er sogar in seiner Ansicht von der Unzweckmäßigkeit der Organisationsmerkmale entgegentritt. Er spricht von einer schier unermeßlichen Zahl der den Organismen innewohnenden nützlichen Einrichtungen und Eigenschaften. Diesen widmet er eine ausführliche Besprechung und teilt sie in acht Gruppen ein. Seine Kategorien lauten: 1. korrelative Zweckmäßigkeit oder Einheitlichkeit der individuellen Organisation, 2. Struktur- oder innere, 3. äußere, 4. instinktive Zweckmäßigkeit, 5. sanative, 6. funktionelle, 7. arterhaltende, 8. ontogenetische Zweckmäßigkeit.

Nach dieser alle Merkmale eines Tieres berücksichtigenden Aufzählung möchte man glauben, es bliebe für gleichgültige oder schädliche Gebilde kein Platz mehr; aber auch Plate hält die Begrenztheit der Zweckmäßigkeit aufrecht und bespricht indifferente und schädliche Charaktere. Noch in einer letzten Arbeit fordert er, daß man zugibt, daß es völlig nutzlose Rudimente gibt.

Auch Schultz kann sich von dem allgemein herrschenden Dogma von der Unzweckmäßigkeit vieler Organe nicht frei machen, hat aber bei seinen eingehenden Studien über die physiologische Bedeutung embryonaler Gebilde doch einen solchen Eindruck von ihrer weitgehenden Nützlichkeit gewonnen, daß er schreiben kann (S. 165): »Wir sehen oft schon unnütze Gebilde sich erhalten, nicht aber noch fürs erste unnütze auftreten.«

Schultz geht also einen Schritt weiter als Jensen, der annimmt, daß nichtzweckmäßige Eigenschaften entstehen können und »sich fortschreitend zu immer größerer Kompliziertheit entwickeln« (S. 8). Schultz leugnet diese Entwicklung unnützer Gebilde, er läßt sie nur nicht zugrunde gehen, wohl in dem Fall, daß ein früher nützliches Organ seine funktionelle Bedeutung durch irgendwelche Änderungen in seiner Umwelt eingebüßt hat.

Jensen, Plate und Schultz geben also in gleicher Weise, wenn auch in verschiedenem Umfange die Existenz nicht nützlicher Gebilde und Eigenschaften zu. Dennoch erscheint es mir, als ob ihnen ihr Vorhandensein Schwierigkeiten bereite; wenn auch Plate meint, daß sie von der Deszendenzlehre gefordert würde, so gibt er doch wie Jensen andererseits zu, daß von vielen Organen, die man früher als funktionslos bezeichnete, später eine Tätigkeit aufgefunden worden ist. Von einer Ausdehnung dieses Befundes auf Organe mit zurzeit noch unbekannter Funktion will er aber nichts wissen.

Dergleichen Schwierigkeiten fallen mit einem Schlage weg, wenn man die Schädlichkeit oder Gleichgültigkeit solcher Organe leugnet. Und in der Tat, ich glaube nicht, daß unzweckmäßige Organe und Eigenschaften in der Natur vorhanden sind und sich erhalten oder gar weiter ausbilden können.

Diese meine sehr extreme Ansicht muß ich natürlich ausführlich zu begründen suchen, möchte aber vorher auf einen ihrer Vorzüge aufmerksam machen.

Zur Strassen weist in seinem oben zitierten Aufsatze in der Kultur der Gegenwart über die Zweckmäßigkeit auf das Prinzip der Sparsamkeit hin und bezeichnet mit Recht dieses von Mach und Avenarius begründete Prinzip für absolut zwingend. Nach diesem Grundsatz »hat jeder beliebig große oder kleine Teil der Welt oder des Weltgeschehens, jedes räumlich oder begrifflich oder sonstwie zusammenhängende Gebilde so lange als homogen zu gelten (Driesch), als nicht das Vorhandensein einer Ungleichartigkeit in ihm direkt beobachtet oder durch zwingende Gründe erschlossen ist«.

Nach diesem Prinzip ist also jedes Organ, jede Eigenschaft so lange als gleichartig zu bezeichnen, bis durch zwingende Gründe eine Verschiedenheit der Gleichartigkeit bewiesen ist. Nun wird von allen Forschern der Zweckmäßigkeit ein weit größerer Spielraum in der Natur eingeräumt als der Indifferenz oder Schädlichkeit. Daher wird man als »Homogenität« die Zweckmäßigkeit annehmen, wie ich es auch tue. Eigentlich brauchte ich auch nicht nachzuweisen, daß die als gleichgültig oder schädlich bezeichneten Eigenschaften zweckmäßig sind, sondern ich müßte von den Vertretern dieser Ansicht einen zwingenden Beweis für ihre Anschauung fordern.

Meine Anschauung hat also den großen Vorzug der Einfachheit. Sie betrachtet die Natur als einheitlich zweckmäßig. Dadurch werde ich auch all der Schwierigkeiten enthoben, die sich jenen entgegenstellen, wenn sie die Entstehung solcher unzweckmäßiger Eigenschaften erklären wollen; diese finden sich für mich erst dann ein, wenn ich einen Charakter als sicher gleichgültig, unnütz erkannt habe.

Leugne ich also das Vorhandensein von indifferenten und schädlichen Organen und Eigenschaften, so muß ich die Gründe zurückweisen, die die Autoren für deren Existenz angeben. Meist wird ihr Vorhandensein einfach angenommen, ohne genaue Nachforschung, ob ihnen nicht doch ein Nützlichkeitswert zugesprochen werden kann. Es handelt sich in den deszendenztheoretischen Schriften darum, ihre Entstehung klarzustellen, nicht darum, ihre Existenzmöglichkeit zu erörtern.

Der Hauptgrund, den ich gegen das Bestehen unnützer Merkmale ins Feld führen möchte, ist schon früher von mir mehrfach angeführt worden und wird auch von allen Forschern zugegeben: daß wir nämlich zurzeit noch so wenig von der Tätigkeit der Organe wissen, daß wir auch bei Gebilden, deren Funktion nicht offen zutage liegt, annehmen müssen, daß ihnen eine physiologische Bedeutung zuzusprechen ist. Ich habe öfters betont, daß man von einem Organ unbekannter Bedeutung nicht sagen soll: es ist funktionslos, sondern: wir kennen seine Funktion noch nicht.

Oft genug hat es sich herausgestellt, daß ein wertloses Gebilde sich bei genauerem Studium doch als wichtig, sogar lebenswichtig entpuppte. Besonders die Erkenntnis der inneren Sekretion hat einer ganzen Reihe von Organen, die man früher, noch vor wenigen Jahrzehnten, als unnütze Rudimente betrachtete, eine wichtige Stellung im Haushalte des Körpers zugewiesen, — ich erinnere an die Schilddrüse, die uns das Prinzip der inneren Sekretion zum erstenmal lehrte. Ihr folgten die Nebenniere, die Hypophyse, der Thymus, die Epithelkörperchen, die Epiphyse, der Blinddarm mit seinem Wurmfortsatz. Von Jahr zu Jahr mehren sich unsere noch in den Anfängen steckenden Kenntnisse über diese höchst wichtige Organtätigkeit, von Jahr zu Jahr veringert sich die Zahl der »gleichgültigen« Gebilde.

Wenn wir nun schon beim Menschen erst jetzt anfangen, die Bedeutung so großer Organe zu enträtseln, — um wieviel mehr ist anzunehmen, daß wir bezüglich der funktionellen Bedeutung der

Organe der niederen Wirbeltierklassen oder gar der Wirbellosen im Dunkeln tappen! Um wieviel langsamer werden wir hier unsere Kenntnisse erweitern, die nur der Wissenschaft zugute kommen und keine praktisch verwendbaren Ergebnisse zeitigen! Und wie schwer werden wir hier eine Funktion erkennen können, bei Tieren, deren Lebensbedingungen unseren Sinnen völlig unbegreiflich sind und nur schwierig auf Umwegen überhaupt erschlossen und präzisiert werden können!

Ich meine also, daß der historische Verlauf der naturwissenschaftlichen Erkenntnis uns zeigt, daß allmählich mit den unnützen oder gar schädlichen Organen aufgeräumt wird und daß er uns das Recht gibt anzunehmen, daß wir auf diesem Wege immer weiter fortschreiten, bis auch das letzte rätselhafte Gebilde uns in seiner Bedeutung klar wird.

So sehr der erste Teil dieses Satzes von den Autoren anerkannt wird, so scheuen sie sich doch, ihn bis in die letzten Konsequenzen zu verfolgen.

Plate wendet sich gegen meine Auffassung, doch können mich die Gründe, die er anführt, nicht von ihr abbringen; die Wichtigkeit dieser Frage ist so groß, daß wir sie hier erörtern müssen.

Plate schreibt (1916, S. 58): »Es ist unrichtig, diese Auffassung« (vom Vorhandensein unnützer Organe) »damit zu bekämpfen, daß man einen Wechsel auf die Zukunft präsentiert und behauptet, wir würden schon bei noch genauerer Kenntnis der Lebensweise des betreffenden Tieres den Nutzen jenes rudimentären Organs erkennen, denn die Wissenschaft darf sich in ihren Schlüssen nicht durch die eventuellen Ergebnisse zukünftiger Untersuchungen beeinflussen lassen, sondern muß sich immer an den derzeitigen Stand der Forschung halten.«

Stellt man sich auf den Standpunkt des gegenwärtigen Wissens, so hat Plate vollkommen recht darin, daß uns eine Menge von Gebilden zwecklos erscheinen, weil man von ihnen noch keine Funktion kennt. Ich lege aber auf das »noch« besonderen Wert, das andeuten soll, daß die Anschauung von der Gleichgültigkeit des Organs nur zurzeit berechtigt ist. Ich halte diese Auffassung nicht für berechtigt, das wird klar, wenn man den Gedanken weiter ausspinnt. Wenn dies zu unhaltbaren Sätzen führt, so bitte ich dies als im Interesse der Sache geschehen aufzufassen. Nichts liegt mir ferner, als die Ansicht eines um die stammesgeschichtliche Forschung so hochverdienten Forschers ins Lächerliche zu ziehen.

Von Plates Idee ausgehend muß man den Forschern recht geben, die noch vor wenigen Jahrzehnten all die oben aufgeführten

Organe mit innerer Sekretion für funktionslos erklärten, da man ihre Tätigkeit damals nicht verstand. Man wird aber doch nicht sagen können, die Hypophyse, der Thymus usw. waren um die Mitte des vorigen Jahrhunderts ein indifferentes Organ, sondern die Anatomen hielten sie damals dafür. Unsere Zeit schiebt sich ebenso in Vergangenheit und Zukunft ein, wie die damalige in die für uns ältere und jüngere Vergangenheit, und die uns jetzt nutzlos vorkommenden Merkmale können und werden dasselbe Schicksal erleiden, wie Hirnanhang und Thymus. Ich bleibe daher bei meinem Satz: man darf nicht sagen, daß ein Organ funktionslos ist, weil wir seine physiologische Bedeutung nicht kennen, sondern daß es uns nur so erscheint, daß wir es für indifferent halten.

Ebensowenig kann ich Plates zweiten Satz unterschreiben, »daß vom Standpunkt der Deszendenzlehre aus die Existenz nutzloser Organe direkt erwartet werden muß, denn wenn ein Organ immer kleiner wird und sich morphologisch immer mehr rückbildet, so muß es schließlich auch in physiologischer Hinsicht zu einem indifferenten Merkmal hinabsinken«.

Meine Ansicht ist dieser entgegengesetzt: ich meine, wie weiter unten im Kapitel über rückgebildete Organe (Kap. 8) ausgeführt werden wird, daß morphologische und physiologische Rückbildung streng gleichen Schritt halten, daß auch ein rückgebildetes Organ noch soweit funktioniert, als es seiner Gestaltung entspricht.

So allgemein ausgedrückt sind diese Bemerkungen Glaubenssätze. Mit allgemeinen Worten läßt sich nicht streiten, — alle einzelnen Fälle bedürfen einer genauen Untersuchung, aus deren Ergebnissen dann allgemeiner gültige Schlüsse gezogen werden dürfen. Sehr dankenswert ist Plates eigene Erforschung des Baues der rudimentären Hinterflügel von *Phyllium pulchrifolium*, die ihm den Anlaß zu obigen Sätzen gibt. Bis ins genaueste wird ihre Stuktur dargelegt und ihre Rückbildung verfolgt. Die Untersuchung beschränkt sich aber eben auf die morphologische Rudimentation, von der meines Erachtens kein Schluß auf die fehlende physiologische Bedeutung gezogen werden darf. Wenn Plate glaubt, »daß die Hinterflügel in morphologischer wie in physiologischer Hinsicht so stark rückgebildet sind, daß sie als überflüssige Organe gelten können«, so fordere ich erst zum Beweis dieses Satzes die genaue Beobachtung des Tieres in seiner Umwelt, die uns vielleicht einen Fingerzeig zur Erkenntnis der Tätigkeit dieser Organe gibt.

Wenden wir uns von diesen allgemeinen Betrachtungen lieber zu speziellen Beispielen, an denen man die Nutzlosigkeit oder Zweckmäßigkeit für gleichgültig gehaltener Organe nachweisen kann.

Es ist Jensen als besonderes Verdienst anzurechnen, daß er die seiner Meinung nach indifferenten und schädlichen Merkmale gruppenweise zusammenfaßt, so daß man sichere Angaben in der Hand hat, mit denen sich rechnen läßt. Ich halte mich auch in meiner Besprechung an die Jensenschen Kategorien und habe dabei den Vorteil, sie schon in Plates Buch zum Teil kritisiert vorzufinden, so daß ich die Ansichten dieses Autors mit besprechen kann.

Es handelt sich um »indifferente, gleichgültige« und »schädliche« Merkmale der Organismen, die auf ihren Nützlichkeitswert hin zu prüfen sind. Diese beiden Kategorien sind vom biologischen Standpunkt aus streng auseinander zu halten. Denn zu der ersten zählen Eigenschaften, die für den Träger im Kampf ums Dasein völlig wertlos sind und als überflüssig bezeichnet werden müssen, zu der zweiten aber solche, deren Schädlichkeit erst durch ein Plus von Nützlichkeit eines anderen Organs aufgehoben werden kann, — ein Gedanke, der in unseren Ideenkreis sich nicht einfügt, da wir eben meinen, daß alles so weit an seine Umwelt angepaßt ist, als es möglich ist.

Wir müssen also untersuchen, ob und in welcher Richtung ein als gleichgültig oder schädlich bezeichnetes Organ nützlich ist; daß ein Organ in gewisser Hinsicht schädlich sein kann, wird niemand leugnen, doch ist bei einem solchen stets nachzuforschen, ob diese Schädlichkeit nicht durch Vorteile in anderer Richtung übertönt wird, — wohlgemerkt durch Nützlichkeit desselben Gebildes, nicht eines anderen. So kann, wie wir später noch erörtern werden, ein für die Erhaltung der Art höchst wichtiges Merkmal für das Individuum sehr nachteilig sein, wie die auffallenden, oft monströsen Bildungen, die die geschlechtliche Zuchtwahl gezeitigt hat. Die Erhaltung der Art ist aber weit wichtiger als die des Individuums, und so überwiegt bei einem solchen Organ die Nützlichkeit seine Schädlichkeit.

Wenden wir uns erst den indifferenten Merkmalen zu und fragen, ob sie wirklich für die Organismenwelt gleichgültig sind.

A. Indifferente Merkmale.

Jensen teilt die indifferenten Eigenschaften in neun Gruppen ein (S. 166):

1. Die »rein morphologischen« oder »Organisationsmerkmale«.
2. Die noch nicht »selektionswertigen« Anfänge erst später nützlicher Eigenschaften.
3. Die große Fülle der Farben, Formen und Zeichnungen von Schmetterlingsflügeln, Vogelgefiedern usw.

4. Die teilweise so bizarren und kolossalen Schnäbel mancher Vögel.
5. Der Saisondimorphismus und die nicht mimetischen Fälle von Polymorphismus (?).
6. Die meisten rudimentären Organe.
7. Manche Restitutionen (Fälle von Heteromorphose) wie beim Regenwurm die Bildung eines Schwanzes an Stelle des abgeschnittenen Kopfes usw.
8. Viele psycho-physische Eigentümlichkeiten des Menchen, die zu Tätigkeiten führen, welche nicht durch Nützlichkeitsrücksichten eingegeben sind.
9. Die meisten Fälle von Atavismus.

Für uns kommen von dieser Aufzählung ausschließlich die ersten vier Gruppen in Betracht.

Ob der Saisondimorphismus und die nicht mimetischen Fälle des Polymorphismus hierher gehören, ist Jensen selbst fraglich. Ich glaube zuversichtlich, daß ersterer sich als zweckmäßig herausstellen wird, da die Umwelt des Falters in den verschiedenen Jahreszeiten, in denen die Generationen fliegen, auch verschieden ist und jede Form ihrer Umgebung angepaßt erscheinen kann.

Heymons erwähnt ein gutes Beispiel für diese Auffassung. Eine indische Satyride hat mehrere Generationen, die in der Trockenzeit (*Melanitis Ismene*) anders aussehen als in der Regenzeit (*M. Leda*). Ein typischer Saisondimorphismus, »bei dem die zur Trockenzeit vorkommenden *Ismene*-Falter in ihrem eintönigen Kolorit mit der staubigen Dürre vertrockneter Pflanzen harmonieren, während die zur Regenzeit lebenden *Leda*-Schmetterlinge mit ihren schillernden Augenflecken sich ebenso trefflich in die an verdunstenden Tauperlen und glitzernden Regentropfen reiche Farbenpracht der Tropenvegetation einfügen«.

Die »rudimentären« Organe erhalten in diesem Buche ihre Besprechung in einem besonderen Kapitel (Kap. 8).

Auch die anscheinend unzweckmäßigen Restitutionen finden in einem Kapitel über Regeneration (Kap. 10) ihren Platz.

Die psycho-physischen Eigenschaften fallen ganz aus dem Kreis meiner Betrachtungen heraus und können hier nicht besprochen werden.

Endlich ist die Bezeichnung »die meisten Fälle« von Atavismus zu allgemein gehalten, als daß sich der Kritik Anhaltspunkte böten, die sich ja nur auf spezielle Fälle einlassen kann.

Beginnen wir mit den

1. Organisationsmerkmalen.

Jensen zählt hierunter (S. 9) »die große Gruppe der charakteristischen Merkmale der einzelnen Kreise, Klassen, Ordnungen und Gattungen«. »Es handelt sich hier um Eigenschaften, die gar nicht mit dem Maße der Zweckmäßigkeit gemessen werden können«, fährt er fort und bezeichnet es als nicht zweckmäßig, daß z. B. die Insekten gerade drei Paare von Beinen besitzen, die Dekapoden fünf Paare, die Schizopoden acht Paare, die Myriapoden beliebige andere Zahlen von Beinen.

Schon Plate wirft dieser Auffassung entgegen, »daß solche Gruppenmerkmale durchaus nicht immer indifferent oder gleichgültig sind«. »Die meisten Organisationsmerkmale haben also einen durchaus adaptiven Charakter.« Doch beschränkt er diese Anschauung auf »die meisten« Merkmale und schwächt später ausdrücklich die universelle Bedeutung dieser Bemerkung ab, indem er zugibt (S. 89), »daß namentlich Arten sehr häufig durch indifferente Merkmale sich unterscheiden, und da von einer Art sich eine ganze Gattung oder Familie ableiten kann, so können sie auch auf die höheren Kategorien unter Umständen übergehen«.

Meiner Auffassung nach ist es verfehlt, bei Organisationsmerkmalen von gleichgültigen Eigenschaften zu sprechen. Bleiben wir einmal bei der Anzahl von Gliedmaßen, so zeigt schon die verschiedene Art der Verwendung, daß die Zahl durchaus zweckmäßig zum übrigen Bau des Körpers stimmt. Das lehrt schon die so verschiedenartige Verwendung der einzelnen Paare in den Klassen der Wirbellosen und Wirbeltiere.

Daß sich die bestimmte Zahl in den einzelnen Klassen konstant erhalten hat, ist darauf zurückzuführen, daß beim Entstehen der betreffenden Urform sich gerade diese Zahl als zweckmäßig und vorteilhaft erwies; als vorteilhaft wurde sie dann beibehalten. Einen ganz ähnlichen Gedanken spricht Plate aus, wenn er schreibt, »man darf nicht vergessen, daß die meisten Gruppenmerkmale sich aus Zuständen entwickelt haben, denen gegenüber sie einen Fortschritt bedeuten«.

Die Frage nach dem Nützlichkeitswerte darf hier also nicht lauten, ob die Konstanz der Zahl der Gliedmaßen an sich etwas Zweckmäßiges ist, sondern ob diese Eigenschaft im Stadium ihrer phyletischen Entstehung einen Vorteil bot.

Diese Frage zu beantworten ist nicht leicht, es ist aber nicht müßig, sich darüber Gedanken zu machen.

Der Frage nach der Zahl der Gliedmaßen der Wirbeltiere ist Rabl in seinem Werke »Bausteine zu einer Theorie der Extremitäten der Wirbeltiere« nachgegangen, in dem er zu ergründen sucht, weshalb diese zwei Paare von Gliedmaßen besitzen.

Rabl geht bei seinen Betrachtungen von der Thatcher-Mivartschen Seitenfaltentheorie der Genese der Extremitäten aus, die ich gleichfalls für gesicherter halte als Gegenbaurs Kiemenbogen-Archipterygium-Hypothese. Rabl nimmt an, daß es Fische gegeben hat, die jederseits einen Flossensaum besessen haben, der sich von der Kiemengegend bis zum After erstreckte. In Fig. 7 ist ein solcher Fisch mit unpaaren (*UF*) und paarigen (*PF*) Flossen abgebildet. Er legt sich nun die Frage vor, weshalb sich von dieser paarigen Falte konstant nur der kraniale und der kaudale Randteil als zwei Flossen erhielten, die dann die Grundlage zu den beiden Extremitätenpaaren abgaben, während die Zwischenstrecke zugrunde

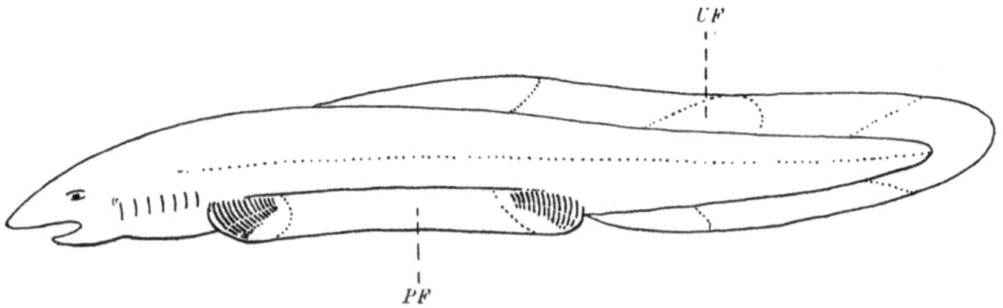

Fig. 7. Schema der Entstehung der unpaarigen und paarigen Flossen aus den unpaarigen (*UF*) und den paarigen (*PF*) Flossensäumen. (Nach Rabl.)

ging. Ganz anders verhält es sich ja mit dem ebenfalls ursprünglich einheitlichen medianen unpaaren Flossensaum, der bei den Fischen in sehr wechselnder Gestalt erhalten bleibt und in eine sehr verschiedene Zahl von Einzelflossen zerfallen kann, die bei *Polypterus* und den Scombriden unter den Teleostiern zwölf und mehr betragen kann. Die bleibenden paarigen oder unpaaren Flossen sind in der Fig. 7 durch punktierte Linien umgrenzt.

Die Ursache dieses so auffallend verschiedenen Verhaltens in der Ausbildung des paarigen und des unpaaren Flossensaums erblickt Rabl in ihrer verschiedenen Funktion.

Die Tätigkeit der unpaaren Flossen ist eine propulsatorische, wovon man sich leicht durch Beobachtung eines schwimmenden Fisches überzeugen kann. Sie helfen durch Vergrößerung der drückenden Körperoberfläche bei den Seitenbewegungen des hinteren Rumpfabschnittes den Fisch vorwärts bewegen. Je nach den Anforderungen kann daher ihre Zahl und Breite erheblich wechseln.

Die Aufgabe der paarigen Flossen ist dagegen, das Gleichgewicht des Fisches im Wasser zu erhalten. Auch davon gibt ein schwimmender und dann plötzlich im Wasser stehender Fisch ein gutes Bild. Rabl nimmt nun wohl mit Recht an, daß der ursprünglich einheitliche seitliche Flossensaum dieselbe Funktion hatte: »die seitlichen Flossensäume werden Organe« gewesen sein, »deren Hauptaufgabe darin bestand, das Gleichgewicht der Tiere im Wasser zu erhalten. Sie werden eine Art Fallschirm vorgestellt haben«.

Die Herausmodellierung der paarigen Gliedmaßen aus diesem gleichmäßigen Flossensaum ist physikalisch wohl zu verstehen, wie mir Herr Prof. Stark freundlichst mitteilt, und hier können wir Rabls Idee noch exakter begründen.

Beim Vorwärtsschwimmen des Fisches hatte der Vorderrand des Flossensaumes dem Anprall des Wassers stand zu halten und mußte wegen dieser erhöhten Inanspruchnahme verstärkt werden. Er versteifte sich und wurde dadurch geeigneter, das Gewicht des Tieres im Wasser zu halten. Ein in dieser Weise nur an seinem Vorderrand verstärkter Flossensaum würde ihm aber die Bedeutung eines Gleichgewichtorgans genommen haben; der vordere starke Teil würde den Fisch besser getragen haben als der übrige schlaffe Abschnitt, so daß der Fisch nicht mehr wagerecht im Wasser gestanden hätte, sondern mit seinem Hinterende gesenkt. Um dies zu vermeiden, mußte sich auch der Hinterrand des Flossensaumes gleichzeitig in gleicher Weise versteifen, dann blieb die ursprüngliche Funktion erhalten. Nun konnten die beiden versteiften Enden der Seitenfalte allein dasselbe oder noch mehr leisten, als vorher der weiche, biegsame, lange Saum; sie genügten vollständig infolge ihrer Festigkeit, die durch Knochenstützen noch ausgiebiger gestaltet wurde, um den Fisch im Gleichgewicht zu erhalten. Daher konnte die unnötig gewordene Zwischenpartie ausfallen, und sie bildete sich gleichzeitig mit der Verstärkung der Randteile zurück. Eine zwischengelegene dritte und vierte Flosse würde keinen Vorteil geboten haben, sie bildete sich nicht aus, — auch wäre ihre Entwicklung mechanisch nicht verständlich.

So erklärt es sich, daß aus dem seitlichen Flossensaum sich nur zwei Flossen herausbildeten uud nicht drei oder vier. Diese zwei Extremitätenpaare erwiesen sich von vornherein als ein vorteilhaftes Merkmal, und die Nachkommen dieser Urwirbeltiere behielten sie bei und modelten sie je nach ihren Bedürfnissen um.

Haftet dieser geistreichen Rablschen Idee auch genug des Hypothetischen an, — man kommt bei derartigen Forschungen ja nie über

Vermutungen heraus, — so zeigt sie doch, daß bei näherem Eingehen ein anscheinend indifferentes Merkmal sich wohl als ein nützliches entpuppt.

Ich bin auf diesen Fall eingegangen, weil er uns gut den Weg zu den Beobachtungen zeigt, die die physiologische Funktion eines Organs enträtseln können. Ich beschränke mich auch auf diese Ausführungen; es wäre ein Ding der Unmöglichkeit, all die Fülle von Organisationsmerkmalen auf ihre Zweckmäßigkeit hin zu untersuchen, jedes einzelne verlangte eine genaue Besprechung.

Ich glaube aber, daß alle das gleiche Schicksal erleiden würden, wie die Zweizahl der Extremitätenpaare der Vertebraten, sei es, daß sich das Merkmal als besonders nützlich zur Zeit seines phyletischen Auftretens erwies und sich als allgemein vorteilhaft vererbte, sei es, daß es noch jetzt dem Individuum offenbaren Nutzen bringt. Dies möchte ich z. B. für die Zackengestalt der Flügelränder der Vanessen annehmen, die Plate (S. 85) als eine indifferente Eigenschaft anführt. Sieht man einen solchen Falter, etwa einen Admiral oder großen Fuchs mit geschlossenen Flügeln an einem Baumstamm sitzen, so trägt gerade der ausgezackte Rand des Flügels viel dazu bei, um den Schmetterling unsichtbar zu machen, selbst wenn die düstere Unterseite nicht so exakt die Farbe des flechtenbewachsenen Stammes kopiert wie die der glattrandigen Satyriden. Die Vanesse gleicht mehr einem abgerissenen Stück Borke oder Flechte. Ich halte dieses Merkmal direkt für zweckmäßig.

Ich fasse daher die Organisationsmerkmale nicht als indifferente Eigenschaften auf, sondern betrachte sie als nützliche Charaktere.

Auch Arten sollen sich oft durch indifferente Merkmale unterscheiden, wie Plate mit Jensen annimmt, und diese Ansicht muß auch kurz besprochen werden. Plate warnt zwar: »Man sei also mit seinem Urteil nicht voreilig und rasch bei der Hand«, denn »je mehr man die Lebensweise eines Organismus studiert, um so mehr ‚Anpassungen' entdeckt man an ihm«, und führt als sprechendes Beispiel dafür die *Dinarda*-Käferchen an, deren Arten sich durch geringfügige, gleichgültig scheinende Unterschiede in Größe und Färbung unterscheiden. Der genaue Kenner der Myrmekophilen, Wasmann, hat aber doch erkannt, daß die einzelnen Arten genaue Anpassungsformen an ihre verschiedenen Arten von Wirtsameisen darstellen. »Immerhin«, fährt Plate fort, »gebe ich völlig zu, daß namentlich Arten sehr häufig durch indifferente Merkmale sich unterscheiden«.

Untersuchen wir ein anderes Beispiel.

Ich wähle dazu Arten der zu den Spannern gehörigen Gattung *Ennomos* (*Eugonia*), kräftige, dickleibige Schmetterlinge, die alle eine gelbbräunliche Färbung auf dem Leib und den ausgezackten Flügeln tragen und täuschend einem vertrockneten Blatt gleichen. Drei Arten habe ich hier beobachtet, die große *E. Autumnaria*, die sehr variable *Quercinaria* und die kleine *Alniaria* mit dem schwefelgelben Thorax. Die Arten stehen einander nahe und sind für Nichtkenner nicht leicht auseinanderzuhalten. Die Unterschiede dürften von den meisten Forschern für gleichgültig angesehen werden. Geschieht dies mit Recht, oder ist die eine Art durch ihre Kennzeichen besonders geschützt?

Gleichgültig sind die Unterschiede insofern nicht, als sie dem Schmetterlinge eben nützlich sind. Alle drei Arten sind in den Laubwäldern in gleicher Weise schwer zu sehen. *Autumnaria* gleicht einem großen Blatt, *Quercinaria* und *Alniaria* einem kleinen.

Ob aber *Quercinaria* schlechter geschützt wäre, wenn diese Art die Größe von *Autumnaria* besäße? Ich glaube nicht, daß dies der Fall wäre. Eine gewisse Gleichgültigkeit scheint hier in der Tat vorzuliegen, aber meines Erachtens dürfte man die Unterschiede, selbst wenn sie eine eingehende daraufhin gerichtete Untersuchung nicht als besondere Anpassungen erklären könnte, nicht schlechtweg als indifferent bezeichnen. Diese Artunterschiede fallen in die Gruppe der geringfügigen Differenzen, bei denen eben die Variabilität selbst von Nutzen ist. Dieser Punkt wird im nächsten Absatz besprochen werden.

Ich möchte also auch Artunterschiede nicht für indifferent, sondern für zweckmäßig ansehen.

2. Die noch nicht selektionswertigen Anfänge erst später nützlicher Eigenschaften.

Die zweite Gruppe der indifferenten Eigenschaften bilden nach Jensen die noch nicht selektionswertigen Anfänge erst später nützlicher Eigenschaften.

Wir haben uns in unserer Besprechung nicht mit der Selektionswertigkeit, sondern mit dem Nützlichkeitswerte der Eigenschaften zu beschäftigen, für uns lautete der Satz also: Minimale Verschiedenheiten von Eigenschaften haben keinen Nützlichkeitswert.

Gegen diese allgemeine Fassung würden sich die meisten Deszendenztheoretiker wenden; Plate selbst widmet der Schwierigkeit der Beurteilung des Nutzens unbedeutender Variationen einen eigenen Abschnitt seines Buches, in dem er durch viele anschauliche

Beispiele zeigt, wie selbst ganz geringfügige, gleichgültig scheinende Merkmale sich bei näherer Betrachtung als zweckmäßig und »selektionswertig« enthüllen. Trotzdem will Plate auch hier wieder seinen Einwand gegen obigen Satz nicht auf alle Fälle ausdehnen. Daher finden wir später (S. 177) den Passus: »Es ist zuzugeben, daß in sehr vielen Fällen die Variationen so geringfügig sind, daß sie keinen ‚Selektionswert' besitzen, d. h. nicht imstande sind, den Kampf ums Dasein in irgendeiner Weise zu beeinflussen.«

Auch hier stelle ich aber dieser Ansicht die andere gegenüber: ich halte auch die geringfügigste Abweichung für nützlich.

Es lassen sich mehrere Gründe für diese Anschauung ins Feld führen.

Einmal ist es unmöglich, zu bestimmen, von welcher Größe an eine Variation nützlich sein kann, wenn wir uns auf den Jensen-Plateschen Standpunkt stellen. Für jeden einzelnen Fall würde der Unterschied zwischen Gleichgültigkeit und Nützlichkeit minimal sein, — also eine geringfügige Änderung einen Nützlichkeitswert besitzen.

Hier muß die Beobachtung einsetzen, und zwar die der Tiere in ihrer Umwelt, in ihren natürlichen Bedingungen. Es muß in höchst exakter Weise statistisch danach geforscht werden, ob nicht schon geringste Veränderungen im Kampf ums Dasein Vorteile bieten. Dabei können wir uns fürs erste durchaus mit der Tatsache begnügen lassen, daß ein ganz geringfügiges Merkmal über Leben und Tod des Trägers entscheidet, ohne daß wir zu begreifen brauchen, wie es das Tier schützt. Natürlich ist diese Frage von hohem, wissenschaftlichem Wert, aber hier handelt es sich nur darum, die Zweckmäßigkeit minimaler Variationen überhaupt klarzulegen.

Es ist für diese Frage auch schon Material vorhanden. Ich verweise auf die bekannten Angaben von Bumpus und Weldon.

Wer hätte z. B. daran gedacht, daß ein kürzeres Femur, ein langer Humerus eine für einen Sperling vorteilhafte Eigenschaft wäre? Und doch zeichneten sich die Sperlinge, die ein Unwetter überlebt hatten, nach Bumpus' Messungen gerade durch diese Eigenschaften vor den getöteten aus.

Für völlig gleichgültig würde man vor Weldons Untersuchungen auch die Verschiedenheit in der Stirnbreite der Panzer des Taschenkrebses *(Carcinus maenas)* gehalten haben, zumal sie äußerst gering ist und nach Maßen, die an freilebenden Exemplaren genommen sind, um 1,43 bis 2,38 % schwankt. Weldon fand nun in den Jahren 1893 bis 1898 eine wenn auch sehr geringe Abnahme der Stirnbreite der Panzer, die z. B. bei Krabben von 11,9 mm Panzerlänge von 9,42 auf 9,28 mm zurückging, bei 14,5 mm langen von 11,05 auf 10,79 mm. Dieser geringe Rückgang scheint ganz unwesentlich zu sein, und doch steht er in engster Verbindung mit Veränderungen, die die Umgebung dieser Tiere in den fünf Jahren erlitten hatte. Das Wasser ihres Aufenthaltsortes war nämlich stark verschlammt, und Weldon konnte durch Beobachtung und Versuche feststellen, daß sich schmalstirnige Krebse besser in Schlammwasser halten können als breitstirnige. Es hatte also eine Auslese der schmalstirnigen Krebse stattgefunden. Worauf der Nutzen dieser Eigenschaft zurückzuführen ist, entzieht sich noch unserer Kenntnis, immerhin stellt dieser Befund die Zweckmäßigkeit selbst minimaler Abweichungen fest. Derartige Untersuchungen werden sicher noch vielen für gleichgültig gehaltenen Merkmalen einen Nützlichkeitswert zuschreiben.

Ich wiederhole also, daß ich auch die kleinste Abweichung für vorteilhaft halte, selbst »wenn wir uns nicht denken können«, wie dies der Fall sein sollte. Es fragt sich nun, ob wir diesem Satz bis in die letzten Konsequenzen nachgehen können. Dann müssen wir annehmen, daß auch die leichten individuellen Unterschiede, wie sie die Exemplare einer Schmetterlingsart aufweisen, für Individuum oder Art von Bedeutung sind.

Ich glaube, daß diese Variationen in zwiefacher Hinsicht Vorteil bieten.

Einmal wird eine kaum merkbare Schwankung in der Färbung oder dem Verlauf einer Zeichnung dem Exemplar selbst von Wert sein können. Ich denke dabei an die Unmenge von Arten, die Schutzfärbung tragen. Wie oft kommt es beim Sammeln vor, daß man an einem Baumstamm einen dreieckigen Fleck bemerkt, sich im unklaren ist, ob es sich um einen sitzenden Schmetterling oder um eine Flechtenkolonie handelt, vorübergeht, nochmals zurückkehrt und nun die Stelle eingehend prüft. Bei dem ersten »unbewußten« Ansehen wird eine ganz unbedeutende Eigentümlichkeit in Form, Grundfarbe und Zeichnung oder auch in der Art des Sitzens schon den Ausschlag geben können, ob das Exemplar unbeachtet bleibt oder gesehen wird und dem Tode geweiht ist.

Andererseits ist besonders den Formen mit Schutzfärbung eine gewisse Variabilität selbst von Nutzen, ein Punkt, den ich nicht für unwichtig halte, der aber in der Literatur noch keine Berücksichtigung gefunden hat, soweit ich sehe. Da ist es die Ungleichheit der Individuen, die dem Fortbestand der Art vorteilhaft ist.

Zur Darstellung dieser Anschauung bitte ich, mir wieder in die mir bekannte Welt der Schmetterlinge zu folgen. Nehmen wir an, daß ein Insekt ein trockenes Blatt nachahmt. Ist in diesem Fall Exemplar für Exemplar peinlich genau gleichgestaltet, so wird der Vorteil der Schutzfärbung schwinden, da die Feinde sich bald auf diese in allen Fällen gleiche Form einstellen werden und dieser dann nachjagen auf die Gefahr hin, einmal ein Blatt statt einer Beute zu erwischen. Dieser letztere Fall wird aber selten eintreffen, denn die trockenen Blätter sind einander sehr ungleich, und der stets dasselbe Aussehen besitzende Schmetterling wird daher in seiner Gleichförmigkeit auffallen. Die Variabilität in der ganzen Natur verlangt, daß Nachahmer wie das Nachgeahmte geringe individuelle Verschiedenheiten aufweisen, damit sie einander möglichst ähnlich werden.

So recht kam mir dies zu Bewußtsein, als ich im August 1917 in der Stubnitz etwa 2 Dutzend Exemplare von *Ennomos Quercinaria* beobachten konnte, einer Spannerart, von der schon oben die Rede war, die mit ihren hellbraunen, ausgezackten Flügeln ein trockenes Buchenblatt täuschend kopiert. Die Art ist ziemlich veränderlich in Grundfärbung, Schärfe der Zeichnung, in der dunklen Bestäubung. Jedes Individuum bringt den gleichen Eindruck eines trockenen Blattes hervor, keines der über 20 Tiere erschien mir besonders auffällig. Das eine glich mehr einem hellen, das andere einem dunklen Blatt, ein stark dunkel bestäubter Spanner einem Blatt, dem die hervortretenden Rippen ebenfalls ein unruhiges Aussehen geben — kurz, keines der geringfügigen Merkmale ist für den Träger oder die Art gleichgültig, ein jedes bedingt die Ähnlichkeit mit gewissen Blattformen.

Diese Ähnlichkeit wird noch erhöht durch geringe Verschiedenheiten in der Stellung, die diese Schmetterlinge je nach dem Aufenthaltsorte einnehmen. Sitzen sie im Gras oder an Stämmen, so tragen sie die Flügel halb aufgerichtet, so daß sie wie ein zusammengekrümmtes Blatt aussehen, auf dem Boden oder unter Blättern sitzen sie dagegen nach Art der meisten Spanner ausgebreitet, so daß die Ähnlichkeit mit einem breitliegenden Blatt hervortritt. Auch in der Flügelhaltung ist eine individuelle Verschiedenheit wahrzunehmen.

Somit sind für diese Schmetterlinge auch die kleinsten Abweichungen nützlich, für das Individuum wie für die Art. In welcher Richtung sich diese Variabilität äußert, das ist dabei gleichgültig; sie wird eben ihrer Geringfügigkeit wegen nicht aus dem Rahmen der Anpassung selbst herausfallen. Trotz dieser Gleichgültigkeit der Richtung möchte ich aber eine solche Variante doch keineswegs als indifferent bezeichnen; es handelt sich nicht um ein gleichgültiges Merkmal; wenn es vielleicht auch dem Individuum keinen großen Vorteil bietet, so leistet es ihn doch der Art.

Ich möchte diese Erklärung des Nützlichkeitswertes geringfügiger Abweichungen nicht auf die Schutzfärbungen beschränken; sie lassen nur ihre biologische Bedeutung am klarsten erkennen. Auch alle anderen Eigenschaften, Zierfarben, Prachtflecken, Schreckzeichnungen zeigen die gleiche individuelle Variabilität, und ich meine, daß auch hier die kleinen Verschiedenheiten biologisch wertvoll sind und über Leben und Tod sowie über die Möglichkeit der Fortpflanzung entscheiden können.

Ich glaube also, daß auch geringfügige Merkmale, die von vielen Autoren als gleichgültig bezeichnet werden, doch einen Vorteil für Individuum oder Art besitzen und damit als zweckmäßig zu betrachten sind.

3. Die große Fülle der Farben, Formen und Zeichnungen von Schmetterlingsflügeln, Vogelgefiedern usw.

Als eine dritte Gruppe von indifferenten Eigenschaften faßt Jensen die große Fülle der Farben, Formen und Zeichnungen von Schmetterlingsflügeln, Vogelgefiedern usw. auf. Er bemerkt dazu: »Wer mit Rücksicht auf diese Frage einmal eine formenreiche Schmetterlingssammlung betrachtet oder das Vogelhaus eines zoologischen Gartens besucht, dem wird die Absicht vergehen, alles, was er hier an wunderbaren Bildungen sieht, dem Zweckmäßigkeitsbegriff unterordnen zu wollen.« Ich muß gestehen, daß mich ein solcher Anblick im Gegenteil dazu anregt, die Nützlichkeit dieser unendlichen Mannigfaltigkeit zu verstehen.

Allerdings ist eine Ansammlung gefangener Vögel oder gar eine Sammlung toter und in unnatürlicher Stellung aufgespannter Schmetterlinge das ungünstigste, das man sich ausdenken kann, will man die Zweckmäßigkeit solcher Gebilde studieren. Dazu sind die Tiere eben in ihrer Umwelt zu beobachten, in der Farben und Formen erst zur Geltung kommen.

Jeder Schmetterlingssammler weiß, daß oft gerade die Arten, die in einem Kasten ganz besonders auffallen, in der freien Natur recht schwer zu erkennen sind. Der harlekinartig bunte Osterluzeifalter (*Thais polyxena*) flattert nur als grauer Schatten unten im Gebüsch entlang und verschwindet plötzlich dem nachspürenden Jäger, wenn er sich mit ausgebreiteten Flügeln auf den Boden setzt, auf dem die das Gestrüpp durchdringende Sonne kleine Fleckchen malt; der auffallend große, prächtig grüne Blattspanner (*Geometra papilionaria*) entgeht dem Auge, weil er die Farbe der Blätter trägt, unter denen er sitzt; der schöne weiße, mit schwarzen, goldgelben und hellvioletten Flecken gezeichnete Traubenkirschenspanner (*Abraxas sylvata*) setzt sich deutlich sichtbar auf die Oberseite der Blätter, — der Uneingeweihte hält ihn für ein Vogelexkrement. Tausende von Beispielen kann man dafür anführen, daß Zweckmäßigkeit nicht in der Sammlung studiert werden kann. Auch Schreckfarben oder Ablenkungsfarben erkennt man nur in der freien Natur; die großen Ordensbänder mit den leuchtend roten, blauen oder gelben Hinterflügeln sind am Baumstamm kaum zu entdecken, da die Hinterflügel unter den grauen, rindenfarbenen Vorderflügeln verdeckt gehalten werden und erst beim Auffliegen der scheuen Tiere plötzlich erscheinen, den jagenden Vogel erschrecken oder ihn verleiten, auf die lebhaft gefärbten Flügel zu stoßen und so den Leib zu verfehlen.

Bei der Beurteilung der Vogelgefieder muß ich mich auf die Formen beschränken, die in beiden Geschlechtern prächtig gefärbt sind, da das Prachtkleid des Männchens auf sexuelle Zuchtwahl zurückzuführen ist. Nun haben wir aber viele Formen, bei denen auch das Weibchen das bunte Gefieder des Männchens trägt. Es handelt sich bei diesen um Höhlenbrüter (Papageien, Spechte): das Weibchen brütet nicht offen und bedarf, wie Weismann mit Recht betont, einer Schutzfärbung nicht. Weshalb trägt es dann das gleiche oder ähnliche, auffallende Kleid wie das Männchen?

In zoologischen Gärten oder Museen fallen besonders die unserer Ornis fremden grünen Farben ins Auge. Unsere Vögel entbehren eines solch grellgrünen Federkleids, da die Bäume im Winter entlaubt sind und dann die Vögel sehr leicht sichtbar wären. In den immergrünen Tropenwäldern dagegen ist diese Farbe von großem Nutzen und als ein guter Schutz anzusehen. Diese Eigenschaft darf daher nicht als indifferent aufgefaßt werden.

Schwieriger wird die Beurteilung bei den aus grellen, bunten Farben zusammengesetzten Gefiedern, wie bei denen der Papageien. Weismann führt diese darauf zurück, daß das Weibchen, das als Höhlenbrüter die Schutzfärbung entbehren konnte, allmählich das Federkleid des Männchens angenommen hat. Genetisch wird dies richtig sein, und vielleicht ist es auch für die Vererbung — man gestatte mir einmal diesen personifizierenden Ausdruck — leichter, eine Eigenschaft beiden Geschlechtern in gleicher Weise zu verleihen, als bei Männchen und Weibchen verschiedene Merkmale zu vererben. Aber wir bedürfen hier auch einer finalen Erklärung, und die sehe ich darin, daß die bunten Farben unter den großen, bunten Blüten der Tropenflora, in der grellen Sonne oder den farbigen Schatten doch nicht so auffallend wirken werden, wie es wohl im zoologischen Garten erscheinen möchte. Man denke z. B. an die Bromeliazeen, die oft die gleichen starken Farben in nicht immer geschmackvoller Zusammenstellung zeigen und darin an die Papageien erinnern. Zwar wird von vielen Reisenden die Farbenpracht der tropischen Vögel in begeisterten Worten geschildert, — es fehlt aber nicht an Stimmen, die betonen, wie unauffällig auch die bunten Gestalten in ihrer Umgebung sind. Auch wir haben in unserer einheimischen Ornis einige sehr bunte, in beiden Geschlechtern gleich gefärbte Vögel, z. B. den Eisvogel. Und doch glaube ich nicht, daß ihm sein blitzendes Federkleid gleichgültig ist. Beim Sitzen über dem Wasser, seiner Hauptbeschäftigung, wird sein blauer Rücken Farbe und Glanz des Wasserspiegels tragen, er wird von oben so wenig zu entdecken sein, wie von unten, wo sein brauner Bauch im Schatten ihn unkenntlich macht.

Wenn Jensen als indifferentes Merkmal auch auffallende Zeichnungen von Vogelgefiedern bezeichnet, so möchte ich diese wohl restlos als Schutzfärbungen auffassen. Weismann hebt besonders hervor, daß die geforderte Ähnlichkeit mit der Umgebung die feinsten Zeichnungen veranlaßt, während sexuelle Zuchtwahl mehr große Farbflächen nebeneinander stellt, ohne feinere Zeichnungen hervorzubringen.

Ich möchte also zusammenfassend annehmen, daß die Mannigfaltigkeit der Farben, Formen und Zeichnungen, wie sie uns besonders bei Schmetterlingen und Vögeln entgegentritt, kein gleichgültiges, sondern ein sehr zweckmäßiges Merkmal darstellt.

4. Die bizarren und kolossalen Schnäbel mancher Vögel.

Als letztes für uns in Betracht kommendes indifferentes Merkmal werden angeführt »die teilweise so bizarren und kolossalen Schnäbel mancher Vögel, wie von *Pteroglossus*, *Mycteria*, *Rhynchops*, *Phoenicopterus*, *Balaeniceps*, *Crotophaga*, *Buceros* u. a., die sich doch schwerlich als von der Zweckmäßigkeit geforderte Gebilde werden ausweisen lassen«.

Am auffallendsten sind wohl die gewaltigen Schnäbel der Nashornvögel und Pfefferfresser.

Von den Nashornvögeln wird stets angegeben, daß ihr Schnabel eine gewaltige Waffe darstellt, die sie gut zu brauchen verstehen. Vom Schildschnabel, *Rhinoplax vigil*, berichten Marshall und Forbes noch Brehm, daß er seinen Kopf als Hammer benütze, mit dem er harte Früchte, Nüsse u. dgl. zerschlage.

Auch die Pfefferfresser werden in Brehms Tierleben als wehrhafte Gesellen bezeichnet. Vielleicht wirken ihre bunten Schnäbel auch als große Farbflecke beim Verbergen des Vogels.

Bei genauerer Betrachtung konnte keine der von Jensen aufgestellten Gruppen indifferenter Eigenschaften als gleichgültig bezeichnet werden; für alle konnten Nützlichkeitswerte gefunden oder vermutet werden, so daß der Schluß berechtigt erscheint: es gibt keine indifferenten Merkmale.

Sehen wir nun zu, wie es sich mit den schädlichen Eigenschaften verhält.

B. Schädliche Eigenschaften.

Von den von Jensen aufgestellten vier Kategorien schädlicher Eigenschaften haben wir drei zu besprechen, da die als schädlich bezeichneten psycho-physischen Eigenschaften außerhalb des Bereichs unserer Erörterungen liegen.

1. Exzessive Bildungen.

Daß exzessive Bildungen, die nach Plate »weit über die Grenze der Nützlichkeit hinausgehen«, wie die Stoßzähne des Mammuth, das Geweih des Riesenhirsches, dem Träger schädlich sind, wird wohl allgemein angenommen, und in der Tat ist es uns schwer, ihnen eine Zweckmäßigkeit zuzusprechen. Dennoch glaube ich, daß man diese Merkmale nicht ohne weiteres als schädlich betrachten darf.

Derlei extreme Bildungen werden gern als das Ergebnis einer bestimmt gerichteten Entwicklung, einer Orthogenese, angesehen. Das Organ wurde im Dienste der Nützlichkeit immer weiter vervollkommnet, bis es eine Höhe erreichte, die seiner Nützlichkeit nicht mehr entsprach. Trotzdem wurde die Entwicklungsrichtung beibehalten, und das Gebilde wurde allmählich aus einem gleichgültigen ein schädliches.

Ich kann mir, wie schon vorher einmal angeführt wurde, bei den so mannigfaltigen Umgestaltungsrichtungen, die ein Organ in der Phylogenese einschlagen kann und auch einschlägt, nicht vorstellen, daß eine bestimmte Richtung auf Kosten der Zweckmäßigkeit beibehalten wird; ich stelle mir vor, daß ein Organ bis ins einzelne spezialisiert werden kann, aber nur synchron mit seiner Brauchbarkeit; sobald es nicht mehr nützlich ist, hört die bestimmte Richtung der Entwicklung auf, das Organ bleibt stabil oder bildet sich in anderer Weise um.

Diese Vorstellung fordert dann auch, daß den Exzeßbildungen ein gewisser Nützlichkeitswert zugesprochen werden muß. Ich nehme dies auch an, sei es, daß die sexuelle Zuchtwahl die Organe auf eine so gewaltige Höhe heraufgearbeitet habe, sei es, daß sie als Waffen oder Mittel, sich Nahrung zu verschaffen, gedient haben. Schädlich können die Gebilde werden bei Änderungen der Lebensbedingungen, die besonders hoch spezialisierten Organen gefährlich werden können, wie im Anhang über das Aussterben von Arten ausgeführt werden wird.

2. Schalenlose Schnecken.

Weiterhin rechnet Jensen unter die schädlichen Merkmale »Eigenschaften, wie die relative Ungeschütztheit schalenloser Schnecken, welche, wie Steinmann dargelegt hat, phylogenetisch aus den besser geschützten und daher wohl zweckmäßigeren schalentragenden hervorgegangen sind«.

Dieser Vorgang des Schalenschwundes ist nun keineswegs als unzweckmäßig anzusehen. Steinmann gibt in seinem Buche über »Die geologischen Grundlagen der Abstammungslehre« zwei Ursachen dieser Erscheinung an: 1. Daß früher unbewegliche Teile der Körperoberfläche kontraktil und damit beweglich wurden. Bei *Carinaria* bedeckt die kleine Schale nur den Eingeweidesack, der übrige Körper ist frei; *Pterotrachea* entbehrt ganz der Schale, da die ganze Körperoberfläche kontraktil geworden ist. Eine Schale würde diese Formen in ihrer Bewegung hindern, der Vorteil des Schutzes würde durch diesen Nachteil überwogen werden. 2. Ebenso kann bei Meerschnecken, bei denen der Mantel die Schale umfaßt, dieses schwere Skelett schwinden, da der Mantel genügend Schutz bietet.

Der Verlust der Schale bei Meerschnecken ist also keine schädliche, sondern eine nützliche Eigenschaft.

3. Manche rudimentäre Organe.

Über die »rudimentären« Organe und ihre Zweckmäßigkeit wird ein besonderes Kapitel (Kapitel 8) handeln, auf das ich hier verweise. Ich möchte hier nur ausführen, daß der so viel geschmähte Wurmfortsatz des Menschen, den Jensen anführt, kein rückgebildetes und schädliches Organ ist, sondern sicher eine wichtige Aufgabe zu erfüllen hat.

Der Wurmfortsatz wird allgemein als schädliches, rückgebildetes, funktionsloses Anhängsel des Darmes bezeichnet, und die Häufigkeit seiner Entzündung erklärt man aus der Vorstellung, daß rückgebildete Organe leicht erkranken. Als Beweis für seine Verkümmerung sieht man seine bedeutende Variabilität in der Länge und seine bessere Ausbildung beim Neugeborenen an.

Es ist interessant, der Frage nachzugehen, ob diese Ansicht zu Recht besteht. Gerade dieses Beispiel lehrt, wie schwer alteingesessene Meinungen aus der Literatur verschwinden. Schon lange ist die Lehre von der Funktionslosigkeit des Wurmfortsatzes bekämpft und widerlegt worden, ohne daß sich diese Auffassung allgemeine Geltung hätte verschaffen können. Bei diesem Beispiele möchte ich etwas verweilen, da es sehr klar zeigt, wie bei genauer Durcharbeitung sich ein als schädlich verschrieenes Organ als ein gut funktionierendes entpuppt, und wie die Schädlichkeit nicht im Bau des Gebildes begründet ist, sondern auf unserer unzweckmäßigen Lebensweise beruht.

Zuerst ist die Frage zu erörtern, ob denn der Wurmfortsatz überhaupt ein rückgebildetes Organ darstellt.

Die vergleichende Anatomie, die neuerdings Muthmann auf diesen Punkt hin in vorzüglicher Weise durchgearbeitet hat, gibt für diese Ansicht gar keine Anhaltspunkte. Wir finden bei den Säugetieren alle möglichen Formen von Cökalbildungen; sie können ganz fehlen (z. B. bei Insektenfressern) oder zu ungeheurer Länge auswachsen (z. B. Pferd, Kaninchen). Blinddarm oder Wurmfortsatz können isoliert vorkommen oder vereinigt. Was gibt nun den Beweis dafür, daß die Vorfahren des Menschen einen längeren Wurmfortsatz besessen haben?

Die Variabilität in der Länge des Processus vermiformis ist, wie Berry festgestellt hat, gar nicht so auffallend, wie allgemein angenommen wird, da stets extreme Werte angeführt werden, die selten gefunden werden. Nach Stopnitzki schwankt die Länge des ganzen Darmes mindestens in den gleichen Grenzen wie die des Wurmfortsatzes. So verliert die wechselnde Größe des Anhängsels an Seltsamkeit, und es kann aus diesem Grunde nicht zu den Rückbildungen gerechnet werden.

Ebensowenig liegt ein Grund dafür vor in der größeren Länge des Gebildes bei Neugeborenen, bei denen viele andere Organe, Gehirn, Nebenniere, Leber relativ massiger entwickelt sind als beim Erwachsenen.

Der Wurmfortsatz ist also kein rückgebildetes Organ, und wir müssen uns nach einer Funktion desselben umsehen.

Sein feinerer Bau, der ganz charakteristisch ist, drängt auch nach dieser Auffassung hin (s. Fig. 8). In jungen Jahren stellt er ein rein lymphoides Organ dar und wird schon seit langem als

Tonsille des Darmes bezeichnet. Neuere Untersucher (Jolly, Mollier, Hartmann) betonen die Symbiose der Lymphzellen mit den epithelialen Elementen in seinen Follikeln. Solche lymphoepitheliale Organe sind Tonsille, Thymus, die Darmfollikel. Ihre Tätigkeit ist noch unbekannt, vielleicht haben sie etwas mit dem Wachstum und der Differenzierung des Körpers zu tun, womit in Übereinstimmung stünde, daß der lymphoide Charakter des Fortsatzes im Alter zurückgeht.

Auch auf Albrechts interessante Ausführungen ist hier hinzuweisen, der der Appendix mehrere Funktionen zuschreibt: er faßt ihren lymphoiden Apparat als eine »Lymphdrüse vor den Lymphgefäßen« auf, die Stellen von gesteigerter Resorption darstelle, zur Unschädlichmachung von eingedrungenen Bakterien diene, Säfte und Zellen ausscheide mit digestiver Wirkung oder zur Lieferung von Antikörpern in flüssiger oder organisierter Form.

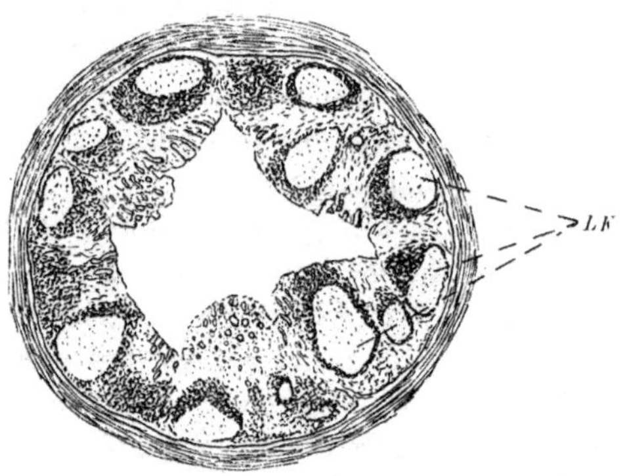

Fig. 8. Querschnitt durch den Wurmfortsatz eines jugendlichen Menschen, nach Muthmann. *LK* Lymphknötchen, in ihrer Massenhaftigkeit das Organ zu einer Tonsille des Darms gestaltend.

Wir hätten also den Wurmfortsatz als wichtiges, gut funktionierendes, lympho-epitheliales Organ aufzufassen.

Als Beweis für seine Nutzlosigkeit sieht man meist die Ungefährlichkeit seiner Entfernung an. Mit Unrecht, denn es können viele Organe exstirpiert werden, ohne daß dem Träger dauernder Schaden daraus erwächst: Gallenblase, große Darmstücke, eine Niere. Die Tätigkeit des Wurmfortsatzes wird nach seiner Entfernung von den gehäuften Follikeln des Darmes übernommen. Ausfallserscheinungen wird seine Herausnahme wohl machen, nur können wir diese wegen der noch unklaren Funktion der lymphoiden Organe nicht erkennen.

Endlich soll die häufige Erkrankung der Appendix, die Appendizitis, ihre Schädlichkeit beweisen. Die Tatsache der Häufigkeit dieser Entzündung bei Mitteleuropäern kann nicht geleugnet werden. Indes schreibt Fischer in Aschoffs Lehrbuch der pathologischen Anatomie, daß die Appendizitis bei mitteleuropäischen Völkern viel häufiger ist als bei Orientalen (z. B. den Türken) und in dem Lehrbuch der Tropenkrankheiten von Ruge und zur Verth lesen wir »Die Häufigkeit der Appendizitis bei Europäern in den Tropen . . . steht in auffallendem Gegensatz zur Seltenheit dieser Erkrankung bei Schwarzen und Gelben.« Dies scheint zu lehren, daß die Krankheitsursache nicht in dem Wurmfortsatz selbst, sondern in unserer unzweckmäßigen Lebensweise liegt, die mit der reichen Fleischnahrung und dem lange anhaltenden gekrümmten Sitzen beim Schreiben die Kreislaufverhältnisse im Abdomen ungünstig beeinflußt und eine Entzündung begünstigt.

Kurz, der Wurmfortsatz ist nicht das rückgebildete, funktionslose und gar schädliche Organ, für das er oft angesehen wird, sondern ein mit einer wichtigen Funktion betrautes Gebilde.

Treten wir mit derartigen genauen Untersuchungen an die übrigen vermeintlichen »funktionslosen« Organe heran, so zweifle ich nicht, daß wir auch bei diesen eine physiologische Bedeutung zu erkennen imstande sein werden.

In diesem Kapitel habe ich versucht, die von den Autoren als gleichgültig oder schädlich angesehenen Organe ihres Nimbus der Indifferenz zu berauben und sie den nützlichen anzugliedern, was zu einer einheitlichen Auffassung der Organismenwelt hinführt.

Nun erhebt sich noch eine Schlußfrage: Wie erklärt sich bei dieser Auffassung das Aussterben von Arten? Dieser Frage wollen wir im Anhang noch eine kurze Betrachtung widmen.

Das Aussterben von Arten.

Daß Individuen einer Art trotz ihrer durchaus zweckmäßigen Merkmale oft in ungeheuren Mengen zugrunde gehen, nimmt uns nicht wunder, da die Erhaltung der Art eine ungleich wichtigere Aufgabe der organisierten Welt ist als die des einzelnen Tieres. Auffallend dagegen und mit unserer Ansicht von dem der Erhaltung der Art in jeder Beziehung angepaßten Bau scheinbar in Widerspruch stehend ist die Tatsache, daß Tierarten in unendlicher Zahl ausgestorben sind oder noch aussterben, von denen uns die versteinerten Reste oder auch menschliche Überlieferung Kunde geben. Wie kommt es, daß sich eine Art trotz ihrer zweckmäßigen Merkmale im Kampf ums Dasein nicht behaupten konnte?

Der Einwand, daß die Dokumente der Paläontologie solchen Formen angehörten, die sich im Laufe der Jahrtausende zu den jetzt lebenden Arten umgewandelt haben, kann vielleicht auf einige Fälle angewandt werden, besonders, wenn wir einen allmählichen Übergang einer Art in die andere feststellen können. Dann handelt es sich nicht um ein Aussterben einer Art, sondern um eine Umgestaltung.

Viel häufiger werden uns aber die versteinerten Reste Formen vor Augen führen, die nicht als Stammeltern unserer jetzt lebenden Tiere anzusehen sind. Besonders auffällig ist das bei Tierklassen, die es in bestimmten Erdperioden zu einer großen Entfaltung gebracht haben, dann aber verschwunden sind, wie die Ammoniten und die Riesensaurier.

Jensen führt das phylogenetische Aussterben von Lebensformen auf innere und äußere Gründe zurück und spricht von einem natürlichen Aussterben und gewaltsamer Ausrottung. Dieselbe Einteilung nimmt Osborn in seinem interessanten Artikel über das Aussterben der Säugetiere vor.

Ein natürliches Erlöschen von Arten erklärt Jensen durch ein »phylogenetisches, natürliches Aussterben einer Keimsubstanz«. Ich bin der Ansicht, daß wir einen solchen Vorgang, den man sich in seinem Ablauf kaum vorstellen kann, zur Erklärung des Aussterbens von Arten nicht brauchen; auf jeden Fall ist es unmöglich, ihm mit konkreten Beispielen zu Leibe zu gehen.

Ich meine, daß die Annahme einer Ausrottung der ausgestorbenen Arten genügt, um diese Erscheinung voll zu erklären. In der Hauptsache werden katastrophale Naturereignisse die Ursache dazu gewesen sein, wie sie Abel in seiner hochinteressanten Paläobiologie aufzählt: Vernichtung von Formen durch vulkanische Ausbrüche, Massentod von Wassertieren durch Ausbruch von Steppensümpfen ins Meer oder umgekehrt Eindringen von Meerwasser in Flüsse oder Süßwassermeere bei Sturmfluten und plötzlich hergestellte Verbindungen eines Binnenbeckens mit dem Meere, plötzliche Erhitzung des Wasser (infolge vulkanischer Ausbrüche) und eindringende Kaltwasserströmungen, Ansammlungen von schädlichen Gasen und Eindringen von metallischen Lösungen ins Wasser, — all dies hat den Massentod von Tieren zur Folge und kann gut eine ganze Fauna und damit ganze Arten vernichten.

Diese Reihe, für die in jedem einzelnen Fall gute Beispiele herbeigebracht werden können, genügt, um das Aussterben ganzer Arten zu erklären; derartigen plötzlichen Naturereignissen ist keine Art angepaßt. Erstreckt sich die Veränderung nun auf das ganze Verbreitungsgebiet der Spezies, so wird sie in all ihren Individuen ausgerottet.

Interessant sind die Ausführungen von Wiman, dessen Arbeit ich der Freundlichkeit von Herrn Geheimrat Jaekel verdanke. Wiman zählt eine große Reihe von Fällen auf, in denen ein Massensterben von Tieren sicher verbürgt ist, wie es in ähnlicher Weise in der Vorzeit gehäufte versteinerte Reste geliefert haben kann. Die Ursachen solchen Massensterbens sind rein katastrophaler Natur, wie sie auch leicht einer ganzen Art verderblich werden können.

Jensen zählt zu solchen Ereignissen auch Hebungen und Senkungen von Kontinenten, Austrocknung von Meeren, Nahrungsmangel, klimatische Änderungen. Ich glaube, daß derartige langsam sich vollziehende Umwälzungen nicht so absolut vernichtend wirken können, wie die erstgenannten, plötzlich eintretenden. Natürlich werden durch sie auch Arten aussterben, z. B. eine Fischart, die in einem See wohnt, der allmählich trocken gelegt wird. Diese wird sich schwerlich zu einem Trockenbewohner umwandeln können. Aber viele Tiere werden doch infolge der Langsamkeit der Veränderungen imstande sein, dem Schicksal des Todes zu entgehen, indem sie ihre Lebensweise ändern und ihre morphologischen Charaktere ihr entsprechend umwandeln.

Als dritter Grund des Aussterbens von Arten wird ein Unterliegen im Kampf ums Dasein angegeben. Es will mir scheinen, als ob dieser mehr ein Kampf der Individuen miteinander, als ein solcher der Arten bedeute, da unter gewöhnlichen, ruhigen Bedingungen die vorhandenen Arten in einem ökologischen Gleichgewicht zueinander stehen. Wohl aber ist die Existenz von Arten bedroht, wenn sich plötzlich ein Feind zeigt, dem diese nicht entgehen können. Hier ist in erster Linie der Mensch zu nennen, besonders der »kultivierte« Europäer mit seinem sinnlosen Ausrottungstrieb. Wie viele Arten sind ihm schon zum Opfer gefallen: ich erinnere nur an Stellers Seekuh, an die Dronte und den Solitär, an den Moa. Auch jetzt sind wir in dieser Beziehung nicht besser geworden. Man lese nur Schillings afrikanische Bücher, um zu erkennen, wie schnell die dortige Säugetierfauna infolge des Abschießens durch die Aasjäger dem Aussterben entgegengeht. Selbst in Europa ist diese Gefahr vorhanden, und durch das Einrichten von Naturschutzparken fristet manche selten gewordene Art eine kümmerliche Existenz.

Mittelbar hat der Mensch dann durch seine Haustiere zur Ausrottung von Arten beigetragen. Seine Ziegen haben ganze indigene Floren vernichtet.

In ähnlicher Weise können auch Tiere, die auf neuen Landbrücken oder Seewegen in ein neues Gebiet eindringen, die dortige Organismenwelt, die ihnen nicht gewachsen ist, dezimieren. Derartige Beispiele von Eindringen von Faunen und Floren in bis dahin von ihnen nicht bewohnte Gebiete kennt die deszendenztheoretische Forschung ja in großer Zahl.

Immer handelt es sich bei diesen Umwälzungen aber um plötzliche Ereignisse, denen die Umwandlungsfähigkeit der Bewohner von Land oder Meer nicht folgen kann.

Nun ist es aber auch sicher, daß derartige katastrophale Vorgänge die verschiedenen Arten in verschiedener Weise treffen kann und daß besonders spezialisierte Formen dem Untergang leichter geweiht sind als weniger »ideal angepaßte«, um einen Ausdruck von Abel zu gebrauchen.

Abel formuliert den Begriff des idealen Anpassungstyps als »eine Abstraktion aus der Summe aller Anpassungsformen an eine bestimmte Lebensweise«. »Wir können also unter den lebenden Tieren Formen von geringerer und Formen von gesteigerter Anpassungshöhe unterscheiden. Wir brauchen nur die Gliedmaßen eines Dachses mit jenen des Goldmulls oder Beutelmaulwurfs, oder die Körperform eines grundbewohnenden Cottiden mit einem Rochen oder den Fuß einer Beutelratte mit jenem des Beutelfuchses zu vergleichen, um zu begreifen, daß die lebenden Formen, die unter gleichen Lebensbedingungen in gleichartigen Milieus leben, außerordentlich verschiedengradige Anpassungen aufweisen.«

Es könnte nun scheinen, als seien höher angepaßte Formen auch für den Kampf ums Dasein besser ausgestattet und könnten die mit geringerer Adaptionshöhe aus der Fauna verdrängen. Doch scheint mir dieser Schluß unrichtig, und eher das Gegenteil ist anzunehmen. Beide Formen können nebeneinander existieren, ohne sich zu schaden. Denn die Idealform wird zwar auf ihrem kleinen Gebiete, für das sie besonders fein angepaßt ist, im Wettbewerb mit der anderen Siegerin bleiben, aber diese ist eben infolge ihrer geringen Anpassung auch noch fähig, an anderen Orten, die der ersten Art verschlossen sind, Nahrung zu erhalten. Es sind beide Formen gleich zweckmäßig organisiert, indem der Idealtyp seine Lebensbedingungen nur auf sehr beschränktem Gebiet, wenn dort auch erheblich leichter, findet, der weniger angepaßte aber auf weiterem Gebiet, wenn auch auf den einzelnen Stellen infolge seiner geringen Spezialisation schwieriger. In Hinsicht auf ihre Lebensweise sind also beide Formen gleich gut angepaßt.

Treten nun katastrophale Veränderungen ein, so wird der spezialisiert angepaßte Typus dem anderen gegenüber eher im Nachteil als im Vorteil sein. Denn es ist natürlich, daß eine derartige Umwälzung viel eher ihre speziellen Lebensbedingungen zerstört als die viel weiter reichenden der nicht spezialisierten Form.

Einmal kann dies lokal geschehen. Die wundervollen Paradiesvögel haben in vielen Arten eine sehr beschränkte Verbreitung. Nach Brehm (4. Auflage) findet sich *Manucodia comrii* »bloß auf der Gruppe der d'Intrecasteaux-Inseln an der Nordwestküste Neuguineas, und *Paradisea decora* nach Thomson nur auf einem Berg der zu dieser Gruppe gehörigen Fergusson-Insel in einer Höhe von etwa 800 m«. Wie leicht kann selbst ein lokal beschränktes Naturereignis, vielleicht vulkanischer Natur, die ganze Art zum Aussterben bringen, und ebenso wird der Mensch leicht imstande sein, die herrlichen Vögel in kurzer Zeit vollständig auszurotten.

Aber nicht nur eine streng lokal begrenzte Verbreitung, wie wir sie gerade bei stark spezialisierten Arten häufig finden, kann ihren Untergang beschleunigen, auch bei größerer Verbreitung kann ihnen ihre so erheblich eingeengte Lebensweise zum Unheil werden, wenn ihre Bedingungen sich plötzlich ändern. Sie können diesen Umwälzungen dann nicht entrinnen und sind dem Untergang geweiht, während eine weniger angepaßte Form sich vor diesem retten kann, indem sie ihre Lebensweise auf andere Bedingungen, in denen sie auch leben kann, beschränkt.

So sehen wir, wie ein Aussterben von Arten sich erklären läßt trotz voller zweckmäßiger Anpassung aller Organismen. Wir brauchen dazu gar nicht das Vorhandensein von schädlichen Merkmalen anzunehmen, das so häufig als Ursache des Verlöschens von Lebensformen angesehen wird. Läßt man deren Existenz gelten, so ist allerdings das Aussterben von Arten sehr bequem zu erklären, indem eben die Formen mit unzweckmäßigen Eigenschaften zugrunde gehen. Doch haben wir gesehen, daß der Faunenwechsel auch ohne Annahme von schädlichen Charakteren vor sich gehen kann und daß also das Aussterben von Arten nicht als Grund für die Existenz schädlicher Gebilde angeführt werden darf.

Im Vorausgehenden habe ich gewiß eine Menge des Hypothetischen angehäuft und mit Wahrscheinlichkeitsgründen gefochten. Doch sind sichere Beweise für oder gegen die Zweckmäßigkeit eines Gebildes oft, zumal bei ausgestorbenen Tieren, nicht zu geben. Wer will einwandsfrei nachweisen, ob die Stoßzähne des Mammuth dem Träger oder der Art schädlich oder nützlich gewesen sind? Immerhin habe ich versucht, soweit als möglich einzelne Fälle genauer durchzuarbeiten, um einen Einblick in die Tätigkeit der von den Autoren als indifferent oder schädlich bezeichneten Organe zu gewinnen und die Frage von dem Nützlichkeitswert nicht rein spekulativ zu behandeln, sondern auf eine sicherere Grundlage zu stellen.

Fassen wir zum Schluß noch einmal das Ergebnis dieses Kapitels zusammen. Ich bin der Ansicht, daß es keine absolut indifferenten oder schädlichen Organe gibt. Jedes Gebilde hat seinen Nützlichkeitswert, der die Schädlichkeit, die manchen Organen in einer gewissen Richtung innewohnt, übertönt. Unsere Aufgabe ist also nachzuforschen, in welcher Hinsicht ein bezüglich seiner Funktion rätselhaftes Merkmal zweckmäßig ist.

Literatur.

1912. Abel, O., Grundzüge der Paläobiologie der Wirbeltiere. Stuttgart.
1905. Albrecht, E., Die Bedeutung des Wurmfortsatzes und der lymphatischen Apparate des Darmtraktus. Monatsschr. f. Geburtsh. u. Gynäk. Bd. 23.
1895. Berry, R. J. A., The Anatomy of the Vermiform Appendix. Anat. Anz. Bd. X.
1911. Brehm, A., Die Vögel. Neubearbeitung von Marshall, Hempelman u. zur Strassen. Leipzig u. Wien.
1898. Bumpus, H. C., The Elimination of the Unfit as illustrated by the introduced sparrow. Biol. Lect. Mar. Biol. Lab. Woods Hall. Boston. Zitiert nach Plate.
1888. Döderlein, L, Phylogenetische Betrachtungen. Biol. Zentralbl. Bd. VII.
1909. Fischer, B., Verdauungsorgane. Aschoffs Patholog. Anatomie Bd. II.
1914. Hartmann, A., Neue Untersuchungen über den lymphoiden Apparat des Kaninchendarmes. Anat. Anz. Bd. 47.
1915. Heymons, R., Die Vielfüßler, Insekten und Spinnenkerfe. Brehms Tierleben, 4. Aufl. Bd. 2.
1907. Jensen, P., Organische Zweckmäßigkeit, Entwicklung und Vererbung. Jena, G. Fischer.
1913. Johannsen, W., Elemente der exakten Erblichkeitslehre. Jena, Fischer.
1911. Jolly, La bourse de Fabricius et les organes lympho-épithéliaux. Compt. rend. assoc. anatom.
1913. Mollier, Die lympho-epithelialen Organe. Sitz.-Ber. Ges. Morph. Phys. München.
1913. Muthmann, E., Beiträge zur vergleichenden Anatomie des Blinddarms und der lymphoiden Organe des Darmkanals bei Säugetieren und Vögeln. Anat. Hefte 48.
1906. Osborn, H. F., The Causes of Extinction of Mammalia. The Americ. Naturalist Bd. XL.
1918. Peter, K., Über die Funktion des menschlichen Wurmfortsatzes. Münch. med. Wochenschr.
1913. Plate, L., Selektionsprinzip und Probleme der Artbildung. 4. Aufl., Leipzig u. Berlin.
1916. Plate, L., Fauna ceylanica. III. Die rudimentären Hinterflügel von Phyllium pulchrifolium ♀. Jena, Zeitschr. f. Naturwiss. 54, N. F. Bd. 47.
1910. Rabl, C., Bausteine zu einer Theorie der Extremitäten der Wirbeltiere. Leipzig, Engelmann.
1912. Ruge, R. u. zur Verth, M., Tropenkrankheiten und Tropenhygiene. Leipzig.
1910. Schultz, E., Prinzipien der rationellen vergleichenden Embryologie. Leipzig, Engelmann.
1908. Steinmann, G., Die geologischen Grundlagen der Abstammungslehre. Leipzig.
1898. Stopnitzki, S., Untersuchungen zur Anatomie des menschlichen Darmes. II. Die Darmlänge des Menschen. Int. Monatsschr. f. Anat. u. Phys. Bd. XV.
1904. Weismann, A., Vorträge über Deszendenztheorie. Jena, G. Fischer.
1898. Weldon, F. R., Adress to the Zoolog. Section of the British Assoc. for Advanc. Sc. Bristol.
1913. Wiman, C., Über die paläontologische Bedeutung des Massensterbens unter den Tieren. Paläont. Ztschr. Bd. I.
1915. Zur Strassen, O., Zweckmäßigkeit. Kultur der Gegenwart III, 4, 1. Allgemeine Biologie.

Zweiter Teil.

Die Zweckmäßigkeit in der Entwicklungsgeschichte.

I. Allgemeines.

Viertes Kapitel.

Lebensaufgaben des geschlechtsreifen Tieres und seiner Entwicklungsstadien.

Gegenüberstellung von geschlechtsreifem Tier und seinen Entwicklungsstadien (Embryo, Larve und junges Tier). Lebensaufgaben dieser beiden Lebensstadien. A. Erhaltung der Art. 1. Beim erwachsenen Tier, wichtiger als die Erhaltung des Individuum. 2. Bei dem sich entwickelnden Tier. Verschiedene Formen der Geschlechtsreife bei nicht ausgebildeten Tieren: Progenese, Frühreife, Neotenie, Generationswechsel, Polyembryonie, Pädogenese, Dissogonie. Geschlechtsreife Jugendformen sind als Endstadien aufzufassen. B. Erhaltung des Individuum. 1. Bei der ausgebildeten Form. 2. Bei dem sich entwickelnden Tier. Fehlen der sexuellen Zuchtwahl. Kampf ums Dasein. a) Vielgestaltigkeit der Larven bei Stomatopoden, Schmetterlingen. Verschiedenheiten der Raupen, α) innerhalb der Art und β) nach dem Alter. b) Verschiedenheiten bei Eiern und jungen Embryonalstadien besonders groß. C. Die Herausbildung des geschlechtsreifen Tieres. 1. Beim jungen Tier. 2. Bei dem sich entwickelnden Tier. Stellung dieser Aufgabe zu der der Erhaltung des Individuum. Ihre Erfüllung durch die Prozesse des Wachstums und der Differenzierung.

Im vorigen Kapitel haben wir den Wirkungsbereich der Zweckmäßigkeit in der Tierwelt überhaupt besprochen und wollen uns von jetzt an auf die Entwicklung der Tiere beschränken. Während derselben tritt die Zweckmäßigkeit in anderen Formen auf als beim erwachsenen Tier, und da sie sich nach den Lebensaufgaben der Organismen richtet, so gilt es, erst diese klarzustellen. Wir wollen also in diesem Abschnitt die Lebensaufgaben des erwachsenen, besser geschlechtsreifen Tieres und seiner Entwicklungsstadien bestimmen.

Da fragt es sich erst, wie weit wir die Entwicklungsstadien reichen lassen wollen. Manche Tiere, wie Weichtiere und Reptilien, wachsen ja unbegrenzt, sind also nie fertig ausgebildet. Dennoch wird man annehmen, daß die Entwicklung mit dem Eintritt der Geschlechtsreife abgeschlossen ist. Ja, der gewöhnliche Sprachgebrauch engt den Bereich der Entwicklung noch mehr ein, indem er z. B. die Vögel und Reptilien nach dem Verlassen des Eies und die Säugetiere nach der Geburt als »junge Tiere« bezeichnet und nicht mehr in die Stadien der Entwicklung einbezieht. Für uns hat die Festlegung der Grenze zwischen den beiden Formen einen grundlegenden Wert, ich unterscheide also zwischen geschlechtsreifem und in Entwicklung begriffenem Tier, werde mich bei dem letzteren aber in meinen Ausführungen auf die als »Larve« oder »Embryo« bezeichneten Erscheinungsformen beschränken.

Ob es sich um Larve oder Embryo handelt, ist nebensächlicher Natur, zumal die beiden Begriffe nicht immer streng voneinander unterschieden werden. Von einer Larve sprechen wir, wenn das Tier im unfertigen Zustande ein selbständiges, freies Leben führt, während Embryonen in Eihüllen oder im Mutterleibe den von außen herantretenden Schädigungen entrückt sind. Dem Larvenstadium geht fast stets ein Embryonalstadium voraus, in dem die erste Entwicklung in verschiedener Ausdehnung innerhalb der Eihüllen verläuft. Doch kann das Embryonalstadium auch ohne Einschaltung der Larvenform in den fertigen Zustand des »jungen Tieres« übergehen, wie bei den amnioten Wirbeltieren. Es werden aber auch oft ältere Embryonen von Amphibien, die sich im Mutterleib oder auch im Ei befinden, Larven genannt, weil sie die Leibesgestalt ihrer freilebenden Verwandten mehr oder weniger treu beibehalten haben.

Nun zur Begrenzung der Lebensaufgaben!

Die Aufgabe des geschlechtsreifen Tieres ist eine doppelte: die Erhaltung der Art und die Erhaltung des Individuum, ebenso eine zwiefache die der sich entwickelnden Form: die Erhaltung des Individuum und die Herausbildung der weiteren Entwicklungsstufen.

Beiden Formen fällt also zu, für die Erhaltung des Individuum zu sorgen, während die Erhaltung der Art allein dem geschlechtsreifen Organismus, die Entwicklung des geschlechtsreifen Tieres allein dem Embryo oder der Larve zukommt. Diese drei Aufgaben verlangen eine gesonderte Besprechung. Ich beginne mit der

A. Erhaltung der Art.

Um Mißverständnissen vorzubeugen, sei kurz erwähnt, daß bei der Bezeichnung »Erhaltung der Art« natürlich nicht an eine Konstanz der Art zu denken ist; im Gegenteil, damit sich eben die Folge von Generationen der Form, die wir Art nennen, im Kampfe ums Dasein behaupten kann, muß sie sich den sich verändernden Bedingungen anpassen können, muß sich umbilden. Bei unserer »Erhaltung der Art« handelt es sich um ein Nicht-Aussterben, um ein Bestehen derselben im Tierreiche, um die Erhaltung des Artbildes.

1. Beim erwachsenen Tier.

Die Erhaltung der Art ist die wichtigere der beiden Aufgaben des erwachsenen Tieres, der sich die andere fast völlig unterordnet. K. E. v. Baer schreibt: »So sehen wir in der gesamten Natur für die Erhaltung des Individuum nur schwache Mittel aufgeboten, für die Erhaltung der Art aber die stärksten.« Dies geht schon aus der gewaltigen, oft ans Wunderbare grenzenden Zahl von Eiern hervor, die ein Paar hervorbringt. Um die Anzahl der Individuen einer Art auf gleicher Höhe zu halten, genügten zwei Nachkommen. Da aber den Tieren gerade während ihrer Entwicklung eine große Zahl von Feinden nachstellt, oder sie leicht sonstigen schädlichen Einflüssen unterliegen, so wird eine größere Menge produziert, damit sicher zwei Exemplare die Geschlechtsreife erlangen und die Art fortzuführen imstande sind. Ich entnehme dem Kapitel »Die Abstammungslehre« von R. Hertwig in der »Kultur der Gegenwart« die Angabe, daß ein Bandwurm jährlich etwa 60 Millionen, ein Spulwurm etwa 40 Millionen Eier hervorbringt, ein $4^1/_2$ Zentner schwerer Stör jährlich 5—6 Millionen. Millionen von Individuen werden also geopfert, um die Erhaltung der Art zu garantieren.

2. Bei dem sich entwickelnden Tier.

Gehen wir zu der sich entwickelnden Form des Tieres über, so finden wir, daß diese erste Aufgabe, für die Erhaltung der Art zu sorgen, bei ihr im allgemeinen wegfällt. Nur selten übernimmt die nicht fertig ausgebildete Form die Sorge für die Produktion von Nachkommen. Diesen Punkt müssen wir genauer besprechen, da er scheinbar im Widerspruch zu dem oben aufgestellten Satze steht.

Schultz unterscheidet zwei Arten der Erscheinung, daß Tiere bereits vor ihrer vollen Ausbildung geschlechtsreif werden. Die Progenese begreift die Fälle in sich, in denen mit der Erlangung der Geschlechtsreife ein Stillstand der Entwicklung eintritt, während sich der Organismus bei Frühreife weiter entwickelt.

Beide Formen sind schwer auseinander zu halten, da man, wie Schultz richtig bemerkt, einer im Freien gefundenen geschlechtsreifen Larve nicht ansehen kann, ob sie ihre Entwicklung abgeschlossen hat.

Dennoch ist dieser Unterschied für uns von der größten Wichtigkeit, denn entwickelt sich das geschlechtsreife Individuum nicht weiter, so ist es als Endstadium anzusehen. Es ist am Ziel seiner Lebensaufgabe angelangt und fällt unter den Begriff des fertigen Tieres, mit dem es die beiden Lebensaufgaben gemeinsam hat.

Die progenetischen Formen scheiden demnach für unsere Betrachtung aus, sie bilden nur scheinbar eine Ausnahme von der Regel, daß dem sich entwickelnden Tier die Aufgabe der Erhaltung der Art nicht zukäme, denn die progenetische Larve entwickelt sich nicht mehr, ihr fehlt die Aufgabe, weitere Stadien herauszubilden.

Die Fälle der Frühreife dagegen sind schwieriger zu erklären. Entwickelt sich das Tier während oder nach der Geschlechtsreife weiter, so ist es eben noch nicht ausgebildet, hat noch weitere Entwicklungsphasen durchzumachen und kann nicht unter den Begriff des ausgebildeten Tieres fallen. Hier hätten wir in der Tat eine Ausnahme von unserer Regel.

An der Hand von Beispielen wollen wir dieser Schwierigkeit Herr zu werden suchen und gleichzeitig ergründen, ob Progenese und Frühreife wirklich so getrennte Begriffe darstellen.

Die verschiedenen in der Literatur unter verschiedenen Namen gehenden Fälle von Geschlechtsreife nicht vollentwickelter Tiere decken sich nicht immer mit den Begriffen Progenese oder Frühreife.

Da drängt sich erst die Bezeichnung »Neotenie« auf, die von Kollmann eingeführt wurde für das Beibehalten des Jugendkleides bei geschlechtsreifen Amphibien. Jetzt dehnt man mit Boas diesen Begriff aus auf das Beibehalten irgendeiner jugendlichen Eigenschaft im Alter, z. B. der Milchzähne. In dieser Weise gebraucht, fällt die Neotenie aus dem Bereich unserer Betrachtungen heraus, denn in solchen Fällen handelt es sich nicht um geschlechtsreif gewordene Frühstadien, sondern um das Erhaltenbleiben einzelner Eigenschaften aus der Entwicklungszeit; das betreffende Individuum ist — bis auf den einen Charakter — ausgewachsen und kein Entwicklungsstadium.

In den Fällen, für die Kollmann die Bezeichnung Neotenie einführte, berührt sich dieser Begriff aber mit dem der Progenese und sogar auch mit dem der Frühreife. Es handelte sich da um Amphibien, die aus irgendeinem Grunde verhindert worden sind, aus dem Wasser an Land zu gehen und die Metamorphose durchzumachen. Allbekannt ist das Beispiel des Axolotl, der, wenn ihm Gelegenheit gegeben wird, ans Land zu gehen, sich in den Salamander, das *Amblystoma*, umwandelt, sonst aber als *Siredon* sich fortpflanzt. Noch interessanter ist diese Erscheinung bei *Triton alpestris*, der überall als kiemenloser Molch geschlechtsreif wird, im Formazzatal bei Andermatt aber zu 96 % seine Kiemen beibehält und sich somit als Larve paart. Ob die Tiere sich später noch verwandeln, ob es sich also um Progenese oder um Frühreife handelt, ist meines Wissens nicht beobachtet. Tritt die Metamorphose nicht mehr ein, so sind die geschlechtsreifen Tiere als Endformen zu bezeichnen, und diese Progenese ist für uns leicht verständlich; findet die Umwandlung noch statt, so ist diese Frühreife wohl ebenso aufzufassen, wie in den weiter unten herangezogenen Beispielen.

Als Progenese sind auch die Formen der Polyzyklie, des Generationswechsels, aufzufassen, die in einem Wechsel der Aufeinanderfolge von geschlechtlichen und ungeschlechtlichen Generationen bestehen. Am ausgebildetsten finden wir diese Erscheinung bei Trematoden und Cestoden, bei denen sich die Zwischenformen oft in mehreren Folgen auf ungeschlechtlichem Wege vermehren. Der biologische Wert dieser eigentümlichen Einrichtung ist klar: es soll auf diesem Wege, der aus einem befruchteten Ei viele Individuen hervorgehen und dadurch mit großer Sicherheit zwei Tiere bis zur Geschlechtsreife gelangen läßt, die Erhaltung der Art garantiert werden, die besonders schwierig ist, da das Schmarotzertier oft erst durch einen Zwischenwirt zu dem Endwirt gelangen kann. Bei diesen Tieren geht aber die Zwischenform völlig in der Bildung von Nachkommen auf, wie das vollentwickelte Tier, entfaltet sich also nicht weiter und ist demnach als Vollform anzusehen.

So paradox dies klingen mag, so müssen wir diese Auffassung auch auf die Fälle der Polyembryonie ausdehnen, bei denen sich ein Ei in frühem Entwicklungsstadium in eine Mehrzahl von Keimen zerlegt. Bei den auf Raupen schmarotzenden Hymenopterenformen der Chalcidien und Proctotrypiden kann ein einziges Ei mehrere Tausende von Larven entstehen lassen, aus denen merkwürdigerweise gleichgeschlechtliche Wespen hervorgehen. Interessant ist, daß diese eigenartige Polyembryonie auch bei Säugetieren vorkommt, nämlich bei Gürteltieren. Fernandez beschrieb sie von *Tatusia hybrida*, Newman und Patterson von *Tatusia novemcincta*. Nachdem in dem Ei die Keimblätter angelegt sind, erscheinen an der Wand der äußerlich einheitlichen Fruchtblase mehrere, bei *T. hybrida* meist 8, bei *T. novemcincta* 4 Embryonalanlagen. Es handelt sich hier also, wie auch bei den eineiigen Zwillingen des Menschen, die man als auf die gleiche Weise entstanden ansieht, um eine Teilung eines Eies in Geschwisterembryonen. Das anfangs einheitliche Ei geht in die Bildung dieser Embryonen völlig auf, — insofern gleicht die Polyembryonie der ungeschlechtlichen Vermehrung der oben genannten Würmer; nur ist die Entwicklung bei der Teilung nicht so weit vorgeschritten, wie bei den Schmarotzerwürmern.

Polyembryonie und die uns interessierenden Arten des Generationswechsels sprechen also nicht gegen unseren Satz, daß die sich entwickelnde Form nichts mit der Erhaltung der Art zu tun habe.

Das gleiche gilt für die meisten Fälle der von K. E. v. Baer als Pädogenese bezeichneten Vermehrungsform, die teilweise mit den schon genannten zusammenfällt, indem sie eine ungeschlechtliche Vermehrung in frühen Entwicklungszuständen ist. Die Mücke *Chironomus* legt nach Schultz als Puppe Eier ab und stirbt darauf — Progenese. »In anderen Fällen entwickelt sie sich nach der Ablage der Eier noch bis zum Imago.« Dann haben wir Frühreife vor uns.

Die Erklärung dieser Erscheinung der Frühreife gibt uns eine Bemerkung von Schultz: »daß ... die Geschlechtsreife oft nur solange hemmend wirkt, als sie anhält, nachher, nach der Ablage der Eier, kann die Entwicklung weiter verlaufen.« Dies stimmt wiederum mit der Verteilung der Lebensaufgaben beim ausgebildeten und sich entwickelnden Tier überein: das Individuum hat bei pädogenetischer Fortpflanzung nicht alle drei Aufgaben zu erfüllen, sondern nur für die Erhaltung der Art und des Individuum zu sorgen. Die Herausbildung weiterer Entwicklungsstadien fällt weg, da die Entwicklung während der Geschlechtsreife sistiert; die geschlechtsreife Larve oder Puppe ist also während dieser Zeit als Endstadium aufzufassen.

Hierher gehört auch die von Chun bei den Rippenquallen *Bolina hydatina* und *Eucharis multicornis* entdeckte Dissogonie, d. h. eine in zwei durch ausgedehnte Entwicklungsvorgänge getrennten Perioden stattfindende Geschlechtstätigkeit. Bei diesen Tieren legt nämlich erst die kleine Larve Eier ab, entwickelt sich dann weiter zum ausgebildeten Tier und reift später zum zweiten Male Geschlechtsprodukte. Wir haben es hier mit einem typischen Falle der Frühreife zu tun, da die Larve nach Eiablage sich noch weiter entwickelt. Zum Verständnis dieses Falles sei Folgendes bemerkt. Chun gibt selbst an, daß alle geschlechtsreifen Jugendformen von *Bolina* trotz aller denkbaren Größenunterschiede von 0,6—2,2 mm die gleiche Organisationshöhe besitzen, und da möchte ich annehmen, daß es sich bei diesen Quallen genau so verhält, wie bei *Chironomus*: daß die Entwicklung während der Geschlechtsreife stillsteht und erst nach deren Aufhören wieder einsetzt.

Überblicken wir die herangezogenen Beispiele, in denen nicht vollentwickelte Formen geschlechtsreif werden und somit für die Erhaltung der Art Sorge tragen, so finden wir, daß in keinem Fall einem Tier alle drei Lebensaufgaben zufallen. Entwicklung und Geschlechtsreife schließen sich aus, indem eine während der Entwicklung eintretende Geschlechtsreife die Weiterbildung für immer (Progenese) oder vorübergehend (Frühreife) hemmt. Diese beiden Erscheinungen der Progenese und Frühreife sind also gar nicht so grundsätzlich verschieden, als man bei oberflächlicher Betrachtung annehmen möchte.

Bei allen geschlechtsreifen Jugendformen (ich vermeide mit Chun die Bezeichnung Larve), die während der Geschlechtsreife sich nicht weiter entwickeln, fällt also die Aufgabe der übrigen Larven, ein Endstadium herauszubilden, für diese Zeit fort, sie haben ihre Lebensaufgaben mit dem erwachsenen Tier gemeinsam, haben für die Erhaltung der Art und des Individuum zu sorgen und sind als Endformen anzusehen.

Wir sehen, Geschlechtsreife und vollendete Entwicklung decken sich nicht. Wir dürfen daher, wenn es sich um Verteilung der Sorge um die Nachkommen handelt, auch nicht das erwachsene Tier der Larve oder dem Embryo entgegenstellen; aus diesem Grunde habe ich oben, als die Aufgaben auf die Stadien verteilt wurden, schon von geschlechtsreifer und sich entwickelnder Form gesprochen, denn diese beiden Begriffe sind strenge Gegensätze. Es bleibt also der oben angegebene Satz ungeschmälert bestehen: die Aufgabe des geschlechtsreifen Tieres ist eine doppelte: die Erhaltung der Art und die des Individuum, ebenso eine zweifache die der sich entwickelnden Form: die Erhaltung des Individuum und die Herausbildung der weiteren Entwicklungsstufen.

B. Die Erhaltung des Individuum.

Besprechen wir die zweite Lebensaufgabe, die Erhaltung des Individuum, so stoßen wir auf keine ähnlichen Schwierigkeiten, wie im ersten Absatz, da sie allen Entwicklungsstufen zukommt. Wir haben nur ihr Vorkommen und ihren Geltungsbereich zu umgrenzen.

1. Bei der ausgebildeten Form.

Um den Artbestand zu erhalten, genügen theoretisch gesprochen von jedem Elternpaar zwei Nachkommen, die sich am Leben erhalten müssen. Damit dies aber möglich ist, muß das Individuum auch darnach streben, sich selbst zu erhalten, und es ist bekannt, wie oft bis ins einzelne gehend ein Tier seiner Umwelt angepaßt ist, um seinen Feinden zu entgehen oder seine Nahrung erhalten zu können, mit anderen Worten, welch gewaltige Rolle im Leben des geschlechtsreifen Tieres die Zweckmäßigkeit spielt.

Im einzelnen ist die Fähigkeit der Selbsterhaltung in der Tierwelt sehr verschieden durchgeführt und tritt oft ganz in den Hintergrund. Oft ist es sogar dem geschlechtsreifen Tier nicht möglich, Nahrung aufzunehmen, und es stirbt sofort nach der Begattung. So verhält es sich bei den Eintagsfliegen. Auch den merkwürdigen Psychiden unter den Schmetterlingen fehlt die Zunge, ja, die Männchen einiger Blattläuse besitzen als geschlechtsreife Form, als Imago, gar keinen Verdauungsapparat mehr.

2. Bei dem sich entwickelnden Tier.

Wir haben eben gesagt, daß zur Erhaltung des Artbildes zwei Nachkommen von jedem Elternpaar am Leben bleiben müssen, um die Spezies fortzupflanzen und auf ihrem Bestand zu halten. Damit diese zwei Exemplare aber von der Menge der Nachkommen übrig bleiben, müssen diese selbst schon während ihrer Entwicklung darnach streben, sich, das Individuum, zu erhalten. Es ist ja klar, daß jedes Entwicklungsstadium »lebensfähig« sein muß, um der anderen Hauptaufgabe, das geschlechtsreife Tier herauszubilden, Genüge zu tun. Es gilt dies ebenso für die freilebenden Larven, wie für die im Ei oder Mutterleib sich entwickelnden Embryonen. Mögen diese noch so gut mit Dotter oder von der Mutter geliefertem Nährmaterial versorgt sein, stets muß der Organismus unter den gegebenen Verhältnissen fähig sein, diese Nährstoffe aufzunehmen und sich weiter zu entwickeln.

Hier haben wir also eine Aufgabe vor uns, die dem sich entwickelnden, wie dem voll entwickelten Tier in gleicher Weise zukommt, und da wir besonders die Einrichtungen, die diesem Zwecke dienen, als biologisch wichtig oder zweckmäßig bezeichnen, so ergibt sich allein aus diesen Worten, welch große Rolle die Zweckmäßigkeit in der Embryologie spielt.

Ein genaueres Eingehen auf diesen Punkt läßt uns sogar erkennen, daß dieses Prinzip während der Entwicklung in gewisser

Hinsicht reiner hervortreten muß, als beim geschlechtsreifen Tier. Bei letzterem wird es nämlich nicht selten durch die Anforderungen, die die geschlechtliche Zuchtwahl im Interesse der Arterhaltung an die Tiere stellt, in den Hintergrund gedrängt. Der Hochzeitsschmuck so vieler Vögel, die Farbenpracht vieler Männchen, die Liebesspiele, während derer das Tier taub gegen die gefahrdrohende Umgebung ist, wirken dem Grundsatz der Erhaltung des Individuum geradezu entgegen und sind in diesem Sinne als für das Tier unzweckmäßig zu bezeichnen; wie manchem Männchen kostet sein auffallendes Farbenkleid oder Gebahren das Leben! Daß diese Eigenschaften gefährlich sind, zeigt sich schon in ihrem Auftreten, das auf die Zeit der Fortpflanzung beschränkt ist. Sobald diese Periode vorüber und damit die auf Erhaltung und Verbesserung der Art zielende Veränderung nicht mehr notwendig ist, schwinden die auffallenden Charaktere, und das Männchen trägt dann ein Kleid, das seiner Umwelt besser angepaßt ist.

Die sexuelle Zuchtwahl fällt natürlich für die nicht geschlechtsreifen Stadien fort, hier kann also die natürliche Zuchtwahl reiner, ungestörter arbeiten. Die Embryonal- oder Larvenstadien brauchen die Unterschiede zwischen den Geschlechtern noch nicht zu führen, und wo solche sich bemerkbar machen, da dienen sie nur dazu, die Verschiedenheiten des geschlechtsreifen Zustandes herauszubilden. So ist manche weibliche Spinnerraupe größer als die männliche, weil das Weibchen dieses Schmetterlings viel größer und plumper ist, als das Männchen. Eine eigenartige sexuelle Verschiedenheit finden wir bei den schon oben erwähnten Psychiden, deren Weibchen zu Maden zurückgebildet sind und deren Raupen einen je nach der Art verschieden gebauten Sack aus Gras, Sand und anderen Gegenständen zusammengeflickt mit sich herumtragen. Oft sind bei ihnen auch die Säcke der männlichen und der weiblichen Raupen verschieden gebaut. Worauf dieser Dimorphismus zurückzuführen ist, kann ich nicht angeben. Keineswegs wird aber damit ein der Erhaltung des Individuum feindliches Moment in die Entwicklung hineingetragen.

Zweckmäßige Anpassungen braucht also Larve und Embryo in gleicher Weise wie das geschlechtsreife Tier. Man muß sich vorstellen, daß sie ebenso, ja in vielen Fällen intensiver im Kampf ums Dasein stehen, als die fertigen Formen.

Im allgemeinen pflegt man allerdings anzunehmen, daß die vollentwickelten Tiere energischer den Kampf ums Dasein zu führen haben, als ihre Entwicklungsstadien, demnach sich stärker differenziert haben und mehr von einander abweichen als diese. Dies gilt in der

Tat von manchen Tierformen, deren Embryonen unter gleichmäßigeren Verhältnissen leben, als ihre Endformen.

Indes sind die Beispiele nicht zu selten, in denen das Gegenteil stattfindet, die Entwicklungsstadien also vielgestaltiger sind, als die erwachsene Tiere. Beginnen wir in dieser Darstellung erst mit den freilebenden Larven, die uns diese Verhältnisse am klarsten zeigen.

a) Larven.

In Schultzs Buch finden wir die Bemerkung: »Wie mannigfach gebaut die pelagischen Larven in einer Tiergruppe sein können, beweisen die Stomatopoden (*Squilla* usw.), während die wenigen Gattungen und wenigen Arten dieser Unterordnung im höchsten Grade monoton erscheinen. . . . Bald ist der Rumpf bis zur linealen Form verlängert, etwa zehnmal so lang als breit, bald kurz und breit. Umriß, Bewehrung und Kurvenverhältnisse des Rückenschildes sind gleichfalls sehr verschieden, oft ist das Rückenschild ein breiter Mantel«. Bei diesen Krebsen differieren also die Larven weit mehr voneinander, als die erwachsenen Tiere.

Dasselbe findet sich bei manchen Schmetterlingen, bei denen der Anteil, den Larve und Imago am Kampf ums Dasein haben, besonders klar hervortritt. Wir müssen das hier etwas genauer ausführen.

Es gibt mehrere Gattungen, bei denen die Raupen viel verschiedener sind, als die Schmetterlinge selbst. So sind die Eulen der Gattung Acronycta einander sehr ähnlich, während ihre Raupen auffallend verschieden aussehen. Spuler schreibt auch in seinem Werke »Die Schmetterlinge Europas« darüber: »Mehrere Arten gleichen einander sehr und sind leichter durch die Raupen zu unterscheiden«. Ein Blick auf die betreffenden Tafeln zeigt die Richtigkeit des Satzes. Die Schmetterlinge dieser Gattung haben meist grau bestäubte Vorderflügel mit wenig charakteristischer Zeichnung ohne auffallende Farben oder sonstige Merkmale. Welche Verschiedenheit weisen dagegen ihre Raupen auf, die in Spulers Raupenwerk auf Tafel 21 und 22 abgebildet sind! Welche Mannigfaltigkeit in Farbe und Form! Grüne, gelbe, schwarze Raupen, solche mit Keulenhaaren (*A. alni*) oder dichtem Haarpelz, Warzen und Fleischzapfen, — man ist versucht, die Tiere in ganz verschiedene Gattungen zu stellen! Dieses Verhalten wird verständlich, wenn man die Lebensweise der verschiedenen Stadien in Betracht zieht: die Schmetterlinge fliegen in der Dämmerung, zu einer Zeit, welche eine weitgehende Differenzierung nahe verwandter Arten nicht nötig macht, bei Tage sind sie durch die Rindenfärbung ihrer Vorderflügel geschützt. Die Raupen dagegen fressen, soweit ich sie selbst gefunden habe, bei Tage, sind also Feinden stark ausgesetzt und bedürfen daher weitgehenden Schutzes. Ebenso sind die Schwärmer der Gattung Deilephila in einigen Arten einander ähnlicher als ihre Raupen. Noch ausgesprochener findet sich dieses Verhalten bei den merkwürdigen Megalopygiden. Seitz schreibt über die Schmetterlinge der einzigen paläarktischen Gattung Somabrachys: »Die einzelnen Arten sehen einander sehr ähnlich und sind wohl zum Teil nur durch die Zucht auseinander zu halten«, und kurz darauf: »Es sind gegen 20 Formen bekannt, die sich als Falter alle gleichen und auch wohl nicht alle als gute Arten anzusprechen sind; manche sind aber durch die Zucht als sicher spezifisch verschieden erwiesen«. Die Raupen sind bunt gezeichnet und differieren augenscheinlich im Aussehen sehr stark.

Man sieht, die Ansicht, daß die vollentwickelten Stadien stärker differenziert seien, als die in Entwicklung begriffenen, hat keine allgemeine Gültigkeit. Der Grund zu dieser Anschauung ist nicht schwer zu erkennen.

Bleiben wir noch bei den Schmetterlingen, so glaubt man, daß die schwere Bestimmbarkeit der Raupen gegenüber der der Imagines darauf beruhe, daß sie gleichmäßiger aussähen. Ich meine, daß die Ursache in der größeren Unkenntnis dieser Form liegt, die bei weitem schwerer zu beobachten ist (jeder hat schon Bläulinge zu Hunderten fliegen sehen, wer hat aber schon eine Bläulingsraupe gefunden?), und zweitens gerade in der großen Variabilität der Raupen, die es schwer macht, sie zu beschreiben und zu bestimmen.

Also gerade das Gegenteil des obigen Satzes ist für viele Fälle wahr: die Raupen sind viel verschiedenartiger gestaltet, als die Schmetterlinge selbst, sie zeigen die Anpassungen und die Wirkungen der Zuchtwahl viel eindringlicher, als die Imagines. Sie stehen also voll im Kampf ums Dasein, und dies ist nicht sonderbar, wenn wir bedenken, daß die Raupe meist viel länger lebt, als der Falter und während dieses Lebens wechselnden Bedingungen ausgesetzt ist.

Es sei mir gestattet, bei diesem Punkte etwas zu verweilen, auf die Gefahr hin, längst Bekanntes zu wiederholen. Eine Zusammenstellung wird aber sehr eindringlich wirken.

Nach drei Richtungen hin können die Raupen stärker als die Schmetterlinge variieren.

1. Die Raupen nahestehender Arten sind verschiedenartiger gestaltet als die Schmetterlinge. Dies haben wir eben mit Beispielen belegt.

2. Die Raupen variieren in Färbung und Zeichnung viel stärker als die Imagines.

3. Die Raupen tragen in der Jugend und im Alter verschiedene Kleider, während der Schmetterling natürlich sein Aussehen nicht oder durch Verbleichen nur wenig ändert.

Die beiden letzten Punkte müssen wir noch besprechen.

α) Variabilität der Raupen.

In dem Spulerschen Raupenwerk sind etwa 1500 Arten abgebildet. Von 140 Arten finden sich zwei oder mehr Exemplare wiedergegeben, nicht mit eingerechnet die Formen, die in verschiedenen Stellungen oder Altersstufen gezeichnet sind. Sehen wir uns nun um, zu welchen Gruppen diese stark variablen Raupen gehören, so finden wir, daß es durchweg Tiere sind, die oberirdisch und außen an ihrer Futterpflanze leben, meist auch tagsüber fressen oder an ihr ruhen. Sie bedürfen also eines besonderen Schutzes, und Schutzfarbe, -zeichnung und -form bedingen ja fast durchweg das Aussehen dieser Raupen, — Schreckzeichnungen und Ekelfarben treten dagegen vollkommen zurück.

Die verschiedenen Raupenformen stellen daher verschiedene Anpassungen dar. Über die Hälfte der doppelt abgebildeten Arten zeigen eine grüne und eine braune, manchmal ins rötliche oder gelbliche schlagende Varietät: die grüne, die im Blättergewirr unsichtbar wird, die braune, die die Farbe des Stammes oder der Erde trägt. Ein Drittel dieser Arten besitzt eine helle und eine dunkle Form, die ihren Vorteil aus den Beleuchtungsverhältnissen ziehen kann. Nur das rückbleibende Sechstel trägt Kleider, die andere Verschiedenheiten auszeichnen.

Eine solche Verschiedenheit der Raupen wird biologisch von höchstem Wert sein und sie vor vielen Verfolgern schützen. Sie stellt eine Weiterbildung der individuellen Variabilität dar und besitzt deren Nützlichkeitswert (s. Kapitel 3, S. 53) in erhöhtem Maße, indem infolge dieses wechselnden Aussehens viel mehr Individuen von den Nachstellern übersehen werden, als wenn sie sämtlich gleich gefärbt wären.

Natürlich ist eine solche Variabilität keine durchgehende Eigenschaft der Raupen; sie findet sich nur da, wo sie von Nutzen ist. Raupen, die anderweitig geschützt und vor Feinden verborgen sind, die im Dunkel lebend keiner Schutzfarbe bedürfen, weisen nie derartige Verschiedenheiten auf. So sind gleichmäßig, meist braun oder gelb gefärbt die Raupen der Hepioliden, die in den Pflanzenwurzeln, der Cossiden und Sesiiden, die in Stämmen und Zweigen leben, vieler

Eulenarten, *Hadena*, *Jaspidea celsia*, *Caradrina*, vieler Agrotisarten, da sie in der Erde verborgen sind und eventuell nur nachts zum Fressen an die Oberfläche kommen. Dasselbe gilt für die Raupen, die im Innern von Rohr und Schilf leben (*Leucania*, *Nonagria*), die die Fruchtkapseln der Nelken bewohnen (*Dianthoecia*), sowie für die, die einen Sack mit sich herumtragen (Psychiden). Alle diesen Formen wäre ein wechselndes Kleid kein Vorteil im Kampf ums Dasein, daher ist ihr Aussehen auch gleichförmig.

β) Altersunterschiede der Raupen.

Es ist selbstverständlich, daß eine junge Raupe kurz nach dem Ausschlüpfen ein ganz anderes Bild in ihrer Umwelt gibt, als eine große nach der letzten Häutung. Ihr könnte das Aussehen der alten Form vielleicht gar nichts nützen, und daher sind die Jugendformen der Raupen oft auffallend anders gefärbt und gestaltet, als die ausgewachsenen Exemplare. Ich erwähne den Schwalbenschwanz, *Papilio machaon*, dessen schwarze kleine Raupe noch nichts von dem bunten Kleid, das sie später tragen wird, ahnen läßt. Dasselbe gilt für das Nachtpfauenauge, den Gabelschwanz, während die Larve des Nagelflecks, *Aglia tau*, in der Jugend sogar mit sonderbaren Dornen bewehrt ist, die später verloren gehen. Auch viele Schwärmerraupen zeigen diese Umgestaltung während ihres Wachstums; die Jugendformen sind längsgestreift und gleichen so einer Blattrippe oder einem Blattstiel, während die großen Stadien mehrfache Schrägstreifen aufweisen und so ein ganzes Blatt mit seinen schräg verlaufenden Rippen nachahmen.

Bei den Raupen, wie auch bei den Entwicklungsstadien anderer Tiere, wechseln also die Anforderungen an die Zweckmäßigkeit, die in jeder Phase andere sind. Bei ihnen müssen die betreffenden Einrichtungen sich ablösen. Die geschlechtsreife Form dagegen stellt bezüglich der Eigenschaften, die der Erhaltung des Individuum dienen, einen gleichförmigen Zustand dar, daher können bei ihr diese Einrichtungen dieselben bleiben, ein Wechsel braucht während des Lebens nicht einzutreten.

Die Raupen stehen also ebenso im Kampf ums Dasein, wie die geschlechtsreife Form, die Schmetterlinge. Daß bei ihnen die Anpassungen vielleicht noch klarer hervortreten, beruht darauf, daß sie sich ihren Feinden nicht durch die Flucht entziehen können, wie die Falter, sowie daß sie länger leben als diese. Unser Beispiel lehrt also, daß während der Entwicklung eines Tieres die Zweckmäßigkeit eine ebenso mächtige Rolle spielt, wie bei der geschlechtsreifen Form.

Nachdem uns die Larven gelehrt haben, daß sie oft verschiedenartiger gestaltet sind als die geschlechtsreifen Tiere, können wir auch die Embryonen auf diesen Punkt hin untersuchen.

b) Embryonen.

Vielleicht ist die Rolle der Zweckmäßigkeit auch bei Embryonen eine noch größere als beim erwachsenen Tier; Hertwig spricht geradezu davon, daß der Embryo aus einem viel plastischeren Material besteht als jenes. Dies findet darin seine Erklärung, daß ein bestimmtes Entwicklungsstadium nicht nur durch die Veränderungen der Umwelt beeinflußt wird, die es selbst betreffen, sondern auch — und damit berühren wir schon die zweite Aufgabe des Embryo, spätere Stadien herauszubilden — durch solche, die alle späteren Phasen umzuwandeln bestrebt sind, und die vorher vorbereitet und angelegt werden müssen.

Eine Folgerung davon wäre, daß die Embryonen um so leichter auf veränderte Bedingungen reagierten, je jünger sie sind. Und das ist in der Tat der Fall, wie zahllose Versuche bewiesen haben. Mit jüngeren Stadien kann man viel ausgedehnter und energischer experimentieren als mit älteren, alle Anpassungsfähigkeiten nehmen mit dem Fortgang der Entwicklung ab.

Als eine zweite Folgerung müßte man erwarten, daß die frühesten Entwicklungsstadien verschiedener Tiere viel größere Differenzen aufwiesen, als die geschlechtsreifen Organismen selbst. Das hängt natürlich von der Mannigfaltigkeit der Bedingungen ab, unter denen die Tiere im ausgebildeten und im Embryonalzustand stehen — denn dies ist der mächtigste Faktor der Umgestaltung.

Immerhin, vergleichen wir die Eier eines Huhnes und eines Kaninchens mit den fertigen Tieren. Man ist gewohnt, in den ersteren eine Zelle zu sehen und hält sie daher für sehr ähnlich. Sehen wir aber von diesem morphologischen Wert einmal ab und vergleichen wir die Gebilde an sich, so kann es kaum etwas Verschiedeneres geben als das mikroskopisch kleine, von einer äußerst dünnen Hülle umgebene Ovium des Säugers und die mächtige Dotterkugel des Vogeleies, Differenzen, die die zwischen den Endformen selbst bestehenden weit überragen.

Und noch eine andere einschneidende Verschiedenheit zwischen den Eiern der verschiedenen Wirbeltierklassen drängt sich auf. Vergleichen wir ihre prospektive Bedeutung, also alles, was aus der Eizelle hervorgeht. Da mache man sich doch klar, ein wie verschieden großer Teil des Eies zum Aufbau des Embryo selbst verwendet wird. Beim Frosch (Fig. 9*a*) wird die ganze Eimasse bei der Bildung der Larve aufgebraucht. Bei der Eidechse, beim Vogel wird ein gut Teil derselben zum Aufbau der Embryonalhüllen verwendet und nur ein Teil, dessen Größe nicht zu bestimmen ist, formiert den Embryo (Fig. 9*b*). Und nun erst beim Säuger! Bei diesem müssen nicht nur die Eihäute, wie sie die Sauropsiden auszeichnen, von dem Eimaterial bestritten werden, sondern gleich im Anfang

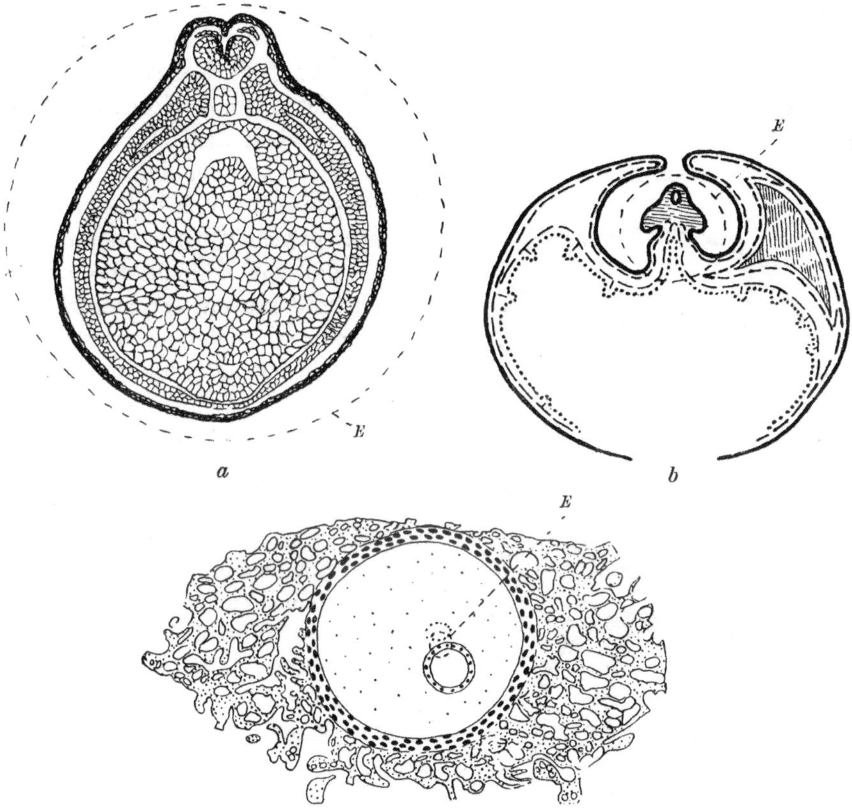

Fig. 9. Schnitte durch Keime vom Frosch (*a*), Hühnchen (*b*, nach Duval) und Menschen (*c*, nach Bryce und Teacher) aus Bonnet. Die gestrichelte Linie *E* umgibt den Bezirk des Eies, der den Embryo selbst aufbaut.

spaltet sich der zellreiche Trophoblast ab. Betrachten wir z. B. eine junge menschliche Keimblase, wie in dem bekannten Bild von Bryce und Teacher (s. Fig. 9*c*) oder selbst auf dem späteren, von Peters beschriebenen Stadium. Wie klein und unbedeutend erscheint in diesen die Embryonalanlage selbst, und welche Mengen von Zellen werden da zum Aufbau der Eihäute, der Plazenta verwendet! Wie winzig ist der Prozentsatz der Eimasse, oder wenn wir den Dotter ausschließen wollen, der Plasma- und Kernmasse des befruchteten Eies, das den Menschen selbst entstehen läßt! In den Figuren 9 *a*, *b* und *c* ist der Teil des Keimes, der den Embryo hervorgehen läßt, durch eine gestrichelte Linie abgegrenzt (*E*). Da die drei Figuren ungefähr gleich groß dargestellt sind, ergibt sich aus ihrer Vergleichung der gewaltige Unterschied in der Masse des Eies, die das künftige Lebewesen bildet.

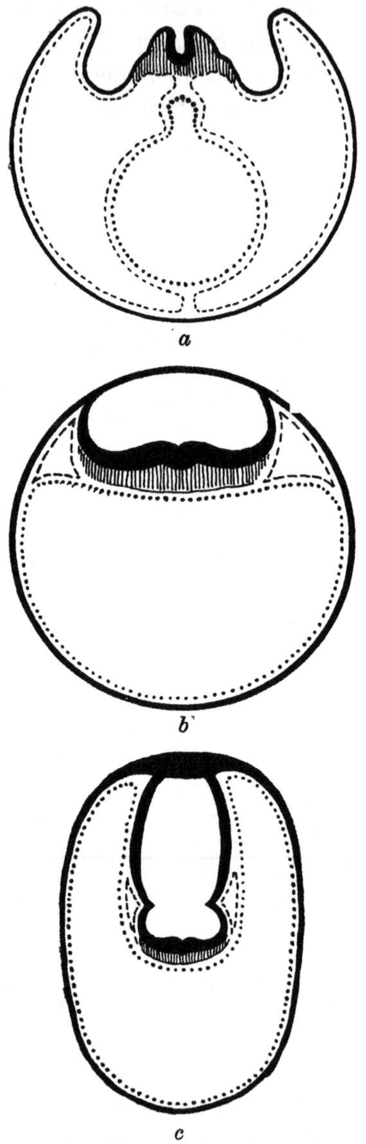

Fig. 10. Schematisch gehaltene Querschnitte durch Keimblasen eines Raubtiers (*a*), einer Fledermaus (*b*) und eines Nagers (*c*) zur Zeit der Amnionbildung. Ektoblast und Trophoblast schwarz, Mesoblast gestrichelt, Endoblast punktiert. Wenig verändert aus Bonnet.

Es ist meines Erachtens eine Verschiedenheit, die nicht hoch genug eingeschätzt werden kann, ob ein Ei vollständig zur Herstellung des Keimes verwendet wird, oder ob der größte Teil für Hülfsorgane aufgebraucht und nur ein geringer Bruchteil dem ursprünglichen wichtigsten Zwecke der Embryobildung vorbehalten bleibt. Nehmen wir einmal mit Van der Stricht und Van Beneden an, von den beiden Blastomeren des Mäuseeies entwickle sich die eine zum Trophoblast, die andere zum Embryo, so wird der Unterschied zwischen einem Frosch- und einem Mäuseei klar: von den beiden ersten Zellen des ersteren bildet eine nur einen halben Embryo, bei der Maus dagegen den ganzen Keim.

Wir sehen, die Verschiedenheiten der Eier sind enorm groß und übersteigen sicher die der erwachsenen Tiere.

Auch für die ersten Entwicklungsphasen gilt dieser Satz oft. Erst in letzter Zeit sind wir über die so weitgehend verschiedenartigen Formen unterrichtet worden, in denen sich das Ei der Säugetiere in den Uterus festsetzt. Die Produkte eines Kaninchen-, Mäuse-, Meerschweincheneies — um sogar innerhalb der Nagerfamilie zu bleiben — zurzeit der Plazentation sind so erstaunlich verschieden, daß man die Keime im System garnicht so nahe aneinander stellen würde, wie es die ausgebildeten Formen verlangen.

Auch später finden sich noch grundlegende Differenzen zwischen den Wirbeltierklassen bei der Anlage des Blutes, der Bildung des Mesoblastes. Drei Figuren, schematisierte Keime von Hund (10*a*), Fledermaus (10*b*) und Nager (10*c*) wiedergebend, beweisen diesen Satz; man möchte nicht glauben, daß sie die gleichen Vorgänge in einer Wirbeltierklasse darstellen. Erst wenn die Entwicklung so weit vorgeschritten ist, daß die Ernährung des Keimes gesichert ist, sei es durch Verarbeitung des Dotters, sei es durch Nährstoffwechsel in der Plazenta, erst dann bilden sich gleichmäßigere Entwicklungsbedingungen für die Embryonen aus, und damit beginnt eine größere Ähnlichkeit der Keime, die diese Stadien ähnlicher erscheinen läßt, als die geschlechtsreifen Tiere. Natürlich treten immerzu Differenzen zwischen den einzelnen Arten auf, wie sie bei Säugerembryonen sich z. B. in der Bildung des Gesichtes, der Nase zeigen.

Also auch während der Entwicklung findet eine stete Anpassung an die gegebenen Lebensbedingungen statt. Sind diese gleichartiger Natur, so verläuft die Genese gleichförmig, sind sie verschiedener Art, so differieren auch die Bildungsgänge der Arten. Embryo wie erwachsenes Tier stehen in gleicher Weise im Kampf ums Dasein, beide sind vor die Aufgabe gestellt, das Individuum zu erhalten.

C. Die Herausbildung des geschlechtsreifen Tieres.

1. Beim jungen Tier.

Wie oben schon auseinandergesetzt, beschränkt sich die Aufgabe, das geschlechtsreife Tier oder überhaupt spätere Stadien heranzubilden, auf die Entwicklungsstufen. Ist das Tier metamorphosiert, geboren oder fertig ausgebildet dem Ei entschlüpft, so hat es nur noch geringfügige Veränderungen zu erleiden. Es muß wachsen, und einige Organe, wie Geschlechtsdrüsen und akzessorische Sexualcharaktere haben sich auszubilden. Neues hat sich nicht anzulegen, und von einer eigentlichen Aufgabe, das geschlechtsreife Tier hervorzubringen, einer Aufgabe, die die weitere Entwicklung beherrschte und störend in die anderen Lebensaufgaben eingriffe, kann man daher nicht reden. Das »junge« Tier hat gewissermaßen das geschlechtsreife nur zu reifen, nicht herauszubilden.

2. Bei dem sich entwickelnden Tier.

Anders bei dem sich entwickelnden Tier. Vom Ei an durch alle Phasen des Embryo, der Larve werden die Vorgänge der Genese mit bestimmt durch die zweite Aufgabe des Keimes, die Endform herauszubilden. Aus der einzigen befruchteten Eizelle soll der vielzellige und höchst verwickelt gebaute Organismus, der die Art fortzupflanzen bestimmt ist, entstehen.

Wie beim erwachsenen Tier die Aufgabe der Arterhaltung oft störend in das individuelle Leben eingriff, und der zweiten Aufgabe, das Individuum zu erhalten, hemmend entgegentrat, so findet die sich durch das ganze Leben des Tieres hindurchziehende Aufgabe der Selbsterhaltung ein Hindernis für ihre unbeschränkte Ausbreitung während der Entwicklung in dem zweiten Lebensziel des Keimes, das geschlechtsreife Tier aufzubauen. Viele Organe des Embryo können nicht ohne weiteres zur Erhaltung des individuellen Lebens herangezogen werden, weil sie dem anderen Zwecke dienen. Die Sinnesorgane der Wirbeltiere können erst funktionieren, wenn das Tier dem Ei entschlüpft oder geboren ist, die Geschlechtsorgane sogar erst nach erlangter Geschlechtsreife. Und doch müssen sie in früheren Embryonalstadien angelegt und ausgebaut werden, um sofort fertig ausgebildet ihre Tätigkeit vollziehen zu können. Sie nützen also dem Keim selbst während ihrer Entwicklung nichts und werden gewissermaßen als Ballast mit herumgetragen.

Dies gilt nicht nur für die Organe, die das erwachsene Tier benötigt, sondern auch für die des Embryo selbst. Auch sie müssen sich ja in früheren Entwicklungsstadien anlegen und können in diesen ersten Entstehungsphasen nichts zur Erhaltung des individuellen Lebens des Embryo beitragen.

Es ist von hohem Interesse, der Frage nachzugehen, wie die beiden Aufgaben der sich entwickelnden Form, das Individuum zu erhalten und spätere Stadien zu entwickeln, in Wechselwirkung zueinander stehen. Die Anlagen später erst tätiger Gebilde werden, da sie eben für das Leben des Keimes von keiner Bedeutung sind, diesen leicht aus seinem Gleichgewichtszustand zu seiner Umwelt, aus dem »biologischen Gleichgewicht«, herausheben können. Dem muß wieder durch andere Veränderungen, die den Embryo von neuem an seine Umgebung voll angepaßt erscheinen lassen, entgegengewirkt werden. Eine stete gegenseitige Beeinflussung der beiden Lebensaufgaben des Keimes findet dabei statt, und man kann sich die Einwirkung einer neuen Anpassung auf die Vorgänge während der Ontogenese nicht einschneidend genug vorstellen.

Wie sehr die Anlage späterer Organe dem Leben der Larve hinderlich sein kann, das geht aus manchen Fällen hervor, in denen das Individuum sich in der Metamorphose völlig neu gestalten muß und kein Organ aus der früheren Stufe mit hinüber nimmt. Da wird die Phase der Umwandlung möglichst schnell durchlaufen, damit dieser ungünstige Zustand möglichst kurze Zeit dauert und das Tier so wenig als angängig schädigt. Auch gleich nach der Metamorphose ist bei derartigen Larven, die meist pelagisch leben, das Wachstum nach Schultzs Angaben ungemein beschleunigt, um das biologische Gleichgewicht recht bald wiederherzustellen.

Wie während der Embryogenese die beiden Aufgaben des Embryo sich auf die Organe verteilen, wie das eine nur dem individuellen Leben des Keimes dient, ein anderes nur als Anlage späterer Organe aufzufassen ist, ein drittes in seinen Teilen beiden Anforderungen gerecht wird, das wird in einem besonderen Kapitel, in dem die Zweckmäßigkeit embryonaler Organe dargelegt wird (Kapitel 6), besprochen werden. Es wäre auch interessant, einen ganzen Embryo auf einem bestimmten Entwicklungsgrad auf diese Frage hin durchzuarbeiten, um gewissermaßen in einem Querschnitt der Ontogenese zu erfahren, wie sich die Sorge für das individuelle Leben und die Heranbildung des geschlechtsreifen Tieres im Embryo verteilen.

Wir wollen noch einen Blick werfen auf die Vorgänge, die dazu dienen, während der Entwicklung das Endstadium heranzubilden. Es geschieht dies durch zwei Prozesse, durch Wachstum und Differenzierung.

Es ist nun interessant, zu verfolgen, wie verschieden diese beiden Vorgänge bei den einzelnen Tierformen auf die Zeit der Entwicklung verteilt sind. Bald laufen sie Hand in Hand nebeneinander her, bald wechseln sie einander ab oder schließen sich gegenseitig aus, und zwischen diesen beiden Extremen finden sich alle Übergänge. Natürlich geschieht dies stets in Übereinstimmung mit den bestehenden biologischen Verhältnissen. Bei Embryonen, denen während der Entwicklung gleichmäßig Nahrung gespendet wird, können Wachstum und Differenzierung auch gleichmäßig nebeneinander ablaufen. Embryonen von amnioten Wirbeltieren, die sich im Ei oder Uterus in fast ununterbrochen gleichbleibender Umgebung befinden, wachsen gleichmäßig; höchstens wechseln Perioden mit sehr geringer Differenz der Wachstumsgeschwindigkeit miteinander ab, und ebenso gleichförmig schreitet auch die Differenzierung fort, ohne daß sich besondere Pausen bemerkbar machten.

Ganz anders bei Tieren, deren Eiern kein Nährmaterial mitgegeben oder vom Mutterleib geboten wird. Bei ihnen haben sich einzelne Stadien ausbilden müssen, die abwechselnd bald dem Wachstum, bald der Differenzierung dienen, die dementsprechend auch ganz andere Gestalt besitzen. So hat sich die Metamorphose eingerichtet. Bei den Schmetterlingen nimmt die Raupe Nahrung zu sich und wächst; während der Puppenruhe wird gar keine Nahrung aufgenommen, die harte Puppe wächst garnicht, aber in ihrem Innern entfaltet sich der Schmetterling. Ganz so einfach liegen die Verhältnisse freilich nicht, indem auch während des Larvenstadiums Organe der Imago angelegt werden, aber es überwiegt in dieser Phase doch das Wachstum, und wer einmal z. B. eine große Schwärmerraupe aus dem kleinen Ei zu dem fingerlangen, dicken, prallen verpuppungsfähigen Tier herangezüchtet hat, der wird verstehen, daß die Hauptaufgabe dieses Stadiums die Anhäufung der Körpermasse ist.

Völlig schließen sich Wachstum und Differenzierung oft während des Vorganges der Metamorphose selbst aus, so daß allein Differenzierung stattfindet und nach derselben die Masse des Tieres geringer sein kann als vorher. Als zwei bekannte Beispiele für dieses Verhalten erwähne ich die kleine Knoblauchkröte, *Pelobates fuscus*, die sich aus der oft das Mehrfache des Volumens der Kröte enthaltenden Kaulquappe entwickelt und den kleinen Glasaal, der aus der viel größeren Larve, dem *Leptocephalus*, hervorgeht.

Metamorphose findet sich also bei Tieren mit freilebenden Zwischenstufen. Kehrt nun solch eine Tierform zur Entwicklung im Ei oder im Mutterleib zurück, so paßt sich die Entwicklung sofort auch den neuen Bedingungen an. Die Larvenstadien werden überflüssig und schwinden. Schultz führt in dem Kapitel »Tachygenese« eine Reihe interessanter Beispiele auf, die zeigen, wie eine solche Art allmählich wieder zur direkten Entwicklung zurückkehrt. Der Frosch *Phyllomedusa hypochondrialis* bildet in der Eihaut noch eine vollständige Froschlarve aus, aber ohne einige Larvenorgane; der Antillenfrosch *Hylodes martinicensis* unterdrückt schon das Kaulquappenstadium; Kiemen werden nicht mehr gebildet. Ein völliges Verschwinden der Zwischenstadien findet sich dann bei einigen Ascidien (*Anurella*), vielen Nemertinen, Mollusken (*Vermetus* u. a.), Krustazeen. Bei diesen Tieren arbeiten Wachstum und Differenzierung wieder gleichzeitig, ohne auf verschiedene Perioden verteilt zu sein. Diesen neuen Bedingungen paßt sich die Entwicklung sofort an.

Fassen wir nochmals den Inhalt dieses Kapitels zusammen.

Die Lebensaufgaben des geschlechtsreifen Tieres sind nicht die gleichen wie die des in Entwicklung befindlichen Individuum.

Beiden Stadien gemeinsam ist die Aufgabe der Erhaltung des Individuum, die bei der geschlechtsreifen Form durch die sexuelle Zuchtwahl beeinträchtigt wird, bei Embryo und Larve durch deren Fehlen reiner hervortreten kann, hier aber im Gegensatz zu dem vollentwickelten Tier wegen der Umbildungen während der Entwicklung verschiedenartige aufeinander folgende Einrichtungen verlangt.

Beide Formen unterscheiden sich aber darin, daß das geschlechtsreife Tier für die Erhaltung der Art zu sorgen hat, was für das sich entwickelnde fortfällt, während diesem wieder die Aufgabe zufällt, den fertigen Organismus heranzubilden.

Literatur.

1896. Boas, J. E. V., Über Neotenie. Festschr. f. Gegenbaur, Leipzig.
1918. Bonnet, R., Lehrbuch der Entwicklungsgeschichte, 3. Aufl. Berlin.
1892. Chun, K., Die Dissogonie, eine neue Form der geschlechtlichen Zeugung. Festschr. f. Leuckart.
1909. Fernandez, M., Beiträge zur Embryologie der Gürteltiere, I. Morph. Jahrb. Bd. 39.
1915. Fernandez, M., Die Entwicklung der Mulita. Rev. Mus. La Plata, T. XXI.
1906. Hertwig, O., Über die Stellung der vergleichenden Entwicklungslehre zur vergleichenden Anatomie, zur Systematik und zur Deszendenztheorie. Handb. d. vgl. Entwgesch. III, 2.
1914. Hertwig, R., Die Abstammungslehre. Kultur der Gegenwart III, IV, 4.
1885. Kollmann, J., Das Überwintern von europäischen Frosch- und Tritonlarven und die Umwandlung des mexikanischen Axolotl. Verhandl. naturf. Ges. Basel.
1890. Korschelt, E. u. Heider, K., Lehrbuch der vergleichenden Entwicklungsgeschichte der wirbellosen Tiere, I. Jena.
1914. Lang, A., Die experimentelle Vererbungslehre in der Zoologie seit 1900. Jena, Fischer.
1910. Newman, H. H. u. Patterson, J. Th., Development of the nine-banded Armadillo from the primitive streak stage to birth. Journ. Morph. 21.
1910. Peter, K., Über die biologische Bedeutung embryonaler und rudimentärer Organe. Arch. f. Entwmech. Bd. 30.
1912. Seitz, A., Die Großschmetterlinge der Erde, I, II. Die paläarktischen Spinner und Schwärmer. Stuttgart.
1904. Spuler, A., Die Raupen der Schmetterlinge Europas. Stuttgart.
1909. Spuler, A., Die Schmetterlinge Europas. Stuttgart.
1910. Schultz, E., Prinzipien der rationellen vergleichenden Embryologie. Leipzig.
1913. Sobotta, J., Über eineiige Zwillinge des Menschen und die Polyembryonie bei den Gürteltieren. Sitz.-Ber. phys.-med. Ges. Würzburg.
1909. Van der Stricht, O., La structure de l'œuf des Mammifères, III. Mém. Cl. Sciences Acad. Roy. Belgique. II, T. 2.
1875/76. Weismann, A., Studien zur Deszendenztheorie. Leipzig.

Fünftes Kapitel.

Die Zweckmäßigkeit in der Embryologie.

Geltungsbereich der Zweckmäßigkeit in der Embryologie. A. Gründe der Vernachlässigung der finalen Betrachtungsweise. 1. Die Schwierigkeit, die Zweckmäßigkeit in der Entwicklung zu erkennen. 2. Die Unkenntnis von den Aufgaben der sich entwickelnden Form. B. Formen der Zweckmäßigkeit in der Entwicklung. 1. Die Anlage bleibender Organe. 2. Embryonal funktionierende Organe. a) Nebenfunktion. Allantois, Dottersack, Schlundorgane. b) Funktionswechsel. Vorgang desselben schwer vereinbar mit finaler Auffassung. Wolffscher Gang der amnioten Wirbeltiere, Gehörknöchelchen und Kiefergelenk der Säuger. c) Einfluß auf andere Organe. Abhängige Differenzierung von Linse und Hornhaut bei Amphibienembryonen. Epithelscheide der Zahnwurzel. C. Zeitliches Verhalten der Zweckmäßigkeitsformen zueinander. Bei embryonalen Organen meist drei Perioden der Entwicklung, Funktion und Rückbildung. Vergleich mit Roux' kausalen Perioden der Ontogenese.

Im dritten Kapitel habe ich meine Ansicht über den Wirkungsbereich der Zweckmäßigkeit in der Tierwelt überhaupt ausgesprochen und mich dahin entschieden, daß jegliches Gebilde, jeder Vorgang als zweckmäßig aufzufassen ist. Erscheint er uns gleichgültig oder gar schädlich, so haben wir erst, ehe wir uns zu dieser Anschauung bekehren, genau nachzuforschen, ob er nicht doch in gewisser Hinsicht nützlich ist, wobei die Lebensaufgaben der betreffenden Tierform eingehend zu berücksichtigen sind. Eine Schädlichkeit in einer Hinsicht wird meines Erachtens immer von einem Vorteil in anderer ausgeglichen oder übertönt, so daß das Organ zuletzt doch als zweckmäßig erkannt werden muß. Rein schädlich kann eine Eigenschaft erst werden, wenn plötzlich katastrophale Änderungen in der Umwelt eintreten, die andere Anpassungen verlangen, denen der Organismus nicht folgen kann.

Meine Meinung über den Geltungsbereich der Zweckmäßigkeit in der Entwicklung der Tiere ist in den Worten enthalten, daß ich den sich entwickelnden Organismus unter demselben Gesichtspunkt betrachte, wie den geschlechtsreifen. Ich nehme auch in der Ontogenese die Allgegenwart der Zweckmäßigkeit an.

Diese einheitliche Betrachtungsweise des fertigen und des sich entwickelnden Tieres hat schon in ihrer Einfachheit einen großen Vorzug, doch ist sie durchaus nicht allseitig anerkannt.

Den Ursachen dieser Vernachlässigung wollen wir erst nachgehen, um dann die verschiedenen Formen, unter denen die Zweckmäßigkeit in der Keimentwicklung auftritt, zu bestimmen. Ein dritter Abschnitt bespricht die zeitliche Aufeinanderfolge der Formen der Zweckmäßigkeit in der Organogenese.

A. Gründe der Vernachlässigung der finalen Anschauung der Embryologie.

Die finale Betrachtungsweise ist in der Embryologie ganz besonders vernachlässigt und verpönt worden. Viele Forscher, die der Zweckmäßigkeit in der Tierwelt im allgemeinen einen breiten Raum gönnen, engen ihren Wirkungsbereich bedeutend ein, wenn sie auf die Entwicklungsstufen zu sprechen kommen.

Zum Teil liegt der Grund dafür darin, daß die phylogenetische und die kausale Anschauung die Forscherwelt beherrschen, wie im ersten Kapitel ausführlich dargetan wurde. Die Frage nach der Zweckmäßigkeit galt für veraltet, unmodern, und in Anlehnung an die Verhältnisse der anorganischen Körper, bei denen diese Eigenschaft vermißt wird, glaubte man ihr auch bei den Tieren entraten zu können. Diese Auffassung haben wir schon am Anfang dieses Buches zurückgewiesen.

Doch hatte die Vernachlässigung des Nützlichkeitswertes der embryonalen Gebilde und Vorgänge noch tiefer liegende Ursachen: einmal ist er nicht so leicht zu erkennen, wie bei freilebenden, erwachsenen Tieren, und dann verkannte man die Lebensaufgaben der sich entwickelnden Form und machte sich nicht klar, in welcher Richtung man die Zweckmäßigkeit zu suchen hätte. Daher glaubte man während der Ontogenese eine Menge funktionsloser, nutzloser oder gar schädlicher Organe gefunden zu haben; zumal die als untätig angesehenen, rückgebildeten Organe fanden sich in immer größerer Anzahl ein. So schwand der Begriff der Zweckmäßigkeit mehr und mehr aus der Embryologie. Diese beiden Gründe der Vernachlässigung müssen wir hier genauer betrachten.

1. Die Schwierigkeit, die Zweckmäßigkeit in der Entwicklung zu erkennen.

Diese Schwierigkeit darf nicht unterschätzt werden. Zwar wo es sich um frei lebende Larvenformen handelt, die ähnlichen Lebensbedingungen unterworfen sind, wie die geschlechtsreifen Formen, da tritt die biologische Bedeutung der Anpassungen klar hervor. Sie werden in ihrer Umwelt im Kampf ums Dasein stehend, in gleicher Weise betrachtet, wie das erwachsene Tier. Die larvalen Organe, die nur in diesen Stadien vorhanden sind, die Hornkiefer, Haftnäpfe und Kiemen der Kaulquappen, die Freßwerkzeuge, Bauchfüße und Giftdrüsen der Raupen werden leicht als für ihren Träger zweckmäßige Einrichtungen erkannt, wenn auch diese Erkenntnis erst später reifte, als bei der ausgewachsenen Form.

Viel schwieriger ist dies bei Embryonen, deren Biologie uns sehr schwer verständlich ist, da ihr Leben, das sich in Eihüllen oder im Mutterleib abspielt, nicht direkt beobachtet wird. Da gelingt es oft in der Tat erst sehr spät durch Kombination von Beobachtungen, den biologischen Wert eines Organes zu enträtseln.

2. Die Unkenntnis von den Aufgaben der sich entwickelnden Form.

Die Zweckmäßigkeit richtet sich nach den Lebensaufgaben des Tieres; was diesen angepaßt ist, ist zweckmäßig.

Während der Entwicklung sind zwei Aufgaben zu erfüllen: das Individuum zu erhalten und das geschlechtsreife Tier heranzubilden. In diesen beiden Richtungen ist also der Nützlichkeitswert einer embryonalen Einrichtung zu suchen. Dient das fragliche Organ einer dieser Aufgaben, so ist seine Zweckmäßigkeit erkannt.

Allgemein ging man aber bei der Beurteilung embryonaler Gebilde von den Verhältnissen aus, die das erwachsene Tier bietet. Man suchte die Nützlichkeit nur in Rücksicht auf die Erhaltung des Individuum und vernachläßigte ganz, die Ausbildung der Endform zu beachten. Nur was für den Embryo in dem gerade untersuchten Stadium selbst von Vorteil war, sprach man als nützlich an, was dagegen ein erst später funktionierendes Organ zu bilden hatte, betrachtete man nicht von diesem Gesichtspunkt aus.

Wir ziehen dagegen die Grenzen der Nützlichkeit weiter. Ein Gebilde, eine Eigenschaft gilt uns als zweckmäßig nicht nur, wenn sie den Embryo am Leben erhält, sondern auch, wenn sie erst später nützlichen Charakteren zur Entwicklung dient.

Welche Formen die Zweckmäßigkeit in der Entwicklungszeit annimmt, in welcher Weise sie sich äußert, das muß hier erst besprochen werden, damit wir dann speziell Organe und Vorgänge der Ontogenese auf ihren Nützlichkeitswert hin untersuchen können.

B. Die Formen der Zweckmäßigkeit in der Entwicklung.

1. Die Anlage bleibender Organe.

Die Funktion eines Organs ist stets mit seiner höchsten Ausbildung verbunden. Geht die Differenzierung während der Entwicklung immer weiter, so daß sie den höchsten Grad erst beim erwachsenen Tier erreicht, so sind auch alle Entwicklungsphasen als zweckmäßig für den Embryo aufzufassen, da sie dem Zwecke der Heranbildung des geschlechtsreifen Tieres dienen. Die Anlage des Zentralnervensystems, der Sinnesorgane dienen als Beispiel. Roux bezeichnet diese Tätigkeit als »Gestaltungsfunktion« und stellt sie der spezifischen Organfunktion, der »Erhaltungsfunktion« gegenüber.

Oft besitzt ein Organ nicht im allgemeinen, in all seinen Teilen diesen Nützlichkeitswert. Betrachten wir z. B. die Urniere der Säugerembryonen. Von dem z. B. bei Schweineembryonen enorm ausgebildeten Exkretionsorgan gehen große Teile verloren, andere bilden sich weiter aus — wenn auch auf dem Wege des Funktionswechsels, der später besprochen werden wird. Der Urnierengang wird beim männlichen Tier zum Samenleiter, ein Teil der Urnierenkanälchen zum Nebenhoden. Der kaudale Abschnitt des Organs schwindet aber vollständig oder bis auf geringe Reste, es degenerieren alle die zahlreichen Glomeruli. Der biologische Wert der später zur Verwendung kommenden Stücke ist klar, er fällt unter die Gestaltungsfunktionen, der der zu Grunde gehenden muß auf dem Stadium der höchsten Ausbildung in einer Erhaltungsfunktion gesucht werden.

Dies gilt für viele andere embryonale Gebilde; so liefert das knorpelige Primordialkranium die bleibenden Knorpel der Nase, geht aber im übrigen zurück und wird durch den knöchernen Schädel ersetzt; so entstehen aus dem Epithel der Schlundspalten Drüsenkörper, die nach der Geburt ihre Tätigkeit ausüben, es schwinden aber viele andere Teile.

Wir sehen, daß ein embryonales Gebilde oft nicht als Ganzes auf seinen biologischen Wert hin betrachtet werden kann; seine einzelnen Teile müssen dann gesondert untersucht werden, da die Zweckmäßigkeit in ihnen verschiedene Gestalten annehmen kann.

2. Embryonal funktionierende Organe.

Geht ein Gebilde im weiteren Verlauf der Entwicklung zu Grunde, so ist das Stadium aufzusuchen, in dem es auf der Höhe seiner Ausbildung steht und nachzuforschen,. ob sich in diesem irgend eine Funktion, die dem Embryo oder der Larve von Nutzen wäre, eine »Erhaltungsfunktion«, erkennen läßt. Denn dieser Zustand der höchsten Ausbildung ist auch in der Ontogenese als der wichtigste anzusehen, in dem die Tätigkeit des Organs ausgeübt wird. Die früheren oder späteren Stadien, in denen das Organ angelegt oder rückgebildet wird, sind als im Dienst des Funktionszustandes stehend aufzufassen und sind für uns biologisch verständlich; in den ersteren muß es sich natürlich erst herausbilden, sie fallen unter den gleichen Gesichtspunkt wie die Anlagen bleibender Organe, und in den letzteren muß der Abbau der nicht mehr nötigen Gewebe erfolgen, das Unnütze wird möglichst schnell wieder entfernt, damit anderes, Nützliches an seine Stelle treten kann.

Wir haben schon davon gesprochen, daß die Zweckmäßigkeit vieler larvaler und embryonaler Organe so offensichtlich ist, daß sie von niemand geleugnet werden kann. Dies gilt für Kiemen und Haftnäpfe der Kaulquappen, für die Bauchfüße der Raupen. Aber auch die Dottersack- und Nabelgefäße der Embryonen der Amnioten fallen unter diesen Gesichtspunkt. Diese Auffassung beschränkt sich aber auf die Neuanpassungen der Embryonen.

Sobald sich nämlich während der Entwicklung einer Tierform ein neues Organ herausbildet, das seine Vorfahren noch nicht besessen haben, tritt die finale Betrachtung desselben in ihr Recht. Wenn es sich aber um ein palingenetisches Gebilde handelt, das die Ahnen in stärkerer Ausbildung und in sicher erkannter Tätigkeit hatten, dann gilt das Hauptinteresse der phylogenetischen Auffassung des Organs, nach seiner Funktion wird nicht gefragt, sie wird sogar geleugnet.

Und hier müssen wir einsetzen, um unsere Anschauung von der Allgegenwart der Zweckmäßigkeit aufrecht zu erhalten.

In vielen Fällen wird das bei den Nachkommen nur noch gering entwickelte Organ die Tätigkeit, die es bei den Vorfahren ausübte, wenn auch in abgeschwächtem Maße, noch versehen können, — dann entspricht die physiologische Bedeutung seiner morphologischen, und der Nützlichkeitswert ist erkannt. Dies gilt z. B. für wenig ausgebildete Kiemen mancher Amphibienlarven; diese Gebilde, die sicher von besser entwickelten herzuleiten sind, vermögen durch die Gefäßverteilung in ihrem Innern noch als Atmungsorgane zu dienen, also im gleichen Sinne, wie bei ihren Vorfahren, wenn auch nicht in dem gleichen Grade.

Oft wird es aber nicht möglich sein, die alte Tätigkeit an einem solchen rückgebildeten Organ zu erkennen. Da muß dessen Zweckmäßigkeit in einer anderen Richtung gesucht werden. Das Organ kann eine Nebenfunktion des alten beibehalten haben, oder es kann auch ein Funktionswechsel eingetreten sein.

a) Nebenfunktion.

Hier ist an die Tatsache zu erinnern, daß wohl kein Organ nur eine einzige Tätigkeit auszuüben hat, sondern mehrere. So schreibt z. B. Bonnet von der Allantois des Hühnchens, daß sie »1. als embryonaler Harnsack funktioniert, 2. beteiligt sie sich neben dem Dottersacke durch Bildung des Eiweißsackes an der Ernährung des Embryos, und 3. wird sie gleichzeitig Respirationsorgan«.

Diese drei Tätigkeiten sind eigentlich gleichwertig, denn keine darf wegfallen, ohne die Entwicklung des Keimes zu schädigen. Dennoch spricht man oft von einer Hauptfunktion und von Nebenfunktionen. Als erstere bezeichnet man dann die Tätigkeit, die besonders ins Auge springt, doch ist die Unterscheidung natürlich rein praktischer Natur, ohne grundlegenden Wert.

Etwas klarer wird der Unterschied zwischen den beiden Funktionen z. B. beim Dottersacke. Bei Vögeln liefert er das Nährmaterial, läßt aber auch auf seiner Oberfläche die Blutzellen entstehen. Bei Säugetieren fällt die erste Aufgabe fort, es bleibt aber die zweite der Blutbildung. In dieser hätten wir eine Nebenfunktion zu erblicken.

Ein anderes Beispiel liefern die Schlundorgane der kiementragenden Wirbeltiere. Sie dienen in der Hauptsache der Atmung, lassen aber auch aus ihrem Epithel wichtige Drüsen hervorgehen. Fällt nun die Kiemenatmung bei Lungenatmern fort, so ist damit noch kein Grund gegeben, diese Gebilde ganz schwinden zu lassen, da sie eben noch eine zweite Funktion besitzen.

Wenn die bei den Vorfahren ausgeübte ins Auge fallende Tätigkeit eines embryonalen Organes nicht mehr bei den Nachkommen besteht, so ist das Gebilde nicht als unnütz zu bezeichnen, es ist immer nach einer Nebenfunktion zu suchen, die die biologische Bedeutung des Organes erklärt.

Endlich kann die Funktion eines embryonalen Organes auch auf einem neuen Gebiet gesucht werden, es dient dann zu einem anderen Zwecke als bei den Vorfahren. Die Tätigkeit, die es bei diesen zu erfüllen hatte, ist verloren gegangen; trotzdem ist das Organ nicht geschwunden, sondern erhalten geblieben im Interesse einer neuen Funktion. Es ist also bei ihm ein

b) Funktionswechsel

eingetreten. Als Beispiel diene der Dottersack der Wirbeltiere. Der Dottersack meroblastischer Wirbeltiere ist ein Nahrungsspeicher, von dem der Embryo bis zum Verlassen des Eies zehrt. Den holoblastischen kleinen Eiern der plazentalen Säugetiere wird kein Nährmaterial mitgegeben. Trotzdem bildet sich bei allen Formen das Homologon des Dottersackes aus, das hier wegen des Mangels an Dotter den Namen Nabelblase führt. Welche Aufgabe fällt diesem Gebilde nun zu, nachdem seine erste des Dotterreservoirs weggefallen ist?

Erstens dient das Organ, wie schon erwähnt, zur Blutbildung. Hier entstehen die ersten Gefäße und Blutzellen. Dies fand bereits bei Reptilien und Vögeln statt, war also eine Nebenfunktion, die jetzt zur Hauptfunktion wird. Bei manchen Säugetierarten verbinden sich aber die Gefäße der Nabelblasenwand mit dem Uterus zur Bildung einer Nabelblasenplazenta, um dem mütterlichen Gewebe Nährstoffe zu entziehen. Das ist eine neue Tätigkeit, die unter den Begriff des Funktionswechsels fällt.

Diesen Funktionswechsel müssen wir etwas eingehender besprechen, da unsere finale Auffassung seinem Verständnis Schwierigkeiten zu bereiten scheint. Da er sich, wie eben erwiesen, auch bei embryonalen Organen findet, so ist unsere Stellungnahme zu ihm geboten. Weil er aber eine viel weitergehende Rolle in den Organen des erwachsenen Tieres spielt, deren Tätigkeit klarer zu erkennen ist als die embryonaler Gebilde, so halten wir uns in unseren Erörterungen an den Funktionswechsel der Organe ausgebildeter Tiere. Für embryonale Gebilde gilt völlig das gleiche.

Ich bin nun der Ansicht, daß man die Bedeutung dieser Erscheinung gewaltig überschätzt hat und noch überschätzt. Wenn Schultz schreibt: »Gewöhnlich geht in der Morphologie die Schaffung einer neuen Funktion so vor sich, daß ein schon existierendes Organ seine Funktion ändert«, so kann ich ihm in dieser Auffassung nicht folgen. Ich verweise dabei auf das bekannte Dollosche Gesetz, das uns lehrt, wie plastisch der Körper der Organismen neuen Anforderungen gegenüber ist, und wie leicht sich neue Organe anlegen, wenn sich die Notwendigkeit herausstellt. »Ein im Laufe der Stammesgeschichte verkümmertes Organ erlangt niemals wieder seine frühere Stärke« formuliert Abel einen Teil des Dolloschen Gesetzes. Bei der Rückkehr zur alten Lebensweise werden nicht die Reste des früher in hoher Tätigkeit gewesenen Organs benutzt, um die alte Funktion auszufüllen, sondern neue werden geschaffen. So auffallend dieser Satz auch ist, so hat ihn Dollo doch an mehreren Beispielen aus dem Gebiete der Paläontologie einwandsfrei nachgewiesen. Noch viel schwerer wird sich bei der Notwendigkeit einer neuen Funktion ein vorhandenes Organ mit dieser befassen, — auch hier wird viel leichter ein ganz neues Organ in Erscheinung treten.

Immerhin kennen wir genügend Beispiele, um sagen zu können, daß der Funktionswechsel eine wichtige Rolle bei der Umbildung der Tierwelt spielt.

Die Vorgänge, die sich dabei abspielen, kann man sich leicht vorstellen, wenn man der landläufigen Ansicht huldigt, daß sich ein Organ ohne Tätigkeit beliebig lange erhalten kann. Dann ist die

Möglichkeit vorhanden, daß es nach Abwerfen seiner ersten Funktion eine Zeit lang ohne Tätigkeit besteht und dann eine zweite neue aufnimmt. Erhält sich aber, wie wir annehmen, ein Gebilde nur so lange, als seine Tätigkeit dauert, bildet es sich synchron mit dem Schwinden derselben zurück, so wird der Ablauf des Funktionswechsels schwerer verständlich. Man muß sich dann vorstellen, daß die neue Tätigkeit sich noch während der alten einleitet und in dem Maße wächst als sich die alte verringert, bis sie nach deren völligem Aufhören das Organ allein beherrscht. Das Organ besitzt erst die Funktion *a*, dann *a* und *b*, dann nur *b*, — ein übrigens von vielen anderen Autoren, z. B. von Bonnet, ausgesprochener Gedanke.

Diese Vorstellung ist komplizierter als die erste, und doch kann man sie an Beispielen, selbst an anscheinend sehr paradoxen, durchführen. Alle Zwischenstufen müssen natürlich lebensfähig sein, — das erschwert eine solche Darstellung. Eigentlich müßte man die Beispiele aus der Paläontologie holen, um ganz sicher zu gehen. Doch kann uns, vorsichtig angewendet, auch die vergleichende Anatomie wichtige Fingerzeige geben.

Ein gutes Beispiel des Funktionswechsels bietet uns der Wolffsche Gang dar. Ursprünglich als Vornierengang, als Abflußkanal für die Vornierensekrete angelegt (Fig. 11 *a*), wird er von der Urniere übernommen und leitet deren Exkrete bei den meisten Knochenfischen nach außen (Fig. 11 *b*), während die Urniere bei Amnioten nicht mehr als Exkretionsorgan funktioniert und ihre Ausführgang als *ductus deferens* die männlichen Geschlechtsprodukte aus dem Nebenhoden abzuführen hat (Fig. 11 *d*). Diese beiden ganz fremden Tätigkeiten des Harnleiters einerseits, des Samenleiters anderseits sind aber lückenlos verbunden durch Durchgangsstadien, in denen der Wolffsche Gang als Harnsamenleiter beide Aufgaben in sich vereinigt (Fig. 11 *c*). Wir können uns also vorstellen, wie dieser Wechsel in der Tätigkeit vorging, ohne daß irgend eine Funktion einmal unterbrochen gewesen wäre: Bei den Knochenfischen ist die Urniere noch reines Exkretionsorgan, und die Spermien gelangen durch eigene Ausführgänge nach außen. Dann setzte sich der vordere Abschnitt der Urniere mit dem Hoden in Verbindung und gab seine exkretorische Tätigkeit auf, während sich jedenfalls gleichzeitig der hintere Abschnitt stärker entwickelte, um nach Wegfall des vorderen die Abbaustoffe des Körpers restlos entfernen zu können (Fig. 11 *c*). Der Samen gelangte so in den Wolffschen Gang, der jetzt also Harn und Sperma abzuleiten hatte (Selachier, Amphibien). Während dieser Zustand noch bestand, entwickelten sich die Nierenkanälchen der letzten

Segmente, die die Urnierenkanälchen nach hinten fortsetzen, besonders mächtig und ergossen ihr Sekret in einen besonderen Ureter, der, wie Felix' klare Auseinandersetzungen lehren, auch schon bei Formen mit funktionierender Urniere (Gymnophionen) vorgebildet

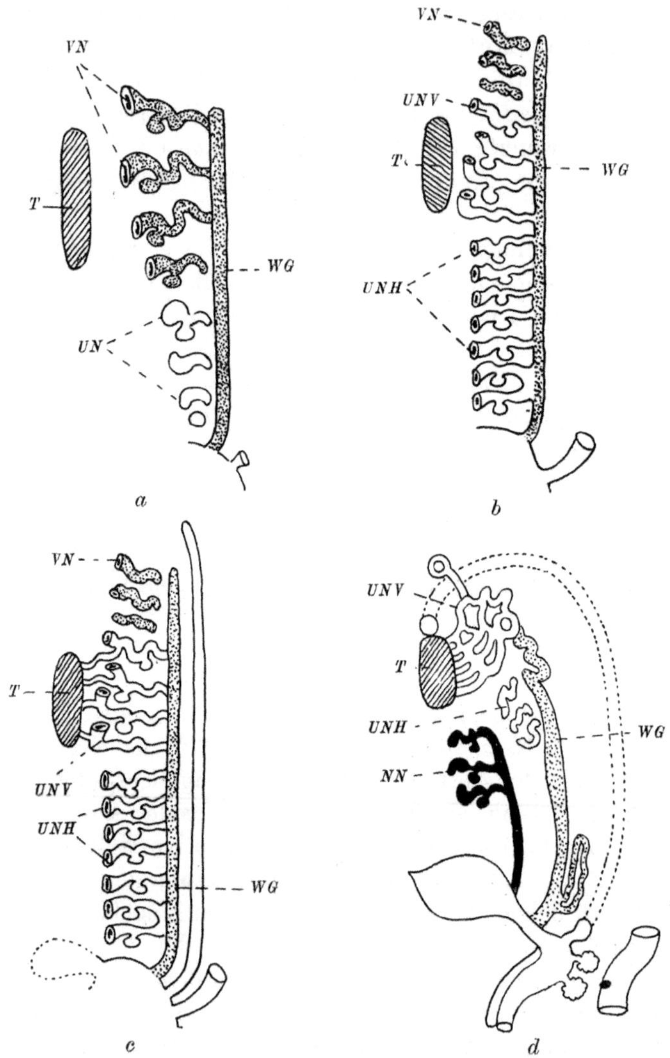

Fig. 11. Schemata, den Funktionswechsel des Wolffschen Ganges darstellend. Männlicher Urogenitalapparat *a* eines Anamniers mit in Bildung begriffener Urniere, *b* eines Anamniers (Teleostiers) mit funktionierender Urniere, *c* eines Amphibium mit Ausbildung des vorderen Urnierenabschnitts in Hodenableitungswege und Umbildung des Wolffschen Ganges zum Harnsamenleiter, *d* eines Amnioten. Urniere und Wolffscher Gang treten ganz in den Dienst des Geschlechtsapparates, die Exkretion übernimmt die Nachniere. Vorniere und Vornierengang punktiert, Urniere nicht, Nachniere schwarz ausgefüllt. *NN* Nachniere, *T* Hoden, *UN* Urniere, *UNV* vorderer Teil, *UNH* hinterer Teil der Urniere, *VN* Vorniere, *WG* Wolffscher Gang. *a*, *c*, *d* nach Wiedersheim.

erscheint. Beide Nieren, Urniere und bleibende Niere, funktionierten nebeneinander, bis der kranial einsetzende Reduktionsprozeß noch weiter nach kaudal griff, der Urniere die sekretorische Tätigkeit vollständig nahm und diese der Niere allein übertrug. Damit ergoß sich auch kein Harn mehr in den Wolffschen Gang, der so zum reinen Samenleiter wurde (Fig. 11*d*). Die in Fig. 11 dargestellten Diagramme zeigen Anfangs-, Zwischen- und Endstadium dieses Prozesses.

Dieser Funktionswechsel ist also leicht verständlich, auch bei unserer Annahme, daß in jedem Stadium alle Gebilde voll funktionieren, soweit sie ausgebildet sind.

Schwieriger ist dies bei dem wohl auffallendsten Beispiel des Funktionswechsels, der sich bei der Frage nach der phyletischen Entwicklung der Gehörknöchelchen der Säuger herausgestellt hat. Es hat sich nämlich ergeben, daß diese Gebilde, die der Schallleitung dienen, Knochen entsprechen, die bei den Reptilien noch zum Unterkiefer gehören, daß wir also, wie Albrecht sagt, mit denselben Teilen hören, mit denen unsere Vorfahren gekaut haben. Das Paradoxe, das in dieser Auffassung liegt, hat viele Forscher dazu geführt, die Gültigkeit der »Reichertschen Theorie« zu leugnen; v. Bardeleben, Drüner, Fuchs, um nur einige dieser Autoren zu nennen, haben sich deshalb nach einer anderen Erklärung der Herkunft der Gehörknöchelchen umgesehen, aber Gaupp hat die Schwierigkeiten aus dem Wege geräumt, die Reichertsche Theorie durch eingehende vergleichend embryologische Studien vertieft und ihr zum Siege verholfen, ja diese Vorstellung des Wechsels in der Tätigkeit uns auch funktionell näher gerückt. Um dies letztere hier auszuführen, müssen wir kurz auf die Tatsachen eingehen.

Wir halten uns dabei an ein von Gaupp entworfenes Schema, das den Kiefer- und schalleitenden Apparat bei Saurier- und bei Säugetierembryonen wiedergibt. Der Unterkiefer der Saurier (s. Fig. 12*A*) besteht aus dem zahntragenden Dentale (*D*) und weiter nach hinten aus einer Anzahl von Skelettstücken, von denen das Angulare (*An*) und das mit dem Quadratbein (*Qu*) des Schädels artikulierende Articulare (*Ar*) für uns von besonderer Bedeutung sind. Das Kiefergelenk liegt also zwischen Articulare und Quadratum. Bei Säugern (Fig. 12*B*) bildet allein das Dentale (*D*) den Unterkiefer. Die nach hinten befindlichen Stücke verlieren die Verbindung mit der Mandibel, das Angulare wird zum Paukenbein (*P*), das Articulare (mit dem Goniale) zum Hammer (*H*); das Quadratum bildet sich zum Amboß (*Am*) um, und das ursprüngliche Kiefergelenk liegt nun zwischen diesen zwei Gehörknöchelchen. Natürlich muß nun der Unterkiefer einen neuen Anschluß an die Schädelbasis suchen, das Dentale entwickelt einen aufsteigenden Fortsatz, den Processus condyloideus *C*, der sich an das Schuppenbein anlegt. Dieses neue Kiefergelenk hat also garnichts zu tun mit dem primären der Saurier.

Wie kann man sich nun diesen erstaunlichen Umbildungsvorgang vollzogen denken, ohne daß die Tätigkeit des Kauens und des Hörens irgendwie gestört wurde?

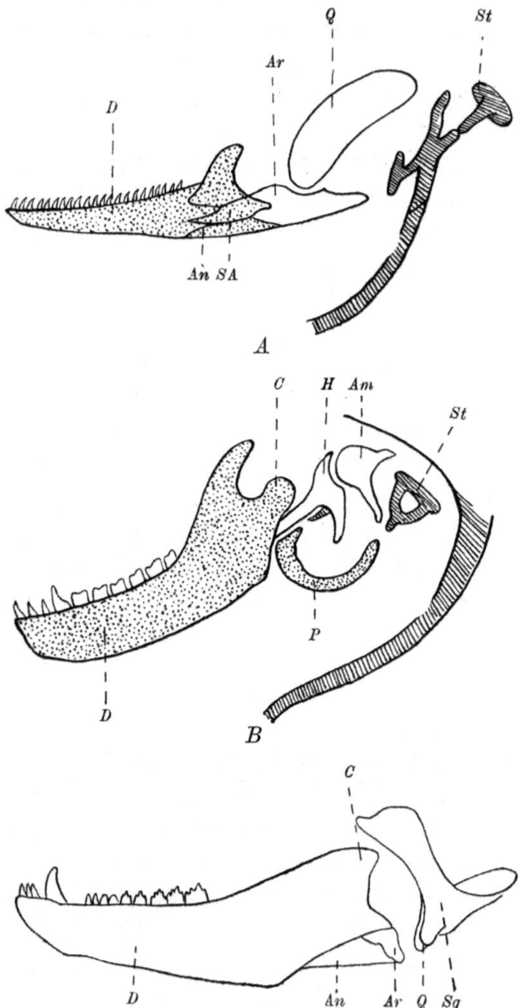

Fig. 12. Schematische Darstellung des Verhaltens des Kiefer- und schalleitenden Apparates, *A* bei Saurierembryonen, *B* bei Säugerembryonen, nach Gaupp. Die gleich ausgefüllten Stücke entsprechen einander. *C* Unterkiefer von *Cynognathus platyceps* (Theriodontia) nach Broom aus Gaupp. *Am* Ambos, *An* Angulare, *Ar* Articulare, *C* Processus condyloideus, *D* Dentale, *H* Hammer, *P* Paukenbein, *Q* Quadratum, *SA* Supraangulare, *Sq* Squamosum, *St* Steigbügel.

Vier Prozesse liefen dabei nebeneinander: Das Kleinerwerden der Articulare und Quadratum, des ersten Abgliederung vom Dentale, der Übergang zu der neuen Tätigkeit und die Ausbildung des neuen Kiefergelenks. Die morphologischen Veränderungen finden sich auch bei anderen Tierformen vorbereitet oder ausgebildet, sind also keine schwer verständlichen Vorgänge.

Die Verkleinerung des Articulare und Quadratum findet sich schon bei Therodontiern vorgebildet; ich gebe aus Gaupps Unterkieferaufsatz die Kopie einer Figur von Broom, den Unterkiefer von *Cynognathus platyceps* darstellend, bei dem Articulare und Angulare noch mit dem Dentale in Verbindung sind, dieses letztere aber bereits die Hauptmasse des Unterkiefers bildet, s. Fig. 12 *C*. Dieser

Prozeß ist also leicht bei voller Tätigkeit des Kiefermechanismus auszudenken.

Auch die Abgliederung der hinteren Mandibularknochen vom Dentale bietet keine Schwierigkeiten, da sich dies mehrfach in der Tierreihe verwirklicht findet. Bei den Scariden unter den Fischen, bei den Pythonomorphen findet sich eine derartige bewegliche Gliederung innerhalb des Unterkiefers, ohne daß es zu einem Funktionswechsel eines Teiles gekommen wäre, denn der Vorteil dieser Teilung liegt hier in einer größeren Bewegungsfreiheit des Kiefers. Immerhin lehrt dieser Parallelfall, daß eine Abgliederung von Knochen innerhalb der Mandibel kein undenkbarer Vorgang ist und sich auch mit einer ungestörten Funktion des Unterkiefers verträgt.

Ebenso gibt es Beispiele für Loslösung des Quadratbeines von der Schädelbasis, das bei vielen Reptilien schon beweglich ist.

Nun zum Funktionswechsel selbst!

Articulare und Quadratum befinden sich in nächster Nähe des Mittelohres. Da ist die Vorstellung nicht schwierig, daß sie neben dem einzigen Gehörknöchelchen, dem Stapes, zur Schalleitung herangezogen wurden und zwar, wie auch Gaupp betont, nicht erst nach Abgliederung von dem Kieferapparat, sondern vorher, so daß sie sowohl im Dienste des Kiefermechanismus als auch des Hörens standen. Beide Funktionen sind wohl nebeneinander denkbar, zumal wenn die Beziehung des Dentale zum Squamosum inniger wurde und das primäre Kiefergelenk an Bedeutung für den Kaumechanismus verlor.

Auch die Bildung des sekundären Kiefergelenks zwischen Dentale und Squamosum finden wir bei einigen Nichtsäugern vorbereitet. Bei den Scariden beobachtet man schon eine Bandverbindung eines Processus ascendens des Dentale mit dem Supramaxillare, und bei *Cynognathus* (s. Fig. 12 *C*) gelangt ein ebensolcher Fortsatz (*C*) des Dentale (*D*) in große Nähe zum Squamosum (*Sq*), die an dem mit Weichteilen bekleideten Schädel natürlich noch viel ausgesprochener war. Leicht verständlich wird die Entwicklung eines Schleimbeutels zwischen den beiden sich berührenden Knochen, der dann ein Gelenk aus sich hervorgehen ließ. Dieser übernahm endlich allein die Bewegung des Unterkiefers, und das Quadrato-Articulare-Gelenk trat ganz in den Dienst des Gehörorgans.

Wie diese verschiedenen Prozesse im einzelnen sich zeitlich abwickelten, ist natürlich nicht anzugeben. Immerhin können wir uns doch den beim ersten Blick unerklärlichen Funktionswechsel nicht nur morphologisch, sondern auch biologisch nahe bringen.

Ein klares Beispiel eines beginnenden Funktionswechsels beschreibt Stahr: Die Papilla foliata, bei vielen Säugetieren ein hochdifferenziertes Geschmacksorgan der Zunge, beginnt sich beim Menschen unter Rückbildung des Geschmacksorgans in ein lymphatisches, tonsillenähnliches Organ umzubilden. Vom vorderen Ende angefangen schwinden die Geschmacksknospen und mit ihnen die Eiweißdrüsen, und das lymphoide Gewebe nimmt zu. Es ist sehr interessant zu verfolgen, wie diese beiden Funktionen, die garnichts miteinander zu tun haben, nebeneinander bestehen und die eine die andere zu verdrängen beginnt.

Dieses Prinzip des Funktionswechsels ist also auch mit unseren Anschauungen vereinbar, und so ist es gerechtfertigt, es auch bei dem Suchen nach der Tätigkeit eines embryonalen Organs mit zu berücksichtigen; ein solches Gebilde kann auch eine andere Aufgabe zu erfüllen haben, als es bei den Vorfahren der untersuchten Form auszuüben hatte.

Diese beiden Erklärungsversuche der Nützlichkeit eines embryonalen Organs, das Aufsuchen einer Nebenfunktion, die es noch bekleidet oder eines Funktionswechsels, dem es unterworfen war, werden in manchen Fällen aber doch versagen, und da erhebt sich die Frage, ob sich die biologische Notwendigkeit der Existenz solcher Gebilde nicht noch auf einem anderen Wege klarstellen läßt. In manchen Fällen wird man an den Einfluß des rätselhaften Gebildes auf die Entwicklung anderer Organe, die sich ohne das erstere nicht bilden können, denken dürfen.

c) Einfluß auf andere Organe.

Diese Beeinflussung eines anderen Gebildes als Funktion aufzufassen, erscheint auf den ersten Blick vielleicht gezwungen. Indes ergeben sich in der Embryogenese doch eine Reihe von Beispielen für diese Tätigkeit. Das nicht selbständig sich entwickelnde Organ hat diese Beeinflussung für seinen Ausbau nötig, ohne das andere ist die normale Entwicklung nicht möglich, und daher ist diese Beeinflussung als zweckmäßig und das Gebilde, das sie ausübt, als nützlich anzusprechen, selbst wenn es keiner anderen Aufgabe dient. Welcher Art der Reiz ist, der von dem Organ ausgeht, das entzieht sich noch vollkommen unserer Kenntnis.

Derartige Einflüsse spielen eine nicht untergeordnete Rolle in der Embryologie.

So lehren Spemanns und Lewis exakte Experimente, daß eine Linse und Hornhaut nur dort sich bilden kann, wo der Augenbecher die Oberhaut berührt. Wurde die Augenblase vom Gehirn abgetrennt und an eine andere Stelle unter die Haut verlagert, so erfolgte aus dem Teil der Haut, der sich über der Augenblase befand und der unter normalen Verhältnissen nie eine Linse bildet, die Differenzierung einer neuen Linse. Dasselbe fand statt, wenn über der an der normalen Stelle gelassenen Augenblase das Ektoderm, das dort die Linse bilden sollte, entfernt und durch ein anderes Stück der Haut ersetzt wurde: auch da entstand eine Linse, wie Fig. 13 auf der linken Seite (*L tr*) deutlich zeigt; die Anlage unterscheidet sich nicht von der normalen der anderen Seite (*L*). Versuche, die Lewis an *Amblystoma* ausführte, lehrten auch für die Cornea, daß diese nicht durch Selbstdifferenzierung sich bilden kann, sondern durch abhängige Differenzierung. Linse und Hornhaut bedürfen zu ihrer Anlage eines Reizes, der durch die Anlagerung der Augenblase an die Haut geliefert wird — übrigens vom finalen Standpunkt aus ein sehr verständliches Geschehen, denn weder Linse noch Cornea können ohne die übrigen Teile des Auges irgend etwas nützen.

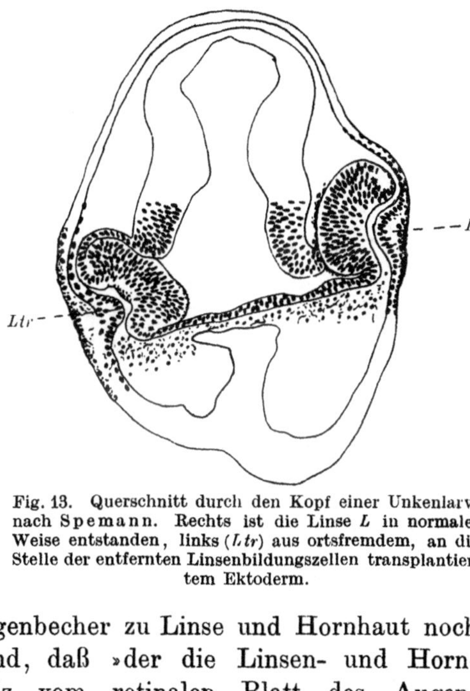

Fig. 13. Querschnitt durch den Kopf einer Unkenlarve nach Spemann. Rechts ist die Linse *L* in normaler Weise entstanden, links (*Ltr*) aus ortsfremdem, an die Stelle der entfernten Linsenbildungszellen transplantiertem Ektoderm.

In einer eben erschienenen Arbeit (Fischel 1918) konnte Fischel das Abhängigkeitsverhältnis von Augenbecher zu Linse und Hornhaut noch genauer präzisieren. Er fand, daß »der die Linsen- und Hornhautbildung auslösende Reiz vom retinalen Blatt des Augenbechers ausgeht«, also nicht vom Pigmentepithel. Weiterhin ist es höchst wahrscheinlich, »daß der vom retinalen Blatt des Augenbechers auf das Ektoderm ausgelöste Reiz kein mechanischer (Kontaktreiz), sondern ein chemischer, von der Sekretion der Retinazellen herrührender ist«.

Noch einen anderen, für uns höchst interessanten Schluß konnte Fischel ziehen: »daß die Beziehungen zwischen Augenbecher und Ektoderm (bzw. Hautanlage) wechselseitige sind«, indem »für die normale Ausbildung der Pigmentschicht des Augenbechers die normale Lagerung und Richtung des Augenbechers zum Ektoderm notwendig« ist. »Auch hier dürfte es sich um einen chemischen Reiz handeln, der nur in einem bestimmten Entwicklungsstadium wirksam ist.«

Wir sehen aus diesen Experimenten, daß eine Tätigkeit der Augenblase darin besteht, das in Berührung mit ihr stehende Hautblatt zur Bildung der Linse und der Hornhaut anzuregen. Es ist dies allerdings nicht ihre einzige Funktion, wohl aber eine sehr wichtige, und die Versuche beweisen ihr Vorhandensein vollkommen einwandsfrei.

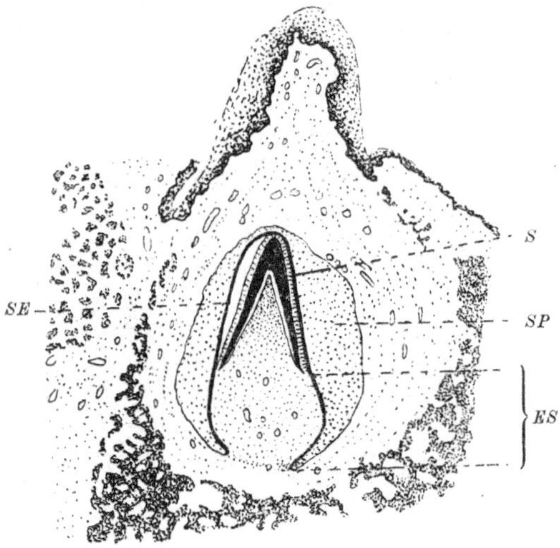

Fig. 14. Schnitt durch den Kiefer mit Zahnanlage eines 6½ monatlichen menschlichen Fetus. *ES* Epithelscheide, *S* Schmelz, *SE* Schmelzepithel, *SP* Schmelzpulpa. Nach Kollmann.

Nun gibt es aber auch embryonale Gebilde, deren einzige Tätigkeit eine derartige Beeinflussung benachbarter Teile ist, so z. B. die Epithelscheide des Schmelzorgans.

In ähnlicher Weise, wie die Linse in der Nähe des Augenbechers, scheint sich nämlich Zahnbein nur an den Berührungsflächen mit den Epithelzellen des Schmelzorgans bilden zu können.

Das innere Epithel des kappenförmig der bindegewebigen Zahnpapille aufsitzenden ektodermalen Schmelzorgans (Fig. 14 *SE*) formt sich zu den säulenförmigen Adamantoblasten um, denen die Aufgabe zufällt, den Schmelz der Zahnkrone (*S*) zu bilden. Doch bohrt sich das Schmelzorgan noch weiter ins Bindegewebe (dieser Ausdruck soll nicht die Wachstumsvorgänge angeben!) und umhüllt als »Epithelscheide« (*ES*) auch die Wurzel des Zahnes, also einen Teil, der keinen Schmelz, wohl aber Dentin entstehen läßt. Die Schmelzscheide bildet also keinen Schmelz mehr. Sie wächst, während ihre oberen, der Krone naheliegenden Zellen zugrunde gehen, immer weiter in die Tiefe, bis die Bildung der Wurzel vollendet ist. Dann wird auch der letzte Teil resorbiert. Die Tatsache, daß sich nur unter dieser Epithelscheide Zahnbein entwickelt, daß nach Schwinden des Epithels auch die Dentinbildung aufhört, zeigt deutlich, daß die

Funktion dieser Epithelscheide darin besteht, das anliegende Bindegewebe zur Produktion von Dentin anzuregen, oder, wie Röse sich ausdrückt, »die Form für die künftige Gestalt des Zahnes vorzubilden«, denn die Gestalt wird ja vom Zahnbein beherrscht.

Interessant und die Vermutung bestätigend ist nun der Befund, daß bei den Nagezähnen der Nager, die nachwachsen und daher an ihrer Wurzel immer neues Zahnbein bilden, auch die Epithelscheide zeitlebens erhalten bleibt! Hier muß sie ja persistieren, damit der Reiz der Dentinbildung nicht ausbleibt.

Hier haben wir ein Beispiel, in dem ein embryonales Organ, die Schmelzscheide, als einzige Aufgabe den Reiz zur Dentinproduktion der ihr anliegenden Bindegewebszellen auszuüben hat. Es ist nicht undenkbar, daß sich noch eine andere Funktion dieser Epithelzellen herausstellt, aber nötig ist diese meines Erachtens nicht; die Beeinflussung benachbarter Gewebe genügt, um ein embryonales Organ biologisch verständlich zu machen.

C. Zeitliche Aufeinanderfolge der Zweckmäßigkeitsformen in der Organogenese.

Oben hatten wir schon darauf hingewiesen, daß ein embryonales Organ in seinen einzelnen Teilen die Zweckmäßigkeit unter verschiedenen Formen zeigen kann, daß ein Teil der Herausbildung bleibender Organe, ein anderer der Erhaltung des Individuum dienen kann. Dies ist hier noch weiter ins einzelne durchzuführen, indem ein solches Teilorgan auch nicht im ganzen von gleichmäßiger Funktion zu sein braucht; ein Stück kann eine Nebenfunktion ausgebaut, ein anderes durch Funktionswechsel eine neue Tätigkeit an sich gerissen haben. Ja, auch zeitlich können sich verschiedene Aufgaben an demselben Organ ablösen, so daß dessen Zweck auch in zeitlicher Hinsicht nicht einheitlich ist, wie gleich genauer ausgeführt werden soll.

All diese Komplikationen lassen verstehen, wie schwer es sein kann, die biologische Bedeutung eines embryonalen Gebildes zu verstehen, und welch eingehendes Studium ein jedes bedarf, damit man sich ein Urteil über seinen Nützlichkeitswert bilden kann.

Betrachten wir nun einmal das zeitliche Verhältnis dieser beiden Hauptaufgaben eines embryonalen Gebildes, entweder den fertigen Organismus heranzubilden oder schon während der Entwicklung für die Erhaltung des Embryo zu sorgen, so erkennen wir, daß fast jedes Organ nacheinander beiden Aufgaben gerecht wird.

Fast jedes von der Embryonalanlage selbst herstammende Gebilde, mag es noch so zeitig in Funktion treten, muß notwendigerweise erst eine Entwicklungszeit durchmachen, in der seine Anlage erscheint und sich ausbildet, bevor von einer spezifischen Tätigkeit die Rede sein kann. Während dieser Entwicklungsperiode hat das Organ nur den ersten Zweck der Heranbildung bis zur Funktionsmöglichkeit, dann erst tritt die zweite Form der embryonalen Zweckmäßigkeit in ihr Recht. Es wechselt also die Aufgabe des Organs während der Embryogenese.

An Beispielen läßt sich dies leicht durchführen. Die Haftnäpfe und Hornkiefer der Amphibienlarven müssen sich erst aus dem Ektoblast herausdifferenzieren und wachsen, ehe sie ihr Sekret produzieren oder Nahrung zerkleinern können. Die rein embryonalen Gefäße, die zur Ernährung des Keimes bestimmt nach der Plazenta eilen oder den Dottersack umspinnen, werden erst eine Periode der Entwicklung durchmachen, bevor sie das Blut zu leiten imstande sind. Gehen wir auf noch frühere Stadien zurück, so lassen sich ähnliche Betrachtungen auch z. B. auf den Trophoblast anstellen, der schon bei dem frühesten menschlichen Keime, der uns bekannnt ist, stark ausgebildet ist und das mütterliche Gewebe zerstört, um es der Ernährung des Embryo dienstbar zu machen. Auch er muß sich erst bei der Furchung von der Masse des Eies abspalten, macht also eine Zeit der Anlage durch, in der er seine spezifische Tätigkeit noch nicht versieht.

Von dieser Regel, daß jedes embryonale Gebilde nacheinander diese beiden Aufgaben zu erfüllen hat, finden wir zwei Ausnahmen. Einmal sind dies die dem befruchteten Ei mitgegebenen Reservestoffe, der Dotter. Diese können sofort nach der Befruchtung in Tätigkeit treten und den Verlauf der ersten Entwicklungsvorgänge durch Ernährung des Keimes ermöglichen. Hier fehlt also die Periode der eigentlichen Anlage, in der das Organ nur heranzubilden ist.

Dasselbe ist der Fall bei den Stützsubstanzen, die schon in ihrer endgültigen Gestalt erscheinen und daher auch von Anfang an ihre Stützfunktion ausüben können. Denn, wenn ein Wirbel verknorpelt oder verknöchert, so wird die zu einer bestimmten Zeit gelieferte Knorpel- oder Knochenmasse dem Embryo gleich die notwendige Festigkeit verleihen können.

Wir können das Gesagte auch auf die ganze Lebenszeit des Organismus ausdehnen. Dann erkennen wir bei jedem Organ — mit den eben erwähnten Ausnahmen — die beiden Phasen. Meist fällt der Beginn der Funktion in die Zeit der Geburt oder nach derselben, dann führen die »Vollorgane« des Erwachsenen während der ganzen Embryonalzeit ein reines Entwicklungsleben. Bei den embryonal bereits tätigen Gebilden findet der Wechsel der Aufgabe aber schon in der Entwicklungszeit statt.

Der Übergang dieser beiden Perioden findet doch wohl plötzlich statt. Denn wenn auch das Organ im ersten Anfang seiner funktionellen Tätigkeit noch nicht auf der Höhe seiner Arbeitsleistung stehen wird, so dient es dann eben doch zur Erhaltung des Organismus in der betreffenden Zeit, und seine Bedeutung besteht in dieser Tätigkeit.

Weiterhin ist zu beachten, daß ein Organ auch während seiner Lebenszeit abwechselnd verschiedene Funktionen übernehmen kann. So wird die Leber der Säugetiere vor der Geburt zur Blutbildung herangezogen, hat aber nach derselben nur die Galle zu bereiten, um diese eine Tätigkeit anzuführen, ohne bei der Blutbereitung weiter mitzuwirken. Ein solches Verhalten schafft verwickeltere Verhältnisse. Obgleich die Gallensekretion die Hauptaufgabe dieser Drüse ist, so kann man den Beginn ihrer funktionellen Phase doch nicht erst mit dem Anfang der Gallenbereitung datieren, sondern muß ihn an die Zeit der ersten Blutbildung stellen. Vielleicht zeigt sich bei derartigen Wechselorganen zwischen den beiden Tätigkeiten noch eine Periode der Ruhe, in der die erste schon aufgehört hat, das Organ aber erst zur neuen Funktion weitergebildet wird. Dann würde sich hier nochmals ein Stadium der Entwicklung einschieben.

Betrachten wir den ganzen Lebenslauf eines Organes, so kann sich an die zwei Perioden noch eine dritte anschließen, in der die Tätigkeit nach allmählichem Rückgang vollständig aufgehört hat und das Gebilde dem Schwunde anheimfällt.

Diese Stufe wird sich verschieden bei Organen des Embryo und des Erwachsenen verhalten. Im embryonalen Leben findet ein solch reger Stoffwechsel statt und wird so sparsam mit allem Material umgegangen, daß jedes Gebilde, das nicht mehr tätig ist, möglichst bald eliminiert wird. Die embryonalen Organe schwinden daher restlos; von den Haftnäpfen, den Kiemen der Froschlarven bleibt nichts mehr erhalten, ebensowenig die unbrauchbaren Partien der Urniere, der Chorda dorsalis. Anders im postfetalen Leben. In diesem ist der Körper soweit stabil, daß größere Organe nicht mehr schwinden können; sie fallen einer Atrophie anheim, können aber doch nicht vollständig abgebaut werden. Die Geschlechtsdrüsen, die Brustdrüsen verlieren die Möglichkeit zu funktionieren, erhalten sich aber in mehr oder weniger veränderter Gestalt. Es widerspricht dies nicht unserer Auffassung von der Allgegenwart der Zweckmäßigkeit; denn diese nicht mehr tätigen Organe sind nicht zwecklos, sie funktionieren nur nicht dauernd. In ähnlicher Weise besteht der Hoden der Vögel auch in den langen Zwischenzeiten zwischen der geschlechtlichen Tätigkeit, in denen er keinerlei Funktion erkennen läßt.

Für embryonale Organe können wir also speziell eine Periode der Ausbildung, der Funktion und der Rückbildung unterscheiden.

Es liegt nahe, diese Zeiträume mit Roux' kausalen Perioden der Ontogenese zu vergleichen. Obwohl Roux von einem ganz anderen Gesichtspunkte ausgeht als ich, er vom kausalen, ich vom finalen, so kann man doch die beiden Einteilungen gegenüberstellen und nachforschen, ob die einzelnen Phasen zusammenfallen.

Roux unterschied früher zwei, jetzt vier »kausale Gestaltungsperioden der typischen und normalen individuellen tierischen Entwicklung«.

1. Die erste Periode der sogenannten Organanlage oder der rein vererbten Gestaltbildung, des afunktionellen oder präfunktionellen Gestaltens.

2. Die zweite Periode des doppelten Bestimmtseins, »in welcher die determinierenden gestaltenden Faktoren der ersten und dritten Periode beständig gemeinsam und wenigstens annähernd gleich stark tätig sind«.

3. »Die dritte Periode der vorherrschenden funktionellen Reizgestaltung.«

4. Die vierte Periode des reinen Seniums, dessen Charakteristikum in vererbtem Altersschwund besteht.

Auch diese Einteilung gilt nicht für den Organismus als Ganzes, sondern der Beginn der Perioden ist für jedes Organ, ja für jedes Gewebe eines Organs verschieden.

Vergleichen wir nun unsere Zeiträume, so fällt unsere erste Periode zusammen. In Roux' präfunktioneller Periode findet noch keine typische Funktion statt, Funktion in beschränktem Sinne gebraucht als Tätigkeit, die zur Erhaltung des Organismus dient, Roux' Erhaltungsfunktion, ebensowenig in unserer Entwicklungszeit.

Mit dem Einsetzen der typischen Tätigkeit des Organs beginnt dann Roux' zweite Phase, ebenso unsere zweite, die aber noch über Roux' dritte in die vierte dauert, da für uns nur die Tätigkeit als solche in Betracht kommt und nicht ein auf Grund der Vererbung unabhängig von der Funktion, aber während derselben erfolgendes Gestalten. Da auch bei Altersschwund eine wenn auch reduzierte

Tätigkeit des Organs bestehen kann, so begreift unser zweiter Zeitraum auch einen Teil des »reinen Seniums« in sich; unsere dritte Periode entspricht also nur einem letzten Abschnitt von Roux' vierter.

Entsprechend den verschiedenen Einteilungsprinzipien decken sich unsere Perioden der Ontogenese also nicht bis auf die erste; ihr Ineinandergreifen ist aber klar zu bestimmen.

Nach dieser Abschweifung kehren wir zu unserem Thema zurück und wollen einige embryonale Gebilde und Vorgänge auf ihren Nützlichkeitswert hin prüfen. Dies geschieht in den folgenden Kapiteln.

Literatur.

1912. Abel, O., Grundzüge der Paläobiologie der Wirbeltiere. Stuttgart.
1883. Albrecht, P., Sur la valeur morphologique de l'articulation mandibulaire etc. Bruxelles.
1914. Bonnet, R., Über kataplastische und anaplastische Organe. Ergebn. d. Anat. u. Entwgesch. Bd. 21.
1918. Bonnet, R., Lehrbuch der Entwicklungsgeschichte, 3. Aufl. Berlin.
1904. Drüner, L., Über die Anatomie und Entwicklungsgeschichte des Mittelohrs beim Menschen und bei der Maus. Anat. Anz. Bd. 24.
1918. Fischel, A., Zur Frage der Bildungsursachen des Auges. Arch. für Entwmech. Bd. 44.
1905/06. Fuchs, H., Bemerkungen über die Herkunft und Entwicklung der Gehörknöchelchen usw. Zwei Arbeiten. Arch. f. Anat. 1905, 1906 Suppl.
1899. Gaupp, E., Ontogenese und Phylogenese des schalleitenden Apparates bei den Wirbeltieren. Erg. d. Anat. u. Entwgesch. VIII.
1911. Gaupp, E., Beiträge zur Kenntnis des Unterkiefers der Wirbeltiere. 3 Teile. Anat. Anz. Bd. 39.
1913. Gaupp, E., Morphologie der Wirbeltiere. Die Kultur der Gegenwart, III, IV, 2.
1904. Lewis, W. H., Experimental Studies on the Development of the Eye in Amphibia. I. On the Origin of the Lens. Am. Journ. Anat. III.
1905. Lewis, W. H., II. On the Cornea. Journ. exp. Zool. II.
1891. Röse, C., Über die Entwicklung der Zähne des Menschen. Arch. f. mikr. Anat. 38.
1905. Roux, W., Die Entwicklungsmechanik, ein neuer Zweig der biologischen Wissenschaft. Vortr. u. Aufs. Entwmech. I.
1912. Roux, W., Die vier kausalen Hauptperioden der Ontogenese, sowie das doppelte Bestimmtsein der organischen Gestaltungen. Mitt. naturf. Ges. Halle a. S. I. 1911.
1912. Roux, W., Terminologie der Entwicklungsmechanik der Tiere und Pflanzen. Leipzig.
1910. Schultz, E., Prinzipien der rationellen vergleichenden Embryologie. Leipzig.
1905. Spemann, H., Über Linsenbildung nach experimenteller Entfernung der Linsenbildungszellen. Zool. Anz. Bd. 28.
1910. Stahr, H., Über gewebliche Umwandlungen an der Zunge des Menschen im Bereiche der Papilla foliata. Arch. f. mikr. Anat. Bd. 75.

II. Spezielles.

Sechstes Kapitel.

Die Zweckmäßigkeit embryonaler Organe und Gebilde.

Einteilung der Organe nach ihrem Entwicklungswert. Bonnets Vorschlag. Zweckmäßigkeit der Organe des Embryo. A. Embryonale Vollorgane. 1. Larvale Organe: Haftnäpfe, Stirndrüse der Froschlarven. 2. Übergänge zwischen larvalen und embryonalen Organen. Kiemen von Larven und Embryonen der Amphibien. 3. Embryonale Organe. a) Neuerwerbungen: Eihäute, embryonale Gefäßbahnen. b) Ererbte Bildungen: Knorpelskelett. Chorda dorsalis. Ihr Erhaltenbleiben bei erwachsenen Säugetieren. Ihre Funktion in den verschiedenen Embryonalstadien. B. Anlagen bleibender Organe. 1. Zugrundegehen von Zellmassen beim Herausbilden von Organen. Gaumen: Bedeutung der Epithelperlen. Zahnleiste. Hypophysenstiel. 2. Schlundtaschen der Embryonen der amnioten Wirbeltiere. 3. Urniere der Säugetierembryonen. Herausbildung von Ableitungswegen des Samens. Tätigkeit der Urniere, besonders ihrer Glomeruli.

Bisher haben wir unseren Standpunkt von dem Nützlichkeitswert embryonaler Bildungen festgelegt und die verschiedenen Formen, in denen die Zweckmäßigkeit während der Entwicklung der Tiere auftreten kann, besprochen. Jetzt wird es Zeit, an die embryonalen Organe und Vorgänge die Sonde anzulegen und sie von finalen Gesichtspunkten aus zu bearbeiten.

Es wäre ein reizvolles Unternehmen, die ganze Entwicklungsgeschichte auf diese Frage hin durchzustudieren, alle Gebilde und Bildungsprozesse des Embryo auf ihre biologische Bedeutung zu untersuchen. Doch kann es meine Aufgabe nicht sein, ein so schwieriges Werk, wie es die Abfassung einer biologischen Embryologie wäre, zu unternehmen. Kommt es mir doch allein darauf an, die Bedeutung der finalen Betrachtungsweise in der Entwicklung klarzustellen und ihre Gleichberechtigung mit den bisher fast allein berücksichtigten kausalen und genetischen Gesichtspunkten zur Geltung zu bringen. Dafür genügen einzelne Beispiele, die aber ganz ins einzelne gehend durchgearbeitet werden müssen. Bei dieser Darstellung halte ich mich oft an Organe, die ich schon früher in dieser Richtung besprochen oder in früheren Kapiteln dieses Buches erwähnt habe und sehe mich manchmal genötigt, in schon veröffentlichten Arbeiten Niedergelegtes zu wiederholen.

Es hat sich im Verlauf der Untersuchungen als praktisch herausgestellt, diese Beispiele in zwei Kategorien einzuteilen, indem ich die embryonalen Organe oder Gebilde von den Entwicklungsprozessen getrennt behandle, erstere im sechsten, letztere im siebenten Kapitel. Auch die Rückbildungen sollen gesondert besprochen werden (Kapitel 8).

Ich wende mich in diesem Kapitel zu den larvalen und embryonalen Organen.

Bevor wir die larvalen und embryonalen Organe auf ihre Zweckmäßigkeit hin untersuchen, müssen wir erst ihre Stellung in der Reihe der Organe der Tierwelt überhaupt festlegen. Wie können wir die Organe der Tiere einteilen, und welche Gesichtspunkte sind dabei maßgebend?

Einen ersten Vorschlag in dieser Hinsicht hat Bonnet gemacht, der von deszendenztheoretischem Standpunkt ausging. Er teilt die Organe der Tiere in drei Gruppen ein und spricht

1. von »Vollorganen des fertigen Individuum mit ausgesprochener und kräftiger Funktion«. Diesen stellt er entgegen
2. die kataplastischen Organe, die »in der Deszendenzlinie nach Form und Funktion bis zum vollkommenen Schwund auf den Aussterbeetat« gesetzt sind. Hierunter gehören
   a) transitorische Embryonalorgane oder Organgruppen; das »sind solche, die zwar nach kürzerem oder längerem Bestehen zurückgebildet werden, aber vorher sehr wichtige Funktionen im Embryo übernehmen« (z. B. Embryonalanhänge);
   b) abortive Organe; sie »treten nur im embryonalen oder larvalen Leben« auf und »bilden die letzte Etappe in der Bahn der allmählichen Ausmerzung überflüssig und nutzlos gewordener Organe und Organverbindungen«;
   c) reduzierte, verkümmerte und zweifelhafte Organe, die sich noch nach dem Ausschlüpfen oder nach der Geburt erhalten;
   d) Wechselorgane, die durch Funktionswechsel eine andere Tätigkeit an sich gerissen haben.
3. Die dritte Gruppe der zukunftsreichen anaplastischen Organe umfaßt
   a) die rudimentären Organe; das sind »unvollkommen ausgebildete, im Imago- oder postembryonalen Leben oder beim erwachsenen Organismus noch nicht auf der vollen Höhe ihrer Ausbildung und Leistung stehende Organe oder Organkomplexe«;
   b) Exzeßbildungen.

Es fällt an dieser klaren, scharf gefaßten Einteilung zuerst auf, daß die Bezeichnung »rudimentär« in anderem Sinne gebraucht wird, als sonst allgemein. Meist fällt dieser Begriff mit »rückgebildet« zusammen oder wird gleichmäßig auf reduzierte oder anaplastische Organe angewandt. Bonnet weist aber mit Recht darauf hin, daß rudimentum »erster Anfang« heißt und daher nur im anaplastischen Sinne zu verwenden sei; in Rückbildung begriffene Organe dürfe man nie »rudimentär« nennen.

Ferner trennt Bonnet die rückgebildeten Teile in solche, die noch beim erwachsenen Tier auftreten, und solche, die nur noch in der Ontogenese zur Anlage kommen (abortiv). Die Unterscheidung ist klar, und die Bezeichnungen dürften sich einbürgern.

Ein Bedenken trage ich aber, die transitorischen Organe zu den kataplastischen zu zählen; sie befinden sich keineswegs auf dem absteigenden Ast, können sogar bei einigen Formen als anaplastische Bildungen aufgefaßt werden; sie funktionieren, wenn auch beim Embryo, voll und kräftig und verdienen daher den Vollorganen zugezählt zu werden.

Dann möchte ich auch die Wechselorgane aus der Gruppe der kataplastischen Bildungen ausschalten. Der Funktionswechsel wird zwar oft an rückgebildeten Organen angreifen, kann sich aber auch bei voll tätigen einstellen. Während des Funktionswechsels ist das Organ in bezug auf die alte Aufgabe kataplastisch, auf die neue anaplastisch.

Somit würde ich folgende Organe unterscheiden:

1. Vollorgane:
   a) des fertigen Individuum;
   b) des sich entwickelnden Tieres, transitorische Organe.
2. Kataplastische Organe:
   a) reduzierte, noch beim Erwachsenen vorhandene;
   b) abortive, nur noch in der Entwicklungszeit auftretende.
3. Anaplastische Organe:
   a) rudimentäre in Bonnets Sinne;
   b) Exzeßbildungen.
4. Wechselorgane.

Welche Organe fallen nun in den Bereich unserer Betrachtungen? Nur während der Embryogenese vorhanden sind die transitorischen und abortiven Gebilde, die für uns also besonders wichtig sind. Aber auch die Anlagen der Vollorgane, der kataplastischen und anaplastischen Organe treten in der Zeit der Entwicklung auf, da nach deren Vollendung nichts Wichtiges mehr angelegt wird. Wechselorgane endlich finden wir beim Embryo und Erwachsenen. Somit haben wir uns mit allen Organgruppen zu beschäftigen.

Unsere finale Auffassung drängt aber nach einer anderen Einteilung, als sie Bonnet, von der Deszendenztheorie ausgehend, aufgestellt hat. Wir können die Organe auch nach ihren Leistungen gruppieren, die sich nach den Lebensaufgaben des Embryo richten. Nach diesem Gesichtspunkt hätten wir Gebilde, die zur Erhaltung des Individuum dienen, zu scheiden von solchen, die das fertige Tier herausbilden sollen.

Allerdings ist eine strenge Trennung dieser beiden Gruppen nicht leicht möglich; vereinigt doch ein Organ in seinen einzelnen Teilen oft mehrere Arten der Zweckmäßigkeit in sich. Immerhin stimmt es mehr zu unserer Betrachtungsweise, erst die Gebilde zu besprechen, die zur Erhaltung des Embryo dienen, und dann die anzuschließen, die spätere Phasen herauszubilden haben. Doch werden wir öfters von der einen in die andere Gruppe übergreifen müssen.

Beziehen wir nun diese unsere Einteilung auf die von Bonnet vorgeschlagene, so stehen Bonnets transitorische und abortive Organe der Erhaltung des Embryo vor, während die Anlagen der Vollorgane, der reduzierten und anaplastischen Gebilde dem Zwecke dienen, das geschlechtsreife Tier zu entwickeln. Die Wechselorgane fallen unter beide Abteilungen, je nachdem sie nur beim Embryo oder auch beim Erwachsenen vorhanden sind.

Gehen wir erst zu den

A. Embryonalen Organen (mit Erhaltungsfunktion)

über, die zur Erhaltung des Embryo selbst dienen.

Diese embryonalen Vollorgane lassen sich auch nach verschiedenen Gesichtspunkten einteilen.

Einmal können wir nach ihrer Genese zwei Gruppen bilden, indem die Neuerwerbungen von den altererbten Charakteren zu trennen wären. Diese Einteilung empfiehlt sich insofern, als die erste Abteilung biologisch leicht verständlich ist und gut zu der schwerer erklärbaren zweiten überführen würde.

Noch zweckmäßiger erscheint mir allerdings eine andere, mehr auf Äußerlichkeiten beruhende Einteilung, nämlich die in larvale und embryonale Organe, die allerdings ebensowenig scharf voneinander getrennt werden können, wie die Begriffe Larve und Embryo selbst.

Gerade die larvalen Organe geben uns aber einen guten Ausgangspunkt für unsere Betrachtungen, da sie biologisch dem Verständnis keine Schwierigkeiten bereiten und durch Übergänge, wie sie besonders die Amphibien darbieten, zu den rein embryonalen überleiten, die schwerer erklärbar sind.

1. Larvale Organe.

Daß die Nützlichkeit der Organe der freilebenden Larven allgemein anerkannt wird, ist schon öfters betont worden. Ihre biologischen Lebensbedingungen, ihr Kampf ums Dasein, all das liegt klar vor Augen und bedarf hier keiner besonderen Besprechung.

Indes muß doch darauf hingewiesen werden, daß selbst die Organe von Larven, z. B. von unseren Froschlarven, oft biologisch falsch beurteilt werden, da uns ihre Lebensbedingungen doch nicht so verständlich sind, wie die der erwachsenen Tiere. Die in charakteristischer Form am Vorderkopf eben ausgekrochener Kaulquappen auftretenden Haftorgane (s. Fig. 15, *hn*), deren langgestreckte Zellen

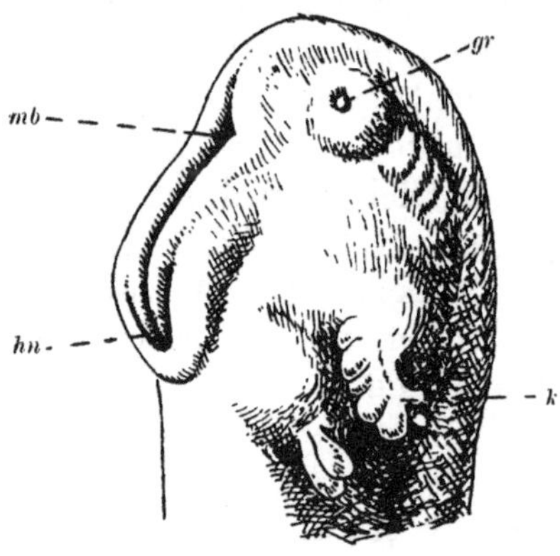

Fig. 15. Kopf einer Larve von *Rana fusca* von nicht ganz 6 mm Länge. *gr* Nasengrube, *hn* Haftnäpfe, *k* Kiemen, *mb* Mundbucht. Nach Hinsberg.

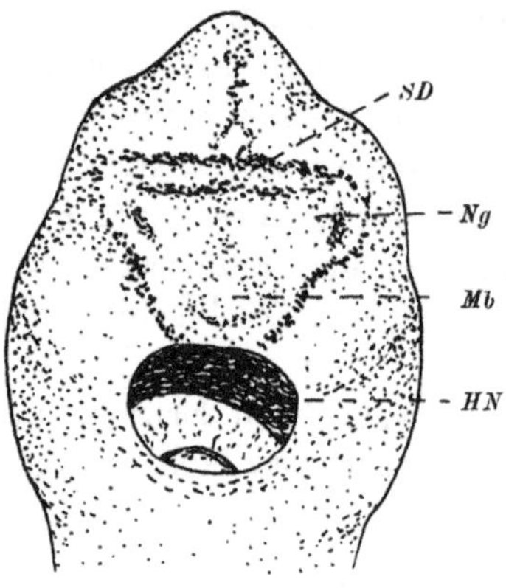

Fig. 16. Kopf einer eben ausgekrochenen Larve von *Xenopus laevis*, von vorn, nach Bles. *HN* Haftnäpfe, *Mb* Mundbucht, *Ng* Nasengrube, *SD* Stirndrüse.

einen fadenziehenden Stoff sezernieren, der es den kleinen Tieren ermöglicht, sich an feste Körper anzuheften, gehen oft noch unter dem Namen der »Saugnäpfe«, obwohl ihnen die Möglichkeit, sich anzusaugen, sicher nicht zukommt.

Sogar auf larvale Gebilde wird die phylogenetische Fragestellung angewandt und als genügend angesehen, um die Existenz eines solchen zu erklären. So verhält es sich mit der Stirndrüse der Anurenlarven.

Dieses Organ ist ein quer über die Kopfspitze junger, noch nicht aus den Gallerthüllen ausgekrochener Froschlarven verlaufender Streifen (s. Fig. 16 *SD*), durch eine Verdickung der Deckschicht des Ektoderms hervorgerufen. Kupffer deutete ihn als Rudiment einer unpaaren Riechplakode, das als letzte Erinnerung an das Vorhandensein eines unpaaren Geruchsorgans bei den Amphibien übriggeblieben sei. Diese genetische Erklärung mußte ich zurückweisen, da das Riechorgan bei den Amphibien von Anfang an paarig angelegt wird, und ich vermutete in dem Gebilde ein Organ, das irgendeine Funktion für die Larve übernommen habe, das also hier neu entstanden und nicht als Überrest eines alten Organs zu deuten sei. Die Aufgabe bestand nun darin, durch Beobachtung und Experimente die Tätigkeit der Stirndrüse zu erkennen. Dies ist durch Bles geschehen, und zwar durch Studium nicht unserer Froschlarven, sondern eines afrikanischen Krallenfrosches, *Xenopus laevis* (s. Fig. 16), wurde dann aber für den Laubfrosch bestätigt. Bles gelang es nachzuweisen, daß die Stirndrüse die Aufgabe hat, die Eihüllen, wahrscheinlich durch Ausscheidung irgendeines Fermentes, zu erweichen, so daß der Kopf durch diese hindurchstoßen und die Larve sich aus den Gallerthüllen befreien kann. Direkte Beobachtung lehrte ihn, daß nur der Vorderkopf mit der Drüse beim Ausschlüpfen in Berührung mit der Eihaut ist; diese wird erweicht, vorgestülpt und dann dort durchbohrt. Versuche ergaben ihm dann eine Bestätigung dieser Beobachtung, indem Larven, die so aufgehängt waren, daß die Kopfspitze die Eihaut nicht berühren konnte, in diesen verblieben, während gleichalte, in normaler Lage verbliebene frei wurden. Das Freiwerden trat bei den aufgehängten Larven erst dann ein, wenn sie in gewöhnliche Lage gebracht wurden und die Stirndrüse funktionieren konnte. Bei *Hyla* zeigte sich weiter, daß nur die Stelle der Stirndrüse und keine andere Stelle des Ektoderms, wenn sie in Berührung mit der Hüllmembran gebracht wird, die Fähigkeit hat, diese zu erweichen.

Die Stirndrüse der Froschlarven ist also ein spezifisches Larvenorgan, dessen Aufgabe darin besteht, die Eihaut zu erweichen. Sie ist physiologisch mit dem Eizahn zu vergleichen, mit dem die Vögel beim Auskriechen die Eischale durchstoßen. Nachdem die Drüse ihre Tätigkeit ausgeführt hat, geht sie wieder schnell zugrunde.

2. Übergänge zwischen larvalen und embryonalen Organen.

Bei den Amphibien finden wir allmähliche Übergänge von Larve zu Embryo. Einige Arten leben schon in frühen Entwicklungsstufen frei (*Triton*, *Rana*), andere entwickeln sich bis zur vollständigen Ausbildung im Mutterleib (*Salamandra atra*) oder Ei (*Hylodes*); zwischen diese beiden Extreme lassen sich alle möglichen Zwischenformen einreihen, die kürzere oder längere Zeit geschützt in utero oder in Eihüllen zubringen, so daß eine fast lückenlose Serie die beiden Endformen verbindet (*Salam. maculosa*, *Alytes*). Von Wichtigkeit ist noch, hervorzuheben, daß das freie Larvenleben von frühen Stadien an als das primäre aufzufassen ist, während sich der lange Aufenthalt in Eihüllen oder Mutterleib aus uns oft ersichtlichen biologischen Gründen sekundär eingestellt hat.

Die Larven tragen viele Organe als Anpassung an ihr freies Wasserleben, z. B. die Atmungsorgane, die Kiemen. Bleibt nun eine Larve bis ins kiementragende Alter oder darüber hinaus in utero, so können die Kiemen während dieser Zeit nicht in der alten Weise als Wasseratmungsapparat funktionieren. Sie müssen also zugrunde gehen oder als Wechselorgane eine andere Tätigkeit übernehmen. Bleiben sie also beim Embryo im Mutterleib erhalten, so müssen wir annehmen, daß sie auch bei diesem tätig sind, aber in einer neuen Weise, um einen kurzen Ausdruck zu brauchen, als Uteruskiemen. Die Annahme einer neuen Funktion im Embryo gewinnt an Wahrscheinlichkeit, wenn der Bau der Uteruskiemen stets in gleicher Weise von dem der »Wasserkiemen« abweicht — und zur Gewißheit wird sie erhoben, wenn es gelingt, Larve in Embryo und umgekehrt Embryo in Larve zu verwandeln und dadurch experimentell den Bau der Kiemen in dem Sinne zu beeinflussen, daß die Uteruskieme sich zur Wasserkieme umgestaltet und umgekehrt. In der Tat ist es gelungen, experimentell die normale Fortpflanzungsweise von Amphibien zu verändern und die Keime noch vor der eigentlichen Geburt ans Außenleben anzupassen oder ihren Aufenthalt im Mutterleib oder im Ei über das normale Maß hinaus zu verlängern. Dies gibt uns eine treffliche Handhabe, um dasselbe Organ sogar bei Vertretern der gleichen Art bei der Larve oder beim Embryo zu beobachten.

Besonders leicht sind diese Veränderungen zu studieren an den äußeren Kiemen, an denen wir eine Larven(Wasser)form und eine Embryonal(Uterus)form unterscheiden können.

Die Larvenform allein finden wir ausgebildet bei den Molchen.

Die *Triton*-Arten verlassen die Eihüllen bereits sehr früh; die äußeren Kiemen sind dann noch kurze Stäbe, die sich eben zu verzweigen beginnen. Sie entwickeln sich also durchaus während des Freilebens. Dabei erhalten sie einen dicken, fleischigen Kiemenkörper, der wohl geeignet ist, eine feste Stütze für die eigentlichen Atemapparate abzugeben. Diese bestehen aus kurzen Fäden, die an dem Kiemenkörper ansitzen. Ihr Epithel ist dick, nur an der Spitze der Fäden einschichtig, die obersten Zellen tragen Flimmerhaare. Der nicht flimmernde, mit dickem Epithel bedeckte Körper scheint an der Funktion des Atmens nicht teilzunehmen. Ihre Gestalt gibt Fig. 17*a* wieder.

Sehr ähnlich sind die Kiemen der freilebenden Larven von *Salamandra maculosa* gestaltet: von einem fleischigen Kiemenkörper geht eine große Zahl kurzer Fäden ab.

Merkwürdigerweise sind aber dieselben Organe bei jungen Larven des gefleckten Salamanders, die noch im Uterus leben, ganz anders gestaltet (s. Fig. 17*b*). Der Kiemenkörper ist dann, wie Clemens schreibt, kurz, aber ganz platt, kaum dicker als die Kiemenfransen, die in geringer Anzahl vorhanden sind, aber beträchtliche Länge erreichen. Erst post partum nehmen die Kiemen die *Triton*-Form an.

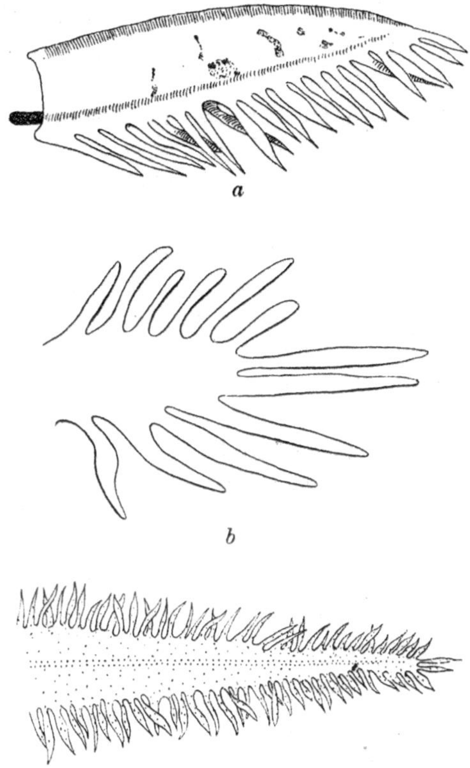

Fig. 17. Äußere Kiemen von Urodelen, nach Clemens. *a Triton*. *b* In utero befindliche Larve von *Salamandra maculosa*. *c Salamandra atra*.

Daß dies kein bedeutungsloser Befund ist, zeigen die Larven des schwarzen Alpensalamanders, *Salamandra atra*, die ihre ganze Entwicklung im Mutterleibe durchmachen und als fertige lungenatmende Tiere geboren werden. Die Kiemen dieser Embryonen behalten nämlich bis zu ihrem Verschwinden die Gestalt der *Maculosa*-Kiemen in utero, ohne die Umwandlung in die Wasserform durchzumachen. Auch hier ist der Kiemenkörper platt, dünn und lang und trägt platte Fransen. Dünnes Epithel deckt das Organ (siehe Fig. 17*c*).

Die Kiemen der Uteruslarven sind demnach ganz anders gestaltet als die der freilebenden: bei diesen sitzen kurze, runde, mit dickem Epithel bekleidete Fäden an einem fleischigen Körper, bei jenen trägt der platte dünne Körper ebenfalls platte Fransen, das Epithel ist dünn. Dieser Unterschied erklärt sich ohne weiteres dahin, daß die Kiemen der freilebenden Larven eine gewisse Festigkeit besitzen müssen, um bei den raschen Bewegungen im Wasser nicht zu leiden, daß dagegen die in utero lebenden Embryonen solcher Schutzmittel nicht bedürfen, sondern ihre Atmungsorgane ohne Rücksicht darauf gewissermaßen praktischer bauen können. Sie genügen besser den beiden Bedingungen, die Clemens an ein solches Organ stellt: »erstens, es muß bei möglichst geringem Stoffverbrauch eine möglichst große Blutoberfläche mit dem äußeren Medium in Berührung bringen, und zweitens muß die das Medium und das Blut trennende Diffusionsmembran möglichst dünn sein.«

Schon diese Betrachtung zeigt, daß die Kiemen auch während des Embryonallebens eine wichtige Arbeit zu leisten haben; sie haben, worauf auch Kammerer hinweist, neben der respiratorischen Funktion, die sich in utero gewiß ganz anders abspielt als beim selbständigen Wasserleben, sicher noch eine nutritorische, wenigstens während eines Teiles des intrauterinen Lebens. So weist uns die Umgestaltung der Kiemen bei Embryonen schon auf die Notwendigkeit der Funktion embryonaler Organe hin.

Noch klarer wird diese Funktion, wenn wir aus den höchst interessanten und wichtigen Versuchen Kammerers erfahren, daß diese verschiedenen Kiemenformen wirklich durch das Leben in utero oder im Wasser hervorgerufen werden. Denn Kammerer gelang es, noch kiementragende Larven des Alpensalamanders ans Wasserleben zu gewöhnen und andererseits die Larven vom gefleckten Salamander bis zur Metamorphose im Mutterleibe zurückzuhalten. Um erst mit den letzteren Experimenten zu beginnen, so schreibt Kammerer, daß »die Kiemen solcher intrauteriner Larven nach Aufzehrung des Dotterbreies die für die Embryonalfunktion nötige Form beibehalten«. Sie erhalten also ebensowenig die *Triton*-Form, als wie die der *Atra*-Embryonen.

Bei künstlich gewonnenen Larven von *Sal. atra* dagegen passen sich die Kiemen dem Wasserleben an, hauptsächlich durch teilweise Resorption und Häutung, wobei ein dickeres Epithel gebildet wird. »Die Kiemen werden kürzer . . ., der Reichtum an Blutgefäßen nimmt ab . . ., das dunkle Pigment nimmt zu . . ., unter dem ursprünglichen, überaus zarten Kiemenepithel hat sich ein neues, stärkeres gebildet, infolge welcher Neubildung die genannte Kieme dicker und robuster, der Kiemenkörper breiter, die Kiemenfäden nicht mehr faden-, sondern schlank fingerförmig erscheinen.« An einer anderen Stelle schreibt Kammerer von solch einem umgewandelten Organ: »Das ganze Bild war dem einer *Maculosa*-Kieme sehr ähnlich.«

In diesen beiden Fällen paßt sich also die Kieme der Larve selbst an die veränderten Bedingungen an; die Organe sind so plastisch, daß eine direkte Umwandlung möglich ist. Auch in anderen

Punkten (Flossensaum am Schwanz, Farbe) wandeln sich die künstlich dem Wasserleben wiedergegebenen, bzw. in utero zurückgehaltenen Larven um und werden den normal diesen Bedingungen ausgesetzten ähnlicher.

Wichtig und interessant ist nun, daß wir einen völlig analogen Parallelfall bei den Anuren wiederfinden. Während die freilebenden Kaulquappen unserer Frösche kurze äußere Kiemen mit wenigen Ästen mit dickem Epithel bekleidet besitzen (Fig. 18*a*), tragen die *Alytes*-Larven, die sich geschützt im Ei entwickeln, nur eine, aber sehr lange mit vielen langen Ästen versehene Kieme, deren Epithelbedeckung dünn ist (Fig. 18*b*). Auch bei diesen Formen gelang es Kammerer, die gleichen abweichenden Entwicklungsbedingungen herzustellen, wie bei den Salamandern, indem er die *Alytes*-Larven aus dem Ei herausschnitt und das Ausschlüpfen von Laubfroschembryonen verzögerte. Und dabei machten die Kiemen der so künstlich unter veränderte Bedingungen gesetzten Larven die gleichen, uns schon bekannten Veränderungen durch: die *Alytes*-Kiemen werden kürzer, dunkler, ihr Epithel dicker, ihr Gefäßreichtum wird eingeschränkt; die Kiemen der *Hyla*-Larven dagegen werden länger, ihr Epithel dünner, ihre Gefäße reichlicher.

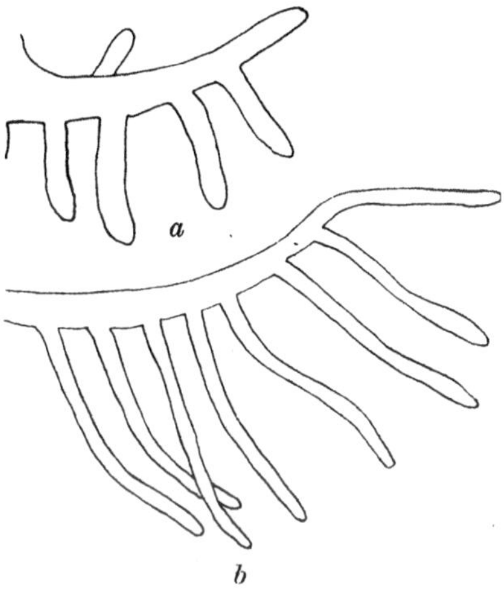

Fig. 18. Äußere Kieme von *Rana temporaria* (*a*) und *Alytes obstetricans* (*b*).

Also auch bei diesen Froschlarven treten dieselben Veränderungen ein, wie bei den Schwanzlurchen, trotzdem daß die äußeren Kiemen bei ihnen nur ein kurzes Dasein führen und nach wenigen Tagen atrophieren und die nutritive Funktion der uterinen Embryonalkieme der Salamander bei den sich im Ei entwickelnden Keimen natürlich wegfällt. Aber auch bei ihnen entspricht die Gestalt der Kieme den Anforderungen der Entwicklungsbedingungen: frei im Wasser schwimmende Larven bedürfen kräftiger Organe, die infolge des reichlich vorhandenen Sauerstoffs nicht so dünnes Epithel brauchen, wie die Kiemen der im Ei befindlichen, deren Sauerstoffversorgung schwieriger ist; bei diesen muß die Atmungsorgane dünnes durchlässiges Epithel decken, das den Gaswechsel in reichem Maße befördert, dagegen können die Kiemen lange zarte Gebilde vorstellen, da sie den Anforderungen an Festigkeit entrückt sind.

Wir haben hier also zwei Fälle, die einander vollkommen gleichen, obwohl die beiderseitigen Vertreter ganz verschiedenen Amphibienfamilien, den Urodelen auf der einen und den Anuren auf der anderen Seite angehören. Beide zeigen uns eine bis ins einzelne gehende Übereinstimmung im Bau embryonaler Kiemen, so daß sich deren wichtige Tätigkeit ohne weiteres aufdrängt.

Die Kiemen vermögen sich den Verhältnissen der Umgebung anzupassen, bei Larven wie bei Embryonen, und wir kommen schon jetzt zu der Einsicht, daß beide Entwicklungsformen, Larve wie Embryo, in gleicher Weise den Kampf ums Dasein aufzunehmen vermögen und ihre Organe den Lebensbedingungen entsprechend zweckmäßig gestalten.

Jetzt können wir zur Betrachtung rein embryonaler Organe schreiten.

3. Embryonale Organe.

a) Neuerwerbungen.

Von den embryonalen Organen sind die Neuerwerbungen des embryonalen Lebens stets vom funktionellen Standpunkte aus gewürdigt worden. Bei ihnen handelt es sich nicht um altererbte, von einer langen Reihe von Vorfahren übernommene Gebilde; die Frage nach ihrer Herkunft bot kein phylogenetisches Interesse, und daher suchte man nach ihrer physiologischen Bedeutung.

Zu dieser Gruppe gehören die Organe, die den wachsenden Organismus mit Nahrung zu versorgen und zu schützen haben. In die erste Kategorie fallen alle die Gefäßbahnen, die den Dottersack umspinnen, um dessen Inhalt aufzusaugen, oder die zu und von der Plazenta laufen. Sie bilden sich später zurück, und doch sind sie zur Erhaltung des Embryo natürlich unumgänglich notwendig (embryonale Vollorgane nach der oben gegebenen Einteilung). Zu der zweiten Abteilung gehören z. B. die Eihüllen und die in ihnen enthaltene Flüssigkeit, in der der zarte Keim suspendiert ist. Dabei werden sich die embryonalen Organe in gleicher Weise wie die des Erwachsenen nur selten mit einer einzigen Funktion begnügen, sondern mehrere Aufgaben zu erfüllen haben; von der Allantois des Hühnchens erwähnten wir schon, daß sie als embryonaler Harnsack, als Atmungsorgan und durch Bildung des Eiweißsackes als Ernährungsorgan tätig ist.

Mit diesen Neuerwerbungen brauchen wir uns hier nicht zu beschäftigen, da ihre physiologische Bedeutung nie geleugnet wurde. Wir wenden uns daher sofort zu den Gebilden, die als alte Erbteile der Vorfahren hauptsächlich den Phylogenetiker beschäftigten, und deren Bedeutung allein in der Phylogenie gesucht und gefunden wurde.

b) Ererbte Bildungen.

Hier sind in erster Linie die Vorläufer des knöchernen Skeletts der höheren Wirbeltiere zu nennen, die als Chordaskelett und Knorpelskelett in ihrer Embryonalzeit ausgebildet, dann aber durch Knochen ersetzt werden. Wir nehmen ja mit Recht an, daß ihre frühesten Vorfahren nur eine Chorda dorsalis als Achsenskelett besaßen, spätere Formen dies schon mit einem Knorpelgerüst vertauschten — aber treten diese Vorstufen wirklich nur als Erinnerung an jene Zeiten in Erscheinung? Wir müssen hier doch untersuchen, ob Rückensaite und Knorpelskelett nicht auch beim Embryo eine funktionelle Bedeutung besitzen, die ihre Erhaltung rechtfertigt. Beginnen wir mit dem

Knorpelskelett.

Da müssen wir uns erst daran erinnern, daß ein nicht unbeträchtlicher Teil des Knorpelskeletts sich weit über das Embryonalleben hinaus erhält, teils bis zum vollendeten Wachstum, wie die Epiphysenlinien, in denen allein ein Längenwachstum langer Knochen möglich ist, teils noch im erwachsenen Zustand, wie die Knorpel der Nase und der Gelenke. Diese Teile sind also in ihrer »Gestaltungsfunktion« erklärt, da sie später nötige oder bleibende Gebilde liefern.

Indes, der größte Teil des knorpeligen Gerüstes geht noch während der Embryonalzeit zugrunde, und für diesen müssen wir nach einer biologischen Aufgabe, nach einer »Erhaltungsfunktion«, suchen. Die folgende Betrachtung wird zeigen, daß diese eine mehrfache sein kann.

Ein Skelett muß schon der Embryo haben, damit sein Körper eine gewisse Festigkeit besitzt, die auch seinen weichen Organen Schutz verleihen kann, — Funktionen, die das Knochengerüst des Erwachsenen in gleicher Weise auszufüllen hat. Ferner muß schon frühzeitig der Raum für das später auftretende knöcherne Skelett gesichert werden. Auch müssen die Muskeln zeitig ihre Ansatzpunkte finden. Den Grund dafür, daß beim Embryo nicht Knochen, sondern Knorpel für das Skelett zur Verwendung kommt, sehe ich einmal in dessen Leichtigkeit und Biegsamkeit dem Knochengewebe gegenüber, dann aber ist ein großer Vorteil des Knorpels seine Wachstumsart. Er vermag interstitiell zu wachsen, während der schwerere und sprödere Knochen nur an seinen Rändern zu wachsen befähigt ist. Der Knorpel kann sich rasch vergrößern und so der schnellen Entwicklung des Embryo folgen, es braucht zudem weit geringere Zufuhr von Kalksalzen, als der Knochen.

Diese Vorteile mögen dazu beigetragen haben, das knorpelige Vorstadium in der Skeletogenese zu erhalten.

Daß dem Knorpel in der Tat eine physiologische Bedeutung in der Entwicklung zukommen muß, das lehrt schon das Neuauftreten hyaliner Knorpelmassen, die später wieder schwinden, z. B. bei der Entstehung der Deckknochen; das sind sicher Erwerbungen, denen kein phylogenetischer Wert innewohnt, die also nur vom funktionellen Standpunkt aus betrachtet werden können.

Es ist hochinteressant, zu sehen, wie wenig die Forscher von der ausschließlich phylogenetischen Betrachtung des knorpeligen Skeletts befriedigt sind, wie die Frage nach seiner embryonal-funktionellen Bedeutung gewissermaßen in der Luft lag. Von nicht weniger als vier Seiten ist unabhängig voneinander, ohne Kenntnis der Veröffentlichungen der anderen, dieses Problem aufgestellt und eine Antwort darauf versucht worden. Ich kann mir nicht versagen, die betreffenden Ausführungen hier nebeneinander zu stellen, zumal die Lösung des Rätsels in allen vier Arbeiten fast die gleiche ist.

Jaekel flocht als erster seiner Unterkieferarbeit eine diesbezügliche Bemerkung ein (1905). Schon im nächsten Jahre führte Gaupp denselben Gedanken aus, von seinen Schädelarbeiten ausgehend. Im Jahre 1910 behandelte ich das Primordialskelett als embryonal funktionierendes Gebilde, und dasselbe betonte Ebner in seinem Vortrag auf der Leipziger Anatomenversammlung (1911).

Jaekels Satz lautet: »Der Knorpel scheint mir überhaupt in erster Linie eine physiologische Bedeutung für die Ontogenie zu haben, indem er als plastisches Präformationsmaterial den Raum für die Knochenanlagen reserviert und damit auch der Anlage von Muskeln, Nerven und Blutgefäßen die nötigen Stützpunkte schafft«.

Gaupp schreibt in seiner »Entwicklung des Kopfskeletts« in Hertwigs Handbuch: »Da nun bei den höheren Formen bei weitem der größte Teil des Knorpelschädels embryonal wieder zerstört wird, so müssen in der Ontogenese selbst die Momente liegen, die die Hervorbringung des Knorpelschädels erklären. Man wird wohl nicht fehl gehen mit der Überlegung, daß der Knorpel eine Hartsubstanz ist, die viel rascher in größerem Umfange produziert werden kann, als der Knochen, der zu seiner Bildung zudem der Zufuhr größerer Kalkmassen bedürfte. So übernimmt der Knorpel die Aufgabe, schon in früher Embryonalzeit ein provisorisches Skelett zu bilden, dazu bestimmt, einmal den Weichteilen schon frühzeitig eine Stütze zu verleihen, anderseits den erst später und langsamer sich ausbildenden knöchernen Skeletteilen den Platz frei zu machen. Die raschere Wachstumsfähigkeit nnd raschere formale Anpassungsfähigkeit macht ihn in dieser Hinsicht besonders geeignet. In dieser spezifisch embryonalen Funktion ... darf das Moment gesehen werden, welches das Primordialkranium (wie überhaupt das ganze Knorpelskelett) nicht nur vor dem gänzlichen Untergang schützt, sondern ihm sogar die Möglichkeit zu höherer quantitativer und formaler Ausbildung auch in der aufsteigenden Wirbeltierreihe gewährt.«

Meine Ausführungen sind teilweise schon oben wiedergegeben worden: »daß der Embryo eines Innenskeletts bedarf, das ihm eine gewisse Festigkeit und seinen weichen Organen Schutz verleiht, ist wohl einleuchtend. Knorpel und Knochen können beide dieser Aufgabe nachkommen. Ersterer hat aber vor letzterem den Vorzug, leichter und biegsamer zu sein, auch interstitiell wachsen zu können, während der schwerere und sprödere Knochen nur an seinen Rändern zu wachsen befähigt ist«.

Endlich äußert sich v. Ebner folgendermaßen: »Die phylogenetische Erhaltung des später durch Knochen ersetzten Knorpelgewebes beruht ... auf der Wachstumsfunktion des Knorpels, die als expansives Wachstum der korrelativen Aufgabe, bei der frühen Formgestaltung des Nervensystems, der Muskeln und Eingeweide und der Knochen als Organe mitzuwirken, in der Regel besser entspricht, als das rein appositionelle Wachstum des Knochengewebes.«

Paläontologe, Embryologe und Histologe sind durch ihre Forschungen in gleicher Weise zu unserem Problem von der physiologischen Bedeutung des embryonalen Knorpelskeletts geführt worden und haben trotz der verschiedenen Ausgangspunkte ähnliche Lösungen gefunden, bald die Aufgabe des Knorpels als embryonales Füllmaterial betonend, bald sein für die embryonale Entwicklung günstiges Wachstum hervorhebend. Somit dürfte kein Zweifel mehr an der Zweckmäßigkeit des embryonalen Knorpelskeletts herrschen, dessen Bestehenbleiben bei höheren Wirbeltierklassen nicht durch phylogenetische Gesichtspunkte erklärt werden kann.

Wenden wir uns nun zu der

Chorda dorsalis.

Können wir für die Chorda dorsalis der höheren Wirbeltierklassen ebenfalls funktionelle Gesichtspunkte geltend machen? Sie tritt ja bei ihnen als erste Andeutung eines Achsenskeletts in sehr frühen Entwicklungsstadien auf und soll bis auf unbedeutende Reste zugrunde gehen, — warum legt sie sich da erst an, warum besteht das erste Skelett nicht gleich aus Knorpel?

Beschränken wir uns erst einmal auf die Säugetiere, für die das eben Gesagte ganz besonders gilt, so ist hervorzuheben, daß bei vielen Arten die Rückensaite nicht ein durchaus embryonales Organ ist, sondern auch noch bei Erwachsenen erhalten bleiben kann und dann eine wichtige Funktion zu versehen hat. Wir halten uns in den folgenden Ausführungen an Schaffers sorgfältige Studie über die Rückensaite der Säugetiere nach der Geburt, in der er in vorzüglicher Weise Bau und auch Funktion dieses Organs beschreibt.

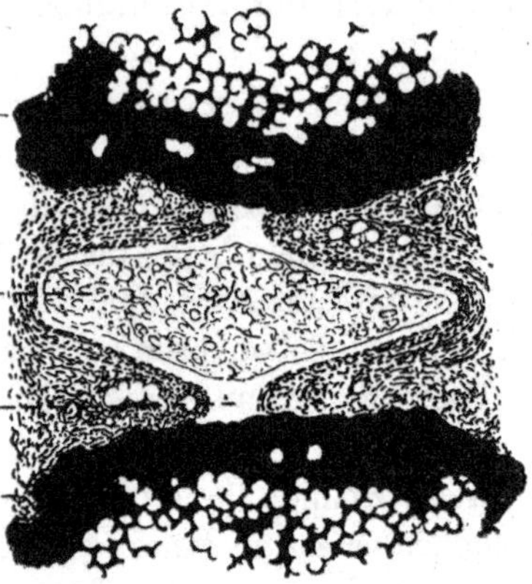

Fig. 19. Medianschnitt durch die Schwanzwirbelsäule einer ein Jahr alten Maus, nach Schaffer. Gezeichnet sind die einander zugekehrten Enden zweier Wirbel (*W*) und das Chordasegment (*Ch*) mit dem Chordastrang (*St*) nach den Wirbeln zu.

Eine auch noch bei erwachsenen Tieren funktionierende Chorda fand Schaffer im Schwanz kleiner langschwänziger Tiere (Maus, Spitzmaus), im Schwanz des Maulwurfs, in der Brustwirbelsäule der weißen Ratte, aber entsprechend der verschiedenen Beanspruchung in verschiedener Ausbildung.

Bei Mäusen und Spitzmäusen findet sich »im Bereiche des Schwanzes auch noch im erwachsenen Zustande wohlerhaltenes, mechanisch funktionsfähiges Chordagewebe . . . Es scheint hier von wesentlicher Bedeutung für die Elastizität und Gleichgewichtslage des Schwanzes zu sein, welcher anderer elastischer Einrichtungen (Zwischenbandscheiben, elastische Bänder) entbehrt«. Die Chorda ist an diesen Stellen durchaus nicht als rückgebildet zu bezeichnen, wenn wir sie hier auch nur zwischen den Wirbeln als ausgedehnte »Chordasegmente« treffen. Fig. 19 zeigt die beträchtliche Ausdehnung eines solchen Segmentes (*Ch*) von einer ein Jahr alten Maus. Aber auch innerhalb der Wirbel gehen die Chordazellen nicht zugrunde, sondern werden durch den Druck der der Verkalkung vorausgehenden Vergrößerung der Knorpelzellen in die intervertebralen Teile ausgetrieben. Diese Chordasegmente wachsen auch noch nach der Geburt erheblich: bei der eben geborenen Maus sind sie 0,27 mm breit und 0,18 mm dick, bei der erwachsenen betragen dieselben

Maße 0,84 und 0,29 mm. Die Gestalt der Chordazellen entspricht ihrer Funktion: es sind dicht aneinandergedrängte, mit Membranen versehene, isolierbare und durch Turgordruck gespannte, blasige Elemente.

Maus und Spitzmaus bedürfen dieser Chordabildungen, da sie sich des Schwanzes als beweglichen Steuers beim Laufen und als Stützorgans beim Sitzen auf den Hinterpfoten bedienen. Interessant ist nun, daß bei der Wasserspitzmaus, bei der der Schwanz kein elastisch bewegliches Organ, sondern ein versteiftes Ruder darstellt, an Stelle des blasigen Gewebes ein Retikulum auftritt, wie es auch sonst an Orten geringerer Beweglichkeit zur Beobachtung kommt.

In der Schwanzwurzel der Maus hat sich das Chordagewebe entsprechend den neuen statischen Verhältnissen schon verändert, »immerhin muß dem hier noch vorwiegend aus blasigen Zellen mit gespannten Membranen bestehenden, daher druckelastischen Chordasegment eine wesentliche mechanische Rolle für die Beweglichkeit der Wirbel gegeneinander zuerkannt werden«.

In der Brustwirbelsäule der weißen Ratte bildet sich aus dem Chordasegmente »eine schleimige, mit Chordaretikulum und Zellresten durchsetzte Masse, welche einer Synovia vergleichbar ist«, — also als Gelenkflüssigkeit funktioniert.

Im Schwanz des erwachsenen Maulwurfs endlich bleiben die Chordasegmente erhalten, formieren sich aber teilweise zu einem Chordaknorpel um.

Aus diesen Daten ist zu entnehmen, daß die Chorda auch bei erwachsenen Säugetieren teilweise eine sehr bedeutende Rolle spielt, und ich zweifle nicht daran, daß ein genaueres Studium auch noch an anderen Stellen ihr Erhaltenbleiben zutage fördern wird. Zu bemerken ist noch, daß ihr Gewebe in verschiedener Weise umgebildet wird, und daß sie eine Funktion zu versehen hat, die ihrer ursprünglichen Aufgabe als Achsenstab des Körpers fremd ist, daß sie also einen Funktionswechsel erlitten hat. In all diesen Fällen ist aber die embryonale Chorda als Anlage für ein bleibendes Organ anzusehen und ihr Auftreten in der Embryogenese ist damit erklärt: sie versieht eine Gestaltungsfunktion (Roux).

Nun degeneriert die Rückensaite aber an anderen Stellen und bei vielen anderen Tieren überhaupt; Schaffer konnte z. B. in dem Gallertkern eines 33 Jahre alten Mannes »vom eigentlichen Chordagewebe nichts mehr nachweisen als körnigen Detritus und größere, durch stärkere Oxyphilie ausgezeichnete homogene Schollen, welche den letzten Rest der epitheloiden Chordazellen des Neugeborenen darstellen dürften«. Hier müssen wir noch nach einem biologischen Grund für das rein embryonale Organ suchen. Gelingt es uns, seine »Erhaltungsfunktion« (Roux) nachzuweisen, so gilt diese natürlich auch für die Formen, bei denen sich die Rückensaite erhält; bei diesen hat sie also eine Aufgabe beim Embryo und dann eine neue beim Erwachsenen zu erfüllen, bei den anderen fällt die letzte weg, und das Organ schwindet.

Über die embryonale Funktion der Chorda haben sich schon öfters Autoren geäußert. So schreibt Hensen: »Daß selbst bei den höchsten Tieren die Chorda überhaupt noch entsteht, beruht meiner Meinung nach darauf, daß in der frühen Zeit ihrer Entstehung Scheidungen der Zellen behufs Ausbildung ihrer spezifischen, gewebsbildenden Eigenschaften notwendig werden, welche in der erforderlichen Weise sich nur, oder am besten, auf diesem Wege vollziehen.«

Ebner dagegen meint: »Die Erhaltung der embryonalen Chorda dorsalis bis in die höchststehenden Wirbeltierformen erklärt sich ebenfalls durch die ihr, auch nach Verlust der mechanischen Bedeutung, für das korrelative Wachstum zukommende Funktion.«

So sehr ich im übrigen mit den Ausführungen beider Forscher übereinstimme, so kann ich in den angeführten Sätzen einen Fortschritt nur in der Hinsicht erkennen, daß sie eine embryonale Funktion der Rückensaite überhaupt annehmen; einen Beweis dafür bringen sie meines Erachtens nicht.

Diese Tätigkeit läßt sich etwa in folgender Weise begründen:

Daß ein Embryo auch schon in den frühesten Entwicklungsphasen ein stützendes Organ benötigt, wird wohl nicht geleugnet werden. Dies ist eben die Chorda dorsalis.

Des weiteren ist nachzuweisen, weshalb dieses Skelett nicht gleich aus Knorpel gebildet wird, so daß das erste Stadium der Chorda wegfallen und damit eine Vereinfachung des Entwicklungsganges eintreten konnte. Dabei wird zu erforschen sein, ob die Chorda dieser angenommenen Aufgabe auch gerecht werden kann.

Aus Knorpel kann dieses erste Achsengerüst schon deshalb nicht bestehen, weil der Keim einer solchen Stütze bereits zu einer so frühen Zeit bedarf, daß in ihr das Bindegewebe noch keinen Knorpel zu bilden in der Lage ist. Die Rückensaite erscheint ja schon während der Gastrulation, wenn das mittlere Keimblatt noch aus ganz undifferenzierten Elementen besteht, die noch gar kein echtes Stützgewebe hergeben können. Also muß eine Stütze des embryonalen Körpers durch ein anderes Gebilde geliefert werden, und das ist die sich aus dem Entoblast ablösende Chorda.

Weiterhin bietet die Chorda dem Knorpel gegenüber auch Vorteile, indem sie sich den Bewegungen des Embryo viel besser anpassen kann, als der festere Knorpel; ihre »Biegungen können, wie die Beobachtungen an schlagenden Schwänzen von Neunaugenlarven lehren, viel stärker sein, als sie ein gleich dicker Knorpelstab erlauben würde« (Schaffer). Diese Eigenschaft macht sie zum Achsenskelett des zarten Embryo besonders tauglich.

Doch wir wollen der mechanischen Leistung der Rückensaite von ihren ersten Stadien an nachgehen.

Da hat Boeke interessante Verhältnisse in den jungen, noch nicht vakuolisierten Chordazellen bei Selachier- und Teleostierembryonen gefunden. Diese Zellen bilden flache Scheiben mit

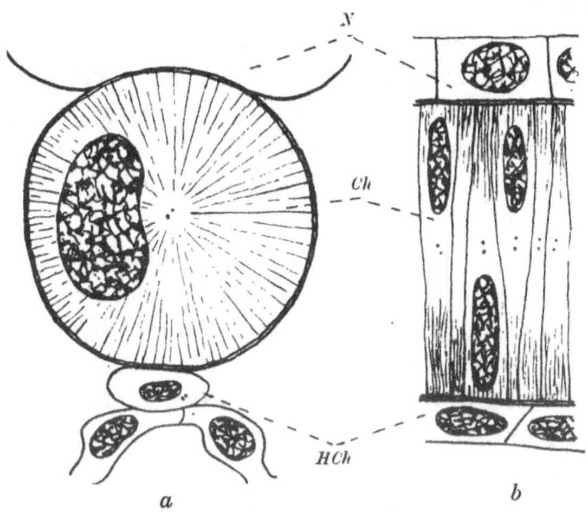

Fig. 20. Schnitte durch die Chordagegend von Muränenlarven, nach Boeke. *a* Querschnitt, *b* medianer Längsschnitt, *Ch* Chordazellen, *HCh* Hypochorda, *N* Nervensystem.

den Zentrosomen in der Mitte und einem Radiensystem, das bis in die Peripherie reicht (Fig. 20*a*). Sie sind geldrollenartig aufeinander geschichtet, wie im Längsschnitt Fig. 20*b* sichtbar ist. In diesen zentrierten Zellen besteht nun ein bestimmter Überdruck, so daß sie trotz des Mangels einer festen Scheide eine gewisse Festigkeit besitzen. »Die Spannung der zentrierten, nicht vakuolisierten Chorda muß sich äußern, wie wir aus der transversalen Richtung der Radien schließen können, in einem Streben nach Verlängerung des Stabes, welches durch die angrenzenden Gewebe kompensiert wird. . . Daß dieses Streben wirklich besteht, geht auch daraus hervor, daß, wenn wir jungen Larven, z. B. von Teleostiern, die Schwanzspitze abschneiden, der Chordastumpf aus dem sich retrahierenden Gewebe emporragt und nicht mit den übrigen Geweben durch die Kontraktion der Muskelsegmente und die Wundretraktion ganz mit nach innen gezogen wird. Durch die umgebenden Gewebe wird also eine Art Gegendruck in der Längsrichtung auf die Chorda ausgeübt. Wäre es möglich, die umringenden Gewebe über eine gewisse Strecke zu entfernen, ohne die Chorda zu verletzen, so würde nach dieser Annahme die isolierte Chorda länger sein als die von den Geweben umschlossene.«

Durch diese Spannung erhält der Keim eine gewisse Festigkeit, wie sie der zarten Form wohl kein anderes Stützgewebe liefern könnte.

Interessant ist, daß ganz die gleichen Zellen in den Mundtentakeln des *Amphioxus* anzutreffen waren, die auch ein biegsames Skelett brauchen.

Diese mechanischen Verhältnisse gelten aber nur für die ersten Phasen der Entwicklung, wenn die Chorda noch keine oder nur kleine Vakuolen enthält. Ein zweites Stadium, in dem sie aus vakuolisierten Elementen mit einer Scheide besteht, zeigt ganz andere chemisch-physikalische Eigenschaften. Eine Analyse dieser Verhältnisse verdanken wir wieder Schaffer.

In diesem Stadium besteht die Rückensaite aus »kompaktem chordoiden Stützgewebe«: isolierbaren, blasigen oder kugeligen Zellen, die durch eine selbst nicht stützfähige Membran zusammengehalten werden. Das funktionelle Prinzip ist in diesem Gewebe »die mit einer festen, durch den Turgordruck der eingeschlossenen Flüssigkeit gespannten Membran versehene, druckelastische Zelle. Durch die Vereinigung einer großen Anzahl solcher, voneinander unabhängigen« (d. h. isolierbaren und gegeneinander beweglichen) »Einheiten in einer selbst nicht stützfähigen, weichen, aber zugfesten Faserscheide wird der Skelettstab der Chorda gebildet«. Damit ist diesem Organ eine bedeutende Festigkeit bei erheblicher Beweglichkeit zugesprochen. Diese Eigenschaften werden seine Erhaltung wohl veranlaßt haben, denn der Knorpel wirkt auf ganz andere Weise, indem bei ihm das mechanisch-funktionelle Element die Interzellularsubstanz ist, die die Zellen unverschieblich einhüllt.

Derartiges kompaktes chordoides Stützgewebe findet Schaffer in der embryonalen Chorda der höheren Wirbeltiere und in den Chordasegmenten der langen Schwänze einiger kleinen Säugetiere. Dann gehört aber auch hierher das Stützgewebe in den Tentakeln der Hydroidpolypen und in Tentakeln, Schirmspangen und Randreifen der Trachymedusen. Daraus läßt sich eben schließen, daß ganz besondere Anforderungen an die Festigkeit und Beweglichkeit eines Organs auch ganz besondere Gewebe zeitigen, und es erklärt sich damit die Funktion der embryonalen Chorda der Amnioten.

Dieses Stadium ist aber nicht das letzte vor ihrer Degeneration. Denn auch bei Säugetieren, deren Wirbelsäule im erwachsenen Zustande keinen Rest mehr von ihr birgt, werden Chordasegmente gebildet, d. h. die Chordazellen werden aus den knorpeligen Wirbeln in die Zwischenwirbelgegend gedrückt. Bei diesen älteren Embryonen und Feten übernimmt der Knorpel die Hauptstützfunktion, und die Tätigkeit der Rückensaite beschränkt sich jetzt auf die Strecken zwischen den Wirbeln, dem Achsenskelett eine erhebliche Elastizität verleihend.

Zusammenfassend können wir also sagen, daß die Chorda dorsalis kein funktionsloses embryonales Gebilde ist, sondern daß sie auch bei höheren Wirbeltieren während der Entwicklungszeit einen hohen Nützlichkeitswert besitzt. Ja, es gelang uns sogar, an ihr während der Embryogenese einen zweifachen Funktionswechsel festzustellen. Den jüngsten Embryonen (untersucht bei Selachiern und Teleostiern) diente die noch nicht vakuolisierte Chorda als federnder Stab, der die Form des zarten Körpers erhält; größeren Embryonen verleiht das chordoide Stützgewebe der blasig aufgetriebenen Chordazellen eine genügende Festigkeit und Biegsamkeit; endlich liefert die Rückensaite bei älteren Säugerembryonen die Chordasegmente zwischen den Wirbeln, die nicht mehr für Festigkeit, sondern nur noch für Elastizität der Wirbelsäule zu sorgen haben; in dieser Form kann sich das Organ regionenweise auch noch bei erwachsenen Tieren erhalten.

Wir sehen also: solange die Chorda nötig ist, erhält sie sich; sobald sie nicht mehr gebraucht wird, geht sie zugrunde.

Die zweite Gruppe der Gebilde des Embryo, die wir zu betrachten haben, besteht aus den

B. Anlagen bleibender Organe
(embryonale Gebilde mit Gestaltungsfunktion).

Wir können uns hier über die größte Anzahl dieser Gebilde kurz fassen.

Das Nervenrohr, die Pankreasknospe sind funktionell leicht zu verstehen, da ihre Aufgabe eben darin besteht, das Zentralnervensystem, die Bauchspeicheldrüse herauszubilden.

Damit ist allerdings noch nicht gesagt, daß diese Organe nicht auch noch in irgendeiner Hinsicht dem Embryo selbst einen Dienst leisteten, daß sie irgendwie schon während der Entwicklung tätig seien. Das oben (S. 101) angeführte Beispiel der Augenblase, deren Hauptaufgabe darin besteht, Netzhaut und Pigmentepithel zu liefern, die aber auch die Bildung der Linse und der Hornhaut aus der Epidermis veranlaßt, spricht für diese Vermutung. Sicher ist eine »Erhaltungsfunktion« einer Anlage eines bleibenden Organs nachgewiesen für die Leber der Säuger, die beim Embryo Blut bildet, nach der Geburt aber diese Tätigkeit mit ihrer endgültigen vertauscht.

Eine Reihe von Gebilden gibt es aber, die unter die Anlagen bleibender Organe gehören, denen jede Zweckmäßigkeit abgesprochen wurde. Diese haben wir hier eingehender zu behandeln. Ich bespreche drei verschiedenartige Bildungen: während der Embryogenese zugrunde gehende Zellmassen, den Schlundapparat der Amniotenembryonen und die Urniere der Säugerembryonen.

1. Zugrunde gehende Zellmassen.

Bei der Entwicklung bleibender Organe entsteht eine ganze Reihe von Bildungen, die zugrunde gehen und als embryonale bezeichnet werden müssen. Die Notwendigkeit ihrer Entstehung und ihrer Aufgabe und damit die Berechtigung ihrer Existenz ist bei einigen allerdings so klar, daß man sich wundern könnte, daß ich sie überhaupt aufzähle. Doch leitet diese Gruppe von Gebilden gut zu anderen über, deren Bedeutung nicht so leicht erkennbar ist, und die daher gern als funktionslos bezeichnet werden.

Wenn bei Entwicklungsvorgängen umwälzende Oberflächenverschiebungen stattfinden, so kommt es oft zur Verschmelzung von epithelbedeckten Gewebsplatten. Bei der so komplizierten Herausbildung des Gesichtes ereignet sich dies an mehreren Stellen.

Um z. B. beim menschlichen Embryo den Mund- und Nasenhöhle voneinander trennenden Gaumen zu bilden, erheben sich von den Seitenflächen der primitiven Mundhöhle die Gaumenplatten (Fig. 21*a*, *GP*), die sich entgegenwachsen und miteinander verschmelzen, wie dann auch mit dem unteren Rand der Nasenscheidewand (Fig. 21*b*). Erst berühren sich die Epithelien dieser Leisten, dann verschmelzen sie miteinander. Bindegewebe durchbricht die Epithelmauer, verbindet die Fortsätze fest miteinander und verdrängt die Epithelzellen, die allmählich zugrunde gehen. Diese Epithellagen sind also völlig transitorischer Natur, reine embryonale Gebilde; niemand bestreitet aber die Notwendigkeit ihres Auftretens: sie mußten ja erst die frei in die Mundhöhle hineinragenden Gaumenfortsätze bekleiden.

Zwei in Fig. 21*a* und *b* dargestellte Frontalschnitte durch die Nasengegend menschlicher Embryonen illustrieren diesen Vorgang. In Fig. 21*a* wachsen die Gaumenplatten sich entgegen, in Fig. 21*b* sind sie untereinander und mit der Nasenscheidewand (*S*) verschmolzen.

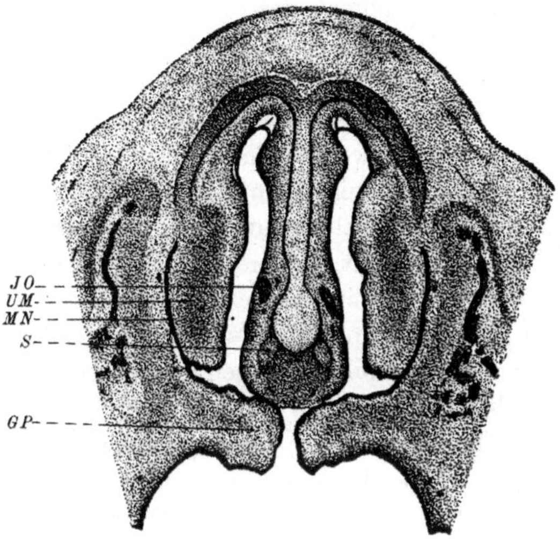

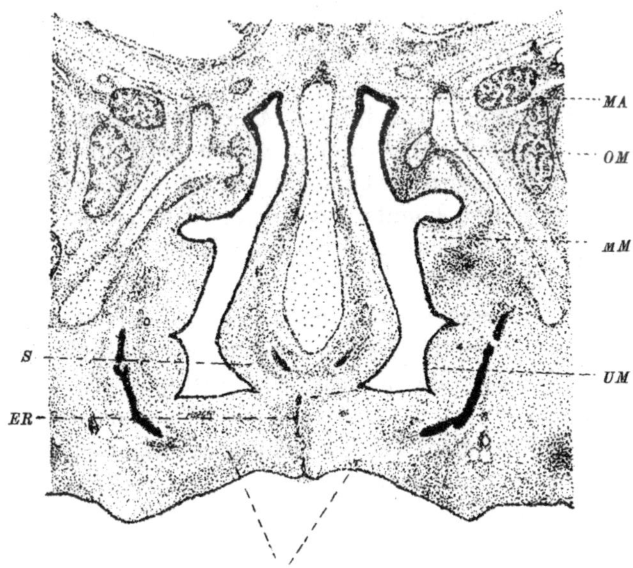

Fig. 21. Schnitte durch die Nasengegend zweier menschlicher Embryonen, die die Bildung des Gaumens illustrieren sollen. *a* Embryo von 30 mm Länge, die Gaumenplatten wachsen sich entgegen, *b* Embryo von 40 mm Länge, Gaumenplatten untereinander und mit dem Septum vereinigt *ER* Epithelreste, *GP* Gaumenplatten, *JO* Jakobsonsches Organ, *K* Nasenknorpel, *MA* Muschelanlage, *MM* mittlere Muschel, *OM* obere Muschel, *S* Nasenscheidewand, *UM* untere Muschel, *UN* unterer Nasengang.

Von ihrem Epithelbelag haben sich in diesem Stadium nur noch geringfügige Zellmassen erhalten.

Das Schwinden dieser Epithelmassen findet aber nicht überall sofort nach der Verwachsung der Gaumenplatten statt. Am weichen Gaumen und an den Verschmelzungsrändern des Septum narium mit dem Gaumen gehen sie allerdings sofort restlos dem Untergang entgegen. In der Raphe des harten Gaumens dagegen und an dessen hinterem Rande entwickeln sich die abgeschnürten, im Bindegewebe liegenden Zellnester noch weiter, indem sie knorpelharte, makroskopisch gut sichtbare Knötchen entstehen lassen, die bei älteren Feten, Neugeborenen und selbst noch bei Kindern in den ersten Lebensmonaten leicht erkannt werden können und seit Epstein den Namen »Epithelperlen« führen, aber wohl eher als Epithelstränge gedeutet werden müssen. Später schwinden sie vollständig.

Diese embryonalen Gebilde müssen eine besondere Erhaltungsfunktion zu versehen haben, ihre Verteilung und Größe drängt zu dieser Annahme. Ihre Anordnung führt zu dem Schluß, daß sie an den schwachen Stellen des Gaumens liegen und läßt vermuten, daß sie zu deren Befestigung dienen sollen. Denn es handelt sich um knorpelharte Knötchen, die viel resistenter sind, als das umgebende Bindegewebe, und die der Schleimhaut des harten Gaumens, die dem Druck der Zunge Widerstand leisten muß, wohl von Nutzen sein können.

In der Tat findet sich in der Mittellinie zwischen den beiden knöchernen Gaumenplatten in diesen Zeiten noch ein ziemlich breiter Bindegewebsspalt, dessen weiches Gewebe die Knochenplatten nicht fest aneinander halten könnte. An diesen Stellen ist es nötig, daß die Schleimhaut ein festeres »Skelett« erhält, das dann durch die knorpelharten Epithelperlen geliefert wird. Auch die vorn am harten Gaumen und an seinem hinteren Rande seitlich liegenden Epithelperlen sind genetisch aus Wucherungen des Epithels zu erklären, und funktionell die vorderen durch eine Festigung der weichen Stelle des sehr großen Foramen incisivum, die hinteren durch die Notwendigkeit eines Schutzes am Übergang des harten Gaumens in den weichen, damit die hinteren inneren, noch auseinander stehenden Ecken der Gaumenbeine nicht scharf gegen das weiche Gaumensegel hervortreten.

Die Epithelflächen am weichen Gaumen und am Nasenseptum liefern dagegen keine Perlen, da die betreffenden Stellen nicht als loci minoris resistentiae zu betrachten sind. Am weichen Gaumen bildet die Mittellinie keine schwache Stelle, da seitlich von ihr keine knöcherne Grundlage vorhanden ist. Und die Flächen, in denen sich die Nasenscheidewand mit den Gaumenplatten vereinigt, bedürfen keiner Verstärkung, da hier durch Vomer, Oberkiefer und Gaumenbeine ein festes Widerlager gebildet wird. Hier geht daher das Epithel nach dem Bindegewebsdurchbruch spurlos zugrunde.

Alles deutet darauf hin, daß sich Epithelperlen nur da ausbilden, wo sich schwache Stellen im Gaumen befinden, und daß an allen anderen Stellen die Epithelmauern schwinden. In späteren Zeiten, wenn die Knochenplatten enger zusammenrücken und Periost und Drüsengewebe ein genügend festes Widerlager schaffen, haben die Epithelknötchen ihre Rolle ausgespielt und gehen sämtlich zugrunde.

Weiterhin atrophieren während der Zahnentwicklung die Verbindungen der Schmelzorgane mit dem Mundhöhlenepithel: sie haben nur diese Anlagen ins Innere des Bindegewebes zu versenken. Fragt man sich, weshalb dies notwendig ist, da der Schmelz später doch die Schleimhaut durchstoßen und frei in der Mundhöhle liegen muß, so kann man die Antwort geben, daß einmal die Zähne zur Zeit ihrer Entwicklung noch nicht freiliegen dürfen — sie würden das Sauggeschäft erheblich stören —, und daß die Bildung des Schmelzes mit dem Schmelzoberhäutchen nicht an einer freien Fläche möglich ist, sondern nur im Inneren der Schleimhaut.

Auch bei der Bildung des primitiven Gaumens und anderweitig sieht man Epithellamellen schwinden, deren Aufgabe nur darin besteht, bleibende Verhältnisse herauszubilden.

Zellstränge gehen oft zugrunde bei sich abschnürenden Organen. Die Hypophyse der Amnioten entsteht in ihrem drüsigen Teil aus der Rathkeschen Tasche (Fig. 22*a*, *hy*), aber nur aus ihrem bleibenden Grunde. Der ganze übrige Teil verdünnt sich, und dieser Stiel atrophiert vollständig. In Fig. 22*b* ist der Hypophysengang *hyg* noch als solider Strang sichtbar, in Fig. 22*c* ist er ganz geschwunden, und nur die Hypophyse selbst entwickelt sich weiter. Der Hypophysenstiel mußte vorhanden sein, da die Drüse sich sonst nicht vom Mundhöhlenepithel hätte abschnüren können. Darin besteht seine Aufgabe, und wir brauchen ihn nicht als verkümmertes Überbleibsel des Ganges anzusehen, der bei Selachiern offen bleibt und zeitlebens das Organ mit dem Mundrachenraum verbindet. Natürlich sind aber beide Gebilde homologer Natur.

Auch anderweitig degenerieren besondere Zellmassen während der Embryogenese. Im Inneren der Linsenblase der Säugetiere fand Rabl regelmäßig abgestoßene Epithelzellen, die dann schwinden; am Urmundrand von Ringelnatterkeimen zeichnet Ballowitz atrophierende Zellhaufen, — auch diese Gebilde mögen für den Embryo irgendeine funktionelle Bedeutung besitzen, wenn wir sie auch noch nicht zu enträtseln vermögen.

Wenden wir uns jetzt aber zu größeren Organkomplexen, die auch in der Hauptsache ihre Bedeutung darin finden, bleibende Organe zu liefern, denen aber gemeinhin jede funktionelle Bedeutung abgesprochen wird. Damit kommen wir zu den schon öfters erwähnten

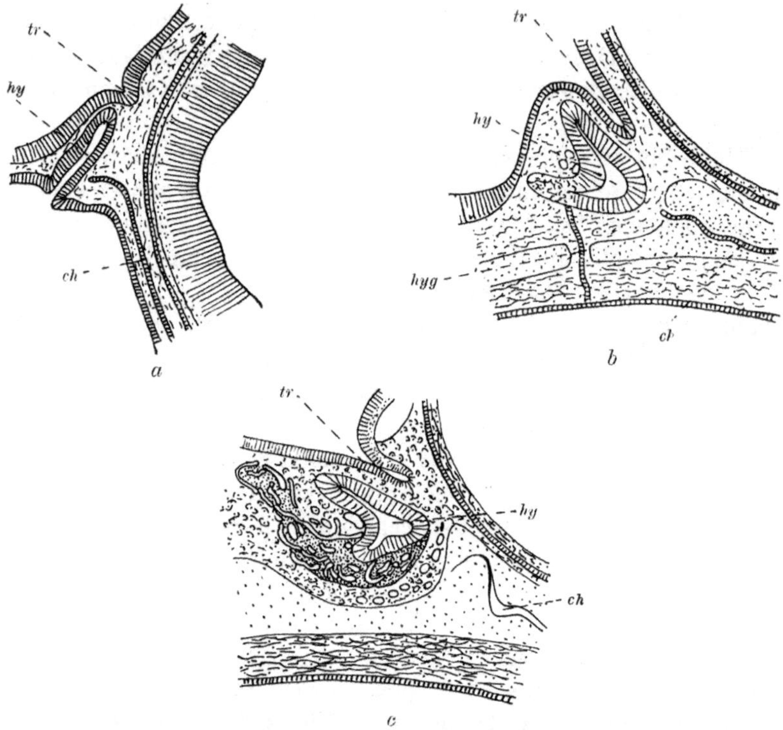

Fig. 22. Entwicklung der Hypophyse des Kaninchens, nach Mihalkovics. *a* offene Hypophysentasche (*hy*), *b* Degeneration des Stieles (*hyg*) im Gange, in *c* vollendet, *ch* Chorda, *hy* Hypophyse, *hyg* Hypophysengang, *tr* Boden des Zwischenhirns mit Trichter.

2. Schlundtaschen der amnioten Wirbeltierembryonen.

Schon im ersten Kapitel, in dem wir die drei Betrachtungsweisen der Embryologie auf einige besonders klare Beispiele anwandten, hatten wir die finale Bedeutung dieser Gebilde kurz besprochen; sie bedarf aber einer eingehenderen Erörterung.

In einer Studie über die Entwicklung der Schlundtaschen der Eidechse, aus der ich im folgenden einige Sätze entnehme, habe ich mir nun die Frage vorgelegt, ob diesen Gebilden denn wirklich jede Bedeutung für den Embryo abzusprechen sei, ob sie nicht auch eine Aufgabe zu erfüllen hätten. Dabei ergab sich, daß wir sie doch als wichtige Organe betrachten dürfen, denen, wie den oben genannten Epithelmassen, die Aufgabe zufällt, andere Gebilde aus sich hervorgehen zu lassen.

Die Kiemenspalten kiementragender Tiere stehen nämlich nicht allein im Dienste der Atmung, sie legen auch die Thymusdrüsen und die Epithelkörperchen an. Fällt nun bei weiterer Umgestaltung der Form eine der beiden Funktionen weg, so ist damit noch nicht der völlige Untergang dieser Bildungen geboten. Sie haben noch eine zweite, nicht weniger wichtige Aufgabe zu verrichten, und es würde eher wundernehmen, wenn die Divertikel mit Aufhören der Kiemenatmung völlig wegfielen und die erwähnten Drüsen sich eine andere Bildungsstätte suchten. Die Organe, die allein der Atmung dienten, die Kiemen selbst, sind völlig geschwunden und nirgends auch nur in Resten mehr zu erkennen; was geblieben ist, sind die Schlund- oder Kiementaschen.

Freilich fällt hier störend ins Gewicht, daß wir diese Darmausstülpungen nach ihrer uns am leichtesten erkennbaren Funktion als »Kiementaschen« und »Kiemenspalten« bezeichnen und nach Aufgabe der einen Tätigkeit, der Atmung, von »Resten der Kiementaschen, die nicht mehr der Atmung dienen«, reden, während diese Organe doch schon als Bildner der Thymus auch dann noch ein berechtigtes Dasein führen.

Im einzelnen gestaltet sich die Funktion der sechs Schlundtaschen bei Eidechsenembryonen folgendermaßen:

Schlundtasche II beteiligt sich nur in geringem Grade an der Thymusbildung, tritt aber später in den Dienst des Gehörorgans, um Paukenhöhle und Tuba auditiva zu bilden.

Schlundtasche II und III lassen den Hauptteil der Thymusdrüse aus sich hervorgehen.

Tasche IV gibt einem Epithelkörper seine Entstehung, der allerdings später atrophiert. Endlich bildet sich

Schlundtasche VI linkerseits vollständig in das Suprapericardialkörperchen van Bemmelens um.

So findet sich eine Erklärung für die Ausbuchtung der ersten bis vierten und der sechsten Schlundtasche. Die Thymusanlagen mußten eben aus diesen seitlichen Divertikeln entstehen, um ihre laterale Lagerung einnehmen zu können. Dagegen fehlt uns noch eine Erklärung für das Auftreten der fünften und der rechtsseitigen sechsten Tasche, welche ohne Reste zu hinterlassen schwinden.

Schematisch läßt sich die prospektive Bedeutung der Schlundtaschen in umstehender Weise (Fig. 23) wiedergeben, in der ein

Längsschnitt durch den Schlund abgebildet ist. Nach beiden Seiten stülpen sich die Taschen aus, an denen ihre Derivate eingezeichnet sind.

Für das Auftreten der fünften Tasche sowie für die Anlagerung der Darmdivertikel ans Ektoderm und den eventuellen Durchbruch sind aber diese drüsigen Gebilde nicht verantwortlich zu machen. Aber auch für dieses Verhalten müssen wir nach einer Deutung suchen.

Um die Anlagerung der Schlundtaschen ans Ektoderm zu erklären, könnte man daran denken, daß eine solche Vereinigung der beiderseitigen Epithelien nötig sei, um die Schlundorgane hervorzubringen. Hier bin ich in Übereinstimmung mit Kranichfeld, der diese embryonal wieder zugrunde gehenden Gebilde nicht, wie ihr Entdecker Froriep als Sinnesorgane auffaßt, sondern aus Drüsen mit innerer Sekretion. Für diese Ansicht führt er gute Gründe ins Feld: sie entstammen dem Schlunddarm, dem Mutterboden für so viele drüsige Gebilde mit innerer Sekretion (Hypophyse, Thyreoidea, Thymus, Epithelkörperchen). »Die von diesen gelieferten Hormone leiten im besonderen chemische und gestaltliche Vorgänge.« Solche laufen aber während der Embryonalzeit in ausgedehntem Maße ab, so daß derartige Organe für den Embryo besonders wichtig wären.

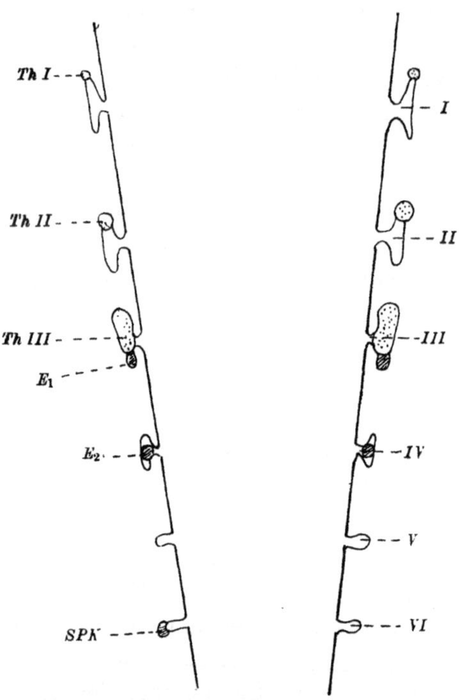

Fig. 23. Schematischer Längsschnitt durch die Schlundgegend eines Eidechsenembryo. *I—VI* erste bis sechste Schlundtasche, *Th I—III* Thymusanlagen, E_1, E_2 Epithelkörperchen, *SPK* Supraperikardialkörperchen.

Das Durchbrechen zu Schlundspalten halte ich auch nicht für gleichgültig; es wird den Embryonen von Tieren, die nicht durch Kiemen atmen, wichtig sein, ob das Darmrohr in weite Kommunikation mit der umgebenden Flüssigkeit tritt oder nicht. Auch die Regelmäßigkeit des Durchbruchs bei Embryonen von Reptilien, Vögeln und *Echidna*, dagegen das (vielleicht allgemein vorhandene) Geschlossenbleiben der Taschen bei plazentalen Säugetieren spricht für eine Bedeutung dieses Vorganges.

Bedenkt man, daß die erstgenannten Amniotenklassen meroblastische Eier besitzen, so kann man sich des Gedankens nicht erwehren, daß dieser Dotterreichtum von Bedeutung für das Öffnen der Schlundtaschen sei. Durch die offenen Visceralspalten kann sich der Austausch der nährenden Flüssigkeiten zwischen Außenraum und Darmhöhle leicht vollziehen und die Epithelien mit reichlichen Nährstoffen versorgen. Für dotterarme Eier fällt dieser Vorteil nicht ins Gewicht, da bei ihnen die Blutgefäße schon früh als Vermittler der Ernährung eine hohe Bedeutung erlangen. Daher vielleicht das Geschlossenbleiben der Schlundtaschen bei höheren Säugetieren. Auch Maurer erwähnt diese Ernährungshypothese, hält sie aber noch nicht für erwiesen: »Ob die offenen Spalten als Kommunikationsöffnungen der Darmhöhle mit der Umgebuug vorübergehend Bedeutung für die Ernährung des Embryo haben, die Mundöffnung also gleichsam vorübergehend ergänzen, ist eine noch nicht spruchreife Frage.«

Kranichfeld, der der physiologischen Bedeutung des Schlundapparates bei Hühnerembryonen eine eigene Arbeit gewidmet hat, sieht seine Hauptaufgabe in dem Nachweis der Notwendigkeit einer Funktion; diese Ausführungen wurden schon im zweiten Kapitel gewürdigt; spezielle Vermutungen über ihre Tätigkeit äußert er nicht.

Durch diese Betrachtungen versteht man, weshalb die Schlundtaschen in dem ganzen großen Amniotenreiche embryonal angelegt werden: sie sind keine funktionslosen Überbleibsel alter Atemorgane, sondern stationär gewordene Reste eines Apparates, der früher noch eine zweite Funktion (eben die der Atmung) besaß und daher hoch ausgebildet war, aber sich nur soweit rückbildete, als er nicht mehr tätig war, sich dagegen soweit erhielt, daß er der ersten Aufgabe, Drüsen mit innerer Sekretion zu liefern, nachkommen konnte.

Noch ein letztes vielbesprochenes embryonales Organ wollen wir auf seine funktionelle Aufgabe hin prüfen, die

3. Urniere der amnioten Wirbeltiere, speziell der Säugetiere.

Die Urniere bildet bei den meisten Fischen und bei Amphibien das bleibende Harnorgan, legt sich bei den Amnioten aber nur embryonal an und wird dann durch die Nachniere ersetzt.

Für die finale Auffassung dieses Organs ist darauf hinzuweisen, daß der Urnierengang und die Kanälchen beim erwachsenen Säuger eine wichtige Rolle zu spielen haben, indem der Gang zum Samenleiter, ein großer Teil der Urnierenkanälchen zum

Nebenhoden wird; sie gehen also einen Funktionswechsel ein und treten vom Dienst im Harnapparat in den des Geschlechtsapparates über. Um diese definitiven Organe zu liefern, muß natürlich die Urniere und ihr Ausführgang angelegt werden, und damit ist ihre funktionelle Aufgabe erklärt.

Ein großer Teil der Urniere geht allerdings zugrunde, besonders die Glomeruli. Auch deren Tätigkeit während der Embryonalzeit wird von vielen Autoren hervorgehoben, von anderen allerdings in Abrede gestellt. Man suchte sie in einer Sekretion von Harn, die das Organ auch bei den erwachsenen Tieren niederer Wirbeltierklassen auszuüben hat. Dieser Auffassung ist Weber scharf gegenübergetreten. Weber findet nämlich bei den meisten Säugetieren einen mehr oder weniger beträchtlichen Zeitraum zwischen der Involution der Urniere und der vollendeten Evolution der Nachniere. Die Annahme der embryonalen Harnsekretion des ersten Organs stößt auf die Schwierigkeit, daß zwischen der angenommenen Tätigkeit dieses und dem Beginn der Funktion der bleibenden Niere ein Zeitraum besteht, in dem kein Harn sezerniert werden könnte. Zweitens sind zur Zeit der Ausbildung der Mesonephros die Harnwege meist noch geschlossen, so daß bei Urinabsonderung Harnstauung eintreten müßte.

Man muß Weber Recht geben, daß diese Befunde gegen eine Harnsekretion der Urniere mit Entleerung des Sekretes sprechen.

Demgegenüber ist aber Manches für eine Sekretion anzuführen.

So treffen wir bei einigen Amnioten das Organ bei jungen, ausgekrochenen oder geborenen Tieren noch in Tätigkeit: bei Eidechsen bis zum ersten Winterschlaf, bei Beuteltieren nach der Geburt. Auch findet Bonnet in den Urnierenkanälchen des Schweines Sekret, und es ist nicht anzunehmen, daß das gut ausgebildete Organ, wie es besonders das Schwein, auch der Mensch im Embryonalzustande trägt, ohne Bedeutung sein sollte. Beim Menschen stellt jedes Urnierenkanälchen ein kompliziertes Organ dar, das Fig. 24 in Rekonstruktion wiedergibt. Dieses Bild lehrt doch wohl eindringlich, daß es sich hier nur um ein wichtiges funktionstüchtiges Gebilde handeln kann.

Nach außen kann also kein Nierensekret vor Eröffnung des Sinus urogenitalis gelangen. Aber es ist doch nicht von der Hand zu weisen, daß Glomeruli und Kanälchen eine Flüssigkeit liefern können, die (bleiben wir bei den Säugetieren!) als Abbauprodukt des embryonalen Körpers ins Innere der Kanälchen gelangte und dann wieder umgearbeitet und konzentriert vom Blut aufgenommen würde, um in der Plazenta dem mütterlichen Blut mitgeteilt zu werden, das sie dann aus dem Körper entfernte. Freilich wird es sehr schwer sein, diesen Gang nachzuweisen; man müßte das Blut der Nabelvene und Nabelarterien auf ihren Gehalt an Abbaustoffen untersuchen und feststellen, ob letztere einen größeren Prozentsatz von ihnen der Plazenta zuführen.

Ich möchte also mit vielen Anderen eine embryonale Tätigkeit der Urniere annehmen, wenn sie auch nicht in Sekretion eines nach außen gelangenden Harnes besteht.

Zu erwägen wäre auch noch, ob dieses Organ in der Embryonalzeit nicht einen Funktionswechsel eingegangen ist und eine andere Tätigkeit an sich gerissen hat. Dies liegt nahe, wenn wir daran denken, daß eine Hauptbildungsstätte für rote Blutkörperchen vor der Geburt die Leber darstellt, die später nichts mehr von

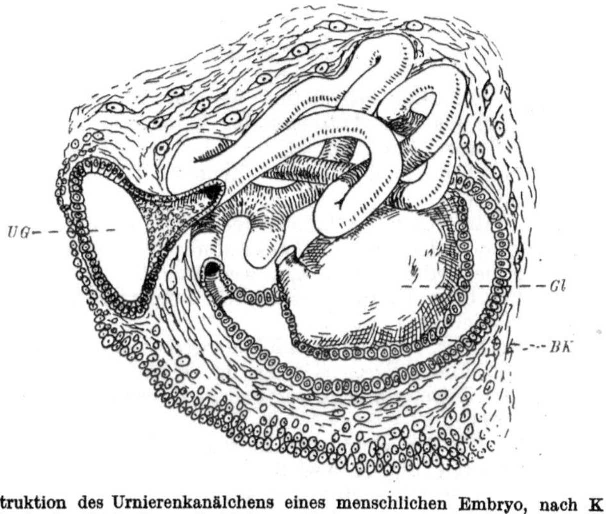

Fig. 24. Rekonstruktion des Urnierenkanälchens eines menschlichen Embryo, nach Kollmann. Das Kanälchen beginnt mit blindem aufgetriebenem Ende, so die hier aufgeschnittene Bowmansche Kapsel (*BK*) bildend, legt sich dann in Windungen und mündet in den angeschnittenen Urnierengang *Ug*. In die Bowmansche Kapsel stülpt sich das Gefäßknäuel des Glomerulus *Gl* ein.

dieser Aufgabe erkennen läßt. In der Tat schreiben manche Autoren auch der Urniere eine blutbildende Tätigkeit zu oder halten sie für wahrscheinlich (Bonnet, Merkel).

Ich halte die Urniere der Säugetiere nicht für ein funktionsloses Gebilde, sondern glaube, daß sie im Embryo wichtige Aufgaben zu erfüllen hat. Welcher Art sie sind, darüber kann man jetzt nur Vermutungen äußern; besondere exakte Untersuchungen haben hier einzusetzen, um gesicherte Ergebnisse zu zeitigen.

Doch genug der Beispiele! Wir sehen, an welches embryonale, für funktionslos gehaltene Organ wir auch herangehen, immer finden wir bei genauerer Untersuchung, daß es eine besondere Tätigkeit im embryonalen Leben auszuführen hat. Welcher Art diese ist, das war allerdings nicht immer mit Sicherheit festzustellen, aber die Notwendigkeit der Annahme einer Funktion trat doch immer hervor. Die Beispiele waren den verschiedensten Geweben und Organen, den verschiedensten Entwicklungszeiten entnommen, so daß es berechtigt erscheint, von ihnen auch auf andere embryonale Gebilde zu schließen und diesen einen Nützlichkeitswert für den Haushalt des Embryo zuzusprechen.

Wenden wir nun die gleiche Betrachtungsweise auf die **Entwicklungsvorgänge** und dann auf die **Rückbildungen** an.

Literatur.

1901. Ballowitz, E., Die Gastrulation bei der Ringelnatter (Tropidonotus natrix Boie) bis zum Auftreten der Falterform der Embryonalanlage. Zeitschr. f. wiss. Zool. Bd. 70.

1905. Bles, E. J., The Life-history of Xenopus laevis. Transact. R. Soc. Edinb. Bd. XLI.

1908. Boeke, J., Das Geldrollenstadium der Vertebraten-Chorda und des Skeletts der Mundcirren von Branchiostoma lanceolatum und seine cytomechanische Bedeutung. Anat. Anz. Bd. 33.

1914. Bonnet, R., Über kataplastische und anaplastische Organe. Erg. d. Anat. u. Entwgesch. Bd. 21.

1918. Bonnet, R., Lehrbuch der Entwicklungsgeschichte, 3. Aufl. Berlin.

1894. Clemens, P., Die äußeren Kiemen der Wirbeltiere. Anat. Hefte Bd. 5.

1911. Ebner, V. v., Gewebeentwicklung und Phylogenese. Verhandl. anat. Ges. Leipzig 1911.

1905. Gaupp, E., Die Entwicklung des Kopfskeletts. Hertwigs Handb. d. vgl. Entwgesch. Bd. III, Teil 2.

1906. Gaupp, E., Über allgemeine und spezielle Fragen aus der Lehre vom Kopfskelett der Wirbeltiere. Verh. anat. Ges. Rostock 1906.

1891. Hensen, V., Die Planktonexpedition und Haeckels Darwinismus. Kiel.

1905. Jaeckel, O., Über die primäre Gliederung des Unterkiefers. Sitz.-Ber. Ges. naturf. Freunde. Berlin 1905.

1904. Kammerer, P., Beitrag zur Kenntnis der Verwandschaftsverhältnisse von Salamandra atra und maculosa. Arch. f. Entwmech. Bd. 17.

1906. Kammerer, P., Experimentelle Veränderungen der Fortpflanzungstätigkeit bei Geburtshelferkröte und beim Laubfrosch. Ibid. Bd. 22.

1914. Kranichfeld, H., Einige Beobachtungen, welche die Annahme einer physiologischen Bedeutung der Schlundtaschen bei den Embryonen der höheren Wirbeltiere nahe legen. Anat. Hefte Bd. 50.

1902. Maurer, Fr., Die Entwicklung des Darmsystems. Hertwigs Handb. d. vgl. Entwlehre. Bd. II, 1. Jena.

1913. Merkel, Fr., Die Anatomie des Menschen, I. Teil. Wiesbaden.

1901. Peter, K., Mitteilungen zur Entwicklungsgeschichte der Eidechse. II. Die Schlundspalten in ihrer Anlage, Ausbildung und Bedeutung. Arch. f. mikr. Anat. Bd. 57.

1910. Peter, K., Über die biologische Bedeutung embryonaler und rudimentärer Organe. Arch. f. Entwmech. Bd. 30, 1.

1914. Peter, K., Über die funktionelle Bedeutung der sog. Epithelperlen am harten Gaumen von Feten und Kindern. Deutsche med. Wochenschr. 1914, Nr. 13.
1899. Rabl, C., Über den Bau und die Entwicklung der Linse. III. Teil: Die Linse der Säugetiere. Zeitschr. f. wiss. Zool. Bd. 67.
1910. Schaffer, J., Über das Verhältnis des Chordagewebes zum Knorpelgewebe. Anat. Anz. Bd. 37.
1910. Schaffer, J., Über den feineren Bau und die Entwicklung des Knorpelgewebes und über verwandte Formen der Stützsubstanz, III. Teil. Zeitschr. f. wiss. Zool. Bd. 97.
1910. Schaffer, J., Die Rückensaite der Säugetiere nach der Geburt nebst Bemerkungen über den Bau und die Verknöcherung der Wirbel. Sitz.-Ber. math.-phys. Klasse d. Akad. d. Wiss. Bd. 119, Abt. III.
1897. Weber, S., Zur Entwicklungsgeschichte des uropoetischen Apparates bei Säugern. Morphol. Arbeit. Bd. VII.

Siebentes Kapitel.

Die Zweckmäßigkeit embryonaler Vorgänge.

Ausdehnung des Zweckmäßigkeitsbegriffs auf die embryonalen Vorgänge. A. Physiologische Polyspermie. B. Regulationseier und Mosaikeier. Regulation notwendig bei leicht verletzlichen Eiern. Durchführung dieser Erklärung in den einzelnen Tierklassen. 1. Cnidarier. 2. Ctenophoren. 3. Echinodermen. 4. Würmer. 5. Weichtiere. 6. Tunicaten. 7. *Amphioxus*. 8. Neunaugen. 9. Knochenfische. 10. Amphibien. C. Selbstentwicklung, Wachstumsvorgänge. D. Zweckmäßigkeit der Entwicklungsvorgänge bei Entwicklung unter verschiedenen Bedingungen, durchgeführt an Zentralnervensystem und Sinnesorganen der Wirbeltiere. E. Unabhängigkeit der Entwicklungsphasen voneinander. Erklärung durch die verschiedenen Aufgaben der Stadien. 1. Furchung. Zerlegung in Körpergegenden. Prospektive Bedeutung und Potenz. 2. Keimblattbildung. Bildung von Primitivorganen. 3. Organbildung. a) Selbständigkeit der einzelnen Stadien innerhalb dieser Periode. Gaumenbildung, Hasenscharte und Zwischenkiefer. b) Selbständigkeit einzelner Anlagen eines später einheitlichen Organs. Ohr. c) Unabhängigkeit des Entstehungsortes eines Gewebes von seiner späteren Lage. Blut.

Im ersten einführenden Kapitel wurde erwähnt, daß man nicht nur bei embryonalen Organen nach der biologischen Bedeutung, nach ihrer Zweckmäßigkeit fragen soll, sondern daß dieselbe Frage auch auf embryonale Vorgänge ausgedehnt werden kann und muß, deren Vorhandensein ohne die finale Betrachtung nicht oder nicht vollgültig erklärt werden kann.

Wir stoßen hier auf sehr verschiedene und oft behandelte Probleme, die meines Erachtens einer befriedigenden Lösung entgegengebracht werden können und eine ausführliche Darstellung benötigen.

Aus der Fülle des sich entgegendrängenden Stoffes suchen wir eine Anzahl von Entwicklungsprozessen aus den verschiedensten embryonalen Phasen aus. Wir beginnen mit dem Stadium der ersten Entwicklung, der Befruchtung, indem wir die Erscheinungen der physiologischen Polyspermie beleuchten, dann wenden wir uns zu der vielumstrittenen Frage nach der Bedeutung der Regulation während der ersten Entwicklung und werden versuchen, ihre verschiedene Mächtigkeit bei Regulations- und Mosaikeiern zu verstehen. Weiterhin wird die Selbstentwicklung der einzelnen Teile des Organismus, die Arten des Wachstums und der Entwicklung auf ihren Nützlichkeitswert hin untersucht. Besonders eindringlich stellt sich die Zweckmäßigkeit der Veränderungen der Organentwicklung bei verschiedenen Lebensbedingungen dar, wie sich beim Vergleich mehrerer Wirbeltierklassen ergibt. An vierter Stelle soll dies ausgeführt werden. Endlich schafft unsere finale Betrachtungsweise ein Verständnis für die Unabhängigkeit der einzelnen Entwicklungsstufen, sei es im Beginn der Entwicklung, sei es bei der Organbildung. Diese fünf Beispiele gewähren uns einen guten Einblick in die Nützlichkeit embryonaler Vorgänge.

A. Physiologische Polyspermie.

Ein Kapitel der Befruchtungslehre, das der biologischen Erklärung bedarf, ist das der physiologischen Polyspermie.

Obgleich bei jeder normalen Befruchtung sich nur ein Spermium mit dem Eikern vereinigt, um den Anstoß zur Entwicklung des neuen Individuums zu geben, so treten bei manchen Tierklassen konstant nicht nur ein, sondern mehrere Samenfäden ins Ei ein, von denen indes nur einer zur Befruchtung notwendig ist und diese vollzieht, während die anderen vielleicht zugrunde gehen. Wegen der Regelmäßigkeit, mit der der Vorgang bei den betreffenden Formen beobachtet wird, muß er als normal betrachtet werden.

Eine solche physiologische Polyspermie ist einwandsfrei festgestellt worden bei Insekten (Henking), Bryozoen (Bonnevie), Selachiern, urodelen Amphibien, Reptilien und Vögeln, während sie bei den anderen Klassen wenigstens der Wirbeltiere sicher auszuschließen ist. Die alten Angaben über ihr Vorkommen bei *Petromyzon*, bei der Forelle und Froschlurchen sind bestritten worden und bestehen nicht zu Recht.

Es fragt sich nun, weshalb bei diesen Tieren mehrere oder gar viele Samenfäden ins Ei eindringen, während doch nur einer zur Befruchtung nötig ist. Der biologische Grund für diese auffallende Tatsache dürfte nicht in allen Fällen der gleiche sein.

Ausgehend von dem Verhalten bei Selachiern und Reptilien kam Boveri zu folgendem Gedankengang: »Es ist auffallend, daß die besprochene physiologische Polyspermie gerade den größten Eiern zukommt. Man könnte daran denken, daß dies kein zufälliges Zusammentreffen sei, sondern daß sich die Polyspermie in Anpassung an die Größe des Eies ausgebildet habe, da ja in einer großen Protoplasmamasse bei einer größeren Zahl von Spermakernen mehr Aussicht besteht, daß einer davon rechtzeitig den Eikern auffindet, als wenn nur ein einziger vorhanden ist.«

Diese Erklärung ist mehrfach zurückgewiesen worden, meines Erachtens aber mit Unrecht, da sie die Erscheinung am besten erklärt. Rückert warf ihr entgegen, daß die Größe des Eies nicht n Betracht kommen könne, da die Spermien alle nur in die einen kleinen Teil des ganzen Eies bedeckende Keimscheibe eindringen. Aber auch diese Keimscheibe ist so weit ausgebreitet, daß Polyspermie doch von Vorteil im Sinne Boveris sein kann. Ich möchte also mit Sobotta Boveris Erklärung für ausreichend für das Vorkommen der Polyspermie bei dotterreichen Eiern halten.

Nun ist es auffallend, daß bei vielen Formen, die auch durch sehr dotterreiche Eier ausgezeichnet sind (Cyclostomen, Knochenfische), stets nur ein einziges Spermium in das Ei eindringt. Hier muß irgendeine Vorrichtung vorhanden sein, die diesem das Auffinden des Eikerns auch in dem großen Ei ermöglicht. Sobotta hat schon angegeben, daß bei diesen dem Samenfaden der Weg zum Eikern sicher vorgeschrieben wird durch eine Öffnung in der sonst undurchdringlichen Eihaut, eine Micropyle. Das Spermium vermag also nicht an beliebiger Stelle die Eimembran zu durchstoßen, so daß der Weg zum Eikern ein weiter und unsicherer wäre; »der Weg des Spermatozoon ist auch selbst im größten Teleostierei ein relativ kurzer, durch keine Dotterelemente gehemmter«. Dies gilt selbst für die auffallend großen meroblastischen Eier der Myxinoiden. Dean beschreibt bei *Bdellostoma* ausführlich die Micropyle dieses Eies, so daß die Monospermie auch dieses Tieres erklärlich ist.

Nun ist es aber merkwürdig, daß bei den geschwänzten Amphibien sicher Polyspermie beobachtet ist (Fick, Braus, Michaelis), während sie in normalen Eiern von Fröschen und Kröten ebenso sicher auszuschließen ist. Gerade zwei so nahe verwandte Tierklassen verhalten sich in dieser Hinsicht abweichend, und da ihre Eier ziemlich dieselbe Größe besitzen, so ist es interessant, eine Erklärung für diese Verschiedenheit aufzusuchen.

Zu erklären wäre hier nicht, weshalb die dotterreichen Eier von Urodelen Polyspermie zeigen, sondern weshalb sie bei den anderen fehlt.

Eine Mikropyle besitzen die Froscheier nicht. Trotzdem ist bei ihnen der Ort des Eindringens des Samenfadens ein beschränkter. Während nämlich bei Urodelen die Spermien an beliebigen Stellen ringsum am Ei eintreten können, ist das beim Frosch, wie R. Hertwig schreibt, immer nur in der oberen Hälfte möglich, ja, Michaelis sagt sogar: »Die Eintrittsstelle des Spermatozoon in das Ei liegt in den allermeisten Fällen, normalerweise wohl immer, ganz dicht am oberen Pol.« Künstliche Befruchtung vom unteren, weißen Pol aus gelingt in keinem Falle.

Trotz des Fehlens einer Mikropyle ist also bei *Rana* aus uns noch unbekannten Gründen die Eintrittsstelle des Spermiums in das Ei eine beschränkte, sein Weg zum Eikern vorgeschrieben; er geht durch den protoplasmatischen Teil des Eies, ist nicht durch Dotterelemente gestört. Dem einen Samenfaden ist also Sicherheit gegeben, daß er zur Vereinigung mit dem Eikern gelangt — daher ist Polyspermie beim Frosch nicht nötig.

Nun hat aber endlich K. Bonnevie auch das Eindringen von einer großen Menge von Spermien in das sehr kleine Ei von Bryozoen (*Membranipora*) beschrieben. Auf diese Eier paßt Boveris Deutungsversuch der Polyspermie nicht. Doch hat die Autorin selbst eine wie mir scheint genügende Erklärung dieser auffallenden Tatsache gegeben. Bonnevie hat beobachtet, daß entgegen anderen reifenden Eiern die von *Membranipora* bei ihrem Heranwachsen ihr Chromatin nicht mit vermehren, so daß der Chromidialapparat bei reifen Eiern vollständig aufgebraucht wird. Da nun, im Anschluß an R. Hertwigs Lehre von der Kernplasmarelation der Zelle, ein bestimmtes Verhältnis von Chromatinmenge zur Plasmamasse eine Lebensbedingung der Zelle ist, so müssen der reifen Eizelle neue Chromatinmassen zugeführt werden, und dies geschieht durch die Köpfe der vielen eingedrungenen, aber nicht zur Befruchtung verwendeten Spermien.

So erklärt in der Frage der physiologischen Polyspermie die biologische Betrachtungsweise, weshalb diese Erscheinung einigen Tierformen zukommen muß, anderen nicht, und es ist interessant zu sehen, daß die biologische Ursache der gleichen Erscheinung in verschiedenen Fällen eine verschiedene sein kann.

B. Regulationseier und Mosaikeier.

Das Fehlen oder Auftreten einer Regulation bei verletzten Eiern war schon im einleitenden Kapitel als ein Vorgang erwähnt worden, den man von allen drei Gesichtspunkten der Embryologie, dem genetischen, kausalen und finalen aus betrachten kann. Hier soll die finale Anschauungsweise noch im einzelnen durchgeführt werden.

Es handelt sich, wie schon kurz angegeben, um zwei Eiformen, die im Tierreiche beobachtet werden (s. Fig. 5 und 6). Isoliert man bei der einen (Regulationseier) die Blastomeren des sich teilenden Eies, so entwickelt jede eine ganze Larve, die natürlich kleiner ist als die aus einem Vollei entstandene. Bei der anderen Gruppe (Mosaikeier) liefert dagegen die gleiche Operation nur Teilstücke von Larven, und zwar dieselben Teile, die aus dem gleichen Stück des unverletzten Eies hervorgegangen wären. Die »prospektive Potenz« der Blastomeren, »alles was sie auch unter veränderten Verhältnissen zu liefern vermögen«, ist bei den beiden Eiformen sehr verschieden groß.

Dieser scheinbar unüberbrückbare Gegensatz muß aber gleich etwas gemildert werden.

Die isolierten Blastomeren der Regulationseier liefern allerdings vollständige Embryonen, die aber kleiner sind, als die Vollarven und aus weniger Zellen bestehen als jene; die Regulation ist also nicht ganz vollständig. Anderseits besteht auch bei den Mosaikeiern eine Regulation geringen Grades in der Richtung, daß z. B. aus einer Furchungszelle eines zweigeteilten Eies nicht ein offener Halbembryo entsteht, sondern die freie Fläche überhäutet sich. Immerhin beschränkt sich die Regulation auf Maßnahmen. die zur Schließung von Hohlräumen und zur Abrundung führen (Przibram).

Für unsere biologische Betrachtungsweise sind solche und ähnliche Übergänge aber ohne Wert; wir wollen ja nicht das Wesen der Regulation ergründen, sondern nehmen die Erscheinungen als gegeben hin und wollen nur ihr Vorkommen im speziellen Fall zu erklären versuchen. Und da kommt es darauf an, ob lebensfähige oder nicht lebensfähige Keime bei Isolation der Blastomeren entstehen, erstere bei Regulationseiern, letztere trotz geringfügiger Regeneration bei Mosaikeiern.

Noch ein weiterer Gesichtspunkt muß hier angeführt werden, und zu diesem Zwecke müssen wir gleich unsere biologische Erklärung der beiden Eiformen voranstellen.

Unser Erklärungsversuch des Vorkommens oder Fehlens einer Regulation lautet: Regulation ist nötig bei solchen Eiern, deren Blastomeren auch unter den gewöhnlichen biologischen Verhältnissen leicht isoliert werden können, so daß diese Fähigkeit trotz des häufigen Verletzens der Keime ihre Weiterentwicklung und damit die Erhaltung der Art garantiert, — kurz, bei leicht verletzlichen Eiern, die hüllenlos sind oder nur eine dünne, leicht zerreißliche

Schale besitzen, oder die in der bewegten Brandungszone leben. Eier dagegen, die sich im mütterlichen Organismus entwickeln oder auch im ruhigen Plankton, und die mit dicker Hülle umgeben sind, sind derartigen Verletzungen nicht ausgesetzt. Für sie hätte eine Regulation keinen Sinn, da eine Isolierung von Furchungszellen, wie sie das Experiment oft unter großen Schwierigkeiten hervorbringt, in freier Natur nicht vorkommen kann, — hier müssen wir Mosaikeier erwarten.

Zu verstehen ist aus dem Gesagten, daß es sich bei derartigen Verletzungen immer nur um gröbere Eingriffe, um Isolation von Blastomeren handeln kann. Die feineren von der entwicklungsmechanischen Forschung erdachten Durchschneidungsversuche können wir bei unseren Betrachtungen ganz außer acht lassen. Daß bei diesen sich Ergebnisse einstellen, die von dem oben gegebenen Schema abweichen, daß auch eine Art mit Regulationseiern bei bestimmten Experimenten keine ganzen Larven ergibt, das spricht nicht gegen unseren Erklärungsversuch, sondern ist im Gegenteil durch ihn verständlich, indem bei Vorgängen, wie sie unter normalen Verhältnissen nicht vorkommen können, eine Regulation eben biologisch unnötig ist.

So wird es uns nicht wundernehmen, wenn die Larven der Seeigel, die Eier vom Regulationstypus besitzen, in späteren Stadien beim Durchschneiden in bestimmten Richtungen keine Ganzlarven mehr entstehen lassen: solchen Verletzungen ist die Larve in ihren natürlichen Bedingungen eben nicht ausgesetzt.

Verständlich sind uns auch die je nach der Richtung des geführten Schnittes verschiedenen Resultate von Durchschneidungsexperimenten. So ergeben Eistücke des Seeigels *Strongylocentrotus*, die senkrecht zu dem Pigmentring, also in der Richtung der späteren ersten Furche abgetrennt worden sind, verkleinerte Ganzbildungen: mechanisch, weil sie alle Substanzen des Eies enthalten, biologisch, weil eine solche Isolation von Blastomeren in freier Natur vorkommen kann. Stücke dagegen, die äquatorial parallel dem Pigmentring abgeschnitten sind, liefern Halbbildungen, da ihnen (mechanisch) Teile des vegetativen oder animalen Poles fehlen, und weil (biologisch) eine solche Trennung unter gewöhnlichen Bedingungen nicht möglich ist. Trotzdem werden wir das Ei dieses Seeigels, da isolierte Blastomeren Ganzlarven entwickeln, in unserm Sinne zu den Regulationseiern zu rechnen haben.

Wir müssen nun, um zu erkennen, ob unsere biologische Erklärung der Regulation zu Recht besteht, die verschiedenen Tierklassen, über deren Regulationsvermögen uns Przibrams Buch vorzügliche Auskunft gibt, auf folgende Punkte untersuchen:

1) ob sich ihre Eier im Mutterleibe entwickeln oder ob sie abgelegt werden,
2) wenn letzteres der Fall ist, an welchem Orte ihre Entwicklung vor sich geht und
3) wie die Beschaffenheit der Eihüllen ist.

Diese Befunde müssen wir dann in Beziehung setzen zu den Verhältnissen ihrer Reguliermöglichkeit.

Ein sicherer, einwandfreier Beweis für unsere Vermutung ließe sich eigentlich nur an Material liefern, das unter natürlichen Bedingungen steht, d. h. an Larven, die dem Meere selbst entnommen sind. Es müßte sich, bewahrheitet sich unsere Hypothese, herausstellen, daß kleine Ganzlarven, die aus isolierten Blastomeren von Regulationseiern hervorgegangen sind, viel häufiger zu finden seien, als Halb- und andere Teillarven aus Stücken von Mosaikeiern.

Dem stehen aber große Schwierigkeiten gegenüber.

Einmal wird man nie eine genügende Menge von Larven fischen können, an der man eine derartige statistische Untersuchung einwandfrei anstellen könnte. Dann würden die kleinen Ganzlarven der Regulationseier infolge der Variabilität der Größe der normalen Vollarven wenig auffallen, während die aus Mosaikeiern hervorgegangenen Teilbildungen sehr absonderliche, leicht ins Auge fallende Gebilde sein würden. So verschöbe sich das Ergebnis einer solchen Untersuchung schon zuungunsten unserer Vermutung.

Auf den zweiten Grund ist zurückzuführen, daß der einzige Fall, in dem aus isolierten Blastomeren hervorgegangene Larven im Plankton gefunden worden sind, Teillarven von Mosaikeiern sind. Chun schreibt, daß nach einem Sturm zahlreiche Teillarven von Ctenophoren im Plankton gefunden seien.

Doch beweist meines Erachtens dieser Fall nichts gegen unsere Hypothese. Einmal ist die von Chun gegebene Deutung seines Befundes nicht einwandfrei. Dieser Forscher berichtet nämlich in seiner wundervollen Monographie der Ctenophoren, daß man »in den ersten Tagen nach anhaltenden Sciroccostürmen von den größeren Arten fast nur Bruchstücke oder arg verstümmelte Exemplare antrifft.« Der Körper dieser zarten Geschöpfe ist so wenig widerstandsfähig, daß der Wellenschlag ihn zerstückeln kann. Regeneration oder auch nur Wachstum der lange lebenden Teilstücke findet nicht mehr statt.

Ich vermute nun, daß die oben erwähnten Teillarven zum Teil nicht von auseinandergerissenen Blastomeren, sondern von zerstückelten Larven herstammen. Zum Teil mögen sie allerdings auch aus isolierten Furchungszellen hervorgegangen sein, da Chun ein Ei von

Eucharis multicornis fand, in dem zwei Embryonen von halber Größe enthalten waren.

Dieser Befund scheint unserer Vermutung gerade entgegen zu stehen. Aber wir müssen eben einen Sturm, bei dem das ganze Plankton leidet, nicht als etwas Normales ansehen und nicht vergleichen mit der stetig die am Strande befindlichen Keime schädigenden Brandung. Alle Schutzmaßregeln sind nur auf normale Verhältnisse berechnet. Man wird bei Untersuchungen, die auf diesen Punkt gerichtet sind, also nur Material benutzen dürfen, das sich unter »normalen« Bedingungen entwickelt hat.

Wir sind also, bis sich die Möglichkeit derartiger Versuche ergeben hat, fürs erste auch hier auf Kombination angewiesen. Wir müssen in der Reihe der Tierwelt nachsehen, ob Regulationsmöglichkeit mit leichter Verletzlichkeit der Eier und Mosaikentwicklung mit geschützter Embryogenese zusammenhängt.

In der Aufzählung der Tierklassen und ihrer positiven oder negativen Regulationsmöglichkeit halte ich mich an das Buch von Przibram, der eine gute Zusammenstellung liefert, während die biologischen Verhältnisse in der Literatur oft schwer aufzufinden waren; eine Anzahl Angaben in dieser Beziehung gibt das vorzügliche Lehrbuch der vergleichenden Entwicklungsgeschichte von Korschelt und Heider, andere die Zusammenstellung von Lo Bianco.

1. Nesseltiere, Cnidaria.

Von Nesseltieren sind eine große Anzahl von Formen auf die Regulationsmöglichkeit, »die prospektive Potenz« ihrer Blastomeren hin untersucht worden: von den *Hydroidea* die Gattungen Hydractinia (Bunting), *Pennaria* (Hargitt), *Aegineta* (Maas), von Zoja *Clytia*, *Liriope*, *Geryonia*, *Mitrocoma* und *Laodice*, — von den Anthozoa *Renilla* (Wilson). Sie besitzen alle Regulationseier und unterscheiden sich nur in dem Punkte, daß bei einigen Arten (*Clytia*, *Laodice*) selbst noch im 16-Zellenstadium jede Blastomere eine kleine Ganzlarve bildet, während bei anderen (*Liriope*, *Geryonia*, *Mitrocoma*) dies nur bis zum Vierzellenstadium möglich ist.

Sehen wir nun zu, ob das biologische Verhalten der Eier dieser weitgehenden prospektiven Potenz ihrer Furchungszellen entspricht. Nach dem oben Gesagten müßten sie dann Verletzungen sehr leicht ausgesetzt sein.

Die Eier der untersuchten Arten werden ins Wasser abgelegt und dort befruchtet.

Sie sind hüllenlos. Dies geben Korschelt und Heider für die craspedoten Medusen an, und die Untersucher betonen es für die von ihnen zu Experimenten benutzten Arten (Bunting, Maas, Zoja, Hargitt). Die kurzen Angaben von Wilson scheinen ähnliches für die Anthozoe *Renilla* zu beweisen, deren Eier leicht durchschneidbar sind und keine Befruchtungsmembran bilden.

Die Zartheit der Eier bringt es mit sich, daß künstliche Isolation der Blastomeren nur auf dem Wege des Durchschneidens möglich ist. Maas und Zoja betonen ausdrücklich, daß ein Zerschütteln der Eier, wie es bei anderen Formen die bequemste Methode zum Erreichen dieses Zieles ist, bei Cnidariern nicht angewandt werden darf, da ihre Eier diese eingreifende Manipulation nicht vertragen.

Wir haben es hier also mit sehr zarten, hüllenlosen Gebilden zu tun, die leicht Verletzungen unterworfen werden können. Und daß diese in freier Natur sicher nicht ausbleiben, lehrt der Ort ihrer Ablage: die Elterntiere leben oft in der Brandungszone (nach Lo Bianco *Hydractinia* in 1 bis 2 m, *Pennaria* in 1 bis 10 m Tiefe); M. Bunting fand *Hydractinia* besonders auf Schalen von Einsiedlerkrebsen. Die hüllenlosen Eier sah sie nach dem Legen auf den Boden sinken, wo sie dann den Einflüssen der Brandung ausgesetzt sind.

Einige Beobachtungen sprechen auch dafür, daß Isolation von Blastomeren sogar in freier Natur vorkommen können. Bei *Pennaria* verschmelzen die Eier oft miteinander, so daß Riesenembryonen entstehen; von *Mitrocoma* berichtet Zoja, daß sich einzelne Blastomeren von den gefurchten Keimen ablösen und mit anderen verschmelzen, so daß sich aus vier Eiern fünf Larven entwickeln können. Von *Aegineta* schreibt Maas, daß die Eier sehr verschieden groß sind, von 0,8 bis 1,5 mm im Durchmesser variieren, vielleicht findet bei dieser Art der gleiche Vorgang statt.

Die Eier der Cnidarier sind also sehr leicht verletzlich, so daß den verletzten ein Regenerationsvermögen sehr nützlich und notwendig ist. Was ist da natürlicher, als daß aus den isolierten Furchungszellen ganze lebensfähige Larven hervorgehen können? Wir verstehen also vom biologischen Standpunkt aus vollkommen, daß die Nesseltiere Regulationseier besitzen.

Es ist leicht verständlich, daß für die Durchschneidungsversuche solche Arten herangezogen wurden, die ihre Eier unbefruchtet oder gleich nach der Befruchtung ablegen. Nun gibt es aber viele Formen von Nesseltieren (die meisten Anthozoa, Hydroidpolypen mit sessilen Gonophoren), bei denen die ersten Entwicklungsstadien im Muttertier selbst durchgemacht werden. Diese Eier sind also während dieser Zeit geschützt. Es wäre interessant nachzuforschen, ob auch diese Eier das bedeutende Regulationsvermögen der übrigen Cnidarier teilen, oder ob der Schutz im Mutterleib sie desselben hat verlustig gehen lassen. Aufzucht außerhalb des Muttertieres würde die Frage allerdings nicht einwandfrei entscheiden, da dies wieder unnatürliche Bedingungen hervorbringen würde.

2. Rippenquallen, Ctenophora.

Im Gegensatze zu den Nesseltieren verfügen die Rippenquallen über reine Mosaikeier.

Chun hat zum ersten Male hier die Schüttelmethode angewandt und erkannt, daß aus einer der ersten beiden Blastomeren ein Halbembryo entsteht. Andere sind ihm gefolgt, und besonders ist hier

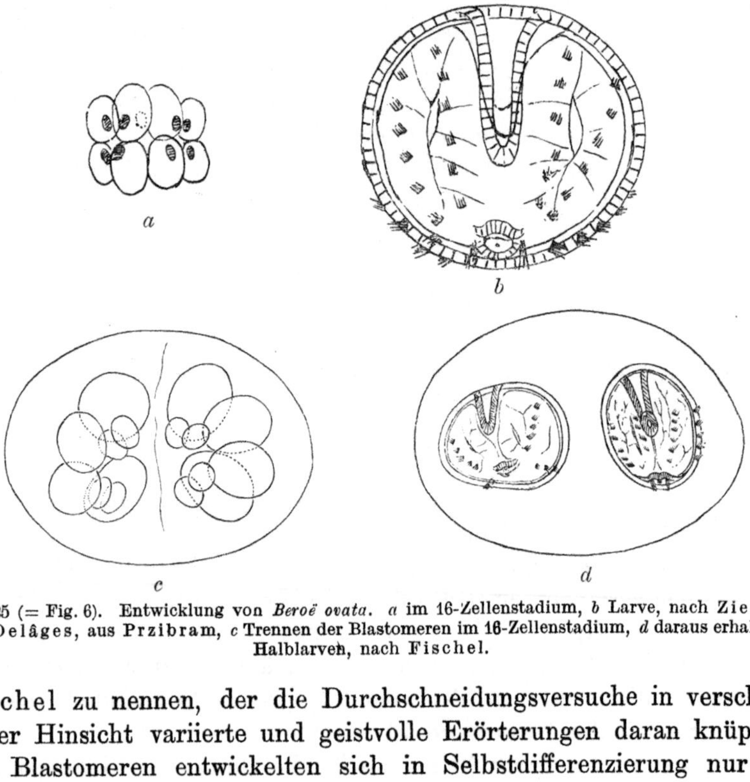

Fig. 25 (= Fig. 6). Entwicklung von *Beroë ovata*. *a* im 16-Zellenstadium, *b* Larve, nach Ziegler und Delâges, aus Przibram, *c* Trennen der Blastomeren im 16-Zellenstadium, *d* daraus erhaltene Halblarven, nach Fischel.

Fischel zu nennen, der die Durchschneidungsversuche in verschiedener Hinsicht variierte und geistvolle Erörterungen daran knüpfte. Die Blastomeren entwickelten sich in Selbstdifferenzierung nur zu dem Teil eines Embryo, den sie im unverletzten Ei erzeugt hätten. Eine Regulation während der larvalen Entwicklung beschränkt sich auf Abrundung und Schließung von Hohlräumen (s. Fig. 25). Die Teillarven Fig. 25*d* haben die halbe Anzahl (4) der Wimperschnüre verglichen mit den Vollarven Fig. 25*b* (8).

Die Eier werden unbefruchtet ins Seewasser abgelegt. Umhüllt sind sie von einem zarten, strukturlosen Häutchen, das durch eine dicke Gallerthülle vom eigentlichen Ei getrennt ist. Nach Chun flottieren die Eier im Wasser und zwar im offenen Meere, wo die Bewegung weit ruhiger und gleichmäßiger ist als in der Brandungszone.

Vor Verletzungen sind die Eier also durch ihre dicke Gallerthülle und den Aufenthalt im Plankton gut geschützt, so daß bei dieser Klasse Mosaikeier und geschützte Embryogenese gut zusammenfällt.

Daß gerade von Ctenophoren Teilbildungen in freier Natur nach heftigen Stürmen gefunden worden sind, ist oben erörtert und erklärt worden.

3. Stachelhäuter, Echinodermata.

Die Echinodermen besitzen Regulationseier. Bis zum Vierzellenstadium ist jede Blastomere befähigt, eine kleine Ganzlarve zu bilden.

Die Eier werden am Meeresboden abgelegt, im Wasser befruchtet und sinken zu Boden, erst die aus den Hüllen schlüpfenden Blastulä steigen ins Wasser auf. Am Meeresboden sind die Eier sehr den schädigenden Einflüssen der Brandung ausgesetzt, da die Seeigel meist in der Küstenzone leben (nach Lo Bianco *Arbacia* in Tiefe von 1 bis 3 m, *Strongylocentrotus* »sugli scogli littorali«, *Echinus* in Tiefe von 2 bis 30 m, *Sphaerechinus* tiefer, 15 bis 100 m tief).

Die Eier besitzen eine dünne Membran, die durch Schütteln leicht entfernt werden kann.

Infolge dieser Verhältnisse wird es sehr häufig vorkommen können, daß die Eier in frühen Stadien verletzt oder zerschüttelt werden, und das bedeutende Regulationsvermögen der Blastomeren ist leicht erklärlich.

4. Würmer, Vermes.

Von Würmern sind nach Przibram auf ihre Regulationsfähigkeit untersucht worden die Nematode *Ascaris megalocephala*, die Nemertine *Cerebratulus*, die Annelide *Lanice*.

Ascaris. Der Pferdespulwurm entwickelt sich aus Mosaikeiern. Freilich war dies nur auf indirektem Wege zu erfahren, nicht durch Züchtung isolierter Blastomeren, da bei Zerschneidungsversuchen stets der Eiinhalt ausfließt. »Isolierte Blastomerengruppen entwickeln sich nur zu jenen Teilen eines Embryo, denen die betreffenden Blastomeren an dem ganzen Embryo den Ursprung gegeben hätten« (Przibram).

Das Ei wird befruchtet abgelegt und ist mit glasartig harter Schale umgeben. Somit ist es vor Verletzungen durchaus geschützt, und eine Zerteilung in einzelne Furchungszellen, die schon das Experiment nicht zustande bringt, wird in der Natur nicht vorkommen.

Bei *Ascaris* fällt also Mosaikentwicklung mit geschützter Entwicklung vollständig zusammen.

Cerebratulus. Die Nemertine *Cerebratulus* liefert zerschneidbare Eier und hat daher vielfach zu Versuchen dienen müssen.

Isolierte Blastomeren des Zwei- oder Vierzellenstadiums furchen sich nach Wilson »nicht wie ganze Eier, sondern typisch so, wie wenn die verloren gegangenen Blastomeren noch vorhanden wären. Doch können später aus diesen offenen Blastulis meist normale Pilidien hervorgehen.

Die biologischen Verhältnisse der Entwicklung sind folgende. *Cerebratulus* ist ovipar und lebt (Lo Bianco) in 5 bis 15 m Tiefe. Das Ei hat, nach Wilsons Abbildungen zu schließen, eine ziemlich weit abstehende Eimembran, die aber leicht zerschnitten werden kann.

Dieser Wurm scheint eine Art Übergangsform zwischen Mosaik- und Regulationsentwicklung zu zeigen. Im Anfang findet jedenfalls Selbstdifferenzierung der Blastomeren statt, und dem entspricht auch der große Schutz, den die Hülle dem Ei verleiht.

Bei *Lanice* endlich fand Wilson eine typische Mosaikentwicklung; über die biologischen Verhältnisse sagt er nichts aus.

In der Klasse der Würmer besitzen die untersuchten Arten Mosaikeier und, wo bekannt, geschützte Embryogenese.

5. Weichtiere, Mollusca.

Von Mollusken sind zu den uns interessierenden Versuchen *Dentalium*, *Ilyanassa* und *Patella* herangezogen worden, wenn wir von den nur kurz von Crampton erwähnten Gattungen *Urosalpinx* und *Anachis* absehen.

Alle diese Arten besitzen typische Mosaikeier, so daß isolierte Furchungszellen nur Teillarven hervorgehen lassen. Fig. 26 zeigt dies in zwei einer Wilsonschen Abhandlung entnommenen Skizzen von der Napfschnecke, *Patella.* Die zweite Figur *b* entstammt einer Blastomere des Vierzellenstadiums und stellt nur einen Teil der Ganzlarve *a* dar.

Versuchen wir diesen allgemein gültigen Befund mit den biologischen Verhältnissen des Eies in Einklang zu bringen, so müssen wir die drei Formen gesondert besprechen, da Ort und Art der Entwicklung bei ihnen sehr verschieden ist.

Am einfachsten liegt die Sache bei dem Gastropoden *Ilyanassa*, von dem Crampton berichtet, daß die Eier von einer zähen Kapsel umgeben und in eine Gallertmasse eingehüllt sind, — also völlig jeder Verletzung enthoben.

Schwieriger zu verstehen ist der Scaphopode *Dentalium*, dessen Geschlechtsprodukte ins Wasser entleert werden. Die Eier sind von dünner Hülle umgeben, aber ohne gemeinsame Einbettung. Die Tiere halten sich in nicht zu großer Tiefe bis zu 100 Faden auf, aber »in geschützter Bucht oder in schon ruhiger Tiefe des Meeres, nicht aber an freier Küste heftigem Wellenschlag ausgesetzt« (Keferstein). Die Eier liegen am Boden und sind so in ruhigem Wasser trotz ihrer dünnen Hülle vor Zerstückelung bewahrt.

Auch die Napfschnecke *Patella* setzt ihre Eier einzeln ab, die dann im Seewasser befruchtet werden. Sie besitzen eine sehr dicke, radiär gestreifte Hülle, die einen guten Schutz für das Ei darstellt,

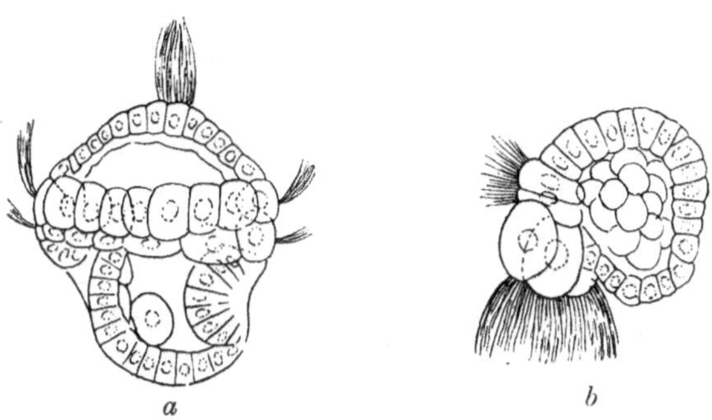

Fig. 26. *a* Trochophoralarve von *Patella*, *b* Teillarve von einer Blastomere des Vierzellenstadiums gezüchtet, nach E. B. Wilson.

da sie das Spermium nicht eindringen läßt. Dieses muß sich zum Vollziehen der Befruchtung einer Mikropyle bedienen. Erst während der Furchung fällt nach den Angaben von Patten die Hülle ab.

Somit sehen wir bei den Weichtieren eine gute Übereinstimmung zwischen Mosaikeiern und Schutz der Eier vor Verletzungen. Es ist interessant zu sehen, wie dieser Schutz in den drei weit im System voneinander entfernt stehenden Gattungen auf verschiedene Weise geliefert wird: bei *Ilyanassa* durch derbe Haut und Einbetten in Gallert, bei *Dentalium* durch Entwicklung in ruhigem Wasser, bei *Patella* durch eine feste Eihülle. Alle drei Formen entwickeln sich also geschützt und bedürfen daher der Regulation nicht.

6. Manteltiere, Tunicata.

Die Tunikaten sind durch ausgeprägte Mosaikeier charakterisiert (*Clavellina* nach Castle, *Cynthia* und *Molgula* nach Conklin). Aus isolierten Blastomeren entstehen Teillarven, wie schon Chabry für *Ascidiella* und später Conklin in besonders exakter Weise für *Cynthia* und *Molgula* beschrieben haben. Driesch behauptet zwar, daß aus einzelnen Furchungszellen von *Phallusia* kleine Ganzbildungen hervorgingen, doch hat Conklin ihm den Vorwurf nicht genügend genauer Untersuchung gemacht. Gerade für *Phallusia* lehrte mich eine eigenartige Defektbildung bei einer Larve, daß diese Ascidienart sich so verhält, wie es Conklin für *Cynthia* beschrieben hat. Es handelte sich dabei um eine Larve innerhalb der Eihülle, der das ganze Vorderende fehlte, ohne daß das geringste Anzeichen einer Regulation zu erkennen war.

Es ist demnach anzunehmen, daß alle untersuchten Arten der Manteltiere Mosaikeier besitzen.

Sehen wir nun nach, wie es mit der Entwicklung der Eier beschaffen ist. Da lesen wir bei Korschelt-Heider, daß die Eier von *Cynthia* und *Clavellina* ihre Entwicklung im mütterlichen Tiere durchmachen. Die Eier der meisten Monascidien werden aber ins Wasser abgelegt und in ihm durch die großen, schaumigen Follikelzellen schwebend erhalten. Verletzungen werden bei ihnen dadurch vermieden, daß den Keim ein kompliziertes System von umfangreichen Hüllen umgibt, und daß die Eier nicht in der stets bewegten Brandungszone, sondern in tieferen, ruhigeren Wasserschichten abgelegt werden, da nach Lo Bianco die meisten Ascidien des Golfs von Neapel auf den Korallengründen leben, die nach den Angaben desselben Forschers mehrere Kilometer von der Küste entfernt sind.

Wir erkennen also auch bei den Tunikaten den Zusammenfall von Mosaikeiern und geschützter Entwicklung, sei es, daß sich die Eier im Mutterleib oder in derben Hüllen in ruhigem Plankton entfalten.

7. Amphioxus.

Merkwürdig ist, daß *Amphioxus*, der doch mit den Tunikaten besonders in Hinsicht auf seine ersten Stadien sehr nahe verwandt ist, sich in bezug auf den Typus seiner Eier ganz entgegengesetzt verhält. Er besitzt nämlich typische Regulationseier.

Aus isolierten Blastomeren bilden sich kleine Ganzlarven, und das Regulationsvermögens ist so groß, daß selbst noch im Achtzellenstadium eine einzige Furchungszelle eine vollständige Gastrula hervorzubringen vermag (s. Fig. 27, in der eine Ganz-, Halb- und Viertelslarve dargestellt ist).

Was die biologischen Verhältnisse anlangt, so werden die Eier von dem im Sande der Brandungszone lebenden Tiere in bewegtes Wasser abgelegt. Nach Korschelt-Heider besitzen sie eine elastische Dottermembran ohne Mikropyle, die das Spermium zu durchbohren imstande ist; nach Sobotta bildet sich nach der Besamung noch eine innere, stärkere Hülle. Immerhin umgeben diese den Keim nicht so fest, daß nicht, wie Przibram betont, die Blastomeren durch Schütteln zum Auseinanderfallen innerhalb der Eimembran gebracht werden können.

Die Eier des Lanzettfischchens sind also in der Brandungszone leicht der Verletzung und der Isolation einzelner Furchungszellen ausgesetzt, und dieser leichten Verletzbarkeit entspricht dann auch die hohe Regulationsfähigkeit.

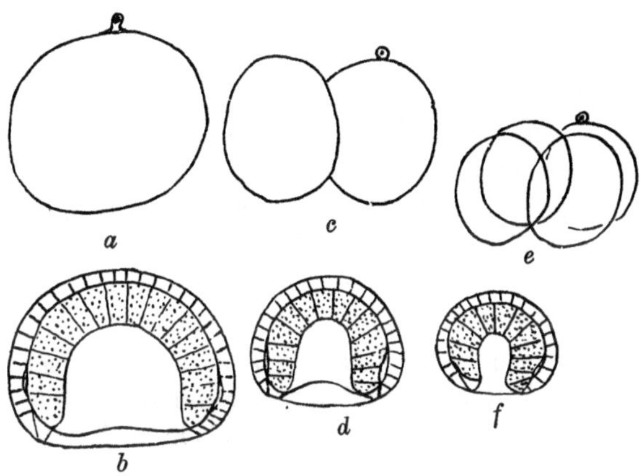

Fig. 27 (= Fig. 5). Ei von *Amphioxus lanceolatus*. *a* nach der Befruchtung, *b* daraus gezogene Gastrula, *c* im Zweizellenstadium, *d* aus isolierter Blastomere dieses Stadiums gezogene Gastrula, *e* im Vierzellenstadium, *f* aus isolierter Blastomere dieses Stadiums gezogene Gastrula. Nach Yve Delâge aus Przibram.

8. Neunauge, Petromyzon.

Petromyzon Planeri verhält sich in seiner Entwicklung ähnlich wie *Amphioxus*. Bataillon gelang die Beobachtung, daß bei Lösung der beiden ersten Blastomeren voneinander sich jede in einen vollständigen Embryo verwandelt. Also haben wir es hier auch mit Regulationseiern zu tun.

Die Eier sind mit einer kräftigen Hülle versehen, werden aber in bewegtes Wasser abgelegt. Kupffer und Benecke schreiben in ihrer Festschrift für Schwann in dem Kapitel über das »Laichen der Neunaugen«, daß als Laichplätze kleine Stromschnellen in dem Bach benutzt werden, und daß der Strom die befruchteten Eier mit sich forttrüge. Somit ist wahrscheinlich, daß diese heftige Bewegung der Eier imstande sein kann, die Blastomeren auseinander zu schütteln, woraus sich das Vorkommen von Regulationseiern bei *Petromyzon* erklären würde.

9. Knochenfische, Teleostei.

Nicht so einfach liegen die Verhältnisse bei den übrigen Wirbeltieren.

Bei der Mehrzahl der Knochenfische finden wir die dotterreichen Eier sich in festen Schalen oder im Mutterleibe entwickeln, also in sicherem Schutze. Die Furchung ist meroblastisch; Experimente, die die einzelnen Blastomeren voneinander zu isolieren vermöchten, um sie auf ihre prospektive Potenz hin zu untersuchen, sind daher unmöglich auszuführen, und in freier Natur wird das auch nicht vorkommen können, — insofern fallen die meroblastischen Eier für unsere Betrachtung aus.

Interessant ist jedoch, daß wir trotz dieses Schutzes, so weit uns das Experiment über diesen Punkt Aufklärung gebracht hat, eine gewisse Regulationsfähigkeit finden, indem (nach Morgans Versuchen bei *Fundulus*) sich auch aus einer einzigen Blastomere des Zweizellenstadiums nach Entfernung der anderen, ohne den Dotter zu verletzen, ein vollständiger, nur kürzerer Embryo entwickelte, oder indem nach Abschnürung von Furchungszellen Doppelbildungen auftraten.

Die Versuche sind nicht mit den an holoblastischen Eiern angestellten zu identifizieren. Bei diesen handelt es sich um eine Halbierung der ganzen Eimasse, so daß aus einem Ei zwei Embryonen entstanden, — bei *Fundulus* wird eine Blastomere entfernt, und es bildet sich nur ein Keim aus der zweiten Furchungszelle und dem ganzen Dotter.

Immerhin haben wir es hier mit einem Regulationsbestreben zu tun, das biologisch vielleicht dadurch zu erklären ist, daß auch bei Zugrundegehen einer Blastomere wie eines beliebigen Teiles des Keimes ein lebensfähiger Embryo geliefert werden soll.

Doch liegen die Verhältnisse biologisch noch nicht klar vor. Eigens daraufhin gerichtete Untersuchungen könnten hier Klarheit schaffen. Man müßte aus im Freien gefischten Larven beobachten, ob ein Zugrundegehen einer Blastomere öfters eintreten kann.

10. Amphibien.

Besonders dem Experiment zugänglich und daher auch besonders häufig dazu benutzt sind die Eier der Amphibien, die sich bei den zu den Versuchen benutzten Arten holoblastisch furchen.

Merkwürdig ist hier wieder eine grundlegende Verschiedenheit zwischen den Urodelen und Anuren; beide Gruppen verhalten sich entgegengesetzt in bezug auf die prospektive Potenz ihrer Blastomeren.

Bei *Triton* entwickelt sich jede der beiden ersten Furchungszellen, wenn sie durch einen Faden von der anderen abgeschnürt wird, als ob jede ein ganzes Ei darstellt (Herlitzka). Jede liefert dann auch eine vollständige, natürlich kleinere Larve.

Bei Froscheiern dagegen erhielt Roux und andere nach ihm nach Anstechen einer der ersten beiden Blastomeren einen Halbembryo.

Triton verfügt daher über ein gut ausgeprägtes Regulationsvermögen, das *Rana* vollständig abgeht.

So auffallend diese Verschiedenheit der Eier bei zwei so nahe verwandten Formen ist, so ist es doch schwer, einen einwandfreien Grund für diese Differenz zu finden. Immerhin ist nicht zu leugnen, daß die in den dicken Laichballen verpackten Froscheier als geschützter aufzufassen sind, als die einzelnen, den Wasserpflanzen angeklebten Eier der Molche. Dieser Unterschied kann die leichtere Verletzbarkeit der *Triton*-Eier erklären.

Die Eier der amnioten Wirbeltiere sind aus begreiflichen Gründen nicht auf die uns hier interessierenden Fragen hin untersucht worden.

Stellen wir die eben gemachten Befunde nochmals tabellarisch zusammen, so ist es doch erstaunlich, wie unsere Vermutung, daß geschützte Entwicklung mit mangelnder, leichte Verletzbarkeit der Eier mit bedeutender Regulationsfähigkeit zusammmenfällt, sich einwandfrei bei fast allen Klassen des ganzen Tierreiches als zu recht bestehend erwies. Nur bei den Knochenfischen konnten wir einen anderen biologischen Grund für die Regulation wahrscheinlich machen.

Vergleich des Regulationsvermögens der Eier mit den biologischen Verhältnissen der Entwicklung.

Tiergruppe	Regulationsvermögen	Verletzbarkeit	Ort der Entwicklung	Eihüllen
Cnidarier	Regulationseier	sehr leicht verletzlich	oft Brandungszone	hüllenlos
Ctenophoren	Mosaikeier	gut geschützt	Plankton	dicke Hülle
Echinodermen	Regulationseier	leicht verletzlich	Brandungszone	dünne Hülle
Vermes	Mosaikeier	gut geschützt	—	dicke, oft sehr feste Hüllen
Mollusca	—	gut geschützt	—	—

Tiergruppe	Regulationsvermögen	Verletzbarkeit	Ort der Entwicklung	Eihüllen
Ilyanassa	Mosaikeier	gut geschützt	—	zähe, feste Hüllen
Dentalium	»	»	ruhiges Wasser	dünne Hülle
Patella	»[1]	»	—	dicke Hülle
Tunicata	Mosaikeier	gut geschützt	ruhiges Wasser oder Mutterleib	feste Hüllen
Amphioxus	Regulationseier	leicht verletzlich	Brandungszone	dünne Hülle
Petromyzon	Regulationseier	verletzlich	bewegtes Wasser	dicke Hülle
[Teleostei	Regulationseier	geschützt]	—	—
Urodela	Regulationseier	wenig geschützt	einzeln abgelegt	Gallerthülle
Rana	Mosaikeier	geschützt	in Laichballen	Gallerthülle

Wir können also biologisch das Vorkommen von zwei verschiedenen Formen von Eiern, von Regulations- und Mosaikeiern, vollkommen verstehen; es ist eben die biologische Betrachtungsweise dieser Entwicklungsvorgänge, die uns diese Erklärung allein geben konnte.

C. Selbstentwicklung, Wachstumsvorgänge.

Die Mosaikeier zeigen ein Prinzip bis in die letzten Konsequenzen ausgebildet, das auch in der späteren Entwicklung der Tiere eine hervorragende Rolle spielt, aber vom biologischen Standpunkt noch nicht in seiner weitgehenden Bedeutung gewürdigt worden ist. Es handelt sich um die Selbstentwicklung der einzelnen Teile des wachsenden Embryo. Alles das, was sich aus einem bestimmten Teil des Keimes herausbildet, ist bereits in der Anlage in ihm erhalten, ohne daß durch umwälzende Faltungs- oder Einwachsungsvorgänge erst ein späteres Eindringen verschiedener Gewebsmassen oder Organe dazu nötig wäre. Es ist leicht zu ersehen, daß diese Art der Entwicklung ein sehr zweckmäßiges Geschehen ist.

In dieser Allgemeinheit ausgesprochen scheint der Satz paradox zu sein und in Widerspruch zu stehen zumal mit den Erscheinungen der ersten Embryogenese, in denen ja von Faltungen, Einstülpungen und ähnlichen Vorgängen der ausgiebigste Gebrauch gemacht wird.

Der springende Punkt, die Zweckmäßigkeit bei der Entwicklung, liegt meines Erachtens hier in dem Bestreben, die Prozesse der

Embryogenese ohne große innere Reibung oder Abscherung vor sich gehen zu lassen.

Würden sich bedeutende Zellmassen gegeneinander verschieben, wie z. B. beim Einwachsen eines dicken Zellklumpens in einen bereits zellerfüllten Raum oder beim Wandern eines umfangreichen Zellhaufens, auch beim Einfalten einer Epitheltasche ins Bindegewebe, so würden größere Zellverbände auseinander gerissen werden, und das Sichentlangschieben der Gewebe aneinander würde große Reibung und bedeutenden Kräfteaufwand verursachen.

Bei den ersten embryonalen Prozessen kommt diese Gefahr nicht in Betracht. Die Bildung der Becherlarve des Seeigels oder Lanzettfischchens (s. Fig. 28) kann ohne Abscherung vor sich gehen, da die Einstülpung (*E*) in eine hohle Blase hinein stattfindet. Die Umlagerung der Epithelschicht des Entoblasts erfolgt ohne ein Entlanggleiten von Zellreihen, ohne Reibung.

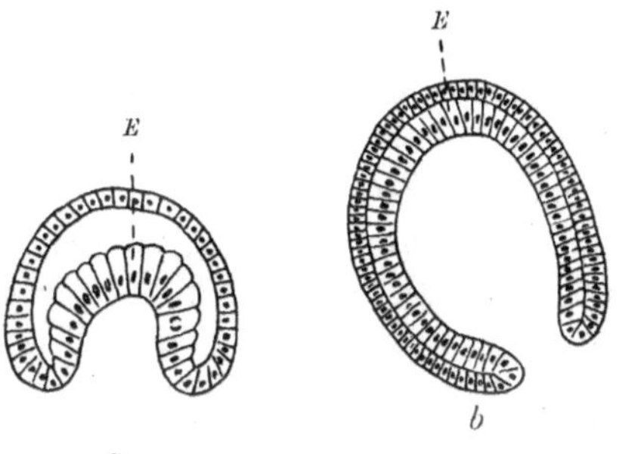

Fig. 28. Medianschnitte durch Gastrulationsstadien des Lanzettfischchens, nach Sobotta aus Ziegler. *E* das sich einstülpende Entoderm.

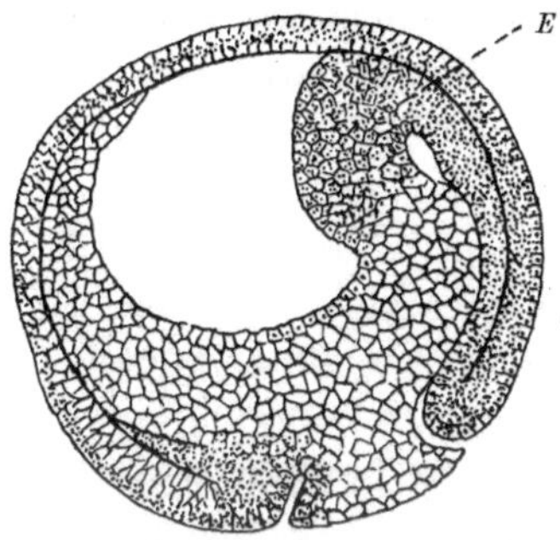

Fig. 29. Medianschnitt einer Gastrula des Frosches, nach O. Hertwig. *E* die sich einstülpenden Zellschichten.

Auch bei anderen Wirbeltieren kann die Gastrulation auf die gleiche Weise eintreten. Beim Frosch gleiten dabei, wie die Fig. 29 zeigt, die sich vorschiebenden Zellschichten (*E*) mit freien Flächen aneinander vorbei. Bei Meroblastiern endlich sind Keim und Dotter durch die subgerminale Höhle voneinander getrennt, auch zwischen Ektoblast und dem durch Abspaltung entstandenen Dotterentoblast befindet sich die Furchungshöhle. In diese flüssigkeitsgefüllten Spalten kann eine Einstülpung oder ein Verwachsen von Zellschichten leicht ohne Kräfteverlust stattfinden. Auch ein Aneinandervorbeigleiten von Lamellen kann ohne Reibung oder Zerreißung geschehen, da noch kein Zwischengewebe gebildet ist, das ein glattes Vorbeischieben verhindern würde.

Wir sehen also: Faltungen und auch Verschiebungen können vor sich gehen, sobald sie in einen flüssigkeitserfüllten Raum erfolgen und kein Zwischengewebe hindernd im Wege steht. Dies findet sich während der ersten Phasen der Embryogenese, und hier sind diese Vorgänge auch häufig verwirklicht.

Anders wird das in späteren Stadien, in denen füllendes Zwischengewebe die einzelnen Anlagen voneinander scheidet. Man spricht auch hier oft von Faltungen und von Einwachsungen. Die Prozesse der Entwicklung der Organe machen auch oft diesen Eindruck, und His hat von diesen Vorgängen in seiner Faltungstheorie bekanntermaßen sehr ausgiebigen Gebrauch gemacht. Aber sehen wir uns diese Entwicklungsprozesse einmal genauer an.

Als eine typische Faltung imponiert die Bildung des Riechgrübchens zu beiden Seiten des Vorderkopfes, und als solche hat sie His auch gedeutet.

Ich habe diesen Vorgang beim Eidechsenembryo genauer verfolgt und gefunden, daß es sich bei der Entwicklung der Geruchsgrube nicht um eine einfache Faltung handelt, bei der die Epithellamelle in ihrer ganzen Ausdehnung gleichmäßig stärker wachsen und daher die Zellteilungsfiguren in ihrer ganzen Länge regelmäßig verstreut tragen müßte. Die Karyokinesen fanden sich dagegen ausnahmslos am Scheitel der Tasche dicht gedrängt, so daß es klar ist, daß es sich um einen Blindsack handelt, dessen Grund sich immer tiefer ins unterliegende Gewebe einsenkt. Bei oberflächlicher Betrachtung erscheint es daher, als ob seine Spitze beim Vorwachsen in ganz besonderem Grade sich in das Bindegewebe einbohrte und sich somit gegen dasselbe verschöbe, was ja unserer Auffassung gerade zuwider liefe. Doch ist hier zu bedenken, daß man nicht nur die Epithellamelle allein betrachten darf, sondern auch ihre Umgebung berücksichtigen muß. Nicht allein das Riechgrübchen vertieft sich, sondern der ganze Embryo wächst. Daran nimmt teil das Gehirn, sowie das Zwischengewebe zwischen diesem und dem Boden der Riechtasche. Die Entfernung der beiden Organe voneinander verändert sich stetig mit der weiteren Entwicklung, und dieses Wachstum des umgebenden Gewebes, bestehe es in Zellenvermehrung, Zellenwachstum oder Auflockerung, kann durchaus in der Weise vor sich gehen, daß stets dieselben Zellen des Mesenchymgewebes oder ihre Abkömmlinge denselben epithelialen Elementen der Geruchssackwand benachbart liegen bleiben, so daß keine Verschiebung zwischen Epithel und Bindegewebe zustande zu kommen braucht, — so umwälzend auch die Wachstumsveränderungen zu sein scheinen.

Ähnliche Vorgänge denke ich mir in Tätigkeit bei der sogenannten »Wanderung« von Organen.

Viele Organe befinden sich nach ihrer Ausbildung an ganz anderer Stelle als ihre Anlage; ich erinnere nur an Schilddrüse und Testikel. Daß die Erklärung der Wanderung nicht befriedigt, dafür spricht schon die oft gebrauchte Bezeichnung: die Organe wandern nicht, sondern werden von anderen Teilen überwachsen, d. h. sie selbst verbleiben an Ort und Stelle, nur ihre Umgebung wuchert so stark, daß eine Verlagerung eintritt. Gingen beide Prozesse rein vor sich, so würde sowohl bei Wanderung wie bei Überwachsung innere Verschiebung, verbunden mit Reibung und Abscherung, in ausgedehntem Maße eintreten müssen. Ich glaube, daß die Annahme eines verschieden starken Wachstums der Umgebung des Organs vollkommen genügt zur Erklärung der Lageveränderung ohne erhebliche innere Reibung. Man braucht sich da nur vorzustellen, daß die in der nächsten Umgebung des »wandernden« Organs befindlichen Gewebszüge diesem angelagert bleiben und sich nicht oder minimal gegen dasselbe verschieben, und daß Prozesse im großen eintreten, wie sie bei der Verlagerung und Vertiefung des Riechgrübchens im kleinen im Gange sind und dort geschildert wurden.

Leugne ich also in der Entwicklung ein ausgedehntes Eindringen und Einwachsen von größeren Zellkomplexen, so darf ich natürlich das Vorkommen dieser Vorgänge auch für spätere Entwicklungsphasen überhaupt nicht in Abrede stellen. Da, wo sie keine erhebliche innere Reibung verursachen, finden wir sie auch. Dies gilt für einzelne Zellen und dünne Stränge.

Das Wandern einzelner Zellen findet fortdauernd im Körper statt. Leukozyten, »Wanderzellen«, können sich in alle Organe eindrängen. Auch die Urgeschlechtszellen wandern, wie Allan, Rubaschkin u. a. dargelegt haben, ins Peritonealepithel ein. Eine innere Reibung wird bei diesen Verschiebungen einzelner Zellen auszuschließen sein.

Von auswachsenden dünnen Fäden wären die Nervenfasern zu nennen, die, wie jetzt nach Beilegung des erneut entbrannten Streites über ihre Entwicklung feststeht, von den Ganglienzellen aus wachsen. Auch sie durchdringen Mesenchymgewebe, um an ihr Endorgan zu gelangen. Sie wachsen an den Verbindungsfasern der Bindegewebszellen entlang, und wenn man die Abbildungen in Helds Werk durchmustert, so sieht man leicht ein, daß dieses Fortwachsen der dünnen Fibern ohne innere Reibung der Gewebe vor sich gehen kann, daß dieser Befund also nicht gegen unsere Annahme der Vermeidung von innerer Reibung bei Wachstumsprozessen ins Feld zuführen ist.

Ähnliches gilt für das Auswachsen der Gefäße, die durch Zellausläufer gebildet werden, deren dünne Sprosse gleichfalls ohne große Reibung das Gewebe durchdringen können. Dies würde die Gefäßentwicklung erklären, wenn wir auf dem Boden der von Evans in Keibel-Malls Handbuch vertretenen Hisschen Lehre von ihrer Genese stehen. Sie ist allerdings nicht allgemein angenommen; in Hertwigs Handbuch verteidigt Mollier die Rückertsche Anschauung von der Entstehung der Gefäße in loco, — da handelte es sich um reine Selbstdifferenzierung.

Dagegen haben sich die Fälle, in denen man früher dicke Stränge in zellerfüllte Räume einwachsen geglaubt hatte, fast durchweg als Beobachtungsfehler aufgeklärt. Hier tritt Selbstdifferenzierung in Erscheinung, ein Entstehen der fraglichen Gebilde am Orte aus indifferentem Gewebe.

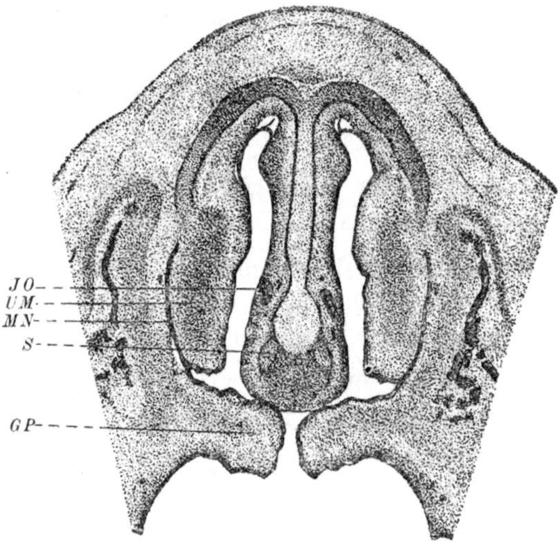

Fig. 30 = 21*a*. Frontalschnitt durch die Nasengegend eines menschlichen Embryo von 30 mm Länge. *UM* untere Muschel.

So nahm man früher an, daß bei der Bildung des Knorpelskeletts Knorpelstäbe von einem Knorpelzentrum aus ins Bindegewebe einwüchsen. Es sollten z. B. die Knorpelstützen der Nasenmuscheln von der früher gebildeten knorpeligen Nasenseitenwand entstammen, die kartilaginöse Platten in die erst mit undifferenziertem Gewebe erfüllten Muscheln hineinschickte. Gerade hier läßt sich aber sehr gut verfolgen, daß diese Annahme irrig ist. Das anfangs gleichmäßig gestaltete Füllgewebe der Muscheln verdichtet sich in ihrem Zentrum. Diese dichte Bindegewebsplatte bildet in ihrem Inneren erst Vorknorpel, dann Knorpel, an dessen Peripherie das Perichondrium, während der Rest der Füllmasse zu Bindegewebe mit Gefäßen usw. wird. Dieser Vorgang setzt nicht gleichmäßig in der ganzen Ausdehnung der Muschellamelle ein, sondern spielt sich allmählich nacheinander an den verschiedenen Stellen ab, so daß an jeder einzelnen Muschel der Beweis zu liefern ist, daß ihre Knorpelstütze nicht in die Koncha einwächst, sondern daß ihre Differenzierung an Ort und Stelle erfolgt. Man überzeugt sich leicht von diesem Vorgang beim Anblick der Fig. 30, die einen Frontalschnitt durch die Nasengegend eines menschlichen Embryo wiedergibt. Die unteren Muscheln *UM* zeigen im Inneren eine Gewebsverdichtung, links ausgeprägter als rechts, in die sich der bereits fertige Knorpel ohne Grenze fortsetzt; von einem Einwachsen des Knorpels in die Muschel kann keine Rede sein, — der Muschelknorpel bildet sich an Ort und Stelle aus verdichtetem Bindegewebe.

Einen unwiderlegbaren Beweis für die Selbstdifferenzierung der einzelnen Teile des Embryo lieferten Borns geniale Verwachsungs- und Transplantationsversuche. Born entfernte beliebige Teile einer Froschlarve, z. B. die Kopfspitze, und heilte sie an irgendeiner Stelle desselben oder eines anderen Tieres ein. Dieses Pfropfreis entwickelte sich dann in völlig gleicher Weise weiter, als wenn es sich in seiner alten Lage befände. Es enthielt in späteren Stadien bis zur Schnittfläche alle Bildungen, die sich normal in ihm befunden hätten, Skelett, Gefäße usw., obgleich zur Zeit des Zusammenfügens sich sein Mesenchym noch in ganz indifferentem Zustand befand.

Diese Selbstdifferenzierung glaube ich bei den Entwicklungsprozessen hauptsächlich in Aktion, während Wanderungen, Verschiebungen usw. nur in geringem Grade verwirklicht sind.

Absprengungen, Verdrängungen geringfügiger Gewebsmassen kommen allerdings vor; die Schilddrüsenanlage muß sich von ihrem Mutterboden abtrennen, ebenso Ohrbläschen, Linse und Hypophyse; anderseits werden bei der Bildung der Schlundspalten sicher Ektoderm und Entoderm erst nach Verdrängung des zwischenliegenden Mesoblastgewebes sich berühren können. Doch lassen sich auch diese Vorgänge ohne erhebliche innere Reibung ablaufend denken.

Wir können also zum Schluß sagen, daß die Wachstumsprozesse zweckmäßig ablaufen insofern, als innere Reibung der Gewebe aneinander, die bedeutenden Kraftaufwand beanspruchen würde, vermieden wird. Infolgedessen geht die Entwicklung hauptsächlich als Selbstdifferenzierung vor sich, bei der die Gewebe an Ort und Stelle entstehen, und Wanderungen finden sich nur bei Zellen oder dünnen Strängen in ausgedehnterem Maße, die sich ohne große Reibung ins Gewebe einschieben können.

D. Zweckmäßigkeit der Entwicklungsprozesse bei Entwicklung unter verschiedenen Bedingungen.

Ein besonders guter Einblick in die Zweckmäßigkeit der Entwicklungsprozesse ergibt sich aus einem Vergleich der Entstehung desselben Organs bei verschiedenen Tierformen, deren Embryonen sich unter verschiedenen biologischen

Bedingungen entwickeln. Bei einer solchen Betrachtung zeigt sich nämlich, daß die Art der Entstehung des Organs in den verschiedenen Klassen sehr voneinander abweicht, und daß sie stets angepaßt den jeweiligen Verhältnissen ist. Während die späteren Stadien der Organe große Ähnlichkeit in der Tierreihe aufweisen, scheinen die ersten Anlagen kaum vergleichbar.

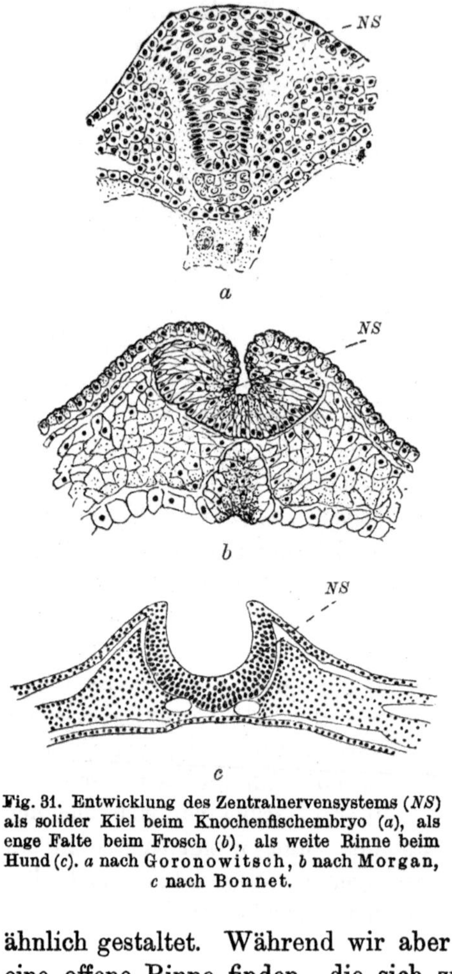

Fig. 31. Entwicklung des Zentralnervensystems (*NS*) als solider Kiel beim Knochenfischembryo (*a*), als enge Falte beim Frosch (*b*), als weite Rinne beim Hund (*c*). *a* nach Goronowitsch, *b* nach Morgan, *c* nach Bonnet.

Ich konnte eine solche Untersuchung einmal für das Nervenrohr und die Sinnesorgane der Wirbeltiere durchführen. Es fand sich dabei, daß das Nervenrohr, die Linse, das Gehörbläschen und die Riechgrube bei einigen Tieren als offene Falten oder Grübchen entstehen, die sich (Neuralrohr) zum Rohr oder (Linse, Gehörblase) zum Bläschen abschnüren können, — bei anderen dagegen als solide Einwachsungen, die später erst durch Auseinanderweichen der Zellen ihr Lumen enthalten. Der Hohlraum bildet sich also auf verschiedene Weise: im ersten Falle ist er ein Teil des den Embryo umgebenden Flüssigkeitsraumes, im anderen wird er erst durch Dehiszenz angelegt.

Das Medullarrohr z. B. ist bei älteren Keimen von Amnioten und Teleostiern sehr ähnlich gestaltet. Während wir aber bei ersteren als seine Anlage eine offene Rinne finden, die sich zum Rohr schließt (s. Fig. 31 *c*), tritt diese bei Knochenfischen als solider Kiel auf, der als feste Zellmasse zwischen den Ursegmenten liegt (s. Fig. 31 *a*). Erst später höhlt er sich aus. Beide Extreme sind durch Übergänge bei anderen Tieren verbunden, indem eine sehr enge Falte und schließlich eine Einfaltung ohne Lumen die vermittelnden Prozesse darstellen (s. Fig. 31*b* vom Frosch).

Worauf sind nun diese Verschiedenheiten zurückzuführen? Sicher sind es die im Ei gegebenen Raumverhältnisse, die ihnen zugrunde liegen. Schwimmt der kleine Embryo auf einer großen Dottermasse glatt ausgebreitet, so ist Platz genug, daß sich Falten erheben können, und es liegt kein Grund vor, von diesem gewiß ursprünglichen Vorgang der Faltung abzugehen. Ist der Keim klein, bildet er selbst das kleine Ei, wie es bei Amphibien der Fall ist, so kann sich auf der stark konvex gekrümmten Außenfläche schon schwieriger eine Falte bilden; keinesfalls kann diese größere Dimensionen annehmen, und es wird nur eine enge, eventuell lumenlose Faltung eintreten können. Den höchsten Grad der Raumbeschränkung bedeutet aber eine den Keim fest einhüllende Membran, wie es die Deckschicht der Teleostierembryonen ist; bei diesen ist keine Möglichkeit gegeben, eine offene Einstülpung zu erzeugen, hier wird eine solide Einwachsung die Anlage sein müssen.

Ohne auf Einzelheiten einzugehen, die in meiner oben erwähnten Skizze zusammengestellt sind, wollen wir für die erste Gruppe die Amnioten nennen, deren Embryonen auf der Keimblase oder dem Dottersack flach ausgebreitet liegen. Bei ihnen bildet sich eine weit offene Medullarrinne, ein Linsen- und Ohrgrübchen und ein ebenfalls anfangs flaches Riechgrübchen. Den zweiten Modus zeigen die Amphibien, besonders abweichend die durch eine eng anliegende Keimhaut stärker eingepreßten Keime der Urodelen. Bei ihnen geht die Faltung der Nervenrinne schon ohne großen Hohlraum, bei *Triton* streckenweise sogar ohne Lumen vor sich, bei Urodelen entstehen Linse und Labyrinthbläschen als kaum lumenhaltige Einsenkungen, die Riechgrube als eine Zellmasse mit sehr enger Lichtung. Zur dritten Klasse gehören, wie schon erwähnt, die Knochenfische. Bei ihren Embryonen müssen sich Nervensystem, Linse und Ohr als solide Einwachsungen anlegen, die erst später ihre Hohlräume erhalten. Auch beim Geruchsorgan findet die Grübchenbildung erst sehr spät statt.

Interessant ist es auch hier wieder zu sehen, daß nahe verwandte Formen, wenn ihre Entwicklungsbedingungen verschieden sind, auch in der Bildung der nervösen und Sinnesorgane entsprechend voneinander abweichen. So nähert sich von den Cyclostomen *Petromyzon* mit seinem kleinen Ei infolge der Raumbeschränkung dem Teleostiertypus, indem Medullarrohr und Linse als solide Einwachsungen, die Labyrinthblase als enge Falte entstehen, während sich der Myxinoide *Bdellostoma* mit seinen großen, dotterreichen Eiern wie die Amnioten verhält; Zentralnervensystem und Ohr legen sich als offene Falte bzw. Einstülpung an.

Gerade diese Ummodelung der Entwicklungsprozesse je nach den gegebenen Bedingungen lehrt uns, wie peinlich genau sie sich den Verhältnissen anpassen, wie zweckmäßig also die Entwicklungsvorgänge sind.

Noch ein letztes Beispiel soll uns die Zweckmäßigkeit der Embryogenese illustrieren, und wir kommen bei dieser Besprechung auf ein Entwicklungsgesetz, das final wohl zu verstehen ist.

E. Die Unabhängigkeit der Entwicklungsstufen voneinander.

Wenn wir oben von der Selbstentwicklung der einzelnen Teile des Körpers sprachen, so ist dies nicht in der Weise aufzufassen, als wenn jedes Organ des erwachsenen Organismus von den ersten Entwicklungsstadien des Tieres an deutlich gegen die Nachbarteile abgegrenzt wäre. Wir finden auch bei Embryonen einzelne Organe scharf gegen die Umgebung abgesondert, aber nicht immer entsprechen diese Trennungslinien den Grenzen zwischen den späteren Organen. Gar oft verwischen sich die embryonalen Grenzen und werden später durch anders verlaufende ersetzt, die zwischen den ersteren liegen können.

Wir hätten damit ein Prinzip der Unabhängigkeit der einzelnen Entwicklungsstufen, das vom finalen Standpunkt aus wohl zu beachten ist.

Am deutlichsten wird dies uns, wenn wir wieder einmal von den frei lebenden Larvenformen ausgehen, bei denen jede Entwicklungsstufe ihre besondere Aufgabe und damit ihre besonderen Organe hat, wie oben im 4. Kapitel ausführlich dargelegt worden ist.

Den extremsten Fall von Unabhängigkeit zweier Entwicklungsstufen voneinander, hier des Larvenstadium vom ausgebildeten Zustand, stellen z. B. die Musciden dar, von deren Larvenorganen nur wenige in den Imago-Zustand übergehen. Hier haben wir also eine in fast allen Organen vollständige Selbständigkeit der beiden Entwicklungsstufen.

Aber auch bei anderen mit Metamorphose einhergehenden Entwicklungsformen verlangt die Erhaltung des Larvenindividuum so viele besondere Organe, daß für die Anlage der endgültigen gewissermaßen noch kein Platz ist, und ihre Entstehung erst allmählich in Angriff genommen werden kann.

Ebenso ist leicht verständlich, daß nicht nur Larve und Imago, sondern auch verschiedene Entwicklungsstadien untereinander, verschiedene aufeinander folgende Larvenformen in ihrer Lebensweise derartig voneinander abweichen, daß sie gleichfalls in ihrem inneren Bau bedeutend differieren und so zwei voneinander unabhängige Stufen darstellen.

Es mag verwundern, daß ich hier diese selbstverständlich erscheinenden Dinge besonders betone. Aber sie leiten eben zu den ganz ähnlichen Verhältnissen bei den im Ei oder Mutterleib eingeschlossenen Embryonen über. Während bei der frei lebenden Larve die Verschiedenheit ihrer Lebensaufgabe von der der Imago oder auch der einzelnen Larvenformen untereinander sich klar aufdrängt und die Selbständigkeit dieser verschiedenen »Stände« leicht erkannt wird, ist diese Erkenntnis für den sich im Ei oder im Mutterleibe entwickelnden Embryo bedeutend schwerer. Indes haben wir (s. Kap. 4) die Aufgabe der Larve und des Embryo identisch befunden, und so ist es anzunehmen, daß auch den einzelnen Embryonalstadien verschiedene Aufgaben zufallen, die ihnen eine gewisse Selbständigkeit den vorhergehenden und nachfolgenden gegenüber verleihen. Dies muß im einzelnen noch begründet werden.

Vom Standpunkte der Zweckmäßigkeit ist diese Selbständigkeit der einzelnen Perioden wohl zu verstehen. Die Lebensverhältnisse und Aufgaben der erwachsenen Form sind andere, als die der sich entwickelnden, — daher zeigen beide eine gewisse Selbständigkeit im Bau. Dasselbe gilt auch für die Embryonen in verschiedenen Bildungsstufen. Die Aufgaben der Keime sind in diesen verschieden, somit werden auch die Vorgänge, die während dieser Phasen ablaufen, eine gewisse Unabhängigkeit sich wahren können.

Betrachten wir die Entstehung eines amnioten Wirbeltieres, so können wir in seiner Genese schon drei Perioden unterscheiden, die ganze differente Aufgaben zu erfüllen haben. Die erste Tätigkeit des befruchteten Eies besteht darin, die Masse in einzelne Furchungszellen zu zerklüften; darauf werden die Primitivorgane der Keimblätter gebildet, aus denen sich endlich die einzelnen embryonalen oder bleibenden Organe sondern.

Schon diese drei großen Stufen der Furchung, Keimblätterbildung und Organentwicklung sind voneinander unabhängig und zeigen unser Gesetz recht deutlich.

Wir wollen erst die Unabhängigkeit dieser drei Entwicklungsstufen im einzelnen besprechen und die finale Bedeutung ihrer Selbständigkeit zu ergründen versuchen, indem wir ihren Aufgaben nachgehen. Dann werden wir innerhalb der dritten längsten Phase der Organbildung noch besonders eine Unabhängigkeit einzelner Entwicklungsstufen in der Bildung eines Organs auffinden, die das Gesetz auch auf feinere Verhältnisse anwendbar zeigt.

1. Furchung.

Die Furchung erfolgt ohne Rücksicht auf die Primitivorgane der Keimblätter. Auch die best ausgearbeitete Determination des Eies, wie sie z. B. Conklin bei der Ascidie *Cynthia* (s. Fig. 32) beschrieb, zerlegt das Ei nicht in Zellen, von denen jede ein bestimmtes Keimblatt oder Gewebe zu liefern hat, sondern deren jede eine bestimmte Körpergegend aus sich hervorgehen läßt und das Material für mehrere Keimblätter enthält (s. Fig. 32a). Es handelt sich nicht um eine Zerteilung nach Keimblättern, sondern nach Körpergegenden.

Der biologische Wert dieser Einrichtung liegt auf der Hand: fast alle Teile des Körpers enthalten Abkömmlinge von allen drei Keimblättern. Wenn nun die ersten Zellen nur immer ein Keimblatt lieferten, so müßte bei der Embryobildung ein ungeheures Durchwachsen und Ineinanderschieben von Zellen stattfinden, damit später jedes Keimblatt an seine endgültige Stelle gelangte. Wenn hingegen erst gewissermaßen die gröbsten Umrisse des Körpers gebildet werden, wenn die ersten Furchen das Ei in rechte und linke Hälfte, in Rücken- und Bauchseite, in Vorder- und Hinterteil zerlegen, so ist eine solche komplizierte Wanderung von Zellen nicht nötig. Jeder Teil des Embryo ist schon an der Stelle befindlich, die er später einnehmen wird; die Zellen, die das Vorder- und Hinterteil des Embryo bilden sollen, brauchen sich nur noch weiter zu zerlegen in Elemente, die dann Ektoblast, Mesoblast und Endoblast hervorgehen lassen.

Insofern ist eine gut determinierte Entwicklung eine sehr zweckmäßige Einrichtung; es werden weitgehende Vorlagerungen von Gewebsmassen während der späteren Entwicklung vermieden, die, wie oben in diesem Kapitel ausgeführt wurde, einen unpraktischen Wachstumsmodus darstellten.

Speziell ist natürlich von unserem Standpunkte aus gleichgültig, ob die erste Furche am Ei etwa rechte und linke Hälfte oder Bauch und Rücken voneinander scheidet, oder ob sie in einer schräg durch den Embryo gelegten Ebene verläuft. In der Tat finden sich auch die verschiedensten Formen verwirklicht. Bei *Cynthia* z. B. liegt die erste Furche in der Mittelebene und trennt die linke Hälfte des Embryo von der rechten; die zweite teilt den Vorderkörper vom Hinterleib ab, die dritte Bauch von Rücken. Jede Zelle enthält im Achtzellenstadium (Fig. 32*a*) noch Material für zwei oder alle drei Keimblätter, die sich erst bei weiterer Zerklüftung aus der gemeinsamen Masse heraus differenzieren. Bei *Cynthia* sind die Zellen für bestimmte Keimblätter erst im 64-Zellenstadium voneinander gesondert, in der *Gastrula* von 180 Zellen (Fig. 32*b*) ist dies geschehen.

Eigenartig ist, daß selbst bei derselben Art die erste Furche das Material des Eies in verschiedener Richtung zerlegen kann. Wie Przibram ausführt, wird bei *Triton* in $^2/_3$ bis $^3/_4$ aller Fälle die erste Furche zu einer frontalen Ebene, dagegen in $^1/_4$ bis $^1/_3$ der Fälle zur Medianebene. Beim Frosch hingegen liegt die erste Furche meist in der späteren Medianebene (Roux), selten in einer queren.

All dies deutet darauf hin, daß es bei der ersten Entwicklung nur darauf ankommt, die Eimasse entsprechend den Körperteilen des späteren Embryo zu zerlegen; in welcher Reihenfolge dies geschieht, ist gleichgültig.

Wir erkennen endlich die Selbständigkeit der Furchung von der Keimblätterbildung und konnten sie durch die verschiedenen Aufgaben der beiden Perioden final erklären.

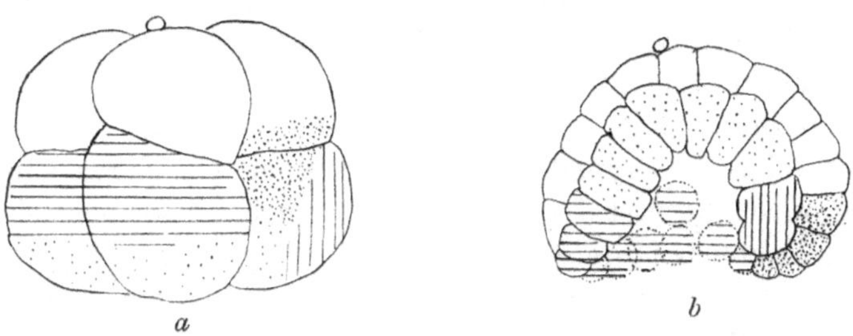

Fig. 32. Zwei Entwicklungsstadien von *Cynthia* nach Conklin. *a* 8-Zellenstadium, *b* optischer Mittelschnitt durch die Gastrula; die punktiert umrissenen Zellen liegen seitlich vom Schnitt. Zellen oder Zellenteile, die sich entwickeln zu: Ektoderm weiß, Neuralrohr dicht punktiert, Entoderm schwach punktiert, Chorda vertikal gestreift, Mesoderm horizontal gestreift.

Es muß hier noch darauf hingewiesen werden, daß das Bedürfnis, das Ei durch die Furchung in determinierter Entwicklung in einzelne Körperregionen zu zerlegen, ein allgemeines ist und damit nicht nur für Mosaikeier gelten kann, deren Blastomeren auch nach der Isolation nur eine bestimmte Körpergegend zu bilden imstande sind und sich daher zu Teillarven entwickeln, sondern auch für Regulationseier, deren abgetrennte Furchungszellen sich zu kleinen Ganzlarven umbilden. Auch bei den letzteren haben die Blastomeren, wenn sie im unverletzten Ei im Verband mit ihren Nachbarn verbleiben, die Aufgabe, nur einen bestimmten Teil des Keimes zu produzieren.

Hier handelt es sich nämlich um die »prospektive Bedeutung« (Driesch) der Furchungszellen; das ist nach Przibram das, »was normalerweise aus einer bestimmt gelagerten Blastomere eines Eis im späteren Embryo wird«, während Driesch »alles, was eine Blastomere auch unter veränderten Verhältnissen zu liefern imstande ist also auch im isolierten Zustande hervorbringt, ihre **prospektive Potenz** nennt. Prospektive Bedeutung und prospektive Potenz decken sich also nicht, da ihre biologischen Aufgaben sehr verschieden sind.

Die fehlende oder vorhandene Regulation, die prospektive Potenz einer Furchungszelle, hatten wir erkannt als abhängig von der geringen oder großen Möglichkeit einer Verletzbarkeit des Eies. Nur die Eier, die vor Insulten geschützt sind, sind Mosaikeier. Die leicht verletzbaren dagegen zeigen den Regulationstypus. Diese Frage nach der Verletzbarkeit kommt aber nur für die prospektive Potenz, nicht für die prospektive Bedeutung in Betracht. Die Notwendigkeit einer determinierten Entwicklung des Eies ist eine viel weiter greifende, sie beschränkt sich daher nicht nur auf Mosaikeier, sondern dehnt sich auf Regulationseier aus.

Allerdings ist das Studium der Determination weit leichter bei den Mosaikeiern, bei denen jede Blastomere isoliert angibt, was aus ihr am ganzen Embryo geworden wäre, während dies bei den isolierten Furchungszellen der Regulationseier durch die auf das Experiment folgende Regulation zu einer kleinen Ganzlarve völlig verschleiert wird und erst durch exakte Untersuchung der normalen Entwicklung erschlossen werden kann.

Doch ist dies bereits für einige Formen geschehen. Am Ei des Seeigels *Strongylocentrotus lividus* z. B. fand Boveri einen Pigmentring wieder, der ihm gestattete, die Polarität desselben nachzuweisen, und lehrte, daß bei normaler Entwicklung auch bei diesen Regulationseiern bestimmte Eiteile und Blastomeren bestimmte Abschnitte des Embryo aus sich hervorgehen lassen.

2. Keimblattbildung.

Hat sich dann der Keim in seine drei Keimblätter zerlegt, so ist eine **neue Einteilung** der embryonalen Massen getroffen, die, wie wir gesehen haben, keinerlei Beziehung zu den durch die ersten Teilungen gelieferten Zellgrenzen hat, aber, wie noch zu erweisen ist, auch **keine zu den Grenzen der späteren Organe**.

Denn wenn wir auch ektodermale, entodermale und mesodermale Organe unterscheiden, so ist damit nur gesagt, daß das genannte Keimblatt die Hauptmasse und zwar die spezifischen Elemente des betreffenden Gebildes liefert; fast ausnahmslos beteiligen sich noch andere Blastoderme an der Zusammensetzung eines Organs, so daß es aus 2 oder 3 Keimblättern aufgebaut ist. So ist das sich früh vom Ektoblast abschnürende Nervenrohr streng genommen noch nicht mit dem späteren Rückenmark und Gehirn zu vergleichen, da es ausschließlich aus dem äußeren Blatt entstammenden Elementen besteht, während es zur Herausbildung des Zentralnervensystems noch Bindegewebe und Blutgefäße aufnehmen muß. Also entspricht genau genommen seine Grenze noch nicht der des späteren Nervensystems; die Urzellen jener mesodermalen Massen müßten in diese noch einbezogen werden.

Somit sind die Grenzen der Keimblätter auch unabhängig von denen der Organe des Embryo.

Bevor wir auf eine biologische Erklärung dieses Verhaltens eingehen, sei noch hervorgehoben, daß dieses Durchwachsen der Organanlagen mit Bindegewebe und Gefäßen den oben entwickelten Wachstumsgesetzen, nach denen innere Reibung bei der embryonalen Entwicklung möglich vermieden werden soll, nicht zuwider läuft. Denn einmal handelt es sich um Eindringen von einzelnen Zellen und dünnen Strängen, deren Fortbewegung ohne große Reibung möglich ist, und dann findet diese Vermengung der Abkömmlinge verschiedener Keimblätter in sehr frühen Stadien statt, in denen die Organanlage nur erst wenige Zellen stark ist, also die mesodermalen Gebilde keinen langen Weg zurückzulegen haben, um in deren Inneres zu gelangen.

Daß Keimblattbildung und Organanlage in der Hauptsache zeitlich voneinander getrennt sind, und daß auch eine räumliche Scheidung in bezug auf die Unabhängigkeit der Grenzen der Keimblätter und der Organe besteht, das ist von unserem Gesichtspunkte aus wohl zu verstehen.

Einmal ergibt sich die Erklärung aus der Betrachtung der verschiedenen Aufgaben der beiden Entwicklungsperioden.

Während der Keimblattbildung soll erst einmal eine grobe Scheidung der Zellmasse in physiologisch differenzierte Blätter durchgeführt werden; ein empfindendes und hüllendes, ein ernährendes und ein stützendes Organ soll geschaffen werden, so daß für diese drei Hauptfunktionen des Keimes Elementarorgane vorhanden sind, die zur Erhaltung des dünnen, kleinen Embryo vollständig genügen.

Die Organentwicklung fällt dann in eine Periode, der weit spezialisiertere Aufgaben zufallen, in der besondere embryonale und definitive Organe angelegt werden. In gleicher Weise, wie sich die drei Keimblätter nach vollendeter Furchung aus den mit mehr oder weniger weitgehender prospektiver Bedeutung versehenen Blastomeren sondern, deren jede anfangs Teile von zwei oder drei Blastodermen enthalten kann, so isolieren sich später die Organe aus diesen Primitivgebilden, zwei oder alle drei zum Aufbau benutzend.

Die beiden Entwicklungsperioden haben demnach verschiedene Aufgaben und müssen sich daher ihre Selbständigkeit bewahren.

An einem Beispiel soll noch ausgeführt werden, daß die Organe Material aus verschiedenen Keimblättern benötigen.

Die Gewebe, die später ein Organ zusammensetzen, sind ihrerseits wieder mit verschiedenen Aufgaben betraut. Das typische Ge webe — des Gehirns, der Leber — hat nur die spezifischen Funktionen zu besorgen. Daneben hat das Bindegewebe in diesen Organen seine besondere Tätigkeit, und die Blutgefäße haben die Nährflüssigkeit durch alle seine Teile hindurchzujagen, — kurz, solch ein Organ hat außer seiner spezifischen Aufgabe noch andere zu erfüllen.

Diese Nebenfunktionen von Bindegewebe und Blutgefäßen, auch von Nerven müssen sich nun aber auch an fast allen anderen Organen geltend machen.

Eine Anzahl von Geweben mit den allerorts gleichen Aufgaben durchziehen demnach den ganzen Körper in allen seinen Teilen. Diese Gewebe müssen erst einmal von der übrigen Masse des Keims gesondert werden, und das ist eine Leistung der Keimblätterbildung.

Natürlich differenziert sich das Zwischengewebe innerhalb der Organe verschiedenartig je nach deren Bau, aber es handelt sich dabei doch nur um verhältnismäßig geringfügige Änderungen.

Anders ist es dagegen, wenn ein Organ von vornherein ein ganz besonderes, seiner spezifischen Tätigkeit angepaßtes Stützgewebe benötigt. Dann brauchen wir nicht auf die gemeinsame in der Periode der Keimblattbildung geschaffene Quelle zurückzugehen, dann kann dieses Gewebe sich an Ort und Stelle ausbilden. Dies zeigt sich bei Zentralnervensystem und den Sinnesepithelien: ihre Stützzellen entwickeln sich am Orte und wachsen nicht in die spezifischen Zellmassen ein; dort entsteht die Neuroglia, hier die Stützzellen in ihren verschiedenen Formen aus denselben Keimzellen, die auch die nervösen und Sinneselemente hervorgehen lassen.

Diese Sonderung der Primitivorgane ist also die Aufgabe der Keimblattbildung, deren selbständige Tätigkeit auch eine Unabhängigkeit von der späteren Zeit der Organanlage fordert.

Auch die räumliche Ausbreitung der Keimblätter ist zu erklären. Da im ganzen Bereich des Embryo ektodermale, entodermale und mesodermale Organe aufgebaut werden, wenn sich die einzelnen Gebilde auch nicht durch die ganze Länge des Keimes erstrecken, so müssen die Keimblätter die ganze Embryonalzone durchziehen, es liegen überall die drei Lagen der Blätter übereinander. So kann allerorts ein Organ das Material von zwei oder drei Keimblättern entnehmen, ohne daß diese einzelnen Baustücke von weit her geholt werden müßten.

3. Organbildung.

Die Unabhängigkeit der Periode der Organbildung von der vorhergehenden der Keimblätterbildung wurde eben besprochen und erklärt. Aber auch innerhalb dieser lange dauernden Entwicklungsstufe der Organbildung finden wir wieder eine große Selbständigkeit der einzelnen Entwicklungsvorgänge und zwar in dreifacher Hinsicht:

1. Als zeitliche Unabhängigkeit, indem Prozesse, die sich nacheinander an demselben Orte abspielen, unabhängig voneinander verlaufen.

Als Beispiel werden wir die Vorgänge während der Bildung des Gesichts und des Gaumens anführen.

2. Als räumliche Selbständigkeit verschiedener Anlagen, die später ein einheitliches Organ zusammenzufügen haben. Diese werden wir in der Entwicklung des Ohres finden.

3. Ebenso finden wir eine räumliche Unabhängigkeit in der Verschiedenheit des Ursprungsortes eines Organs oder Gewebes von dem Orte seiner späteren Lage, wie es sich beim Blut zeigen läßt.

Auch in späteren Entwicklungsstadien finden wir oft eine gewisse Selbständigkeit der einzelnen Perioden in der Hinsicht, daß sich die oft sehr auffallenden Grenzen embryonaler Bildungen erst verwischen und daß die Trennungslinien späterer Organe, die sich an derselben Stelle aus den dort lagernden Geweben entwickeln, zu denen der embryonalen Gebilde in keiner Beziehung stehen.

Das Gesicht eines menschlichen Embryo von etwa 30 Tagen (s. Fig. 33) läßt sehr scharf eine Anzahl von Wülsten erkennen, die Mund- und Nasenhöhle einrahmen und als Gesichtsfortsätze bezeichnet werden. So scharf eingeschnitten auch die Furchen zwischen diesen sind, so werden sie doch ausgeglichen und von den späteren Bildungen nicht beachtet, die sich also über den Bereich mehrerer solcher Fortsätze erstrecken können.

So beschränken sich z. B. die nach Verstreichen der Grenzen zwischen den Gesichtsfortsätzen hervorwachsenden Gaumenplatten durchaus nicht auf die Oberkieferfortsätze, wie man früher annahm, sie greifen auch auf den vorderen Saum der primitiven Choanen über und reichen damit in das Gebiet des medialen Nasenfortsatzes.

In gleicher Weise berücksichtigen die Gesichtsknochen bei ihrer Entstehung die Grenzen zwischen den Gesichtswülsten nicht. Früher glaubte man, daß die embryonale Einteilung des Gesichts maßgebend sei für die erst später sichtbar werdenden Knochenanlagen, so daß die Nähte zwischen den Knochen in den Trennungslinien zwischen den embryonalen Fortsätzen lägen. Diese irrige Annahme hat z. B. einen sehr heftig geführten Streit über die Lage der seitlichen Lippenkieferspalte (Hasenscharte) veranlaßt. Diese Spalte entsteht durch mangelnde Verwachsung des medialen Nasenfortsatzes mit dem lateralen und dem Oberkieferfortsatz (s. Fig. 33 rechts), liegt also

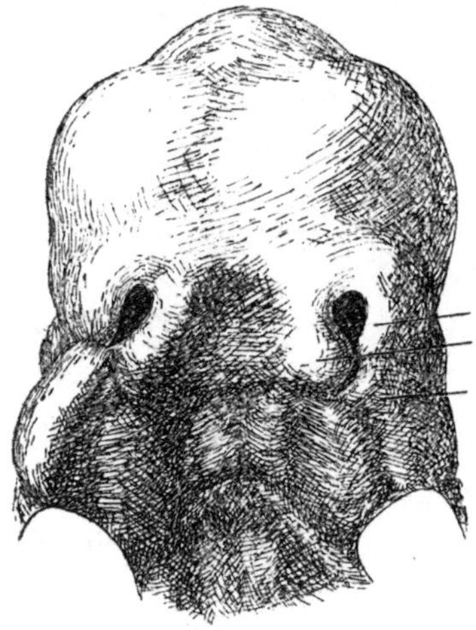

Fig. 33. Gesicht eines menschlichen Embryo von 30 Tagen von vorn nach Wegnahme des Unterkiefers. Man sieht die Oberkieferfortsätze (*OKF*), die seitlichen (*SNF*) und mittleren (*MNF*) Nasenfortsätze, zwischen letzteren die äußere Öffnung des Riechsackes. Auf der linken Seite des Embryo ist die Lage der seitlichen Lippenkieferspalte durch eine starke Linie angegeben

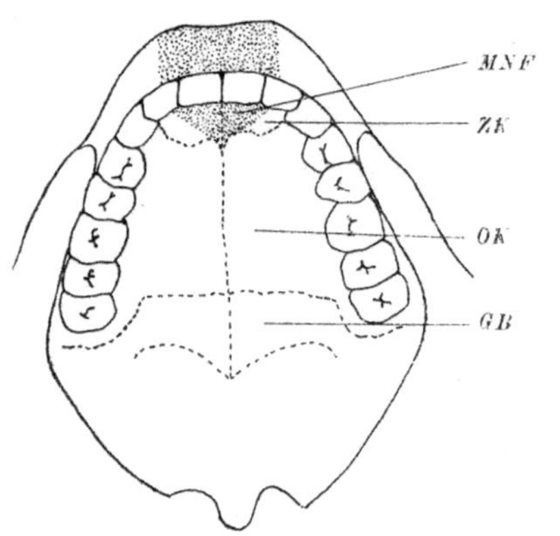

Fig. 34. Gaumen des Menschen von unten gesehen, um die Ausdehnung des inneren Nasenfortsatzes (*MNF*, punktiert) und des Zwischenkiefers (*ZK*) zu zeigen. *GB* Gaumenbein, *MNF* Mittlerer Nasenfortsatz, *OK* Oberkiefer, *ZK* seitlicher Teil des Zwischenkiefers.

in der Grenzlinie zwischen diesen Wülsten. Später legen sich in dieser Kiefergegend die Oberkieferbeine und zwischen ihnen die Zwischenkiefer an, die die Schneidezähne tragen. Man nahm nun an, daß dieses Os intermaxillare allein in dem medialen Nasenfortsatz entstünde. Dann müßten die Schneidezähne stets medial von einer Kieferspalte liegen. Man fand solche aber auch nicht selten lateral von der Hasenscharte. Dieses Verhalten führte zu sehr lebhaften Diskussionen über die Genese des Os intermaxillare, ohne daß man eine Erklärung geben konnte, die den Tatsachen gerecht wurde. Erst Inouye zeigte den Weg zum richtigen Verständnis der auffallenden Befunde, indem er darlegte, daß die Lage der Hasenscharte, also die Furche zwischen den Gesichtsfortsätzen, mit der Anlage des

Zwischenkiefers gar nichts zu schaffen hat. Dieser Knochen und mit ihm die Schneidezähne entwickeln sich nach dem Verstreichen der trennenden Rinne im Bereich beider Nasenfortsätze; er ragt, wie Fig. 34 lehrt, seitlich über den mittleren Nasenfortsatz heraus. Die laterale Grenze dieses Fortsatzes, also die Lage der Hasenscharte, geht durch die Anlage des seitlichen Schneidezahnes hindurch. Somit können beim Entstehen einer Kieferspalte sowohl medial als lateral von ihr Schneidezähne auftreten, je nachdem sich eine oder beide Hälften des lateralen Inzisivus entwickeln. Die Grenzen der Gesichtsfortsätze und die der Knochen greifen also nicht ineinander, die beiden Entwicklungsperioden ihrer Anlagen sind völlig selbständig.

Der Grund für dieses Verhalten ergibt sich aus folgenden Betrachtungen. Die erste Entwicklung des Gesichts und die Anlage der Knochen sind zwei Prozesse, die gar nichts miteinander zu tun haben; erst lange nachdem der erstere vollständig abgelaufen ist, setzt der zweite ein. Bei der Bildung des Gesichtes müssen erst einmal die Massen verteilt werden, um den Mundraum zu formieren und besonders das außerhalb der Mundhöhle entstehende Geruchsorgan mit dieser in Verbindung zu setzen. Dazu müssen sich medial und lateral vom Riechsack Wülste erheben, deren Grenzen eben durch das Riechorgan gegeben sind. Ist dann die Mündung des Riechkanals in die primitive Mundhöhle durch die primitive Choane hergestellt, dann haben die Gesichtsfortsätze ihre Rolle ausgespielt, ihre Grenzen verwischen sich und werden, da sowohl ektoblastische Bedeckung als auch mesoblastische Füllmasse der Gesichtswülste ohne irgendwelche Marke ineinander übergehen, von den späteren Entwicklungsprozessen nicht mehr berücksichtigt.

Der Irrtum, der den Streit über die Lage der Hasenscharte entfachte, bestand also darin, daß man die Selbständigkeit der einzelnen Entwicklungsstadien übersah und die Grenzen späterer Bildungen (der Knochen) in Übereinstimmung mit denen früherer Gebilde (der Gesichtsfortsätze) glaubte.

Die Entwicklung des Ohres soll uns dann die räumliche Trennung der verschiedenen Anlagen eines Organes illustrieren.

Das Gehörorgan besteht aus dem eigentlichen Perzeptionsapparat, dem inneren Ohr, das sich als Bläschen vom Ektoblast abschnürt, und dem Leitungsapparat, dessen Hohlraum, das Mittelohr, von einer Ausstülpung des entodermalen Kopfdarmes, der ersten Schlundtasche, gebildet wird. Diese Zusammengehörigkeit, die ein einheitliches Organ schafft, das ohne den einen dieser Teile nicht funktionieren kann, ist in frühen Stadien in keiner Weise wahrnehmbar, wie Fig. 35 erkennen läßt. Die Darmrinne *ST* liegt dann noch relativ weit ab von dem Ektodermteil *L*, der das Labyrinthbläschen liefern soll und kann anfangs auch keine näheren Beziehungen zu jenen aufweisen, da ihr Epithel vorerst noch mit ganz anderen Aufgaben betraut ist, nämlich mit der des Schlusses des Darmes zum Rohre.

Bei der Eidechse legt sich dann noch vor Erscheinen des Gehörgrübchens die erste Schlundtasche an, anfangs entfernt vom Orte seiner Bildung und ohne nähere Beziehung zu ihm, da sie zur Spalte durchzubrechen hat, die vielleicht Nährmaterial ins Innere des Embryo gelangen lassen soll und Material zur Thymusbildung liefern muß.

Diese verschiedene Aufgabe der einzelnen Organabschnitte vor ihrem Zusammenschluß hat also deren Selbständigkeit zur Folge.

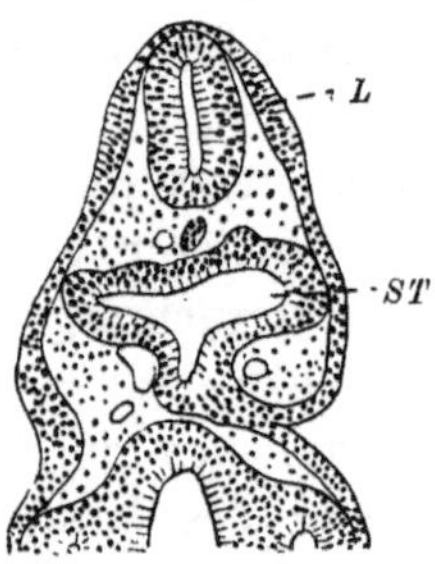

Fig. 35. Schnitt durch den Hinterkopf eines Eidechsenembryo von zehn Ursegmenten. *L* Labyrinthanlage, *ST* erste Schleimtasche.

Endlich soll noch die Genese des Blutes, das später den ganzen Embryo mit Nährflüssigkeit durchspült, aber außerhalb des Keimes entsteht, erklärt werden.

In der ersten Zeit der Blutbildung ist die Aufgabe der Blutzellen, sich mit Eisen zu beladen, — später haben sie den Embryo zu ernähren. Die einzige Quelle, von der sie sich Eisen zuführen können, ist der Dotter, es kann dies demnach nur an der Grenze gegen dieses Eisenreservoir geschehen, also in größerem Umfange nur außerhalb des schmalen Embryo im Gefäßhof, entfernt von seiner späteren Tätigkeit.

Die Verschiedenheit des Ortes der Anlage des Blutes von seinem späteren Wirkungsbereich ist also bedingt durch die Verschiedenheit der Aufgabe des Blutes in früherer und späterer Zeit.

Überblicken wir die in diesem Kapitel besprochenen Entwicklungsvorgänge, so finden wir, daß sie den verschiedensten Perioden der Keimbildung angehören und von ganz verschiedener Art sind. Trotzdem konnten wir bei jedem einzelnen, ob es sich um Befruchtungsprozesse, um Teilungsvorgänge, um Keimblattbildung oder Organanlage handelte, nachweisen, daß er zweckmäßig abläuft. Diese Verschiedenheit erlaubt uns, diese Anschauung auch auf die übrige Entwicklung auszudehnen, und so können wir zum Schluß sagen: **Der Embryo ist in jedem Moment der Entwicklung in allen seinen Teilen zweckmäßig gebaut, und alle Vorgänge der Entwicklung laufen zweckmäßig ab.**

Literatur.

1901. Bataillon, E., La pression osmotique et les grands problèmes de la Biologie. Arch. f. Entwmech. XI.

1907. Bonnevie, K., Untersuchungen über Keimzellen. II. Physiologische Polyspermie bei Bryozoen. Jen. Zeitschr. 42.

1897. Born, G., Über Verwachsungsversuche mit Amphibienlarven. Leipzig, Engelmann. Auch in Arch. f. Entwmech. Bd. IV.

1892. Boveri, Th., Befruchtung. Ergeb. d. Anat. u. Entwgesch. I.

1901. Boveri, Th., Über die Polarität von Ovocyte, Ei und Larve des Strongylocentrotus lividus. Zool. Jahrb. Abt. f. Anat. u. Ontog. XIV.

1895. Braus, H., Über Zellteilung und Wachstum des Tritoneis. Jen. Ztschr. 29.

1897—1907. Bürger, Nemertini. Bronn, Klassen u. Ordnungen IV, Suppl.

1894. Bunting, M., The Origin of the sex cells in Hydractinia and Podocoryne and the development of Hydractinia. Journ. Morphol. IX.

1896. Castle, W. E., The Early Embryology of Ciona. Bull. Mus. Comp. Zool. XXVII.

1887. Chabry, L., Contributions à l'embryologie normale et tératologique des Ascidiens simplex. Arch. de l'Anat. et de la Phys. 23.

1880. Chun, C., Ctenophorae. Fauna u. Flora des Golfes von Neapel, Bd. I. Leipzig.

1905. Conklin, E. G., The Organisation and Cell-Lineage of the Ascidian Egg. Journ. Acad. Nat. Sc. Philadelphia. XIII.

1905. Conklin, E. G., Mosaic Development in Ascidian Eggs. Journ. Exp. Zool. II.

1906. Conklin, E. G., Does Half of an Ascidian Egg give rise to a whole Larva? Arch. f. Entwmech. 21.

1896. Crampton, H. E., Experimental Studies on Gasteropode Development. Arch. f. Entwmech. Bd. III.

1899. Dean, Bashford, On the Embryology of Bdellostoma Stouti. A General Account of Myxinoid Development from the Egg and Segmentation to Hatching. Festschrift z. 70. Geburtstag C. v. Kupffer. Jena.

1891. Driesch, H., Entwicklungsmechanische Studien I. Der Wert der beiden ersten Furchungszellen in der Echinodermenentwicklung. Zeitschr. f. wiss. Zool. LIII.

1911. Evans, H. M., Die Entwicklung des Blutgefäßsystems. Handbuch der Entwicklungsgeschichte d. Menschen von Keibel u. Mall.

1893. Fick, R., Die Reifung und Befruchtung des Axolotleies. Zeitschr. f. wiss. Zool. 56.

1897. Fischel, Alfred, Experimentelle Untersuchungen am Ctenophorenei I. Arch. f. Entwmech. VI.

1904. Hargitt, Chas. W., The early development of Pennaria tiarella. Arch. f. Entwmech. XVIII.

1909. Held, H., Die Entwicklung des Nervengewebes bei den Wirbeltieren. Leipzig.

1892. Henking, H., Untersuchungen über die ersten Entwicklungsvorgänge in den Eiern der Insekten. Zeitschr. f. wiss. Zool. 54.

1895. Herlizka, A., Contributo allo studio della capacità evolutiva dei due primi blastomeri nell' uova di Tritone. Arch. f. Entwmech. II.

1897. Herlizka, A., Sullo sviluppo di embrioni completi da blastomeri isolati di uova di tritone. Arch. f. Entwmech. IV.

1903. Hertwig, R., Eireife, Befruchtung und Furchungsprozeß. Handb. d. Entwicklungslehre von O. Hertwig, I, 1, erste Hälfte.

1874. His, W., Unsere Körperform und das physiologische Problem ihrer Entstehung. Leipzig.

1894. His, W., Über mechanische Grundvorgänge tierischer Formenbildung. Arch. f. Anat. u. Phys., Anat. Abt.
1912. Inouye, M., Der Zwischenkiefer, seine Entstehung und der Verlauf der Hasenscharten-Kieferspalte und der schrägen Gesichtsspalte. Anat. Hefte Bd. 45.
1862—66. Keferstein, W., Weichtiere. Bronns Klassen u. Ordnungen Bd. III, 2. Neu bearbeitet von Simroth 1879—1907.
1890—1909. Korschelt, E. u. Heider, K., Lehrbuch der vergleichenden Entwicklungsgeschichte der wirbellosen Tiere. Jena.
1878. Kupffer, C. u. Benecke, B., Der Vorgang der Befruchtung am Ei der Neunaugen. Festschr. f. Th. Schwann, Königsberg i. Pr.
1909. Lo Bianco, S., Notizie biologiche riguardanti specialmente il periodo di maturità sessuale degli animali del golfo di Napoli. Mitt. zool. Stat. Neapel Bd. 19.
1901. Maas, O., Experimentelle Untersuchungen über die Eifurchung. Sitz.-Ber. Ges. Morph. XVII.
1897. Michaelis, L., Zur Richtungsbestimmung der ersten Furche des Eies. Diss. med. Berlin 1897.
1897. Michaelis, L., Die Befruchtung des Tritoneis. Arch. f. mikr. Anat. 48.
1906. Mollier, S., Die Entwicklung der Gefäße im Embryo. O. Hertwig, Handbuch d. Entwicklungslehre d. Wirbeltiere I, 1, 2.
1893. Morgan, Th. H., Experimental Studies on Teleost Eggs. Anat. Anz. VIII.
1892. Oppel, A., Die Befruchtung des Reptilieneies. Arch. f. mikr. Anat. 39.
1886. Patten, W., The Embryology of Patella. Arbeiten aus dem Zool. Institut Wien. VI.
1900. Peter, K., Mitteilungen zur Entwicklungsgeschichte der Eidechse. I. Das Wachstum des Riechgrübchens. Arch. f. mikr. Anat. 55.
1901. Peter, K., Der Einfluß der Entwicklungsbedingungen auf die Bildung des Zentralnervensystems und der Sinnesorgane bei den verschiedenen Wirbeltierklassen. Anat. Anz. Bd. XIX.
1909. Peter, K., Eine Defektbildung bei einer Larve von Phallusia mamillata. Arch. f. Entwmech. XXVII.
1913. Peter, K., Atlas der Entwicklung der Nase und des Gaumens beim Menschen. Jena, Fischer.
1907—14. Przibram, A., Experimental-Zoologie. Bd. I—V. Leipzig u. Wien.
1888. Roux, W., Beiträge zur Entwicklungsmechanik des Embryo. V. Über die künstliche Hervorbringung halber Embryonen. Virchows Arch. f. path. Anat. Bd. 114.
1895. Roux, W., Über die verschiedene Entwicklung isolierter erster Blastomeren. Arch. f. Entwmech. Bd. I.
1914. Roux, W., Die Selbstregulation, ein charakteristisches und nicht notwendig vitalistisches Vermögen aller Lebewesen. Nova acta K. Leop.-Carol. Akad. Naturf. Bd. 100.
1899. Rückert, J., Die erste Entwicklung des Eies der Elasmobranchier. Festschrift C. v. Kupffer 1899.
1896. Sobotta, J., Die Befruchtung des Wirbeltiereies. Erg. d. Anat. u. Entwicklungsgesch. V.
1897. Sobotta, J., Die Reifung und Befruchtung von Amphioxus lanceolatus. Arch. f. mikr. Anat. Bd. 50.
1903. Waldeyer, W., Die Geschlechtszellen. Handb. d. Entwicklungslehre v. O. Hertwig, I, 1, erste Hälfte.
1903. Wilson, E. B., Notes on Merogony and Regeneration in Renilla. Biol. Bull. IV.
1903. Wilson, E. B., Experiments on Cleavage and Localisation in the Nemertine egg. Arch. f. Entwmech. XVI.

1904. Wilson, E. B., Experimental Studies on germinal localization, I, II. J. of Exp. Zool. I.
1904. Zeleny, Ch., Experiments on the Localization of Developmental factors in the Nemertine Egg. J. exp. Zool. I.
1895. Zoja, R., Sullo sviluppo dei blastomeri isolati dalle uova di alcune medusae. Arch. f. Entwmech. I, II.

Achtes Kapitel.

Die Zweckmäßigkeit der Rückbildungen.

Rückbilduugen möglich bei Organen der Erwachsenen und Embryonen. Vorsicht bei Beurteilung von Rückbildungen. A. Allgemeine Betrachtungen, Dollos Gesetz angewandt auf die reduzierten Organe und die Stufenfolge von Organen. B. Spezielle Ausführungen. 1. Zweckmäßigkeit der Rückbildungen. a) Reduzierte Organe bei Erwachsenen; Funktion der verkümmerten Wirbeltieraugen: *Petromyzon*, *Talpa*, *Typhlops*, *Siphonops*, *Typhlichtys*, *Myxine*, *Proteus*. Gliedmaßen des Olms. Parietalauge der Reptilien. Plica semilunaris und Ohrmuskeln des Menschen. Geschlechtsorgane. b) Reduzierte Organe bei Larven und Embryonen. Kiemenstummel bei *Pipa* und *Hylodes*; Dottersack des menschlichen Embryo. c) Abortive Organe. Verkümmerte Extremitäten bei Blindschleiche und Blindwühlen. Flossensaum einiger Selachierembryonen. Fingerstrahlen reduzierter Extremitäten. 2. Verhalten der Rückbildungen in der Ontogenese. Mehnerts Kainogenesis und Biomechanik. a) Abbreviation von Wachstum, Differenzierung und Lebensdauer. Maulwurfslinse, Skeletteile. b) Retardation. α) Verspätung der Anlage, Verkleinerung. β) Verlangsamung des ganzen Wachstumsprozesses. γ) Verlangsamte histologische Differenzierung. Rückbildung während der Ontogenese. Veränderungen eines reduzierten Organs während seiner Entwicklung. Auch rückgebildete Organe werden den Anforderungen der Zweckmäßigkeit gerecht.

Die rückgebildeten, gewöhnlich als »rudimentär«, von Bonnet aber als »kataplastisch« bezeichneten Organe — wegen der Einteilung der Organe und ihrer Nomenklatur verweise ich auf den Anfang des sechsten Kapitels — stellen unserer Auffassung von der Allgegenwart der Zweckmäßigkeit wohl die größten Hindernisse entgegen. Denn allgemein werden sie für unnütz, sogar schädlich gebrandmarkt, auch Schultz spricht von »archaistischen, im modernen Gesamtorganismus oft allen Sinn verloren habenden Gebilden«.

Dieses Dogma von der Funktionslosigkeit rückgebildeter Organe beherrscht die Wissenschaft so allgemein, daß sich kaum je eine Stimme erhoben hat, die die Frage nach ihrer Tätigkeit aufwarf, und wenn das geschehen war, so verhallte sie ungehört. Das interessante Verhalten dieser Gebilde in phylogenetischer Hinsicht, ihre Herkunft, ihre Stellung zum biogenetischen Grundgesetz, dessen Hauptstütze sie sind, all dies fesselte die Forscher in einem Grade, daß kein Gedanke für eine andere Anschauung übrig blieb.

Wir müssen also zu den Rückbildungen Stellung nehmen, einmal um unsere Ansicht im allgemeinen durchzuführen. Dann aber gehört eine derartige Erörterung ganz besonders in dieses Buch, weil diese Organe in der Entwicklung in mehrfacher Hinsicht eine große Rolle spielen. Denn nicht nur zeigen reduzierte Bildungen von Erwachsenen interessante Verhältnisse während der Embryogenese, es können auch larvale und embryonale Organe verkümmern (Kiemenstummel der *Pipa*-Larve, Nabelblase des Menschen), und dann können die Gebilde so weit reduziert sein, daß sie beim ausgebildeten Tier gar nicht mehr in Erscheinung treten, sondern nur noch während der Entwicklung angelegt werden und dann wieder verschwinden (Bonnets abortive Organe). All diese embryonalen Bildungen müssen auf ihren Nützlichkeitswert hin untersucht werden.

Gleich eingangs muß schon erwähnt werden, daß mit dem Begriff »rudimentäre Organe« leichtsinnig umgegangen wurde, daß er oft auf ein Gebilde angewandt wurde, das gar keinen kataplastischen Wert besitzt; weil ein Tier das betreffende Organ besonders gut ausgebildet trägt, ein anderes nur in geringer Stärke, sollte letztere Art das Organ zurückgebildet haben, ohne daß man sich klar machte, ob sie auch von der ersteren Form abstammt. So ging es mit dem Wurmfortsatz des Menschen, wie schon im dritten Kapitel dargetan wurde. Dieses immer als »rudimentär«, unnütz, gar als schädlich bezeichnete Gebilde entpuppte sich bei genauer Untersuchung gar nicht als eine Rückbildung, noch viel weniger als funktionslos. Also: Vorsicht ist geboten und nicht jedes gering entwickelte Organ ist gleich als rückgebildet zu betrachten.

Natürlich ist aber zuzugeben, daß jeder Tierkörper eine Menge reduzierter Organe birgt, deren Tätigkeit schwer zu verstehen ist.

An den Anfang wollen wir eine allgemeine theoretische Betrachtung setzen. Der spezielle Teil gliedert sich in zwei Abschnitte, von denen der erste den Nützlichkeitswert der Rückbildungen, der zweite ihr Verhalten in der Embryogenese und dessen Zweckmäßigkeit bespricht.

A. Allgemeine Betrachtungen.

Man hat sich, von dem Grundsatz der Zwecklosigkeit rückgebildeter Organe überzeugt, doch Gedanken darüber gemacht, weshalb der Organismus so lange Zeiten hindurch solch unnütze Anhängsel mit sich herumschleppt. Man suchte eine Erklärung in der Sparsamkeit der Natur zu finden, die Geschaffenes, auch wenn es nicht eben von Nutzen für den Organismus wäre, nicht gleich ausmerzte, sondern noch eine Zeitlang erhielte, damit es, wenn beim Wechsel der Lebensbedingungen die alten Verhältnisse wieder eintreten, »reaktiviert« werden und zur früheren Ausbildungsstufe zurückkehren könnte. Es erhielte sich dann ein Reservematerial, das für neue Bedürfnisse eine Grundlage abgeben würde. Dies scheint E. Schultz anzunehmen, der S. 71 schreibt: »Andererseits scheint ein Organ, welches phylogenetisch fast zu einer Anlage rückgebildet worden ist, doch, solange diese Anlage besteht, die Fähigkeit zu besitzen, das verloren gegangene Organ schnell wieder zur Entwicklung zu bringen.«

Dieser Gedankengang stellt sich aber als fehlerhaft heraus.

Einmal nämlich ist es eine falsch angewendete Sparsamkeit, unnützen Ballast durch Reihen von Generationen mitzuschleppen, praktischer wäre es jedenfalls, die unbrauchbaren Reste möglichst bald zu beseitigen. Denn bei der Rückkehr zu früheren Lebensgewohnheiten würden doch nie völlig die gleichen Bedingungen eintreten, so daß das alte Organ in alter Gestalt seine Aufgabe doch nicht mehr erfüllen könnte. Auch wird sich der Körper der Tiere in der verflossenen Zeit so stark im übrigen umgewandelt haben, daß leichter ein neues Organ geschaffen, als das alte wieder aufgebaut würde.

Einen unumstößlichen Beweis für diesen Satz gibt uns diesmal die Paläontologie, die entscheidende Macht in phyletischen Fragen, die nur leider wegen der Lückenhaftigkeit des Materials nicht so oft, wie erwünscht, das letzte Wort sprechen kann.

Die betreffenden Beobachtungen hat Louis Dollo an fossilen Wirbeltieren angestellt und ein Gesetz formuliert, das nach ihm benannt wird und von Abel in seiner Paläobiologie in folgenden Sätzen ausgedrückt ist:

1. Ein im Laufe der Stammesgeschichte verkümmertes Organ erlangt nie wieder seine frühere Stärke; ein gänzlich geschwundenes Organ kehrt niemals wieder.

2. Gehen bei einer Anpassung an eine neue Lebensweise (z. B. beim Übergang von Schreittieren zu Klettertieren), Organe verloren, die bei der früheren Lebensweise einen hohen Gebrauchswert besaßen, so entstehen bei der neuerlichen Rückkehr zur alten Lebensweise diese Organe niemals wieder; an ihrer Stelle wird ein Ersatz durch andere Organe geschaffen.

Wohl das interessanteste Beispiel lieferte Dollo selbst in seinen Studien zur Phylogenie der Lederschildkröte (*Dermochelys*), einer Hochseeform mit kleinen dünnen mosaikartigen Hautplatten, unter denen auf der Rückenseite eine knöcherne Nackenplatte, auf der Bauchseite ein knöcherner Ring liegt. Als Urform sieht man eine triassische Landschildkröte (*Proganochelys*) mit festem Panzer an, die auf dem Wege durch das Littoralleben pelagisch wurde und das starke Exoskelett bis auf Nackenplatte und Bauchring verlor (*Thalassemys* u. a.). Bei einem neuen Littoralleben mußte sich ein neuer Panzer bilden. Doch wurde hierzu nicht der noch vorhandene Rest des alten benutzt und wieder gebrauchsfähig gemacht, sondern es entstand ein neuer aus mosaikartigen Platten (*Psephophorus*), unter denen die erwähnten Reste des ursprünglichen Panzers liegen. *Dermochelys* hat bei einem zweiten Übergang zum Hochseeleben auch diese neue Erwerbung reduziert und trägt nun Überbleibsel von beiden Ahnenformen und beiden Panzerarten: vom primären Nackenplatte und Knochenring, vom sekundären kleine verstreute Höckerchen am Bauch und die kleinen Hautplatten auf dem Rücken. (Nach Abel.)

Dieses Beispiel und noch viele andere, die Abel aufzählt, beweisen aufs klarste, daß bei einem Übergang zu einer alten Lebensweise nie Reste alter Organe, die bei dieser tätig waren, benutzt werden. Obwohl noch Spuren des primären Panzers vorhanden sind, bildet sich doch ein neuer, sobald sich die Notwendigkeit dazu herausstellt.

Ebenso steht es mit den als typisch »rudimentäre« Organe geltenden Schlundspalten und -bögen amnioter Wirbeltiere. Die luftatmenden Tiere haben die Kiemen verloren und atmen durch Lungen. Wenn luftatmende Wirbeltiere nun von neuem sich dem Wasserleben zuwenden, so werden jene Reste nie benutzt, obwohl sie neue Kiemen entwickeln und ein Wasseratmungsorgan schaffen könnten; Wassersäugetiere und Seeschlangen atmen durch Lungen. Für die Amnioten ist das verständlich, da Kiemen nicht den nötigen Sauerstoff in für ihren regen Stoffwechsel nötiger Menge schaffen könnten. Aber selbst Amphibien, die während ihres Larvenlebens Kiemenatmung besaßen, behalten ihre Lungenatmung bei, wenn sie das Wasserleben von neuem angenommen haben und benutzen die Kiemen nicht für den ausgebildeten Zustand, wie es der aglosse Spornfrosch *Xenopus* (*Dactylethra*) zeigt.

Das Dollosche Gesetz lehrt wieder, ein wie plastisches Material der tierische Organismus ist, der sehr leicht auf neue Bedingungen mit neuen Anpassungen reagiert. Wenn Schultz sagt: »Verlieren ist eben leichter als Erwerben«, so hat er gar keinen Beweis für diesen Ausspruch. Im Gegenteil, die Natur formt die Organismen sehr schnell nach den veränderten Bedingungen um, Nützliches entsteht sehr rasch, und ebenso rasch, möchte ich annehmen, wird Unnützes entfernt.

Das Dollosche Gesetz muß uns also vorsichtig machen in der Annahme der Funktionslosigkeit eines rückgebildeten Organs: die schnelle Umbildungsfähigkeit der Tiere spricht gegen die Beibehaltung eines unnützen Gebildes und fordert uns auf, nach dessen Zweckmäßigkeit zu forschen.

Das Dollosche Gesetz und die sich in ihm kundgebende Plastizität des Embryo kann auch herangezogen werden zur Erklärung der Stufenfolge von Organen, wie sie am deutlichsten das Exkretionssystem der Wirbeltiere zeigt. Warum lösen sich bei ihnen in Phylogenese und Ontogenese die drei Generationen der Vorniere, Urniere und Nachniere ab?

Morphologisch ist das Rätsel der Aufeinanderfolge der drei Systeme gelöst, seitdem man weiß, daß sie Abkömmlinge eines und desselben Mutterbodens sind; die Frage aber, weshalb sie vorkommt, weshalb sich nicht gleich die Vorniere den Bedürfnissen der anderen Vertebraten anpaßte, ist noch unbeantwortet.

Wertvolle Fingerzeige gibt uns da die prachtvolle berühmte Arbeit Rabls über die Entwicklung des Urogenitalsystems der Selachier. Rabl führt in überzeugender Weise aus: »Zweimal hat sich im Laufe der phylogenetischen Entwicklung der Wirbeltiere ein Wechsel der harnbereitenden Organe vollzogen: das erstemal auf dem Wege von den Acraniern zu den Cranioten, das zweitemal auf dem Wege von den Anamnieren zu den Amnioten; beide Male also gerade dort, wo die Gesamtorganisation des Körpers die mächtigste Umgestaltung und Weiterbildung erfuhr und wo dementsprechend auch die Lebhaftigkeit des Stoffwechsels eine beträchtliche Steigerung erfahren mußte.« Dem entspricht die Leistungsfähigkeit der drei Systeme; Rabl weist nach, daß die Urniere weit mehr leisten kann, als die Vorniere, die Nachniere wieder mehr als die Urniere, sowohl was Glomeruli als was Harnkanälchen betrifft. Weshalb konnte sich nun die Vorniere nicht soweit vervollkommnen, daß sich die Entwicklung der Urniere unnötig machte und die Nachniere sich nicht zu bilden brauchte?

Ich glaube, daß die einzelnen Organsysteme, so sehr sie sich auch veränderten Bedingungen anzupassen vermögen, doch in dieser Umbildungsfähigkeit bei verhältnismäßig schnell eintretenden gewaltigen Neuanforderungen etwas beschränkt sind, oder besser ausgedrückt: Der Organismus vermag in diesem Falle leichter ein neues Organ zu schaffen, als das alte zweckentsprechend umzubauen. Er ist ein so plastisches Material, daß er lieber neues schafft, als altes verwendet; ebensowenig wie er noch vorhandene Reste eines Organs zum Wiederaufbau eines gleich funktionierenden neuen verwendet, ebensowenig vervollkommnet er die Vorniere zur Urniere, die Urniere zur Nachniere, sondern entwickelt neue Organe.

Ich glaube, daß das Vorkommen von Stufenorganen durch diese Überlegung sich gut erklären läßt. Natürlich ist die Frage, weshalb die Reste der früheren Generation der Systeme sich noch in der Ontogenese zeigen, eine ganz andere; sie wurde im Kapitel über embryonale Organe behandelt.

B. Spezielle Ausführungen.

1. Zweckmäßigkeit der Rückbildungen.

Gehen wir zur speziellen Besprechung der rückgebildeten Organe über, so treffen wir die am leichtesten verständlichen Verhältnisse bei denen der ausgebildeten Tiere, deren Tätigkeit sich ja viel bequemer beobachten läßt, als die Lebensvorgänge der Entwicklungsstadien. Natürlich kann es meine Aufgabe nicht sein, für all die reduzierten Organe, die die Tiere aufweisen, eine Funktion anzugeben; jedes verlangt ein eingehendes Studium, und manches Gebilde hat dabei schon seine biologische Bedeutung enthüllt, wie im 3. Kapitel ausgeführt wurde. So sind, um nur ein Beispiel zu geben, Hypophyse und Epiphyse des Zwischenhirns, die lange als funktionslose Anhängsel des Gehirns angesehen wurden, als wichtige Drüsen mit innerer Sekretion erkannt worden, die mit Wachstum und Fettansatz des Körpers zu tun haben.

Doch möchte ich an einigen Organen aus allen drei Gruppen, an reduzierten bei Erwachsenen und Embryonen sowie an abortiven, die Frage nach ihrer Zweckmäßigkeit besprechen.

a. Reduzierte Organe bei erwachsenen Tieren.

Ein Organ, das bei vielen Tierformen einen Reduktionsprozeß eingegangen ist, und zwar bei verschiedenen Formen in sehr verschiedenem Grade, ist das Auge.

Die morphologischen Verhältnisse der »rudimentären« Augen sind oft geschildert worden, sehr ausführlich von Kohl. Da treffen wir auf Organe, die noch alle Teile des normalen Auges besitzen, nur in kleinem Maßstabe (*Petromyzon*, *Talpa*, *Typhlops* usw.), dann solche, denen schon die Augenmuskeln vollständig fehlen (*Typhlichtys*) und endlich ganz verkümmerte Körper ohne Linse, Muskeln und Drüsen (*Myxine*). Es fragt sich nun, ob die physiologische Rückbildung mit der morphologischen Schritt gehalten hat, oder ob diese Organe gar nicht mehr funktionieren können.

Die Anforderungen, die an die Tüchtigkeit des Auges gestellt werden, sind sehr verschiedenartiger Natur. Nicht stets ist die Notwendigkeit vorhanden, daß ein klares Bild eines gesehenen Gegenstandes auf der Netzhaut entworfen wird. Tiere, die im Dunkel leben, sei es unter der Erde oder in Höhlen, haben ein so gut ausgebildetes Sehorgan gar nicht nötig; für sie ist es genug, wenn sie hell und dunkel unterscheiden können, damit sie wahrnehmen können, ob sie sich der Oberfläche der Erde oder dem Ausgang der Höhle nähern. Und dazu genügt ein stark reduziertes Auge. Es braucht für diesen Zweck gar nicht direkt an der Oberfläche des Kopfes zu liegen, wo es bei grabenden Tieren sowieso häufigen Verletzungen ausgesetzt wäre, es kann gut tiefer ins Innere des Kopfes verlegt werden. Auch da wird genügend Licht durch das deckende Gewebe fallen, um einen Helligkeitsunterschied erkennen zu können. Man denke daran, wie gut wir mit geschlossenen Lidern verschiedene Beleuchtungsgrade zu unterscheiden vermögen, und wie das Sonnenlicht sogar durch die dicke knorpelgestützte Ohrmuschel rot durchscheint.

Es ist also noch nicht anzunehmen, daß ein Auge, das unter der Haut verborgen, vielleicht durch Muskeln und Knochen bedeckt ist, funktionslos ist; es ist stark rückgebildet, funktioniert aber immer noch in dem Grade, als es das Tier nötig hat. In Einklang damit steht der feinere Bau des Organs. Muskeln, die den Bulbus bewegen, Drüsen, die ihn befeuchten, können schwinden, selbst die Krystallinse ist nicht mehr nötig, wenn nur der Lichtreiz die Netzhaut erreichen kann. Auch diese bedarf nicht mehr der feineren wahrnehmenden Apparate und kann sich vereinfachen; notwendig sind aber rezipierende und leitende Elemente, und ein Optikus findet sich auch in den rückgebildetsten Augen, soweit sie noch tätig sein müssen.

Von den von Kohl untersuchten Arten besitzt das Neunauge noch das am besten ausgebildete Auge, das noch gut funktioniert. Der Maulwurf zeigt ein kleines Sehorgan, das aber noch alle Teile enthält, wenn auch nicht in bester Ausbildung. Immerhin wird das Organ dem argen Räuber bei seinen unterirdischen Jagdzügen genügend Nutzen bringen, und ebenso für seine oberirdischen Spaziergänge, die er zur Paarungszeit nachts oder während der Dämmerung unternimmt. Jagt er doch auch öfters auf der Erde und zieht Frösche und Schlangen in seine Gänge. So braucht er sein Auge und wird es soweit benutzen, als es leistungsfähig ist. Auch die unter der Erde grabenden Schlangen des Genus *Typhlops* (Fig. 36 *A*) verfügen noch über Sehorgane, in denen kein Teil fehlt, und die ihnen bei ihren Besuchen auf der Erdoberfläche gute Dienste leisten werden. Klein und verkümmert ist das Auge der Blindwühle *Siphonops* (Fig. 36*B*), aber ebenfalls noch mit Muskeln und Linse

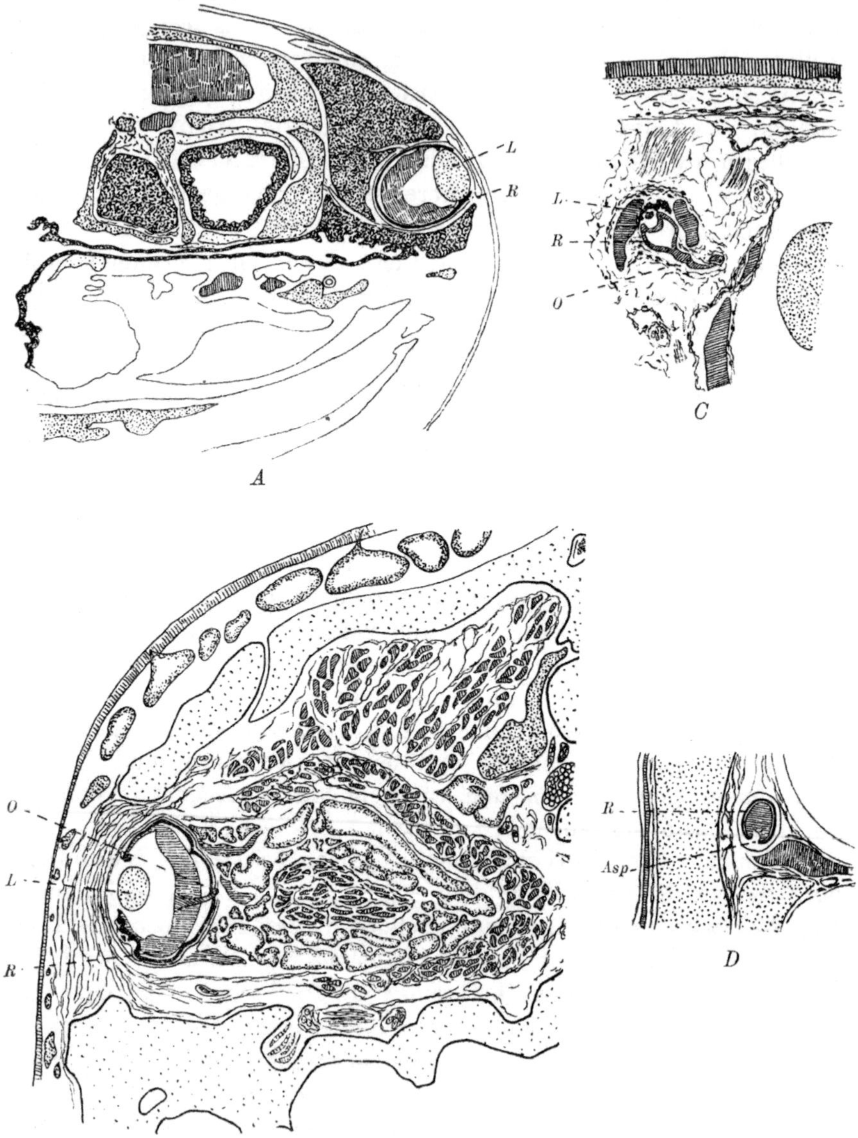

Fig. 36. Rückgebildete Augen von Wirbeltieren (nach Kohl). *A, Typhlops vermicularis, B, Siphonops annulatus, C, Typhlichthys subterraneus, D, Myxine glutinosa.* **Asp fetale Augenspalte, *L* Linse, *O* Sehnerv, *R* Netzhaut.**

ausgestattet, durch eine dicke Bindegewebsschicht von der Oberfläche abgedrängt. Das in der Lebensweise den Typhlopiden ähnelnde Tier braucht ein ähnliches lichtempfindliches Organ, wie diese. Übrigens trifft man unter diesen fußlosen Amphibien die verschiedensten Grade der Reduktion der Augen; bei einigen Arten sind sie unter Knochen versteckt und kaum noch als solche zu erkennen. Es wäre interessant, durch Untersuchungen am Orte festzustellen, ob der Grad der Verkümmerung in Einklang ist mit den Lichtbedürfnissen der betreffenden Art, woran ich nicht zweifle. Freilich sind derartige Studien an unter der Erde lebenden Tieren höchst schwierig auszuführen; man bedenke, wie schwer es schon ist, der Biologie des so häufigen und überall vorkommenden Maulwurfs nachzugehen!

Das Auge des höhlenbewohnenden Fisches *Typhlichthys subterraneus* (Fig. 36 *C*) ist weit mehr reduziert und liegt tief im Innern des Kopfes. Es besitzt zwar noch den Rest einer Linse, kann aber sicher nicht mehr zu genauem Sehen benutzt werden. Die Unmöglichkeit Licht wahrzunehmen ist durch die tiefe Lage noch nicht gegeben. Interessante Verhältnisse bietet *Myxine* (Fig. 36 *D*) dar. Hier stoßen wir auf ein ganz rückgebildetes Auge ohne Linse, Muskeln und Drüsen, durch eine dicke Muskellage von der Oberfläche abgedrängt. Und doch muß es dem Tier ein gewisses Lichtwahrnehmungsvermögen bieten, denn Retina und Optikus sind vorhanden; und in der Tat verändert es seine Lage »um, in Ermangelung von Iris und Pupille, dem Lichtstrahl durch die Öffnung der fötalen Augenspalte einen geeigneten Weg zu der Netzhaut zu bieten.« Also bei diesem so gering ausgebildeten Sehorgan sogar noch eine Neuanpassung, die sicher unterblieben wäre, wenn es ganz funktionslos wäre! Ich halte eben auch für in völligem Dunkel lebende Tiere die Möglichkeit, hell und dunkel zu unterscheiden, für notwendig, solange sich nicht andere Organe ausgebildet haben, um das Tier zu schützen; denn es muß erkennen können, ob es sich dem Tageslicht nähert, um in sein Dunkel zurückstreben zu können. Dazu genügt aber ein so einfach gebautes Sinnesorgan, wie es selbst das Myxineauge darstellt.

Ich habe den Grottenolm *Proteus* übergangen, dessen Auge infolge des Aufenthalts in den dunkeln Karsthöhlen Istriens stark rückgebildet ist. Er verlangt aber eine besondere Berücksichtigung, weil Kammerer uns über sein Leben Mitteilungen gemacht hat, die vorbildlich sind als Beobachtungen eines Tieres in seiner Umwelt und lehren, wie leicht man auf diesem Wege den Nutzen eines »rudimentären« Organs erkennen und das Vorurteil von dessen Funktionslosigkeit überwinden kann.

Daß *Proteus* mit seinen kleinen Augen, die aber noch alle Teile enthalten, Lichtempfindung hat, ist bekannt. Kammerer erwähnt, daß im Dunkel gehaltene Tiere »anfangs vor dem Licht der Suchlampe entfliehen und in Aufregung geraten.« Daß der Olm aber dieses Wahrnehmungsvermögens auch bedarf, lehren die neuesten biologischen Daten, die Kammerer in seiner hochinteressanten Arbeit notiert. Gefunden wird der Olm in schlammigen Rückstandtümpeln der Höhlengewässer. Man hat aber noch nie Embryonen im Uterus oder Eier in den Ovidukten gefunden, so viele Exemplare auch seziert worden sind. Zwei Weibchen stehen in der Literatur verzeichnet, die kurz vor dem Eierlegen bzw. Gebären lebender Junge standen, und lange war man im unklaren, auf welche Weise sich das rätselhafte Tier fortpflanzt. Den Schluß aus diesen Beobachtungen zieht Kammerer: »die Fundstätten des *Proteus* sind beileibe nicht seine Brutstätten; die Olme, welche wir zu sehen bekommen, sind nach v. Bedriaga nur irrende Wanderer, die durch Hochwasser wider Willen den Mündungen der Höhlen so nahe kommen, daß wir ihrer habhaft werden können; ihre wahre Heimat liegt aber zweifellos in unterirdischen Gebieten, in welche wir bis jetzt nicht vorzudringen vermochten«. Bei diesen Wanderungen braucht der Olm sicher seine Augen, damit er sich nicht aus den Höhlen herausschwemmen läßt und in sein Dunkel zurückgelangen kann. Vielleicht sind die unbekannten Brutplätze auch an Stellen gelegen, die dem in die Höhle einströmenden Wasser benachbart sind oder sonst durch Spalten dem Tageslicht einen gewissen Zutritt gestatten.

Wir können also die rückgebildeten Augen der besprochenen Wirbeltiere keinesfalls als funktionslos bezeichnen; ihre Tätigkeit genügt den Lebensbedürfnissen der betreffenden Form; weggefallen ist alles, was nicht notwendig war, die präzise optische Arbeit, eventuell Muskeln und Linse, — geblieben ist das zur Lichtperzeption nötige.

Wichtig ist weiterhin, daß Kammerer die Funktion der kleinen Gliedmaßen des Olms aufklärte, die weder zum Gehen noch zum Schwimmen gebraucht werden und daher allgemein als unnütze Anhängsel des Körpers betrachtet werden: sie dienen zum Fortschieben des wurmförmigen Körpers in den Schlammgängen, denn *Proteus* führt regelmäßig eine im Schlamm wühlende Lebensweise.

Als funktionsuntüchtiges Organ wird weiterhin das Parietalauge der Reptilien betrachtet. Nowikoff konnte aber nachweisen, daß das histologische Bild seiner Retina sehr verschieden ist, ob man das Tier vor dem Töten in Dunkelheit oder Sonnenlicht hielt; bei Lichtaugen (Fig. 37*a*) zieht sich das Pigment auf die innersten Partien der Pigmentzellen zurück und schützt wohl die distalen Teile vor zu greller Beleuchtung, bei Dunkelaugen lassen die Farbstoffkörnchen die innerste Retinaschicht frei, die Sehzellen sind den Lichtstrahlen voll ausgesetzt (Fig. 37*b*). Nowikoff schließt aus diesem Befunde, »daß das Parietalauge von *Lacerta agilis* und *Anguis fragilis* auch im erwachsenen Zustand noch als lichtempfindliches Organ funktioniert.«

Freilich gelang es ihm ebensowenig wie Spencer, eine Reaktion des Tieres auf Lichteinwirkung zu erzielen. Doch sind diese Versuche nicht beweisend, weil die Eidechsen ihre paarigen Augen besaßen und sogar trotz dieser gut funktionierenden Organe keine Reaktion auf Lichtreize erkennen ließen. Hier müssen genau durchdachte, gewiß sehr schwierig auszuführende Versuchsreihen eintreten,

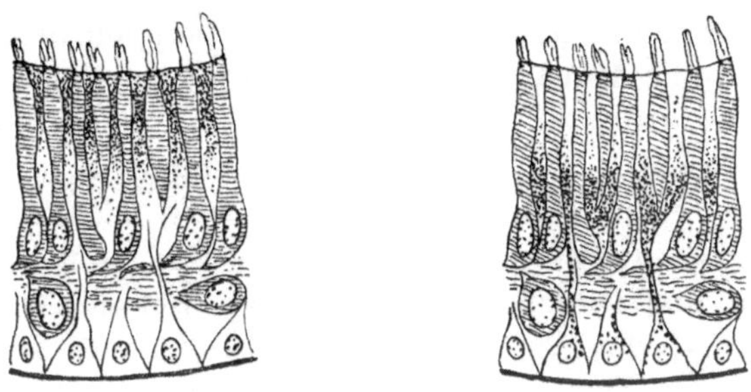

a *b*

Fig. 37. Längsschnitt durch die Netzhaut des Parietalauges der Blindschleiche, *a* von im Licht, *b* von im Dunkeln gehaltenen Tieren herstammend, nach Zeichnungen und Angaben von Nowikoff.

die dem Leben des Tieres in seiner Umwelt angepaßt sind. Die Beteiligung der paarigen Augen muß ausgeschlossen werden, Strahlen verschiedener Wellenlänge zur Anwendung kommen (event. Wärmestrahlen!). Ich zweifle nicht, daß es auf diesem Wege gelingen wird, die sichergestellte Tätigkeit des Parietalauges zu ergründen.

Als »völlig nutzlose Gebilde« bezeichnet Plate weiterhin beim Menschen die Plica semilunaris sowie die Ohrmuschel mit ihren Muskeln.

Die halbmondförmige Falte am inneren Augenwinkel des Menschen wird mit Recht als Rest eines dritten Augenlides aufgefaßt. Über ihre funktionelle Bedeutung lese ich in Merkels Anatomie des Menschen: »da sie die Reservesubstanz für die Drehung des Bulbus nach der lateralen Seite darstellt, verstreicht sie bei dieser Blickrichtung, während sie stärker hervortritt, wenn man den Bulbus nasenwärts wendet.« Also kein nutzloses Gebilde, sondern ein sehr wichtiges, das in den Dienst der Augenbewegung getreten ist!

Schwieriger ist es, die Muskeln der menschlichen Ohrmuschel — denn dieses Organ selbst wirkt als Schalltrichter und ist nichts weniger als nutzlos — biologisch zu beurteilen. Soweit sie der Muschel angehören, sind sie stark rückgebildet und stellen den letzten Rest eines Schließmuskels der Ohröffnung dar. Diese Tätigkeit haben sie vollständig aufgegeben. Ob sie aber nicht doch imstande sind, durch ihre Spannung die Form der Ohrmuschel zu erhalten? Es lohnt sich jedenfalls, der Frage nach ihrer Aufgabe einmal nachzugehen.

Doch genug der Beispiele; ich habe oben gesagt, daß ich natürlich keineswegs in der Lage bin, allen verkümmerten Organen eine Funktion zusprechen zu können; jedes verlangt eine genaue Bearbeitung. Besonders stehe ich noch den Gebilden ratlos gegenüber, die ein Geschlecht gut ausgebildet trägt, das andere nur in Andeutungen; was bedeuten die Brustwarzen des Mannes, der Nebeneierstock des Weibes? Die Anlage der Geschlechtsorgane ist ja einheitlich für beide Geschlechter. Das wäre leicht verständlich, wenn der Entscheid über das Geschlecht des Embryo erst nach dieser Zeit getroffen würde. Nun wissen wir ja über dies Verhalten bei den Säugetieren nichts, und ich möchte davor warnen, Befunde, die bei Wirbellosen erhoben worden sind, bei denen die Bestimmung des Geschlechts schon durch den Samenfaden oder das unbefruchtete Ei geschehen kann, auf die Vertebraten zu übertragen; ich glaube, daß wir hier kein allgemein gültiges Naturgesetz annehmen dürfen, sondern daß auch hier die verschiedenen Formen abweichende Verhältnisse zeigen werden. Immerhin nimmt man gewöhnlich an, daß auch bei Wirbeltieren das Geschlecht des Embryo sehr früh entschieden wird. Dann deutet die gemeinsame Anlage doch darauf hin, daß auch bei dem anderen Geschlecht das rückgebildete Organ eine Aufgabe besitzt — der Nebeneierstock vielleicht als Drüse, die männliche Brustwarze mit ihrer empfindlichen Haut als Reizorgan?

Auch diese Frage verdiente eine Bearbeitung.

b) Reduzierte Organe bei Larven und Embryonen.

Wir gehen über zu den reduzierten Organen der sich entwickelnden Stadien und können hier an einem Beispiel sehr gut die Synchronie der morphologischen und physiologischen Verkümmerung nachweisen. Ich halte mich an die in einer früheren Arbeit niedergelegten Ausführungen.

Es handelt sich um rückgebildete äußere Kiemen bei einigen Froschlarven. Oben wurde ausgeführt, daß die äußeren Kiemen der Salamanderlarven auch innerhalb des Mutterleibes oder der Eihüllen ihre Funktion haben, und wie sie dieser Tätigkeit entsprechend anders gestaltet sind als bei freilebenden Larven. Nun können aber bei im Ei sich entwickelnden Formen andere Körperteile ihre Funktion übernehmen, so bei *Pipa americana* und *Hylodes martinicensis*, die völlig entwickelt das Ei verlassen, der mit breitem Flossensaum ausgestattete Schwanz, bei *Rana opisthodon* Bauchfalten. Es wäre interessant, die Larven der vielen Amphibienarten mit Brutpflege, welche Wiedersheim in seinem Aufsatz anschaulich schildert, auf Vorhandensein und Entwicklung ihrer Kiemen hin genau zu untersuchen, um deren allmähliches Schwinden und die entsprechende Entwicklung des neuen Atmungsorgans zu erkennen.

Fig. 38. Embryo von *Pipa* nach Wyman aus Clemens. *K* Kiemenstummel.

Hier läßt sich nämlich verfolgen, daß die Kiemen in genau dem gleichen Grade schwinden, wie ihre Funktion.

Jeder Kiemenfaden birgt eine Gefäßschlinge in sich, die unter anderem den Gaswechsel der Atmung zu besorgen hat. Dieser richtet sich in seiner Größe natürlich durchaus nach der atmenden Fläche, ist also größer bei langen, geringer bei kurzen Kiemenfäden. Nun ist das Atembedürfnis bei dem Embryo in gewissen Grenzen eine Konstante; zu viel Sauerstoff wird der Entwicklung ebenso hinderlich sein, wie zu wenig. Übernimmt jetzt ein anderes Organ allmählich den Gasaustausch, z. B. der Schwanzsaum, so wird er nur in dem Maße diese Tätigkeit an sich reißen können, in dem die Kiemen sie aufgeben, oder mit anderen Worten, die Kiemen werden in dem Grade schwinden, in dem der Schwanzsaum sich ausbildet, — im anderen Fall würde eben zu viel oder zu wenig Sauerstoff dem Embryo zugeführt werden. Wir erkennen hier also endlich, daß zur Erhaltung der normalen Entwicklung die Kiemen in genau dem gleichen Grade schwinden wie ihre Funktion, daß Rückbildung der Tätigkeit und der Form völlig gleichzeitig vor sich geht, und letztere der ersteren nicht nachhinkt. Es werden also auch die Kiemenstummel des *Pipa*-Embryo (s. Fig. 38) noch eine Funktion ausüben können; sie sind zwar stark rückgebildet, aber keine funktionslosen Anhängsel.

Als Beispiel eines verkümmerten embryonalen Organs kann ich den Dottersack, die Nabelblase des menschlichen Embryo, anführen, der seine Hauptfunktion des Nährstoffspeichers aufgegeben hat, aber trotzdem nicht geschwunden ist, weil er noch den Ort der Blutbildung darstellt; diese Nebenfunktion hat ihm das Dasein gerettet. Er ist soweit zurückgebildet, als es notwendig war, aber durchaus kein unnützes Gebilde geworden.

Die reduzierten Organe der Larve oder des Embryo verhalten sich also völlig wie die des erwachsenen Tieres und sind von demselben Gesichtspunkt aus zu betrachten.

c) Abortive Organe.

Die Rückbildung des reduzierten Organs eines Tieres braucht auf der bisher in Betracht gezogenen Stufe, als verkümmertes und daher nicht kräftig tätiges Organ des Erwachsenen, nicht stehen zu bleiben. Benutzt der Organismus das Gebilde überhaupt nicht mehr, so schwindet es beim erwachsenen Tiere vollkommen. Da ist es nun interessant, daß viele derartige Organe noch in der Entwicklungsperiode in Erscheinung treten, sich anlegen, bis zu einem gewissen Grad ausbilden, aber noch vor vollendeter Entwicklung wieder zugrunde gehen. Bonnet nennt diese nur noch in der Embryogenese auftretenden Reste »abortive« Organe.

Solcher abortiver Bildungen gibt es bei Embryonen eine große Zahl; Bonnet zählt in seinem Aufsatz einige auf; ich erwähne hier nur die nicht zum Durchbruch gelangenden Zahnanlagen der Embryonen der Bartenwale, die Milchhügel menschlicher Embryonen, die Anlagen der Brustgliedmaßen bei Keimen der Blindschleiche, der hinteren bei solchen von *Phoca*.

Die Deszendenztheorie gibt auf die Frage nach der Ursache des Auftretens derartiger abortiver Gebilde die Antwort, daß die Organe, die schon vor langer Zeit — phylogenetisch gedacht — verloren worden sind, völlig aus der Embryogenese ausgemerzt worden sind, während ein Verlust jüngeren Datums sich noch in der Entwicklung bemerkbar macht, indem die Anlage des betreffenden Organs auftritt. »Das zuletzt gebildete schwindet zuletzt«, meint man; die Rückbildung schreitet vom ausgebildeten Zustand langsam zurück und ergreift immer jüngere Stadien, bis die Anlage selbst an die Reihe kommt und auch sie ausgeschaltet wird. In einer Zwischenphase findet sich also von dem Organ nur noch während der Embryogenese ein »abortiver« Rest.

Diese Anschauung vom Rückbildungsprozeß ist allerdings nicht gerechtfertigt, wie im nächsten Absatz ausgeführt werden wird. In vielen Fällen kommt es auf dem Wege der regressiven Entwicklung zur Bildung von abortiven Organen, in anderen nicht, ohne daß an ein Zusammenfallen von Verkümmerungsgrad mit Alter des Degenerationsprozesses zu denken wäre. Die Rückbildung kann ein schnelles oder langsames Tempo einschlagen, sowohl bei jüngst erworbenen, wie bei altererbten Merkmalen. So fehlen der sich im Ei ausbildenden Kaulquappe von *Phyllomedusa hypochondrialis* nach Budgett bereits die Haftnäpfe, da sie dieser Larvenorgane nicht mehr bedarf — obwohl die nächsten Verwandten dieses Frosches sie noch tragen.

Verschieden weit ist die Verkümmerung bei den Gliedmaßen »fußloser« Reptilien gediehen; die vorderen der Schlangen, die hinteren der Blindschleiche sind völlig geschwunden, während sich von dem anderen Paare, eventuell nur in der Embryogenese, noch Reste vorfinden.

Gerade der Vergleich des Grades der Rückbildung der Gliedmaßen lehrt uns, daß phylogenetische Gesichtspunkte nicht zur Erklärung des Verhaltens ausreichen; wir müssen hier in einem anderen ein Verständnis dafür suchen.

Bei dem Versuch einer funktionellen Erklärung abortiver Anlagen begeben wir uns auf sehr schwankenden Boden, da uns, wie öfters erwähnt, die Biologie des Embryo ein fast völlig verschlossenes Gebiet ist; mit vagen Vermutungen möchte ich hier nicht operieren; es genügt mir, den Nachweis zu erbringen, daß diese Gebilde eine biologische Bedeutung haben müssen, ohne diese selbst angeben zu können.

Zu diesem Zwecke untersucht man am besten Tierfamilien, bei deren Arten die Reduktion eines Organs verschiedene Grade erreicht hat. Trifft man z. B. in zwei Gruppen auf Parallelfälle verschieden starker Verkümmerung oder völligen Verlustes des Gebildes und findet, daß zu einem bestimmten Entwicklungsgrad jeweils bestimmte Entwicklungsbedingungen gehören, so ist anzunehmen, daß die biologischen Verhältnisse maßgebend für das Vorhandensein oder die Bildungshöhe des Organs sind, daß dasselbe also eine Tätigkeit besitzt; Beispiel: Flossensaum der Selachierembryonen.

In anderen Fällen genügt es, nachzuweisen, daß die Stufen der Reduktion nichts mit dem Verwandtschaftsgrade der Tierformen zu schaffen haben, um eine Funktion der abortiven Organe wahrscheinlich zu machen; besonders bei Reihenorganen, die in mehreren Paaren im Körper auftreten (Extremitäten, Milchdrüsenanlagen), erleichtert sich dieser Schluß dadurch, daß bald jenes, bald dieses Paar fehlt oder abortiv wird, ohne daß wir irgendwelche anderen Gründe, als biologische, zur Erklärung heranziehen können.

Dies ist der Fall bei den abortiven Gliedmaßenanlagen von Reptilien- und Amphibienembryonen.

Weshalb hat sich in der Embryogenese der Blindschleiche nur die vordere Extremität (Fig. 39*a VE*) erhalten, aber nicht die hintere? Die Erklärung, die wohl meist auf diese Frage erfolgt, daß die vordere Gliedmaße später verkümmerte als die hintere, also noch nicht die Stufe des vollständigen Verschwindens erreicht hat, kann ich nicht gelten lassen. Denn wenn ich Brehms Tierleben auf die zahlreichen, ganz verschiedenen Familien angehörenden fußlosen Saurierformen durchsehe, so finde ich, daß mit einer Ausnahme bei allen die hintere Gliedmaße länger persistiert, als die vordere. *Chalcides* zeigt beide Paare stark rückgebildet ohne Bevorzugung des vorderen oder hinteren; bei *Pygopus* fehlen die vorderen Beine vollständig, die hinteren sind zu flossenartigen Anhängseln umge-

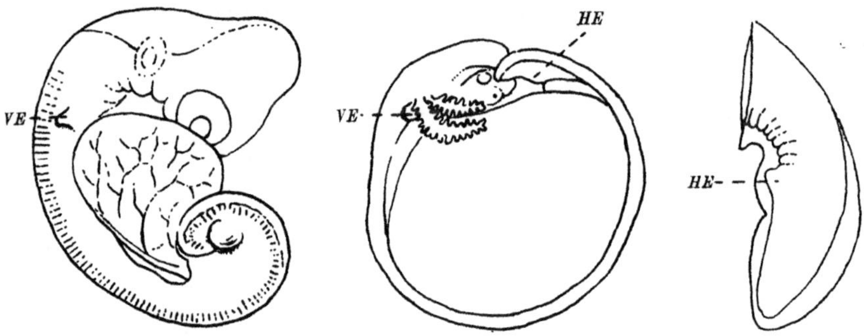

Fig. 39. Embryonen mit abortiven Gliedmaßenanlagen. *a* Blindschleiche nach Nicolas aus Keibel, *b* *Hypogeophis* nach Brauer aus Keibel, *c* *Ichthyophis*, Hinterende, nach Sarasin aus Ziegler. *VE* vordere Extremität, *HE* hintere Extremität.

bildet; *Chamaesaura anguina* trägt nur noch kleine Stummel an Stelle der Hinterfüße, und endlich besitzt auch der mit der Blindschleiche nahe verwandte, ebenfalls zur Gruppe der Anguidae gehörige Scheltopusik *Ophiosaurus apus* geringe Reste der hinteren Extremitäten. Das einzige Tier, das die vorderen allein erhalten hat, ist die weit abstehende, zu den Amphisbaeniden gerechnete Handwühle *Chirotes*, die ihrer Grabtätigkeit wegen die Vorderfüße noch brauchte. Wir dürfen wohl nicht annehmen, daß die Blindschleiche ein unterirdisches Grableben geführt hat und deshalb ihre Vordergliedmaßen sich länger erhielten, als die hinteren; der Weg der Rückbildung wird doch wohl derselbe gewesen sein, wie bei den anderen oberirdisch lebenden Echsen. Und da bleibt unsere Frage ungelöst: weshalb schwand die später verkümmernde, und aus dem Leben des erwachsenen Tieres scheidende hintere Gliedmaße völlig, während die schon früher reduzierte vordere noch in der Embryogenese auftritt? Ich meine, dieser Rest hat noch eine wenn auch gewiß nur geringe funktionelle Bedeutung.

Noch auffallender verhalten sich die embryonal auftretenden Extremitätenreste bei den fußlosen Gymnophionen, von denen zwei Formen genau auf ihre Entwicklung hin durchgearbeitet worden sind: *Hypogeophis* von Brauer und *Ichthyophis* von den Vettern Sarasin. Brauer fand bei seiner Art Anlagen beider Gliedmaßen als Höcker (s. Fig. 39*b*, *VE* und *HE*), die der vorderen etwas besser ausgebildet. *Ichthyophis* dagegen ließ keine Spur mehr von den vorderen erkennen, dagegen ziemlich kräftige Stummel als Anlage der hinteren (Fig. 39*e*, *HE*). Warum dieser Unterschied bei so nahe verwandten Formen? Eine Verschiedenheit in der zeitlichen Rückbildung ist bei ihnen kaum glaublich, — ich vermute auch hier funktionelle Faktoren im Spiel, die entsprechend der abweichenden Entwicklung bald die eine, bald die andere Gliedmaße in der Erhaltung bevorzugen.

Eine abortive Bildung, die nur noch bei einigen Arten einer Tiergruppe auftritt, bei anderen nicht mehr, ist der kontinuierliche sich auf der Dorsal- und Ventralseite abhebende Flossensaum einiger Selachierembryonen, aus dem sich dann die einzelnen getrennten unpaaren Flossen differenzieren. Bei anderen Arten entstehen diese aber von Anfang an als getrennte Stücke, ohne durch einen gemeinsamen Hautsaum verbunden zu sein. Warum tritt dieser Saum, der als Rest einer früher einheitlichen unpaaren Flosse aufzufassen ist, nur bei einigen Formen auf, bei anderen nicht? Einen Hinweis auf seine Bedeutung liefert uns die Entwicklungsgeschichte; er findet sich nur bei Scylliiden (*Scyllium*, *Pristiurus*) unter den Haifischen und bei eierlegenden Rochen. Die Scylliiden legen gleichfalls Eier, während die anderen Haie fast sämtlich (die auf diesen Punkt untersuchten Formen wohl alle) lebendige Junge gebären. Also in zwei so abweichenden Gruppen, wie es die Haifische und die Rochen sind, haben nur die sich im Ei entwickelnden Embryonen den Flossensaum behalten, die im Mutterleib heranwachsenden dagegen nicht. Das zwingt doch zu der Annahme, daß der Saum bei den Scylliiden und eierlegenden Rochen eine funktionelle Bedeutung besitzt — vielleicht zur Bewegung der umgebenden Flüssigkeit. Jedenfalls möchte ich diesem abortiven Organ einen Nützlichkeitswert zusprechen; die Lebensbedingungen im Ei sind so verschieden von denen im Mutterleib, daß ein derartiger Unterschied in der Entwicklung schon auf sie zurückgeführt werden darf.

Als abortive Bildungen kann man auch die Schlundspalten ansehen, die in der Embryogenese der Reptilien und Vögel auftreten, während ein solcher Durchbruch der Schlundmembranen bei Säugetieren nicht mehr eintritt. Vermutungen über ihre nutritive Bedeutung wurden schon im 6. Kapitel ausgesprochen.

Viel größer ist aber die Zahl der abortiven Organe, von deren physiologischer Bedeutung wir uns noch keine Vorstellung machen können.

Dies gilt für die zahlreichen Skelettanlagen, die besonders bei Gliedmaßen mit verringerter Zehenzahl während der Entwicklung auftreten und dann, nachdem sie eine gewisse Organisationshöhe erreicht haben, wieder zugrunde gehen. Warum entwickeln sich z. B. beim Strauß, dessen Fuß nur zwei mächtige Zehen trägt, außer diesen beiden noch drei Strahlen, die nach der Verknorpelung degenerieren und schwinden?

Von einer direkten Nützlichkeit für den Embryo sind diese vorübergehenden Bildungen wohl nicht; somit bleibt anzunehmen, daß ihnen ein Einfluß auf andere, bleibende Organe zuzuschreiben ist in der Weise, wie es im 5. Kapitel bei Erörterungen der Formen, die die Zweckmäßigkeit in der Entwicklung annimmt, an einigen Beispielen klargestellt wurde. Welcher Art dieser Einfluß ist, das entzieht sich vorderhand noch unserer Kenntnis; man braucht aber keine mystische Kraft anzunehmen. Ich möchte an das an der angeführten Stelle behandelte Beispiel der gegenseitigen Beeinflussung des Augenbechers und der zur Linsen- und Kornealbildung führenden Epidermis erinnern; erst jetzt ist es gelungen, die Vermutung aussprechen zu können, daß es ein chemischer Reiz ist, der den einzelnen Teilen die Möglichkeit gibt, ein Auge zu bilden, ohne daß man sich ein genaueres Bild davon machen kann, wie der Augenbecher die Haut, die Haut den Augenbecher beeinflußt. Und hier handelt es sich um ein altes Problem, an dessen Lösung sich viele unserer besten Forscher beteiligt haben. An eine finale Erklärung der abortiven Organe, speziell der überzähligen Fingerstrahlen, ist man noch nicht herangegangen. Ich glaube aber doch, daß auch ihr Auftreten funktionell erklärt werden kann, wenn diese Frage überhaupt gestellt und behandelt wird.

Auf einen Punkt hin sollen die kataplastischen Organe noch besprochen werden, nämlich auf ihre ontogenetische Entwicklung.

2. Das Verhalten der Rückbildungen in der Ontogenese.

Sehr eigenartig gestaltet sich dieses Verhalten der Rückbildungen in der Ontogenese. Da ihre Entwicklung in mancher Hinsicht andere Bahnen einschlägt, als die der »Vollorgane«, so müssen wir auf sie hier eingehen und sie vom Standpunkte der Zweckmäßigkeitslehre aus betrachten.

Genaue Untersuchungen hierüber verdanken wir Ernst Mehnert. Auf ausgedehnte spezielle Studien ließ er zwei zusammenfassende Werke folgen, die seine Ergebnisse in allen Folgerungen geben, die »Kainogenesis« und »Biomechanik«. Diese Bücher sind mit Unrecht wenig beachtet worden. Allerdings —, in Einzelheiten vermißt man oft logisches Denken. Seine scharf geschiedenen Rubriken vermengt Mehnert in seinen Auseinandersetzungen miteinander, die meist mit großer Sicherheit hingestellten Beispiele sind oft nichts weniger als beweisend, und seine Schlußfolgerungen, besonders wenn sie auf das Soziale hinüberstreifen, sind höchst eigenartig und entbehren manchmal nicht der Komik. Immerhin, Mehnert hat die ganze Entwicklung von seinem Standpunkt aus durchdacht, seine Bücher sind gedankenreich und reizen zum Denken, wenn auch oft zum Widerspruch heraus, Vorzüge, die wir dem früh verstorbenen Forscher nicht vergessen wollen.

Die Vorteile und Nachteile seiner Ausführungen zeigen sich klar in dem Kapitel über die Entwicklung »regressiver Organisationen«. Mehnert fand, daß »rudimentäre« Organe einmal einen frühzeitigen Abschluß ihrer Entfaltung, den er Abbreviation nennt, und eine Verlangsamung der Entfaltung, eine Retardation erfahren. Der richtige Gedanke, der darin liegt, ist der, daß die Rückbildung eines Organs nicht nur in einem Abbau von oben her stattfindet, der allein die Endstadien beträfe, sondern sich in der ganzen Organogenese von der Anlage des Organs an bemerkbar macht. Nach der früheren Vorstellung »würde es sich um einen Prozeß handeln, welcher im Bilde verglichen werden kann mit einer ... planmäßigen successive von oben her einsetzenden, durch Abtragung bedingten Kürzung einer Pyramide oder Obelisken« (1898, S. 43) s. Fig. 40 *A* (Seite 203). Dagegen findet eine »Alteration des ganzen Entfaltungsprozesses von der ersten Anlage an bis zum Stillstand dieses Prozesses« statt, also eine Beeinflussung der Pyramide oder Säule in ihrer ganzen Höhe, wie es Fig. 40 *B* und *C* zeigen.

Bei der innigen Verknüpfung, die wir zwischen den Entwicklungsstufen und dem ausgebildeten Zustand eines Organs fanden, ist es auch nicht anders zu erwarten, als daß von einer Veränderung des fertigen Organs auch seine Genese beeinflußt wird. Wird ein Gebilde kleiner, so ändert sich die Aufgabe seiner embryonalen Zustände, sie haben ein kleineres Organ heranzubilden und werden dementsprechend schon weniger Material zum Aufbau heranschaffen.

Wie es sich freilich im einzelnen mit den beiden Mehnertschen Begriffen der Abbreviation und Retardation verhält, das muß erst genauer untersucht werden, am besten an einem klaren und instruktiven Beispiel. Sehr gut dient hierzu die erheblich reduzierte Linse des Maulwurfs, die auf Bau und Entwicklung von mehreren Seiten genau untersucht worden ist, besonders von Kohl und in vorzüglicher Weise von Rabl.

a) Abbreviation.

Der frühzeitige Abschluß der Entfaltung eines Organs bedingt ein Stehenbleiben auf einer späteren oder früheren Entwicklungsstufe, einen Vorgang, den Kohl in den Ergebnissen seiner Untersuchungen über rudimentäre Wirbeltieraugen mehrfach betont.

Für die Maulwurfslinse schreibt Rabl: sie erreicht »nie auch nur annähernd den hohen Grad der Ausbildung, welchen sie bei den übrigen Säugetieren im entwickelten Zustand zeigt ... So treffen wir denn auch in der fertigen Linse weder meridionale Reihen an der Epithelgrenze, noch auch radiäre Lamellen in der Linsenfasermasse.«

Andere Beispiele führt Mehnert aus dem Skelettsystem an; schon der frühzeitige Abschluß des Wachstums, der die Kleinheit vieler Rückbildungen bedingt, gehört hierher. Für das Stehenbleiben auf einer früheren Differenzierungsstufe findet er im Skelettsystem Beispiele, indem verkümmerte Gebilde oft nicht den knöchernen Zustand der wohlentwickelten erreichen, sondern auf dem knorpeligen stehen bleiben. Das Ausschlaggebende ist dabei natürlich, daß diese Gebilde zeitlebens auf dieser frühen Stufe verharren und nicht, wie Mehnert unlogisch sagt, ziemlich lange —, dann ist es eben Retardation und nicht Abbreviation.

Als Verkürzung ist weiterhin, von Mehnert nicht hervorgehoben, die der Lebensdauer des reduzierten Organs aufzufassen, indem es wie die bei jungen Tieren schwindende Linse des *Proteus*, sich nur im Jugendstadium, oder wie die abortiven Organe, nur während der Embryonalzeit erhält.

Wir finden also bei regressiven Organen eine Verkürzung in drei Richtungen: des Wachstums, der Differenzierung und der Lebensdauer.

Vom funktionellen Standpunkt lassen sich diese drei Veränderungen der Organogenese wohl verstehen: eine Verkleinerung ist möglich, weil die geringer gewordene Tätigkeit das Organ nicht mehr in seinem früheren Vollwert braucht; ebenso kann es auf einer früheren Stufe der Ausbildung stehen bleiben, wenn diese für die geringer und vielleicht allgemeiner gewordene Funktion das nötige leistete. Es ist vielleicht denkbar, daß ein Skelettstück im Knorpelstadium immer noch die Festigkeit besitzt, die gerade notwendig ist. Natürlich hat diese Art der mangelhaften Ausbildung seine Grenze; sobald ein Entwicklungszustand nicht mehr genügt, um die Aufgabe des Organs zu erfüllen, kann er nie das bleibende Endstadium bilden; ad absurdum geführt: auf dem Stadium des Linsengrübchens kann die Linse nie stehen bleiben, weil sie da dem Erwachsenen keine Dienste leisten könnte. Eine Verkürzung der geweblichen Differenzierung findet also bei regressiven Organen nur soweit statt, als es seine Funktion erlaubt.

Die Abkürzung der Lebensdauer endlich kann die Biologie ebenfalls erklären: ist das Organ gar nicht mehr nötig beim Erwachsenen, so verschwindet es völlig. Sein Auftreten in der Embryogenese als abortives Organ ist vom finalen Standpunkt oben besprochen worden.

b) Retardation.

Die Verlangsamung der Entfaltung äußert sich nach Mehnert als *α*) Verspätung der sogenannten Anlage des Organs, *β*) verlangsamte histologische Differenzierung, *γ*) Verlangsamung des ganzen Wachstums.

α) Verspätung der Anlage.

Mehnert betrachtet diese Erscheinung als die reinste Form seiner Verlangsamung der Entfaltung. Ich möchte sie jedoch ganz aus diesem Gestaltungskomplex herausnehmen. Es handelt sich um eine Verspätung des Auftretens des Organs und nicht um die Retardation seiner Entwicklung. Zudem tritt eine solche Verschiebung der Anlage bei kataplastischen Organen nicht ein, wie die Anlage der Linse des Maulwurfs und andere Beispiele lehren. Mehnert führt zwar als »ein sehr prägnantes und gegen einen jeden Einwand gesichertes« Beispiel die epitheliale Anlage des Weisheitszahnes an, meines Erachtens ein sehr unglücklich gewähltes Beispiel; denn wenn derselbe noch im vierten Jahre nur aus einer leichten Verdickung des Zahnleistenendes besteht, so ist dies eben ein langes Verharren auf früher Stufe und keine Verspätung der Anlage. Mit demselben Rechte müßte man auch den zweiten Molaren für rudimentär erklären, da er nach Röse noch im vierten Monat nach der Geburt erst als verdicktes Ende der Zahnleiste erscheint, während der erste bereits in der 17. Embryonalwoche diese Phase überschritten hat.

Hätte Mehnert nach anderen Beispielen gesucht, so würde er sich sofort von der Haltlosigkeit dieser seiner Behauptung überzeugt haben. Ich habe die Anlage mehrerer rudimentärer Organe verglichen mit der gleichen Anlage bei Tieren, welche das betreffende Organ noch voll funktionierend zeigen. Zum großen Teil stammen diese Angaben aus den von Keibel herausgegebenen Normentafeln. Als Beispiele wähle ich das Jakobsonsche Organ, das beim Menschen völlig rudimentär geworden ist, bei den Eidechsen aber ein hochentwickeltes Sinneswerkzeug darstellt, die zugrunde gehenden Glomeruli der Urniere (bei Eidechsen bis zum ersten Winterschlaf tätig) und endlich die Maulwurfslinse, verglichen mit dem gleichen Organ anderer Säuger. Es ergeben sich so Beispiele von rudimentärem Verhalten innerhalb einer Klasse (Maulwurfslinse) und innerhalb des ganzen Amniotenreiches. Die Zahl der Ursegmente charakterisiert den Entwicklungsgrad des Embryos zur Zeit der Anlage des Organs.

1. Jakobsonsches Organ:

Mensch	38	Ursegmente
Schwein	44—50	„
Eidechse	40	„

2. Glomeruli der Urniere:

Mensch	34	Ursegmente
Tarsius	30	„
Schwein	20	„
Eidechse	28—29	„
Huhn, Sittich	34	„

3. Linse der Säugetiere:

Mensch	30—35	Ursegmente
Tarsius	31	„
Schwein	34—35	„
Kaninchen	32	„
Maulwurf	32—33	„

Die Listen zeigen, daß in keinem Falle die Anlage des rudimentären Organs sich gegenüber der des funktionierenden erheblich verspätet; das Jakobsonsche Organ entsteht bei Mensch und Eidechse ungefähr zur gleichen Zeit; die Anlage der Urnierenglomeruli erfolgt bei der Eidechse sogar später, als bei dem Schwein, obgleich sie bei ersterer noch nach der Geburt tätig sind. Endlich stimmt die Anlage der Maulwurfslinse zeitlich völlig überein mit der Anlage der übrigen Säugerlinsen.

Auch bei anderen Organen läßt sich dies nachweisen. Die viel kleineren, nicht zur Funktion der Drüse herangezogenen männlichen Brustwarzen legen sich zu gleicher Zeit an, wie die weiblichen. Die erste Spur der Milchdrüse zeigt sich als Milchlinie in ganzer Länge, ohne daß die bald wieder rückgebildeten Teile später in Erscheinung träten, als wie die sich voll entwickelnden.

Es folgt aus diesen Befunden, daß die Zeit der Anlage der regressiven Organe dieselbe ist, wie die der Entstehung der Vollorgane. Es ist auch gar kein Grund ersichtlich für die Forderung, die Anlage eines regressiven Organs hinauszuschieben. Sie findet zu einer fest normierten Zeit statt, in der die vielfach ineinandergreifenden Bildungsvorgänge im Embryo sich gerade zugespitzt haben, die betreffende Anlage zu schaffen. Weshalb sollte beim Einsetzen der Rückbildung dieser Zeitpunkt verschoben und das innere Gleichgewicht des Embryo in dieser Phase gestört werden? Denken wir uns diese angenommene Verspätung weit hinausgerückt, so kommen wir leicht zu ganz unmöglichen Folgerungen: eine Linse müßte eventuell zu einer Zeit entstehen, in der die Haut bereits stark differenziert und gar nicht mehr in der Lage ist, ein solches Produkt zu schaffen.

Allerdings wird die erste Anlage eines Organs anscheinend auch von dem Prozeß der Rückbildung betroffen, aber in einer anderen Richtung, als Mehnert annimmt, nämlich insofern, als sie kleiner wird. Rabl betont für die Maulwurfslinse, daß »schon die erste Anlage des Organs kleiner und zellenärmer ist, als bei den übrigen Säugetieren«. Allerdings hat er nicht die erste Linsenverdickung, sondern bereits eine seichte Grube als frühestes Stadium gehabt, seine Annahme dürfte sich aber als berechtigt erweisen.

Die Zweckmäßigkeit dieses Verhaltens ist leicht einzusehen; wenn das Organ im fertigen Zustand kleiner und zellenärmer geworden ist, so ist es nicht nötig, daß es während seiner Entwicklung die frühere Mächtigkeit besitzt, es wird sparsamer gewirtschaftet, wenn gleich von Anfang an weniger Zellen für die Anlage aufgewendet werden; ein kleines Organ braucht nur eine kleine Anlage.

Freilich kann sich während der Organogenese noch ein anderer Faktor geltend machen, der zu dem gleichen Ergebnis führt, und den Mehnert auch anführt.

β) Verlangsamung des ganzen Wachstumsprozesses.

Ihr Folgezustand ist die Produktion von zwerghaft bleibenden Organen.

Es ist möglich, daß dieser Prozeß mit dem der Verkleinerung der Anlage vereinigt die Zwerghaftigkeit eines reduzierten Organs zur Folge hat. Auch er ist biologisch leicht zu verstehen. Wieviel auf den einen und wieviel dabei auf den anderen Vorgang zu schieben ist, ist zurzeit noch nicht ersichtlich.

Als dritte Erscheinungsform der Retardation bezeichnet Mehnert

γ) Verlangsamte histologische Differenzierung.

»Dieselbe hat zur Folge eine zeitliche Verlängerung der histologischen Vorstufen, bzw. ein verspätetes Einsetzen der nachfolgenden Perioden der Differenzierung.«

In der Beweisführung dieses Satzes wird man Mehnert nicht folgen können. Er stellt entweder unvergleichbare Organe nebeneinander (paarige Augen und Pinealauge!) oder bezeichnet Gebilde, die doch sicher nicht reduziert sind, als verkümmert, wie den Processus styloideus des Menschen.

Auch Rabls Angaben sprechen nicht ohne weiteres für Mehnert. Er betont zwar, daß sich die Maulwurfslinse relativ langsam entwickelt, doch bezieht sich diese Angabe auf das Größenwachstum dieses Organs. Interessant wäre es, die histologische Differenzierung der Linse des Maulwurfs zeitlich mit der anderer Säuger zu vergleichen. Leider gibt Rabl keine Handhaben zur Beurteilung des Entwicklungsgrades der Embryonen, die er für seine Untersuchung benutzt hat. Eine einzige Angabe ist verwendbar: Das Stadium des Schlusses des Linsenbläschens, das aber noch mit dem Ektoderm in Zusammenhang steht, ist erreicht bei einem Embryo, bei dem der zweite Kiemenbogen schon über den Sinus cervicalis hinübergewachsen, vom dritten und vierten Kiemenbogen daher an der Oberfläche nichts mehr zu sehen ist.

Nach Figuren und Beschreibungen aus Rabls Entwicklung des Gesichts findet sich eine geschlossene Linse bei Kaninchen, Schwein und Mensch bei Embryonen, die den 3. und 4. Schlundbogen im Oberflächenbild noch erkennen lassen. Dies ergäbe in der Tat eine Verlangsamung der histologischen Differenzierung der Maulwurfslinse in geringem Grade, ebenso wie der Vergleich des Stadiums, in dem der Linsenhohlraum nur einen engen Spalt darstellt; denn ein solcher Embryo mißt beim Maulwurf nach Rabl 19 mm, beim Schwein nach Keibel 18,6 mm.

Doch sind diese Angaben viel zu ungenau, um daraus einen weittragenden Schluß ziehen zu können. Die Frage bedarf noch eingehender Durcharbeitung. Ich glaube nicht, daß die von Mehnert geforderte Verlangsamung histologischer Differenzierung irgendeinen bedeutenden Grad bei sich rückbildenden Organen erreichen kann; vom biologischen Standpunkt wäre gegen eine solche dasselbe einzuwenden, was gegen eine Verspätung der ersten Anlage ins Feld geführt wurde.

Mehnert stützt seine Beweisführung auf ein großes Rüstzeug von regressiven Skelettstücken, die freilich auf ihre Brauchbarkeit erst gesichtet werden müssen. Ausschalten möchte ich hierfür alle akzessorischen nur als Varianten auftretenden Karpalia, Tarsalia und ähnliche Skeletteile, die in eine normale Embryogenese nicht hineingehören; es ist durchaus nicht sicher, ob sie alle der Reduktion unterliegen oder verfallen sind.

Auch die anderen von Mehnert herangezogenen Beispiele sind nicht immer in seinem Sinne verwendbar, da er vorerst noch verlangsamte Differenzierung und verlangsamtes Wachstum zusammenwirft. Endlich schwächt er die Gültigkeit seines Satzes noch selbst durch die Bemerkung ab, »daß regressive und progressive Skelettstücke auch nahezu gleichzeitig verknöchern können.«

Immerhin lassen sich, besonders aus Mehnerts »Kainogenesis«, eine Anzahl von Beispielen heranziehen, die sämtlich dem Skelettsystem entnommen sind, bei denen in der Tat die histologische Differenzierung regressiver Elemente nachhinkt: die Verknorpelung, die Verknöcherung setzt später ein, als bei den progressiven. Auch hier muß erst noch der Nachweis geführt werden, ob bei den progressiven Stücken nicht eine Verfrühung des Prozesses stattfindet, der dann bei den rückgebildeten also zur normalen Zeit vor sich ginge. Denn bei in fortschreitender Ausbildung befindlichen Organen scheint in der Tat die Anlage früher zu erscheinen, die Entwicklung schneller abzulaufen. Dies muß noch genauer geprüft werden.

Verwunderlich wäre es nicht, wenn sich verspätete Verknorpelung und Verknöcherung bei regressiven Elementen fände, denn diese Vorgänge sind nicht. wie z. B. die Linsenanlage, an ein bestimmtes Embryonalstadium gebunden, sondern laufen in gleicher Weise beim Embryo wie beim Erwachsenen ab, und auch funktionell wäre zu verstehen, daß ein in Rückbildung begriffenes Skelettstück noch längere Zeit seine geringe Aufgabe in einem Zustand leisten könnte, den kräftigere Elemente schon durchlaufen haben, daß ihre Differenzierung sich also verlangsame.

Verlangsamte histologische Differenzierung regressiver Organe ist also wohl keine allgemein auftretende Entwicklungsänderung. Vielleicht findet sie sich bei Skelettstücken.

Eine Erscheinung kann sich bei regressiven Organen einstellen, die Mehnert nicht besonders aufführt, nämlich eine Rückbildung während der Ontogenese.

Schon das Lehrbeispiel der Maulwurfslinse zeigt es; es bilden sich in ihr Linsenfasern, die aber einer Rückbildung verfallen. »Die zu einer gewissen Zeit ganz deutliche faserige Struktur geht später wieder fast völlig verloren«, schreibt Rabl. Andere Organe schwinden gänzlich, wie die Linse des Olms, die bei jungen Tieren vollständig zugrunde geht. Damit kommen wir ins Bereich der bereits erörterten abortiven Organe, auf die ich auch bezüglich der höchst schwierigen finalen Erklärung solcher Rückbildungen verweisen muß.

Unsere Ansicht von den morphologischen Erscheinungen, die sich bei der Entwicklung regressiver Organe abspielen, weicht also nicht unbeträchtlich von der Mehnerts ab; seine Abbreviation konnten wir annehmen als Verkürzung des Wachtums, der Differenzierung und der Lebensdauer; von seiner Retardation mußten wir eine Verspätung der Anlage rückgebildeter Organe ablehnen, ebenso in der Hauptsache eine Verlangsamung der histologischen Differenzierung, während eine Verlangsamung des ganzen Wachstumsprozesses nicht von der Hand zu weisen ist. Dazu kommt noch eine Rückbildung des Organs während seines individuellen Lebens.

Unsere verschiedenen Auffassungen lassen sich gut durch ein Diagramm verdeutlichen, das das Verhalten eines phylogenetisch zurückgehenden Organs in der Ontogenese veranschaulicht.

In Fig. 40 ist das betreffende Organ als Viereck *abcd* eingetragen. Die schmale Basis *ab* bedeutet seine Anlage, die obere breite Horizontale den Endzustand, die Höhe also seine Entwicklungszeit, die Breite seine Größe. Die frühere Ansicht, in Fig. 40*A* dargestellt, trägt das Organ von oben ab und läßt seine ersten Entwicklungsstufen unangetastet. Es verkürzt sich also allein seine Entwicklungsdauer (Höhe), indem der Endzustand im Leben des Individuum immer zeitiger und auf früherer Entwicklungsstufe erreicht wird. Markieren wir einige Etappen dieses Rückbildungsvorgangs, so würde das Organ erst auf *eeab*, dann auf *ffab*, auf *ggab* und endlich auf *hhab* zusammenschrumpfen, in letzterem Falle würden wir es vielleicht nur mit einem embryonalen Rest der Bildung zu tun haben, dessen ganze Lebensdauer in die Ontogenese fällt. Mehnert (Fig. 40*B*) trägt das Organ nicht nur von oben ab, sondern verkleinert es auch (Verschmälerung des Vierecks) und schiebt seine Anlage weiter hinaus, kürzt es also auch gleichzeitig von unten. Das Schema Fig. 40*B* zeigt, wie die Anlage immer höher rückt, d. h. auf immer späteren Stadien erscheint, dabei aber an Größe (Breite) nichts einbüßt. Die vier Stufen der Rückbildung verhalten sich also ganz anders als wie im ersten Diagramm; *ee*, *ff*, *gg*, *hh* entsprechen den gleich bezeichneten Phasen des ersten Beispiels. Endlich gibt Fig. 40*C* unsere Anschauung wieder: Die Anlage des Organs (*ab*) schiebt sich nicht hinaus, sondern bleibt zeitlich an derselben Stelle (rückt nicht höher), doch verkleinert sie sich (*ae*, *af*, *ag*, *ah*), während gleichzeitig das Wachstum sich verlangsamt (Verschmälerung des ganzen Vierecks) und die Entwicklung früher stillsteht (Abtragung von oben), der Endzustand also eher erreicht wird. Die Genese des Organs verhält sich also während der vier angenommenen Rückbildungsstufen *ee*, *ff*, *gg*, *hh* ganz anders, wie die Fig. 40 *C* erkennen läßt.

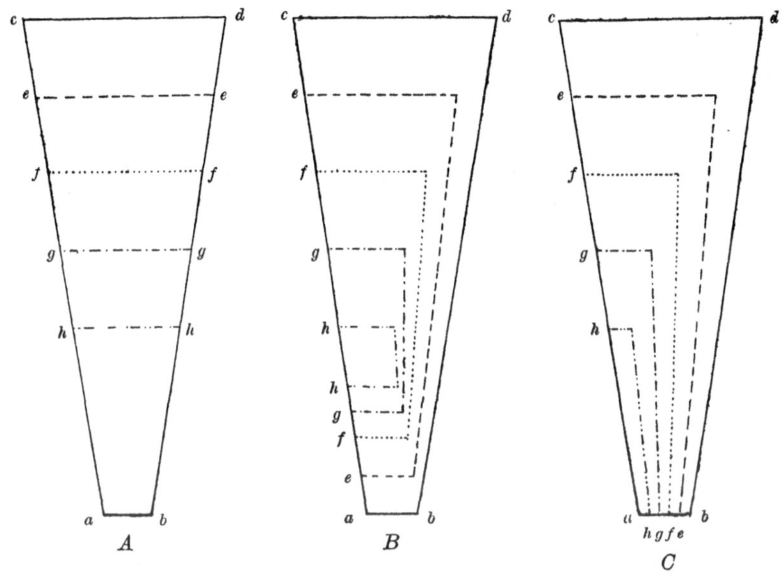

Fig. 40. Schemata des Verhaltens eines phylogenetisch sich rückbildenden Organs in der Ontogenese. *A* die gewöhnliche Annahme, *B* Mehnerts Anschauung, *C* unsere Auffassung.

Die Veränderungen, die ein reduziertes Organ während seiner Entwicklung erleidet, bestehen also in folgenden Vorgängen:

I. Das Wachstum betreffend.
   1. Verkleinerung der Anlage, die in Gemeinschaft mit einer
   2. Verlangsamung des Wachtums und
   3. frühzeitigem Abschlusse des Wachstums die Kleinheit des Organs bedingt.

II. Die Differenzierung betreffend.
   Die Differenzierung kann
   1. sich verlangsamen (vielleicht nur bei Skelettstücken),
   2. nicht die Höhe eines Vollorgans erreichen,
   3. Rückbildung erleiden.

III. Die Lebensdauer kann verkürzt werden, indem das Organ aus dem fertigen Zustand verschwindet und nur noch in der Ontogenese erscheint.

Alle diese Vorgänge konnten vom finalen Gesichtspunkt verstanden werden.

Auch die rückgebildeten Organe werden den Anforderungen der Zweckmäßigkeit gerecht, sowohl in ihrem ausgebildeten Zustande, wie während der Entwicklung. Gestalt und Funktion gehen auch bei ihnen Hand in Hand, der physiologischen Bedeutung entspricht die Höhe der morphologischen Ausbildung. Große Schwierigkeiten boten die in der Ontogenese eintretenden Rückbildungen, wie sie besonders die abortiven Organe zeigen. Doch auch bei diesen konnte das Vorhandensein einer biologischen Aufgabe wahrscheinlich gemacht werden, so daß sie nicht von vornherein von der Hand gewiesen werden darf.

Literatur.

1912. Abel, O., Grundzüge der Paläobiologie der Wirbeltiere. Stuttgart.

1914. Bonnet, R., Über kataplastische und anaplastische Organe. Erg. d. Anat. u. Entwgesch. Bd. 21.

1897—1902. Brauer, A., Beiträge zur Kenntnis der Entwicklungsgeschichte und der Anatomie der Gymnophionen, I, II, III. Zool. Jahrb., Anat. Abt. Bd. 10, 12, 16.

1899. Budgett, J., Notes on the Batrachians of the Paraguan Chaco. Quart. Journ. micr. Sc. XLII.

1901. Dollo, L., Sur l'Origine de la Tortue Luth. Bull. Soc. Roy. Bruxelles.

1904. Felix, W., Die Entwicklung des Harnapparates. Handb. d. Entwicklungslehre der Wirbeltiere von O. Hertwig, III, 1.

1912. Kammerer, P., Experimente über Fortpflanzung, Farbe, Augen und Körperreduktion bei Proteus anguinus. Arch. f. Entwmech. Bd. 33.

1897—1910. Keibel, Fr., Normentafeln zur Entwicklungsgeschichte der Wirbeltiere, herausgegeben von Fr. Keibel.

1893—95. Kohl, C., Rudimentäre Wirbeltieraugen. Zoologica IV, V.

1886. Mayer, P., Die unparen Flossen der Selachier. Mitt. zool. Stat. Neapel Bd. 6.

1897. Mehnert, E., Kainogenesis als Ausdruck differenter phylogenetiseher Energien. Morphol. Arbeiten VII.

1898. Mehnert, E., Biomechanik, erschlossen aus dem Prinzipe der Organogenese. Jena, Fischer.

1917. Merkel, Fr., Die Anatomie des Menschen, V. Wiesbaden.

1907. Nowikoff, M., Über das Parietalauge von Lacerta agilis und Anguis fragilis. Biol. Zentralblatt Bd. 27.

1910. Peter, K., Über die biologische Bedeutung embryonaler und rudimentärer Organe. Arch. f. Entwmech. Bd. 20, I.

1913. Plate, L., Selektionsprinzip und Probleme der Artbildung, 4. Aufl. Leipzig u. Berlin.

1896. Rabl, C., Über die Entwicklung des Urogenitalsystems der Selachier. Morph. Jahrb. Bd. 24.

1899. Rabl, C., Über den Bau und die Entwicklung der Linse. III. Teil: Die Linse der Säugetiere. Zeitschr. f. wiss. Zool. Bd. 67.
1902. Rabl, C., Die Entwicklung des Gesichtes. I. Heft: Das Gesicht der Säugetiere I. Leipzig.
1891. Röse, C., Über die Entwicklung der Zähne des Menschen. Arch. f. mikr. Anat. Bd. 38.
1887—1891. Sarasin, P. u. Fr., Ergebnisse wissensch. Forschungen auf Ceylon. 2. Zur Entwicklungsgeschichte und Anatomie der ceylonesischen Blindwühle. Wiesbaden.
1910. Schultz, E., Prinzipien der rationellen vergleichenden Embryologie. Leipzig.
1886. Spencer, W. B., On the Presence and Structure of the Pineal Eye in Lacertilia. Quart. Journ. Micr. Sc. 27.
1913. Werner, F., Lurche und Kriechtiere. Brehms Tierleben, 4. Aufl.
1900. Wiedersheim, R., Brutpflege bei niederen Wirbeltieren. Biol. Zentralbl. Bd. 20.

Neuntes Kapitel.

Kleine Abschnitte der Entwicklungsgeschichte in finaler Darstellung.

Hineintragen des Zweckmäßigkeitsgedankens in die Schilderung embryonaler Entwicklungsvorgänge. Vorteile und Gang einer solchen Darstellung. A. Die Entwicklung des Geruchsorgans. Erklärung von Herkunft und Ort der Anlage, der Umbildung zur Riechgrube, zum Geruchskanal. Verschiedene Bildungsmodi bei Amphibien und Amnioten. Weiterer Ausbau. B. Die Entwicklung des Herzens der Säugetiere. Notwendigkeit des doppelten Herzens bei Erwachsenen, des einfachen bei Embryonen, der doppelten Anlage. Schwierigkeiten der Umbildungen.

Die in den drei vorhergehenden Kapiteln niedergelegten Erörterungen über die Zweckmäßigkeit embryonaler Organe und Vorgänge legen den Gedanken nahe, die ganze Entwicklungsgeschichte einmal vom finalen Standpunkt aus zu behandeln.

Doch wäre ein solches Unternehmen sehr verfrüht. Denn wenn auch zu den besprochenen Beispielen schwer erklärbare Gebilde und Prozesse gewählt worden waren und der Nützlichkeitswert mancher Organe nun viel klarer vor Augen liegt, so wissen wir doch noch gar zu wenig von der Biologie des Embryo, um eine »biologische Embryologie« verfassen zu können; sie würde mehr Fragezeichen als Erklärungen enthalten.

Wenn ich eine Durcharbeitung der Entwicklungsgeschichte vom finalen Standpunkt auch zurzeit noch für nicht ausführbar halte, so ist damit doch nicht gesagt, daß man den Zweckmäßigkeitsgedanken nicht in die Embryologie hineintragen sollte. Im

Gegenteil, ich halte dies für sehr nützlich und tue es selbst in den Vorlesungen, da ich glaube, manches schwierige Verhältnis den Studenten auf diesem Wege erklären zu können.

Ich kann mir nicht versagen, einige kleine Bruchstücke aus der Säugetierentwicklung unter Betonung der finalen Anschauung hier wiederzugeben. Ich bin mir wohl bewußt, daß eine derartig ausschließliche Berücksichtigung der einen Betrachtungsweise etwas monotones hat. Doch stellt sie nicht die Form dar, in der ich mir eine ideale Darstellung der Embryogenese denke, denn diese müßte die Ergebnisse der gleichwertigen phylogenetischen und kausalen Forschung in gleicher Weise verwenden. Auch würde schon die genauere Beschreibung des Tatsächlichen, die ich hier unterlassen kann, die steten Hinweise auf die Zweckmäßigkeit unterbrechen.

Wollen wir den Entwicklungsgang eines Organs in unserer Weise erklären, so müssen wir von dem Stadium der höchsten Funktion ausgehen, also meist von dem, den das erwachsene Tier repräsentiert. Denn will ich z. B. die Anlage und den Ausbau des Nervensystems verstehen, so muß ich erst wissen, was daraus werden soll, was die ganze abgeteilte Zellmasse eigentlich für eine prospektive Bedeutung hat. Die Funktion des fertigen Organs machen wir uns klar und gelangen damit zu einem Verständnis des Ortes, der Art der Anlage, sowie der Umbildungen, die, wenn das Organ beim Embryo vielleicht anders funktioniert, als beim Erwachsenen, Umwege nehmen, die biologisch klar werden.

Es ist also der umgekehrte Weg, den wir in unserer Darstellung nehmen, als er gewöhnlich gegangen wird. Man pflegt sonst bei der Schilderung der Organogenese von der ersten Anlage auszugehen und von dieser einfachen Bildung der verwickelten Verhältnisse des fertigen Organs abzuleiten. Das ist selbstverständlich berechtigt und geboten. Aber für die erste Übersicht der Entwicklung, die die finale Erklärung liefern soll, ist es notwendig von Bekanntem auszugehen, und dies sind die fertigen Zustände. Die genaue Besprechung folgt natürlich dem Gange der Entwicklung. Beispiele werden es klar machen, wie ich mir diese Schilderung denke.

A. Die Entwicklung des Geruchsorgans.

Das Geruchsorgan hat die Aufgabe, die Riechstoffe des umgebenden Medium wahrzunehmen und diesen Reiz dem Gehirn zu übermitteln. Es muß also seinen Ausgang nehmen von der äußeren Bedeckung, dem Ektoderm, damit es unmittelbar an die zu prüfenden Medien, Wasser oder Luft, grenzt.

Bei einigen Tieren teilt sich das Hautblatt sehr früh in zwei Schichten. Eine äußere bildet eine Schutzhülle um den Embryo, während die innere als Sinnesschicht den Sinnesorganen zum Ursprung dient. Dies findet sich bei Knochenfischen und Amphibien. Nun muß aber das Riechepithel, das bei diesen Klassen in früher Anlage von der Hüllschicht bedeckt ist, an die Oberfläche, um mit dem zu untersuchenden Wasser direkt in Berührung zu sein. Daher gehen über dem Riechepithel die Zellen der Deckschicht zugrunde. Dies ist bei all diesen Formen beobachtet, bei Amphibien sogar bei allen drei Ordnungen der Anuren, Urodelen und Gymnophionen, so verschieden bei ihnen sonst auch die Entwicklung des Geruchsorgans vor sich geht.

Der Ort der Anlage des Riechepithels muß die Kopfspitze sein, damit das im Wasser schwimmende Tier mit dem vorangehenden Kopf gleich das Wasser, in das es hineingerät, prüfen kann. Bei den Luftatmern ist diese Stelle gleichfalls geboten, da das Riechorgan mit dem Anfangsteil des Verdauungs- und Atmungsrohres in nahe Beziehung treten muß.

Das Sinnesepithel ist sehr empfindlich und wenig widerstandsfähig. Daher muß es der äußeren Oberfläche, die Verletzungen leicht ausgesetzt ist, entzogen und in die Tiefe gerückt werden. Infolgedessen senkt sich die Anlage des Riechorgans, das platte Riechfeld, sehr bald ein und bildet die Riechgrube.

In eine solche Grube kann das umgebende Medium schwer eindringen, besonders ein Wechsel kann nur langsam stattfinden. Das Wasser, die Luft müssen reichlich die Sinneszellen umspülen, damit jede Veränderung beizeiten bemerkt werden kann. Bei Wasseratmern genügt eine Rinne oder ein Rohr mit einer Ein- und einer Ausströmungsöffnung, mit oder ohne Beziehungen zum Mund (Knochenfische, Selachier). Bei Luftatmern dagegen kann Luftwechsel nur durch den Akt des Atmens herbeigeführt werden; da muß eine Mündung des Riechrohres außen, die andere im Verdauungsrohr liegen, von dem sich die Lungen abspalten.

Diese Umbildung der Riechgrube zum Riechkanal findet in den Wirbeltierklassen in verschiedener Weise statt. Bei Frosch- und Schwanzlurchen wächst die Anlage einfach dem Kopfdarm entgegen und bricht in das Vorderende des entodermalen Rohrs durch. Bei ihnen ist ein solcher sich ausschließlich im Innern des Kopfes abspielender Vorgang nötig, da die Larven während dieser Entwicklungsprozesse ein freies Leben führen und sich ernähren müssen. Sie bedürfen daher besonderer Organe: der Mund muß frühzeitig in Tätigkeit treten und dazu bei Kaulquappen die vergänglichen Hornkiefer tragen, und schon vor dessen Durchbruch finden sich bei Anurenlarven die Haftnäpfe, die die ganze Ventralseite des Kopfes beherrschen, bei Tritonen die Kieferbogenfortsätze. Die Oberfläche des Kopfes ist also von Organen eingenommen, die zur Erhaltung der Larve selbst gehören, und für Vorgänge, die später funktionierende Gebilde entstehen lassen sollen und die an der Außenfläche liegenden Bildungen stören könnten, ist gewissermaßen dort kein Platz vorhanden. Sie werden vollständig ins Innere des Kopfes verlegt. So erklärt sich meines Erachtens die sonst völlig unverständliche und von dem bei den übrigen Wirbeltierklassen eingehaltenen Modus ganz abweichende Bildung des Riechkanals bei Urodelen und Anuren, die eine entodermale primitive Choane liefert.

Ich fasse also diesen Entwicklungsgang, so einfach er auch erscheinen mag, auf als hervorgerufen durch das freie Larvenstadium. Ob er primär oder sekundär ist, ist damit nicht gesagt; ich möchte mich für das letztere entscheiden, da die Vorfahren der Amphibien wohl dotterreichere Eier besessen haben.

Einen Beweis für die Richtigkeit dieser Auffassung sehe ich in dem abweichenden Verhalten der dritten Amphibiengruppe, der Gymnophionen. Der Embryo entwickelt sich bei den untersuchten Arten (*Hypogeophis*, *Ichthyophis*) in großem dotterreichen Ei, und die Genese des Riechorgans schlägt ganz andere Bahnen ein, als bei den übrigen Amphibien; der Riechsack bricht nicht in den entodermalen Vorderdarm durch, sondern es entsteht eine ektodermale Choane in ähnlicher Weise, wie bei den Amnioten.

Bei diesen sind bei der weiteren Entwicklung des Geruchsorgans keine Rücksichten zu nehmen auf eine Abrundung des Kopfes und auf Organe, die dessen Oberfläche einnehmen, wie es bei den jungen Amphibienlarven notwendig war. Hier liegt also kein Grund vor, von dem ursprünglichen Modus der Genese abzuweichen. Er kann beibehalten werden und wird weiter ausgebaut. Wir finden bei den Amniotenembryonen also einen Riechsack, der sich in eine Rinne nach der Mundbucht auszieht und durch Verwachsen seitlicher Falten in ein Rohr umgewandelt wird: so wenigstens bei Reptilien und Vögeln. Den von Hochstetter zuerst erkannten abweichenden Vorgang bei Säugern kann ich final nicht erklären.

Der Typus des Geruchsorgans ist mit der Bildung der primitiven Choane geschaffen: ein Rohr, das von außen die Luft aufnehmen kann und sie unter Vorbeistreichen an dem Riechepithel in den Atmungsapparat leitet.

Auch der weitere Ausbau ist leicht verständlich: die Herausmodellierung der Muscheln zur Oberflächenvergrößerung, deren die

Nase bedarf zur Unterbringung großer Flächen von Riechepithel und zur Anwärmung, Anfeuchtung und Vorreinigung der Atmungsluft; die Bildung des definitiven Gaumens zur Scheidung des Kopfdarmes in Atmungs- und Ernährungsteil; die Heranziehung des Kopfskeletts, um all den Gebilden eine feste Stütze zu verleihen, — kurz für alle Entwicklungsvorgänge lassen sich Nützlichkeitsgesichtspunkte finden.

Noch ein zweites Beispiel möchte ich hier anfügen, da in diesem die Entwicklung nicht geraden Weges auf das Endziel zusteuert, sondern Umwege macht, die durch eine embryonale Funktion verständlich werden.

B. Die Entwicklung des Herzens der Säugetiere.

Die Säugetiere brauchen im ausgebildeten Zustand ein doppeltes Herz, da sie zwei ausgedehnte Kreisläufe besitzen, die nicht von einem Pumpwerk aus beide gespeist werden könnten. Das venöse rechte Herz nimmt das verbrauchte Blut des Körpers auf und jagt es durch den reinigenden Lungenkapillarkreislauf, das linke arterielle empfängt das sauerstoffbeladene Blut aus den Lungen und treibt es durch das Kapillarsystem des Körpers.

Leicht verständlich ist, daß diese beiden Herzen sich zu einem Organ in einer Perikardialhöhle mit zum Teil gemeinsamer Muskulatur zu gemeinsamer Arbeit zusammentun, einem Organ, das dann natürlich zur Vermeidung der Mischung von venösem und arteriellem Blute aus zwei vollständig getrennten Hälften bestehen muß. Weiterhin ist ersichtlich, daß sich auch die Abschnitte gleicher Funktion zusammentun und die beiden dünnwandigen Sammelbecken der Vorhöfe sich ebenso wie die muskulösen Pumpwerke der Kammern zusammenlegen.

Vor der Geburt funktionieren die Lungen aber noch nicht, und da fällt die Notwendigkeit eines doppelten Kreislaufs und eines doppelten Herzens weg. Der ernährende Kreislauf, seien es die Dottersack- oder die Plazentargefäße, ist gewissermaßen in den des Körpers mit eingeschlossen. In diesen Stadien bedürfen wir also nur eines einfachen Herzschlauches, wie ihn die Wasseratmer tragen, deren geringes Sauerstoffbedürfnis auf dem Wege des Körperblutes durch die Kiemen befriedigt wird. Also muß das emb onale Herz der Säuger einen einfachen Schlauch darstellen, sich aber im Augenblick der Geburt in das doppelte umwandeln, da sofort mit dem ersten Atemzuge der Lungenkreislauf sich einrichtet. Da nun bis zu diesem Moment das einfache Herz funktionieren muß, so ergibt sich mit Notwendigkeit ein höchst verwickelter und anscheinend umständlicher Entwicklungsgang des doppelten Herzens aus dem einfachen. Doch ist dieser verständlich, wenn wir bedenken, daß zur Zeit der Geburt eben alle Verhältnisse so gestaltet sein müssen, daß die Umschaltung des Kreislaufs plötzlich eintreten kann, alles muß daraufhin bereits vorbereitet sein. Diese Vorbereitungen fallen aber in die Zeit des einfachen, fetalen Kreislaufs und dürfen diesen nicht stören. Wir stehen hier vor einem Problem von staunenswerter Schwierigkeit und können uns nicht genug darüber wundern, wie dieses gelöst wird.

Der einfache Herzschlauch des Embryo muß bereits in frühesten Stadien in Funktion treten, um aus dem Dotter oder dem mütterlichen Gewebe die Nährstoffe holen zu können, zu einer Zeit, in der der Keim noch flach ausgebreitet auf dem Dottersack oder der Nabelblase liegt. Seine Anlage fällt daher noch in eine Zeit, in der der Teil des Darms, vor dem es ventral gelagert werden soll, noch nicht geschlossen ist, das Herz muß sich aber bilden, um zur rechten Zeit seine Tätigkeit beginnen zu können. Da nun die Ventralseite des Embryo noch zu beiden Seiten der Darmrinne flach ausgebreitet liegt, muß sich der Herzschlauch in zwei Hälften beiderseits des Darmes anlegen. Wir finden daher eine doppelte Anlage des Herzens bei Säugern. Beide Hälften vereinigen sich später unter dem zum Rohr geschlossenen Darm zu einem Schlauch.

Bekanntlich ist dieser Umweg der Entwicklung bei Amphibien nicht nötig, da der Darm nicht als weit offene Falte auftritt, und sich somit ein einheitlicher Endokardschlauch von Anfang an bilden kann.

Bei Säugetieren zeigt sich also ein höchst komplizierter Entwicklungsgang des Herzens: erst ist es doppelt, dann einfach, um endlich wieder doppelt zu werden. Doch ergibt sich die Umgestaltung leicht aus der Funktion: das Herz muß sehr früh in Tätigkeit treten und sich zu einer Zeit anlegen, in der der Darm noch eine Rinne darstellt. Daher muß es seitlich vom Darm in zwei Hälften entstehen. Zur Ausübung seiner Aufgabe muß es aber einen einfachen Schlauch formieren, der das Blut aufnehmen und wieder austreiben kann. Und nach der Geburt bedürfen wir zur Speisung des Körper- und des Lungenkreislaufs zweier Herzen, so daß sich das einfache Organ wieder spalten muß.

Soweit die Darstellnng des Entwicklungsvorganges des Herzens im allgemeinen; ich glaube, daß sie dem Verständnis des Studenten diese eigenartigen Umbildungsprozesse näher rückt.

Interessant wäre es, die Genese des Herzens im einzelnen in finaler Beleuchtung klarzulegen. Besonders die Teilung des einfachen Schlauches in die beiden Hälften, die eigentümlichen Klappenbildungen, die entstehen und vergehen, die Einschiebung der Vorhofsscheidewände geben gewiß für derartige Untersuchungen sehr viel des Reizvollen ab. Born hat in seiner mit Recht berühmten Herzarbeit bereits einige Fingerzeige in dieser Richtung gegeben. Möge es in nicht zu ferner Zeit glücken, diese schwierigen Vorgänge, die ja auch praktisch von einschneidender Bedeutung sind, auch funktionell verstehen zu lernen.

Diese beiden Beispiele mögen genügen, um die Vorteile einer entwicklungsgeschichtlichen Darstellung mit Berücksichtigung des Zweckmäßigkeitsstandpunktes erkennen zu lassen. Ich glaube, daß sie uns noch vieles wird erklären können und verspreche mir besonders viel Gutes für die Schilderung der Gastrulationsvorgänge.

Literatur.

1889. Born, G., Beiträge zur Entwicklungsgschichte des Säugetierherzens. Arch. f. mikr. Anat. Bd. 33.

1901/02. Hinsberg, V., Die Entwicklung der Nasenhöhle bei Amphibien, I, II, III. Arch. f. mikr. Anat. Bd. 58, 60.

1891. Hochstetter, F., Über die Bildung der inneren Nasengänge oder primitiven Choanen. Verhandl. Anat. Ges. 1891.

1902. Peter, K., Die Entwicklung des Geruchsorgans und Jakobsonschen Organs in der Reihe der Wirbeltiere. Hertwigs Handb. d. Entwgesch. d. Wirbeltiere, Bd. II.

Dritter Teil.

Die Zweckmäßigkeit in einigen der Embryologie verwandten Gebieten.

Zehntes Kapitel.

Die Erscheinungen der Regeneration.

Stellung der finalen Betrachtungsweise der Regeneration zur genetischen und kausalen. Ungenügende Beachtung derselben. Anwendung auf einzelne Erscheinungen und Vorgänge der Regeneration. A. Die verschieden große Regenerationsfähigkeit bei verschiedenen Tierformen. Cölenterata, Würmer, Urochordata, Wirbeltiere. Die Regenerationskraft einer Tierform entspricht ihrer Verletzungsmöglichkeit. B. Die verschieden große Regenerationsfähigkeit verschiedener Körpergegenden. 1. Einzelne Körperregionen. 2. Ersatz verloren gegangener Körperteile. 3. Innere Organe. Regenerationskraft parallel der Möglichkeit der Ausschaltung, sei es durch Verletzung oder Krankheit C. Abhängigkeit der Regenerationskraft vom Alter der Tiere. D. Verlauf und Verhalten der Regeneration. 1. Verlauf. Zweckmäßigkeit a) der Wundheilung, b) der Reihenfolge der regenerierten Teile. c) Schnelligkeit und Energie. d) Die Herkunft des verwendeten Zellmaterials (Linse der Urodelen, Pharynx der Anneliden). e) Besondere Prozesse: Morphallaxis und kompensatorische Regulation. 2. Das Verhalten der Regeneration gegen Einflüsse der Temperatur und der wechselnden Umgebung. E. Unzweckmäßige Regenerate. Experimentelle Erzeugung von Heteromorphosen spricht noch nicht für Möglichkeit ihres Vorkommens in freier Natur und damit für eine Unzweckmäßigkeit, die sich nur auf natürliche Verhältnisse erstrecken kann. Seltenheit solcher Regenerate in freier Natur.

In den letzten Kapiteln haben wir die Entwicklung vom finalen Standpunkt aus betrachtet und bei dieser Besprechung an einer Reihe verschiedener Beispiele durchgeführt, daß allen embryonalen Gebilden Zweckmäßigkeit innewohnt, daß alle embryonalen Vorgänge zweckmäßig ablaufen. Der Entwicklung steht die Neuentwicklung verloren gegangener Körperteile, die Regeneration, sehr nahe, und so drängt sich der Gedanke auf, auch diese Erscheinung auf ihren Nützlichkeitswert hin zu untersuchen.

Die Zweckmäßigkeit des Ersatzes verloren gegangener Teile erscheint so selbstverständlich, daß man eine Begründung der finalen Betrachtungsweise der Regeneration für noch überflüssiger halten möchte, als es für die embryonalen Prozesse häufig geschieht. Indes berühren sich Embryogenese und Regeneration auch in dem Punkte, daß unsere extreme Stellungnahme zu ihren Erscheinungen doch wohl neu ist, daß die Zweckmäßigkeit in ihnen nicht überall erkannt, ja oft geleugnet wird, daß die finale Betrachtung von manchen Forschern rundweg abgelehnt und von der genetischen und kausalen nicht logisch geschieden wird, während sie hier wie dort doch manches Licht auf die geheimnisvollen Vorgänge zu werfen imstande ist.

Wir müssen in diesem Kapitel daher in gleicher Weise vorgehen, wie in den früheren, und erst einmal die drei Betrachtungsweisen der Regeneration streng auseinander halten.

Mächtig hat von jeher das Forschen nach der Herkunft der Regeneration den Menschen angezogen, und der genetischen Betrachtungsweise sind lange geistreiche Erörterungen gewidmet worden, ohne daß in diesem Punkte eine Einigkeit erzielt worden wäre.

Zwei Ansichten stehen sich hier unvereinbar gegenüber.

Weismann hat seine Anschauung, die er mit Lessona und Bordage teilt, in seinem vielbefehdeten Buche »Das Keimplasma« niedergelegt. Er denkt sich die Fähigkeit, verloren gegangene Teile zu ersetzen, durch Selektion herangezüchtet. Die mit dieser Eigenschaft ausgestatteten Individuen blieben im Kampfe ums Dasein Sieger über die, denen diese Fähigkeit abging, und vererbten den vorteilhaften Charakter auf ihre Nachkommen. »Die Fähigkeit der Regeneration beruht also nicht auf einer primären Eigenschaft des Bion, sondern ist eine Anpassungserscheinung.« Wo sie fehlt, ist sie eben nicht entstanden, wo sie vorhanden ist, hat sie sich entwickelt.

Diese Idee wird von den meisten neueren Autoren bekämpft, die die Regenerationsfähigkeit als einen den Lebewesen von vornherein innewohnenden Charakter ansprechen. Im einzelnen sind die Meinungen in diesem Lager geteilt. Driesch z. B. will sie auf eine den anorganischen Körpern fremde Lebenskraft zurückführen, während Przibram ihr Vorkommen auch auf die anorganische Welt ausdehnen will und sie mit der Regeneration der Kristalle identifiziert.

Nicht immer scharf wird von der genetischen Betrachtungsweise die kausale getrennt, die die Kraft aufzudecken sucht, welche den Erscheinungen der Regeneration zugrunde liegt. Theorien der Regeneration gibt es in Menge· fast jeder Forscher, der sich mit diesem Thema beschäftigte, hat sich seine eigene Hypothese ausgedacht. Hier sollen sie natürlich nicht eingehend und vollständig besprochen werden; ihre kritische Beurteilung füllt ein besonderes Kapitel in Morgan-Moszkowskis Regenerationsbuch aus.

Weismann macht wie vorher in ähnlicher Weise Darwin das Keimplasma dafür verantwortlich, das in verschiedenen Körperteilen latent vorhanden ist und bei eingetretenen Verletzungen reaktiviert wird. Morgan-Moszkowski begründen ihre Spannungshypothese, die sie auf die Organisation überhaupt ausdehnen und daher das »Organisationsgesetz« nennen. Druck- und Zugmomente, die aus einer Schichtung der Substanzen im Anlagematerial an einer Verletzung folgen, stellen die Kräfte dar, »welche die chemischen Vorgänge, die zur Differenzierung führen, veranlassen oder wenigstens regulieren«. Przibram endlich faßt die Regeneration auf als »eine Folge der Störung des inneren Formgleichgewichts, indem nach allgemeinen energetischen Gesetzen ein Abfluß der Formbildungsenergien vom höheren zum niederen Niveau der Formbildung stattfindet«.

Die finale Betrachtung der Regeneration ist auch hier die älteste der drei Schwestern, indem schon von den ersten Beobachtern ihre Nützlichkeit erkannt wurde. Wie eingangs bereits erwähnt, drängt sich diese Ansicht jedem ohne weiteres auf. Der Ersatz eines verloren gegangenen Beines, die Überhäutung einer Wunde sind natürlich höchst zweckmäßige Vorgänge. Indes wurden allmählich Regenerationsprozesse bekannt, die zu keinem nützlichen Ergebnis führten, und so wurde die finale Anschauungsweise vernachlässigt, sie geriet in den Hintergrund, ja sie wurde verworfen. Und doch gebührt ihr ein Platz neben der genetischen und der kausalen, wie es in gleicher Weise im ersten Kapitel für die Ontogenese ausführlich dargelegt wurde. Denn sie ist völlig unabhängig von ihnen und beeinträchtigt ihren Wert in keiner Weise. Wenn Przibram sein Kapitel »Regeneration« in der Kultur der Gegenwart mit den Worten schließt: »daß diese kausalen Vorstellungen auch auf diesem Gebiete die automatischen Einstellungen der Natur besser erklären, als die Wiedereinführung der längst von den Physikern und Chemikern verpönten Zweckursachen« —, so ist ihm die Stellung dieser beiden Anschauungen, der kausalen und der finalen zueinander nicht klar geworden.

Ebensowenig hat unsere Fragestellung eine innigere Beziehung zur genetischen, speziell ist sie in keiner Weise verknüpft mit der Entstehung der Regeneration durch Selektion, wie es Weismann glaubt. Gerade mit der Zurückweisung von Weismanns Ansicht wird gern die Zweckmäßigkeit der Ersatzmöglichkeit überhaupt geleugnet, mit Unrecht, denn Zweckmäßigkeit der Regeneration und ihre Entstehung durch Selektion sind keineswegs identische Begriffe.

Nur die Art der Fragestellung wird für einige Erscheinungen der Regeneration anders, wenn wir die eine oder die andere der beiden angeführten genetischen Erklärungshypothesen annehmen. Z. B. werden wir bald genauer die Tatsache behandeln, daß Regeneration bei verschiedenen, oft näher verwandten Formen in sehr differenter Art und Stärke auftritt; eine Art ersetzt verloren gegangene Teile sehr leicht, eine andere schlecht oder gar nicht. Machen wir uns Weismanns Anschauungen zu eigen, daß die Regenerationsfähigkeit durch Selektion erworben worden ist, so lautet die Frage nach der Erklärung obigen Verhaltens: weshalb hat sich diese Eigenschaft bei den einen Formen herausgebildet, bei den anderen nicht? Halten wir sie aber für eine Grundeigenschaft der Organismen, so müssen wir fragen: weshalb haben sich diese Fähigkeiten nur bei einigen Arten erhalten, weshalb sind sie bei anderen verloren gegangen?

Man erkennt, mit der Zweckmäßigkeit an sich haben die genetischen Betrachtungsweisen gar nichts zu tun, die finale Erklärung bleibt unberührt bestehen, welche Anschauung man auch von der Entstehung der Regenerationsfähigkeit haben mag.

Die finale Betrachtung hat also auch hier ihr Recht neben den beiden anderen und unabhängig von ihnen.

Wir werden uns im folgenden also wie bei der Embryogenese an das Gegebene halten und ohne Seitenblicke auf die Entstehung nachforschen, ob bei den Erscheinungen der Regeneration den Anforderungen der Zweckmäßigkeit Genüge getan wird.

Nach unserer im dritten Kapitel dargelegten Anschauung von der allgemeinen Gültigkeit der Zweckmäßigkeit im Tierreiche müssen wir von vornherein annehmen, daß dieses Gesetz sich auch in der Regeneration findet.

Ebensowenig wie bei der Organisation der Tiere überhaupt findet sich diese Ansicht in der Regeneration durchgeführt. Selbst Forscher, die die Zweckmäßigkeit dieser Eigenschaft sehr dringlich betonen, schrecken davor zurück, sie auf alle Fälle auszudehnen. Diese Inkonsequenz ist die Folge von der Ansicht der Nutzlosigkeit rückgebildeter Organe. »Die Regenerationsanlage ist bei . . . nutzlosen Gliedmaßen unzweifelhaft auch nutzlos«, folgert Weismann ganz logisch. Bei unserer Anschauung von der Funktion der Rückbildungen können wir auch ihren Wiederersatz nach Verlust als zweckmäßig erkennen.

Am meisten in Übereinstimmung bin ich wohl mit Korschelt, der in seinem sehr klar geschriebenen Buche »Regeneration und Transplantation« die Frage nach der Zweckmäßigkeit der Regenerationserscheinungen zwar nicht speziell erörtert, aber öfters einzelne

Prozesse als vorteilhaft erklärt oder verschiedene Regenerationsfähigkeiten auf biologische Ursachen zurückführt. Von einer Unzweckmäßigkeit eines Regenerates läßt er nichts verlauten, wenngleich Bildungen, die unnützlich erscheinen, in großer Anzahl von ihm beschrieben werden. Somit scheint Korschelt die Grenzen der Gültigkeit der Zweckmäßigkeit der Regeneration sehr weit zu stecken.

Eine vollständig durchgeführte Betrachtung aller Vorgänge der Regeneration vom finalen Standpunkt aus ist noch nicht versucht worden. Gewiß wäre sie eine reizvolle Aufgabe, die allerdings tiefe Einblicke in die biologischen Verhältnisse der Tiere verlangte. Auch hier wollen wir nicht alle Erscheinungen in Betracht ziehen, aber unseren Gedanken doch in die Hauptgeschehnisse hineintragen. Besonders müssen wir uns den Gebilden widmen, die offenbar unzweckmäßig sind oder als solche angesehen werden, und zu ergründen versuchen, wie sie mit unserer Ansicht in Einklang zu bringen sind. Wie bei den embryonalen Organen und Vorgängen wird es oft sehr schwierig, ja unmöglich sein, die Nützlichkeit einer Erscheinung aufzudecken, indes ist auch schon das Forschen in dieser Richtung berechtigt, und das wollen wir hier ja nachweisen.

So sollen nacheinander vom finalen Standpunkt aus besprochen werden:

A. Die verschieden große Regenerationsfähigkeit bei verschiedenen Tierformen.

B. Die verschieden große Regenerationsfähigkeit verschiedener Körpergegenden.

C. Die Abhängigkeit der Regenerationskraft vom Alter der Tiere.

D. Der Verlauf der Regeneration.

E. »Unzweckmäßige« Regenerate.

A. Die verschieden große Regenerationsfähigkeit bei verschiedenen Tierformen.

Eine auffallende und viel erörterte Erscheinung ist die, daß die Fähigkeit, verloren gegangene Teile zu ersetzen, so merkwürdig über die Tierwelt verteilt ist. Einige Formen besitzen diese Eigenschaft in einer geradezu staunenerregenden Weise, anderen geht sie vollständig oder fast ganz ab. Und zwar unterscheiden sich in diesem Punkte oft nahe verwandte Tiere erheblich voneinander. In der großen Klasse der Würmer regenerieren die Turbellarien, das klassische Untersuchungsobjekt für Regenerationsstudien, fast unbegrenzt, die Nematoden und Hirudineen nur unbedeutend; die Polypen besitzen die Regenerationskraft in sehr ausgedehntem Maße, die Medusen nur in geringem Grade. Der gleiche Unterschied waltet vor zwischen einzelnen Schwammarten.

Die Notwendigkeit einer Erklärung dieses Verhaltens drängte sich schon den ersten Beobachtern auf. Eine finale Erklärung gab schon Réaumur, indem er, wie Weismann (1899) zitiert, meinte, die Fähigkeit der Regeneration »sei besonders zerbrechlichen und häufigen Angriffen ausgesetzten Tieren eigen, sowie auch solchen, welche häufig in die Lage kämen, nur teilweise von anderen verzehrt zu werden, wie z. B. die Regenwürmer«.

Meines Erachtens trifft diese Idee, der sich Lessona, Darwin, Weismann anschlossen, den Nagel auf den Kopf, und es gilt hier, den unmodernen Gedanken, daß die Regenerationsfähigkeit abhängig von der Verletzungsmöglichkeit ist, an einzelnen Beispielen durchzuführen und andere neuere Erklärungsversuche zurückzuweisen. Nusbaum erweitert Weismanns Anschauung und betont, daß das Regenerationsvermögen »von zwei fundamentalen Momenten abhängig ist: 1. von den inneren Eigenschaften der Gewebe eines jeden Lebewesens, von den strukturellen Verhältnissen derselben, welche die größere oder geringere Verletzbarkeit des ganzen Körpers oder der verschiedenen Teile desselben bedingen, — also von inneren Ursachen, und 2. von den äußeren Bedingungen, welche diese Verletzbarkeit begünstigen oder nicht, — also von äußeren Ursachen«. Diese Einteilung ist richtig, doch sind die beiden Ursachen m. E. nicht unabhängig voneinander, sondern beeinflussen sich gegenseitig. Wenn ein Tier leicht zerbrechlich ist, so wird auch schon ein geringfügiger Eingriff, ein einfaches Anfassen, das von resistenteren Formen ohne jeden Schaden vertragen würde, eine Verletzung auslösen. Das Regenerationsvermögen ist also abhängig von der Zusammenarbeit von inneren und äußeren Ursachen.

Gehen wir erst einmal die Tierreihe auf den verschiedenen Grad ihrer Regenerationsfähigkeit durch, so finden wir schon unter den Coelenteraten diese Eigenschaft in der differentesten Weise vorhanden. Auffallend ist das Verhältnis zwischen Polypen und Medusen. »Während die ersteren eine ganz ungewöhnlich entwickelte Regenerationskraft besitzen, tritt diese bei den ihnen so nahestehenden und unter Umständen von einem solchen regenerationsfähigen Polypenstock herstammenden Medusen sehr stark zurück, beschränkt sich zumeist auf den Ersatz einzelner Teile und bringt es gewöhnlich nur zu einer recht unvollkommenen Ausbildung des Körpers« (Korschelt). Fig. 41 und 42 illustrieren diesen Unterschied. In Fig. 41*a* ist ein Polyp abgebildet, aus dessen Leib durch zwei Schnitte ein Stück herausgeschnitten worden ist. Dieses wandelt sich allmählich (*b*—*e*) wieder zu einem vollständigen Polypen um.

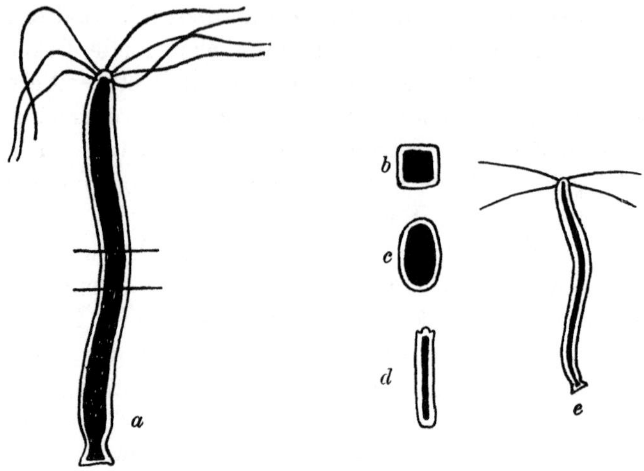

Fig. 41. *Hydra*, aus deren Körper (an der Stelle der beiden geraden Linien) durch zwei quergeführte Schnitte ein Stück herausgeschnitten wurde. *b*—*e* die Reihenfolge der Veränderungen des Stückes bei der Regeneration (nach Morgan aus Korschelt).

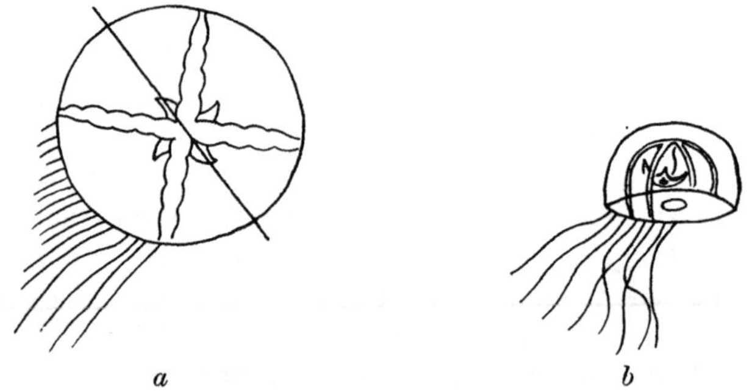

Fig. 42. Regeneration einer Meduse (*Gonionemus vertens*) nach Morgan und Hargitt aus Korschelt. *a* normales Tier, in der Richtung der Linie durchschnitten, nur ein Teil der Tentakeln angegeben, *b* aus solcher Hälfte entstehende Meduse mit nur zwei Radiärkanälen und ohne Tentakelregeneration.

Dagegen bildet eine zerschnittene Meduse (Fig. 42*a*) nach Abrundung des Teilstücks (Fig. 42*b*) keine neuen Radiärkanäle und Tentakel mehr.

Ich glaube, daß dieser Unterschied in der Regenerationsfähigkeit der Polypen und Medusen auf eine verschiedene Verletzbarkeit der beiden Formen zurückgeführt werden kann: Die festsitzenden Polypen werden leicht verstümmelt. Ihre Köpfe werden von räuberischen

Tieren abgerissen, und der Stiel bleibt an der Unterlage haften. Da ist es von großer Bedeutung, wenn von ihm aus das Tier sich neu bilden kann. Die freischwimmenden Medusen dagegen werden ihrem Verfolger durch ihre Beweglichkeit leichter entgehen können oder ganz verzehrt werden, da sie nicht festgeheftet sind. Bei ihnen ist daher eine Regenerationsfähigkeit gemäß der geringen Verletzungsmöglichkeit nicht nötig. So erklärt sich diese Differenz gut vom biologischen Standpunkt aus.

Interessante Verhältnisse teilt Maas von Schwämmen mit. Diese zeigen nämlich eine sehr geringe Regenerationskraft, da sie »vor Nachstellungen anderer Tiere und vor Verletzungen sicherlich geschützter als die typischen Cölenteraten und viele andere Tiere« sind. Im einzelnen sind mit dieser Fähigkeit am wenigsten begabt die Rindenschwämme, »von denen *Chondrosia* durch ihre fast unzerreißbare zähe Rinde besonders geschützt erscheint«. Das Zusammenfallen von Unfähigkeit zu regenerieren mit einem Schutz vor Verletzungen und die gleichmäßige Abstufung dieser beiden Momente ist hier so auffallend, daß Maas, der früher die Restitutionskraft nicht als Anpassung auffassen wollte, in seiner Meinung irre wird.

Genau erforscht ist die Regenerationsfähigkeit bei vielen Klassen der Würmer. Und hier finden sich wahrhaft extreme Verhältnisse. Während die Turbellarien über diese Eigenschaft, wie Przibram schreibt, in fast unbegrenztem Maße verfügen, auch die Anneliden in hohem Grade, vermögen Nematoden und Hirudineen entfernte Teile nur in geringem Maße oder gar nicht neu zu bilden. Die erstgenannten Gruppen sind eben Verletzungen leicht unterworfen, wie schon Réaumur vom Regenwurm erkannte, und brauchen diese Fähigkeit. Die Egel, die im erwachsenen Zustande anscheinend gar nicht, als Embryonen nach Gluschkiewitsch nur wenig und langsam regenerieren, sind wohl durch eine große Zähigkeit und Dehnbarkeit, die nach Nusbaum sogar ein künstliches Durchschneiden des Körpers in hohem Maße erschwert, vor Zerstückelungen bewahrt; außerdem mag sie die Menge von Drüsen in der Haut vor Nachstellungen sichern. Auch die Nematoden sind durch eine sehr starre Körperwand vor Verletzungen geschützt.

Auffallend ist weiterhin, wie sehr sich die Ascidien und das verwandte Lanzettfischchen unterscheiden: erstere, durch ihre festsitzende Lebensweise Verstümmelungen häufig ausgesetzt, vermögen noch nach querer Durchschneidung das ganze Tier wieder herzustellen, das im Sande lebende schnelle Lanzettfischchen, das Verfolgungen wenig ausgesetzt ist und ihnen leicht entgehen kann, kann höchstens sehr geringe Verluste ausgleichen, — Nusbaum hat bei seinen zahlreichen Versuchen überhaupt keine Regeneration beobachten können.

Auch die Schwanzlurche und die Frösche besitzen nach der Metamorphose eine sehr verschiedene Regenerationskraft. Die Urodelen können leicht größere Körperteile ersetzen, die Anuren nicht. Erstere verfügen über kleine Beine, Hautanhänge, die leicht abgerissen werden können, und sind sehr kampflustig, so daß Verletzungen häufig beobachtet werden; letzteren mangeln solche Anhänge, und Verletzungen fügen sie sich kaum zu, so daß diese Differenz auch hier erklärlich wird.

Wir haben also gefunden, daß hohe Regenerationsfähigkeit mit einer leichten Verletzlichkeit, geringe mit großem Schutz vor Verstümmelungen Hand in Hand geht. Unterschiede im Wiederherstellungsvermögen bei verwandten Tiergruppen sind biologisch gut zu erklären. Besonders möchte ich noch darauf hinweisen, daß festsitzende Formen aus diesem Grunde gut regenerieren, freischwimmende schlecht, — es wäre interessant, diesen Punkt bei einander sehr nahestehenden Arten zu untersuchen, wobei natürlich die Lebensverhältnisse genau zu beachten wären.

Przibram ist allerdings anderer Ansicht. Er schreibt: »Die Regenerationsfähigkeit ist unabhängig von der Verlustwahrscheinlichkeit.« Er setzt eine andere These an Stelle der unserigen: »Die Regenerationsfähigkeit ist eine ursprünglich allgemeine Eigenschaft der Tiere und nimmt mit der zunehmenden phyletischen Höhe der Tiergruppen im Stammbaum ausnahmslos in der Weise ab, daß nahe Verwandte durch eine ähnliche Regenerationsgüte ausgezeichnet sind und die spezialisierten Endzweige weniger regenerieren als ihre Stammgruppen.« So apodiktisch dieser Satz gefaßt ist, so kann ich ihn doch in keiner Weise annehmen. Schon die phyletische Höhe einer Tierform ist ein Begriff, der nicht festzustellen ist und je nach der Ansicht des Autors wechselt. Dann aber gilt dieser Ausspruch durchaus nicht »ausnahmslos«. Auch Korschelt nimmt diese oft geäußerte Ansicht nicht ohne weiteres an. Ich verweise auf oben angeführte Beispiele, die direkt dagegen sprechen, daß phyletische Höhe und Regenerationsvermögen parallel gehen: sind Medusen höher stehend als Polypen, von denen sie oft direkt abstammen? Nematoden höher als die so hoch organisierten Anneliden?

Im allgemeinen ist zuzugeben, daß die Regenerationskraft abnimmt, je höher wir in der Tierwelt »aufsteigen«, aber dies kann auch auf biologischer Ursache beruhen, indem die Verletzungsmöglichkeit in gleicher Weise geringer wird. Damit möchte ich den alten Satz wieder in sein Recht einsetzen: Die Regenerationskraft einer Tierform entspricht seiner Verletzungsmöglichkeit.

B. Die verschieden große Regenerationsfähigkeit verschiedener Körpergegenden.

Da bei den meisten Tieren eine Verletzung nicht einen größeren Teil des Leibes ergreifen, sondern sich auf einzelne Körperteile beschränken wird, so ergibt sich nach unserer Auffassung, daß man bei ihnen nicht gut von einer allgemeinen Regenerationsfähigkeit reden kann. Diese Eigenschaft wird sich, wenn unsere Ansicht von der Zweckmäßigkeit der Regeneration zu Recht besteht, in den verschiedenen Körperteilen in verschiedenem Grade geltend machen, und zwar wird ihre Höhe im Verhältnis zu der Verletzungsmöglichkeit des betreffenden Gliedes stehen müssen.

Diese verschieden große Ersatzfähigkeit einzelner Körperteile ist schon lange bekannt und wird von vielen Autoren mit uns für eine Anpassung an die Lebensverhältnisse angesprochen. Doch wird dies von anderer Seite ebenso strikt in Abrede gestellt, wie für die wechselnde Regenerationskraft der Tiergruppen überhaupt; Przibram z. B. dehnt seinen oben zitierten Satz auf die Körperteile aus, — und so müssen wir auch hier unsere Anschauung durch Beispiele zu belegen suchen.

Am besten teilen wir unsere Betrachtungen in drei Teile ein, indem wir nacheinander die Verteilung der Regenerationskraft nach Körpergegenden, den Ersatz verlorener Körperteile und die Regeneration von inneren Organen besprechen.

1. Die Verteilung der Regenerationskraft in den verschiedenen Körpergegenden

kommt nur in Betracht für Tiere, denen größere Stücke abgerissen werden können.

Korschelt erwähnt einschlägige Fälle: bei limikolen Oligochäten kann ein Wurm sich nur von größeren Stücken aus wiederherstellen, die vorderste wie hinterste Region zeigen dies Verhalten nicht mehr. Biologisch ist dies gut verständlich, denn ein räuberisches Tier wird entweder ein Stück des Wurmes abbeißen oder ihn ganz verschlingen, — einen kleinen Rest wird es kaum je übrig lassen. Dasselbe gilt für die Regenwürmer. Daß bei diesen das hintere Ende sich nach umfänglicheren Verlusten wieder herstellt, als es beim Vorderstück der Fall ist, beruht vielleicht darauf, daß der Wurm sich mit dem Kopf voran einbohrt und somit das Hinterstück leichter in Gefahr kommt, abgerissen zu werden.

In gleicher Weise werden festsitzende Formen häufiger an ihren vorstehenden Enden verletzt werden als weiter abwärts. Demnach müßte ihr apikales Stück besser regenerieren als das basale, — was Gast und Godlewski durch Versuche sicher erwiesen haben.

Die Verteilung der Regenerationskraft in den Körperregionen entspricht also genau ihrer Verletzbarkeit.

2. Wiederersatz verloren gegangener Körperteile.

Was den Wiederersatz verloren gegangener Körperteile anlangt, so glaubt Korschelt, daß »einzelne anscheinend besonders exponierte Teile die Fähigkeit der Regeneration bewahren«, — und geht man die Klassen des Tierreiches durch, so bemerkt man, daß diese Bemerkung das Richtige trifft.

Schon für Schwämme berichtet Maas, daß Teile, die leichter Verletzungen ausgesetzt sind, viel leichter regenerieren, wie z. B. die hervorstehende Oskularröhre von *Sycon*. Bei Schnecken regenerieren Tentakel und Fuß, bei den Hinterkiemern die hervorstehenden Rückenanhänge, bei Oktopoden die Arme, bei Arthropoden »der aus einzelnen Ringen zusammengesetzte und daher leicht verletzbare Hinterleib« (Korschelt) und besonders die Gliedmaßen, die nicht nur von Feinden abgerissen werden können, sondern auch bei einer Häutung einmal in der alten Hülle stecken bleiben. Bei Fischen werden Flossen, Bartfäden, Schuppen und Unterkiefer wieder ersetzt, bei Urodelen Gliedmaßen, Kiefer und die beim Kampf sehr gefährdeten Augen, bei Eidechsen der so stark exponierte Schwanz und die Kieferspitzen, dagegen nicht die kurzen und daher den Verfolgern mehr entzogenen Beine, bei einigen Vögeln die Schnabelspitze. Kurz, überall trifft leichte Verletzlichkeit mit hoher Regenerationskraft zusammen.

Przibram freilich und mit ihm andere glauben, »die Beziehungen von Verlustwahrscheinlichkeit, Gebrechlichkeit und Lebenswichtigkeit zur akzidentellen Regeneration« ablehnen zu können.

Da ist erst zu betonen, daß es sich für uns nur um den ersten Faktor handelt. Ein gebrechliches Organ, wenn es geschützt liegt, braucht nicht zu regenerieren, und da wir auch den »rudimentären«, gemeinhin als lebensunwichtig angesehenen Organen ihre Funktion zuschreiben, so nimmt uns ihre Fähigkeit, sich neu zu bilden, nicht wunder. Auch ist durchaus keine Parallele zu erwarten zwischen Autotomie und Wiederherstellungsvermögen, insofern als nur die der Autotomie unterworfenen Gliedmaßen und diese nur an den präformierten Stellen regenerierten. Die Selbstverstümmelung ist eine Zweckmäßigkeitseinrichtung für sich, die zwar in naher Beziehung zur Regenerationskraft steht, aber nicht absolut abhängig von ihr ist.

Gegen die Ansicht von der Abhängigkeit der Regeneration von Verletzlichkeit werden gern die Versuche, die Morgan an Einsiedlerkrebsen anstellte, ins Feld geführt. Morgan fand Regenerationsfähigkeit an allen Extremitäten dieser Krebse, obgleich diese zum Teil Verletzungen leicht ausgesetzt, zum Teil, wie er meint, denselben entzogen sind. Ich glaube dagegen, daß auch die geschützteren Beine abgerissen werden können, daß sie also auch verletzbar sind und daher ersetzt werden müssen. Im einzelnen verhalten sich die Befunde folgendermaßen:

Die ersten drei Thorakalbeinpaare werden aus der Schneckenschale herausgesteckt und können leicht verloren gehen; Morgan fand eines oder mehrere bei 11 % der untersuchten Tiere (188) fehlend. Sie regenerien gut und schnell. Die beiden folgenden Beinpaare halten das Schneckenhaus fest und sind geschützt vor Feinden. Ob sie nicht doch beim schnellen Zurückziehen des Krebses in sein Haus oder bei aus irgend einem Grunde stärkerem Anstemmen abbrechen können, halte ich nicht für unmöglich. Wenn Morgan keine Verletzung dieser Beine bei den untersuchten Exemplaren fand, so liegt der Grund darin, daß die Zahl der herangezogenen Individuen viel zu gering ist; hier müssen größere statistische Untersuchungen einsetzen. Meines Erachtens spricht die Regenerationsfähigkeit dieser Anhänge für ihre Verletzbarkeit. Zu dieser Behauptung glaube ich die Berechtigung in dem ausnahmslos gefundenen Zusammentreffen von Regenerationskraft und Verletzbarkeit zu finden. Auch die Füße des weichen Hinterleibs, die im Schneckenhaus befindlich äußeren Eingriffen entzogen sind, regenerieren; daß auch sie Verletzungen ausgesetzt sind, vielleicht beim Wechsel des Hauses oder bei der Häutung, lehrt Morgans Angabe, daß unter 100 Krabben je eine den zweiten oder dritten Abdominalfuß verloren hatte. Auch Bordage fand (nach Przibram zitiert) diese Anhänge beim Landeinsiedlerkrebse nicht selten in Verlust geraten.

Ich halte also trotz Przibams Einspruch die Beziehung zwischen leichter Verletzbarkeit und guter Regenerationskraft aufrecht.

3. Innere Organe.

Anders scheinen die Dinge bei inneren Organen zu stehen, die tatsächlich vor Verletzungen geschützt sind. Und doch beobachtete man Regeneration bei ihnen, so bei der Milz des *Axolotl* der Lunge von Amphibien, Milz, Leber, Nieren u. a. von Säugetieren.

Da ist nun zu beachten, daß diese Art von Regeneration mit der erstbesprochenen nicht rein zu vergleichen ist. Wiederherstellung tritt nicht nach totaler Exstirpation des betreffenden Organes ein, sondern nur nach teilweiser Entfernung. Aber auch dieses Verhalten ist biologischer Betrachtung zugänglich. Nur ist es keine äußere Verletzung, die diese gut geschützten Organe schädigt, sondern Krankheitsprozesse. Die Organe können durch pathologische Vorkommnisse leiden, teilweise außer Funktion gesetzt werden, und da stellt die Möglichkeit, das fehlende zu ergänzen, eine sehr zweckmäßige Einrichtung dar.

Zusammenfassend möchte ich also wiederholen, daß die Regenerationskraft einzelner Körpergegenden oder Organe durchaus im Einklang steht mit der Möglichkeit ihrer Ausschaltung, sei es, daß sie leicht verletzt werden können und dann des Wiederersatzes bedürfen, sei es, daß sie erkrankte Teile ergänzen müssen.

C. Die Abhängigkeit der Regenerationskraft vom Alter des Tieres.

Die Regenerationsfähigkeit nimmt mit zunehmendem Alter eines Tierexemplares ab.« In diese Worte faßt Przibram seine diesbezüglichen Ausführungen zusammen. Es fragt sich nun, ob wir diesen zweifellos richtigen Satz biologisch begründen und die Ausnahmen verstehen können.

Schon bei den Eiern nimmt die Fähigkeit, Verluste von Blastomeren zu ersetzen, mit dem Fortgang der Entwicklung ab. Die Regenerationskraft schwindet mit der Weiterentwicklung immer mehr und ist bei jungen Tieren bereits sehr zurückgetreten. Immerhin regenerieren diese noch besser als erwachsene Individuen, und bei diesen erlischt dieses Vermögen im Alter oft völlig. Diese Erscheinung kannte schon Spallanzani, der bei jungen Salamandern eine viel ausgesprochenere Regenerationsfähigkeit antraf, als bei alten Tieren. Seitdem ist sie oft bestätigt worden, und mehrfach lag die Ursache des verschiedenen Ausfalles von Regenerationsexperimenten darin, daß verschieden alte Exemplare zu den Versuchen benutzt worden waren.

Oft wird der Grund der Nichtregeneration bei erwachsenen Tieren darin zu finden sein, daß sie zu kurze Zeit leben, als daß ihnen die Wiederherstellung eines verloren gegangenen Gliedes einen Nutzen brächte, während die Entwicklungsstufen lange Monate oder Jahre zu ihrer Ausbildung brauchen und somit der Regeneration nicht wohl entraten können. Dies wird für viele Insekten Gültigkeit haben. Auch werden die Larven während ihrer langen Lebensdauer leichter Verletzungen ausgesetzt sein, als die kurzlebigen Imagines.

Ferner hat das geschlechtsreife Tier, wenn es für die Erhaltung der Art gesorgt hat, seine Aufgabe erfüllt und ist somit biologisch wertlos. Ebenso wertlos wäre dann ein Regenerationsvermögen. Dauert die Geschlechtsreife längere Zeit, so sind doch die ersten Zeiten die wichtigsten, während die späteren für die Fortpflanzung nicht mehr wertvoll sind. Daher ist die Bevorzugung junger Individuen vor den alten in bezug auf den Wiederersatz verloren gegangener Teile gut zu verstehen.

Dies sind mehr besondere Beispiele. Aber auch im allgemeinen ist doch zu sagen, daß die Verletzbarkeit junger Stadien die der erwachsenen Tiere weit übertrifft, sei es, daß ihnen Feinde in besonderer Menge nachstellen, sei es, daß sie leichter anderen Schädlichkeiten, wie Wellenschlag, Sturm u. a. unterliegen. Es muß somit gerade für diese Phasen gesorgt sein, daß die Verletzungen leicht ausgeglichen werden können.

Unterschiede finden sich in dieser Verletzbarkeit auch hier. Wir haben früher genau ausgeführt, daß es zwei verschiedene Eiformen gibt, die wir als Regulations- und Mosaikeier bezeichneten, von denen die ersten ein großes, die letzteren ein sehr geringes Regenerationsvermögen aufweisen; diesen Unterschied konnten wir ausnahmslos auf eine verschieden große Verletzbarkeit der Eier zurückführen.

Die zu den Mosaikeiern gehörigen Geschlechtsprodukte der Rippenquallen leiten gleich zu den Ausnahmen über, die unser Gesetz erleidet, indem ihre Larven erst nach der Metamorphose zu regenerieren beginnen, also das Regenerationsvermögen bei älteren Stadien größer ist als bei jungen. Vielleicht sind die Larven dann infolge ihrer Gestalt leichter Verstümmelungen ausgesetzt als vorher.

Sicher ist dies anzunehmen von den Seesternen, deren lange Arme leicht von Feinden gefaßt werden können, während die kleinen im Wasser flottierenden Larven dem Wellenschlag nicht mehr ausgesetzt sind, wie ihre ersten Entwicklungsstadien, daher wenig verletzbar sind. Auch werden sie wohl nur ganz verzehrt und entgehen dadurch einer Schädigung ihres Körpers. Diesem Verhalten entspricht das starke Regenerationsvermögen der geschlechtsreifen Form selbst im Gegensatz zu dem geringen der Plutei.

Auch bei Aszidien ist die Wiederherstellungskraft der geschlechtsreifen Tiere sehr groß, die der Larven höchst gering. Die erwachsenen Tiere sind eben, da sie angeheftet sind, Angriffen von Feinden stark ausgesetzt, während die in festen Eikapseln eingeschlossenen Embryonen vor solchen geschützt sind.

Es ergibt sich also, daß das Gesetz von der Abnahme der Regenerationskraft mit wachsendem Alter durchaus mit unserer Anschauung vereinbar ist, daß das Zurücktreten dieser Fähigkeit also Hand in Hand mit der Abnahme der Verletzbarkeit oder der Bedeutung des Individuum geht und durchaus zweckmäßig ist. Auch die Ausnahmen von dieser Regel, die eine Zunahme dieses Vermögens während der Entwicklung betreffen, waren biologisch leicht verständlich, indem die Regenerationskraft parallel mit der Verletzbarkeit der verschiedenen Stadien zunahm.

D. Der Verlauf und das Verhalten der Regeneration.

Auch Verlauf und Verhalten der Regeneration äußeren Bedingungen gegenüber müssen wir vom finalen Standpunkt aus besprechen. Die Zweckmäßigkeit dieser Vorgänge liegt oft klar auf der Hand und ist wohl nie geleugnet worden, in anderen Fällen ist sie nicht so leicht zu erkennen, wirft dann aber gerade Licht auf sonst schwer zu verstehende Verhältnisse.

1. Der Verlauf der Regeneration.

a. Wundheilung.

Wir beginnen mit dem ersten Prozeß, der sich nach einer Verletzung einstellt, mit der Wundheilung.

Es ist ein unleugbar sehr nützliches Bestreben des Organismus, die Wunde erst einmal gegen die Außenwelt abzuschließen, damit kein unnötiger Säfteverlust und keine Infektion eintritt.

Der Vorgang ist sehr verschieden in den einzelnen Tierklassen und seine Beschreibung soll hier nicht wiederholt werden. Die Wundränder rollen sich ein, die Hautschichten bewegen sich gegeneinander, durch austretende Flüssigkeit werden Schorfe gebildet. Letzteres tritt besonders und ausschließlich bei Formen ein, deren Wundränder starr sind, wie bei Insekten. Unter dieser schützenden Hülle kann die Regeneration gut von statten gehen.

b. Reihenfolge der regenerierten Teile.

Sehen wir uns dann die Reihenfolge an, in der die einzelnen Teile eines entfernten Körperstücks angelegt werden, so treffen wir auf interessante Verhältnisse.

Im allgemeinen scheint die Regel zu bestehen, daß die Regeneration von der Spitze des entfernten Gliedes beginnt und basalwärts fortschreitet. Das hat den Zweck, daß erst biologisch besonders wertvolle Teile, die an der Spitze liegen, gebildet werden müssen; die Ausgestaltung der anderen Partien folgt. Erst muß das Leben des verletzten Tieres gerettet werden, dann wird seine normale Gestalt wieder hergestellt.

So wird nach Entfernung des Hinterendes von Oligochäten erst ein aus wenigen Ringen bestehendes Regenerat geliefert, das aber eine Analöffnung besitzt, die ja für den Wurm Lebensbedingung ist. Dann entstehen die anderen Ringe durch Einschiebung (Moszkowski) und bilden sich nach Korschelt von der Basis nach der Spitze aus. Ebenso erscheinen an regenerierenden Füßen von Insekten zuerst die Krallen, dann erst bilden sich die Tarsalglieder aus, und zwar von den basalen angefangen. Bei Planarien fand Morgan an dem abgeschnittenen Kopfe sich den Pharynx schon ganz nahe an den Augen anlegen und erst allmählich durch Wucherung der Zwischenzone abrücken und seine endgültige Lage einnehmen. Erst wurde das zur Nahrungsaufnahme wichtige Organ, der Pharynx, gebildet, dann die Gestalt des Wurmes wieder hergestellt. Endlich berichtet derselbe Forscher, daß abgeschnittene Schwanzflossen von Fischen erst ihre Form herstellen und dann zur vollen Größe heranwachsen. Die gegabelte Gestalt ist eben wichtiger als die Größe und wird zuerst berücksichtigt.

Die Reihenfolge der Regeneration einzelner Teile eines entfernten Körperstückes richtet sich also nach deren biologischem Wert, — eine Erscheinung, deren Zweckmäßigkeit offen zu Tage liegt.

c. Schnelligkeit und Energie der Regeneration.

Auch die Schnelligkeit und die Energie der Regeneration läßt sich biologisch verstehen.

Die Schnelligkeit nimmt nämlich im Verlaufe des Prozesses allmählich ab. Dies hängt damit zusammen, daß erst die biologisch wichtigsten Teile auswachsen müssen, dies muß aber im Interesse der Lebensfähigkeit des Tieres möglichst schnell erfolgen. Die nicht so notwendige Ausgestaltung des Regenerates kann dann längere Zeit in Anspruch nehmen.

Ferner hat sich bei vielen Versuchen mit verschiedenen Tierformen herausgestellt, daß die Energie der Regeneration mit der Intensität der Verletzung zunimmt. Der Vorgang läuft energischer ab, wenn einem Krebs beide Scheeren entfernt worden sind, als wenn nur eine abgeschnitten wurde, ebenso intensiver, wenn einem Schlangenstern mehrere Arme, einem Regenwurm größere Stücke amputiert werden, als nach Entnahme eines Armes oder kleinerer Partien.

Auch hier handelt es sich darum, die Lebensfähigkeit des Tieres aufrecht zu erhalten. Diese ist schwerer geschädigt, wenn größere Verluste eingetreten sind, darum muß hier die Wiederherstellung energischer erfolgen, um das Tier am Leben zu erhalten, während es kleine Verletzungen leichter überstehen kann und daher deren Wiederherstellung nicht so dringend bedarf.

d. Herkunft des verwendeten Zellmaterials.

Ein besonders schwieriges und oft bearbeitetes Problem, in das aber gerade unsere Auffassung Licht zu werfen im stande ist, ist die Frage nach der Herkunft des bei der Regeneration verwendeten Zellmaterials.

Es hat sich nämlich herausgestellt, daß bei der Regeneration die sich neu bildenden Teile manchmal aus anderem Material bilden, als es während der Embryogenese geschieht. Wenn sich auch einige Beispiele als ungenau beobachtet herausstellten und daher ausscheiden, so halten doch einige jeder Prüfung stand, so daß dieser Satz zu Recht besteht.

Das klassische Beispiel ist der Ersatz der aus dem Auge von Urodelenlarven entfernten Linse. Während dieses Organ sich beim Embryo durch Abschnürung aus dem Oberflächenepithel der Haut an der Stelle bildet, an der die Augenblase das Ektoderm berührt (s. Fig. 43 *a—c*), entwickelt sie sich im fertigen Auge der Larve nach Extraktion vom Irisrande aus (Fig. 44 *a—c*), also vom ektodermalen Gewebe der Augenblase, aber von einer Stelle aus, die von der normalen Linsenanlage weit entfernt ist. Fig. 43 und 44 geben diese verschiedenen Entwicklungsarten deutlich wieder. Fig. 43 *a—c* stellen drei Stadien aus der Genese der Linse von Siredon dar. Eine Verdickung der Sinnesschicht *S* des Ektoderms bildet die erste Anlage (*a*), die sich zur Grube vertieft (*b*) und zum Bläschen abschnürt (*c*). Die sich neu bildende Linse erscheint dagegen als Verdickung des freien Irisrandes (Fig. 44 *a*), die immer mehr an Stärke zunimmt (*b*) und sich dann abschnürt (*c*).

Ein weiteres Beispiel. Bei Anneliden ist sicher festgestellt, daß der Pharynx, der normal ektodermalen Ursprungs ist, bei Regeneration nach Abschneiden des Vorderendes des Wurmes vom Entoderm aus gebildet wird. Auch der während der Embryogenese ektodermal angelegte Enddarm kann vom Entoderm aus regeneriert werden.

Diese auffallenden Abweichungen vom natürlichen Entwicklungsgang haben viel zu denken gegeben. In der Tat sind sie in genetischer Hinsicht schwer zu deuten. Eine finale Erklärung hat Korschelt gegeben: »Die Möglichkeit, die verloren gegangenen Teile anderswoher zu beschaffen« (als es in der Embryogenese geschieht), »bedeutet entschieden einen Vorteil für die Einrichtung der

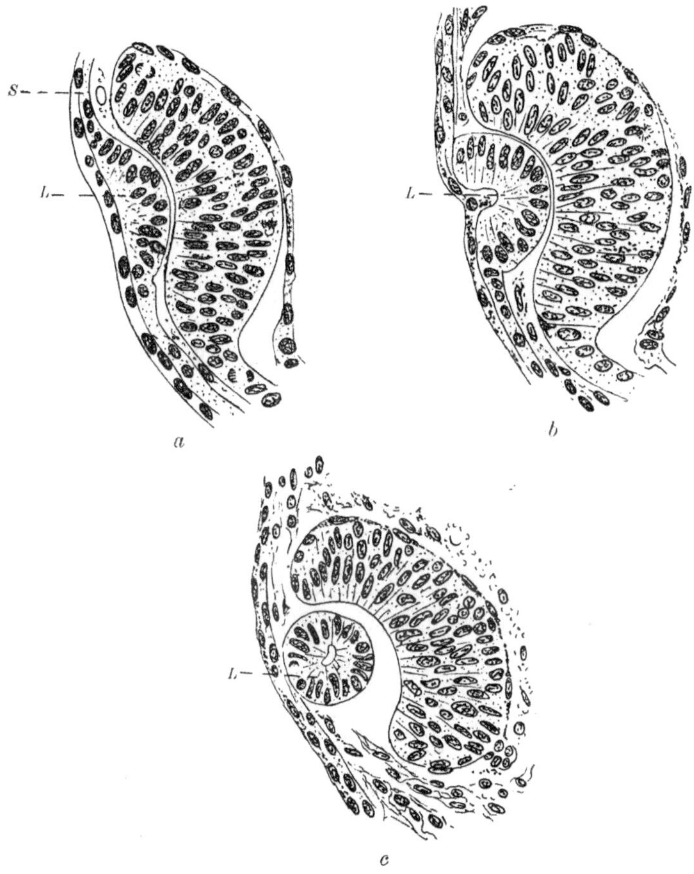

Fig. 43. Entwicklung der Urodelenlinse (*L*), *Siredon*, nach Rabl. Abschnürung von der Sinnesschicht *S* des Ektoderms. *a* Platte, *b* Grube, *c* Bläschen.

Regeneration«. Denn, »wenn bei der Regeneration tatsächlich nur gleiches von gleichem gebildet werden könnte, so müßte sie in allen den Fällen unterbleiben, in welchen die betreffenden Teile vollständig entfernt werden«. Ich schließe mich diesen Worten vollständig an und erblicke in diesen Abweichungen von dem normalen Entwicklungsgang, die oft der Spezifizität der Keimblätter entgegenlaufen, einen sehr zweckmäßigen Vorgang.

Auch spezielle Beispiele sind auf diese Weise zu erklären. Eine Urodelenlinse z. B. könnte unmöglich von ihrem Mutterboden aus neu entstehen. Dieser hat sich zum Hornhautepithel umgestaltet und ist durch die vordere Augenkammer und die ganze Dicke der mesodermalen Kornealschichten von der Linse getrennt. Wie sollte da

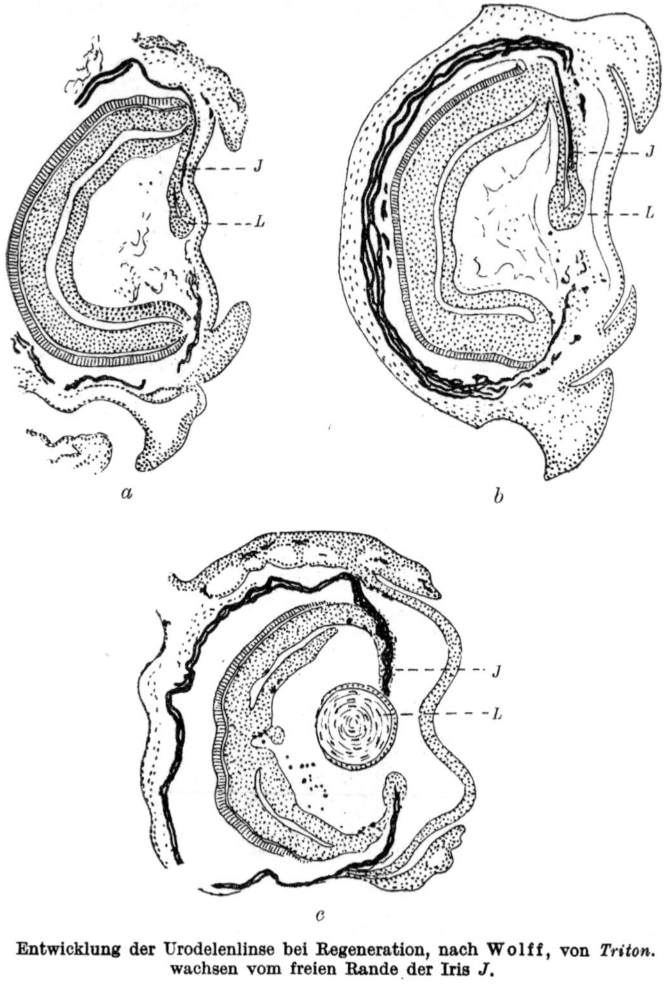

Fig. 44. Entwicklung der Urodelenlinse bei Regeneration, nach Wolff, von *Triton*. Herauswachsen vom freien Rande der Iris *J*.

eine neugebildete Linse, selbst wenn sie dieses Epithel liefern könnte, an ihren Platz gelangen? Dies kann im fertigen Auge nur vom Irisrand aus erfolgen, und von da regeneriert sich auch das Organ.

e. Besondere Prozesse.

Endlich sei noch kurz darauf hingewiesen, daß auch andere Prozesse, die sich nach Verletzungen beobachten lassen, wie die

Morphallaxis und kompensatorische Regulation, als sehr lebenserhaltend anzusehen sind.

Den Begriff der Morphallaxis stellte Morgan auf. Er fand, daß bei einigen niederen Tieren »die Erzeugung eines neuen Individuum aus einem Teilstück nicht durch Materialzuwachs aus den Schnittenden, sondern durch direkte, totale Umformung und Umdifferenzierung des betreffenden Teilstückes« erfolgen kann. Dadurch entsteht ein vollständiges, kleines Tier. Fig. 45 zeigt diese Erscheinung bei einer Landplanarie *Bipalium*; das herausgeschnittene Stück *A* hat sich zu einem neuen kleinen Wurm umgebildet.

Der Vorteil der Morphallaxis besteht darin, daß sich auch Stücke, die nicht die Möglichkeit haben, sich zu ernähren und Regenerationsmaterial zu schaffen, auf diesem Wege erhalten können und nicht zugrunde gehen. Auch bei höheren Formen findet man »namentlich bei Nahrungsmangel . . . behufs raschen Ersatzes des Verlorenen eine proportionale Verkleinerung« des übrigen Körpers (Przibram).

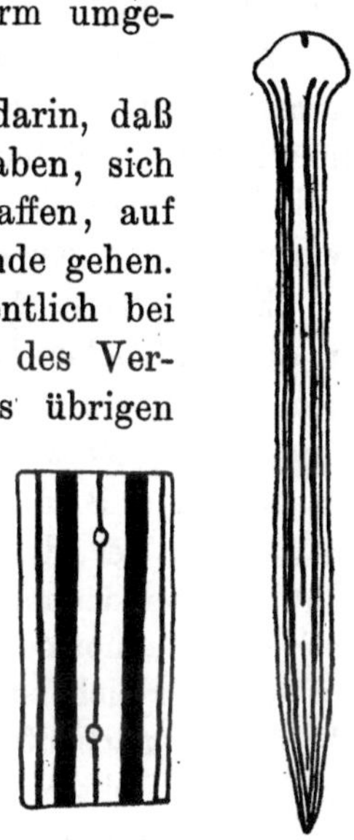

Fig. 45. Morphallaxis bei einer Landplanarie *Bipalium kewense*. Das Stück *A* hat sich zu dem Wurm *B* umgebildet. Nach Morgan.

Ebenso ist die kompensatorische Regulation, die stärkere Ausbildung eines Körperteiles bei Verlust eines anderen, vom finalen Standpunkt aus leicht verständlich, da schon die Vergrößerung des vorhandenen Teiles funktionierend für den verloren gegangenen, der sich erst neu bilden muß, eintritt. Dies zeigt sich besonders bei der von Przibram entdeckten »Scherenumkehr« einiger Krebse. Diese besitzen eine große und eine kleine Schere. Wird die große entfernt, so wächst die kleinere zur größeren heran, und als Regenerat erscheint eine kleinere Schere. Das Tier ist also früher ins physiologische Gleichgewicht gebracht, als wenn die neue Schere erst die Massigkeit der großen erreichen müßte, wie es sein sollte, wenn die erhaltene Schere ihre Gestalt behielte. Diese Regulationsvorgänge sind also von großem Vorteil für das Individuum. Przibram führt noch viele andere Beispiele dafür an (1909, S. 225).

2. Das Verhalten der Regeneration.

Das Verhalten der Regeneration äußeren Einflüssen gegenüber kann auch vom finalen Standpunkt aus beleuchtet werden, wenn diese Verhältnisse auch meist noch so wenig geklärt sind, daß wir nur einige Punkte heranziehen können.

Die Angabe, daß die Regeneration durch Erhöhung der Temperatur stets günstig beeinflußt wird, scheint nicht für alle Fälle Gültigkeit zu besitzen; wenigstens findet sich meist ein Optimum der Temperatur für die Regeneration, über das hinaus diese Fähigkeit wieder abnimmt. Ich stimme auch hier Korschelt bei, daß »die Grenzen der Regenerationsmöglichkeit ungefähr mit denen der Lebensfristung zusammenfallen« und sehe in dieser Einrichtung einen Vorteil für die Tiere.

Auch die umgebenden Medien dürfen die »Behaglichkeitsgrenze« nicht überschreiten, ohne das Regenerationsvermögen ungünstig zu beeinflussen. Kalium und Magnesium müssen nach Löb im Wasser in der richtigen Menge enthalten sein, soll die Regeneration gut vor sich gehen.

Eine gewisse Anpassung des Vermögens der Wiederherstellung an die natürlichen Bedingungen und damit eine Zweckmäßigkeit kann man aus diesen Angaben herauslesen, wenn auch manche Beispiele anders gedeutet zu werden scheinen.

Wenn z. B. die Regeneration bei einer Temperatur, die höher ist als die, der das Tier normal ausgesetzt ist, schneller vor sich geht, als bei der niedrigeren, so ist damit noch nicht ausgesprochen, daß diese abnorme schnelle Wiederherstellung einen Vorteil bietet. An und für sich ist ja die Schnelligkeit nützlich, wie wir sahen; es bleibt aber nachzuforschen, ob bei solch abnorm schneller Regeneration nicht leicht Mißbildungen auftreten, die natürlich für den Träger von Nachteil sein können.

E. Unzweckmäßige Regenerate.

Die größte Schwierigkeit für die Auffassung der Regeneration als zweckmäßigen Vorgang bilden die unzweckmäßigen Regenerate, die bei den einschlägigen Experimenten in Menge entstehen, aber auch in der Natur beobachtet worden sind.

Wenn an der Schnittfläche eines abgeschnittenen Kopfendes eines Regenwurmes wieder ein Kopfende neu gebildet wird, oder an einer Schwanzspitze eine neue Schwanzspitze, so entstehen lebensunfähige Organismen aus nur zwei Köpfen oder Schwänzen (s. Fig. 46). Oder wenn bei einer Eidechse statt des abgebrochenen Schwanzes zwei oder mehr Schwänze hervorsprossen, so ist dies keineswegs von Vorteil für das Tier, das durch diese Anhänge in seinen Bewegungen gehemmt wird. Fig. 46 und 47 zeigen solche Mißbildungen. Die Regeneration schafft hier also unzweckmäßige Gebilde, und derartige Beispiele lassen sich in großer Zahl beibringen. Wie ist das final zu verstehen?

Da ist denn darauf hinzuweisen, daß die meisten »Heteromorphosen«, bei denen das Regenerat dem entfernten Stück nicht gleicht, uns durch das Experiment bekannt geworden sind. Es hat sich in den Jahrzehnten eine gut ausgebaute Wissenschaft herangebildet, die das Regenerationsvermögen bei den verschiedensten Tierformen durch Verletzungen und Durchschneidungen zu ergründen bestrebt ist und uns schon tiefe Einblicke in das Wesen dieser eigenartigen Erscheinung gewährt hat.

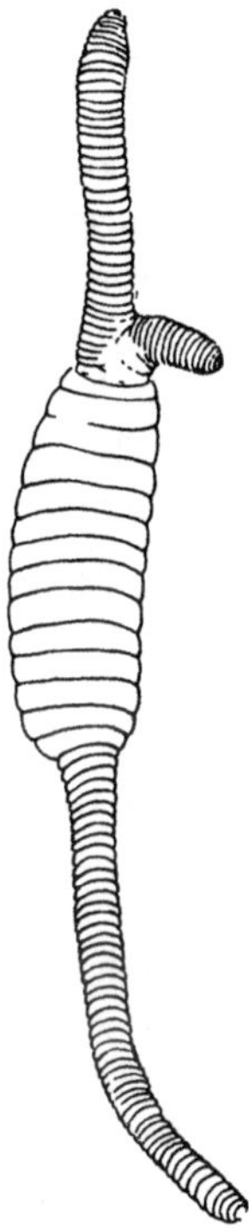

Fig. 46. Stück eines Wurmes (*Helodrilus longus*) mit zwei vorderen heteromorphen Schwanzregeneraten und einem hinteren Schwanzregenerat, nach Korschelt.

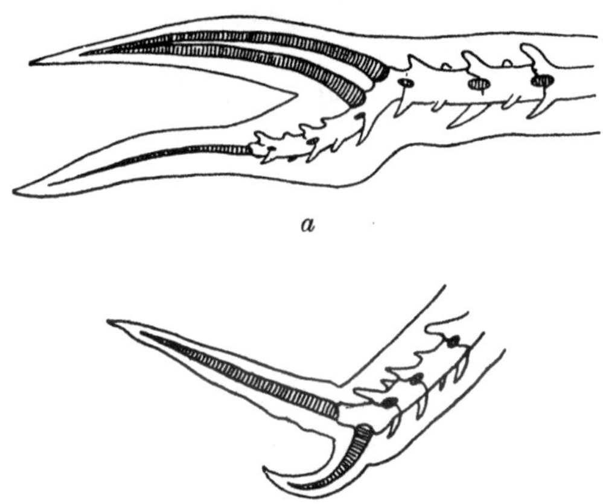

a

b

Fig. 47. Eidechsen mit doppeltem (*b*) und dreifachem (*a*) Schwanz im Röntgenbild, durch Verletzung gewonnen, nach Tornier aus Morgan.

Aber die Verletzungen, die der Experimentator setzt, können nur im seltensten Falle auch in der freien Natur vorkommen, und da die Zweckmäßigkeit eben nur für das Leben des Tieres in seiner Umwelt gilt, so darf es uns nicht Wunder nehmen, wenn bei derartigen künstlichen Durchschneidungen, wie sie z. B. Morgan bei seinen Planarien ausgeführt hat (s. Fig. 48), sich die Natur in einer Weise hilft, die von uns nicht als zweckmäßig erkannt werden muß.

Wenn z. B. Löb Stammstückchen von *Tubularia* frei aufhing und an beiden Enden Polypen hervorsprossen sah, so ist dies eine interessante Heteromorphose, die aber unmöglich im freien Leben eintreten kann, da ein solches Stammstückchen nie frei hängen wird. Auch die erwähnten Experimente von Regenwürmern, in denen ein abgeschnittenes Kopfende einen zweiten Kopf, ein Schwanzende einen Schwanz regeneriert, werden eben nur im Versuch vorkommen, da von einem solchen Wurm nur ein kleines Stück abgebissen oder das ganze Tier verschlungen wird; zum Übriglassen eines kleinen Restes, der zu einer solchen Heteromorphose nötig wäre, wird es nie kommen. Auch vollständige oder fast vollständige Längsschnitte durch Planarien, oder sonstige komplizierte Schnittführungen, wie sie Morgans bekannte Figuren zeigen, die ganz abenteuerliche Tiere entstehen lassen, sind in freier Natur nicht denkbar. Fig. 48 gibt mehrere solcher Heteromorphosen wieder, die durch Längsschnitte oder aus kleinen Stückchen entstanden sind.

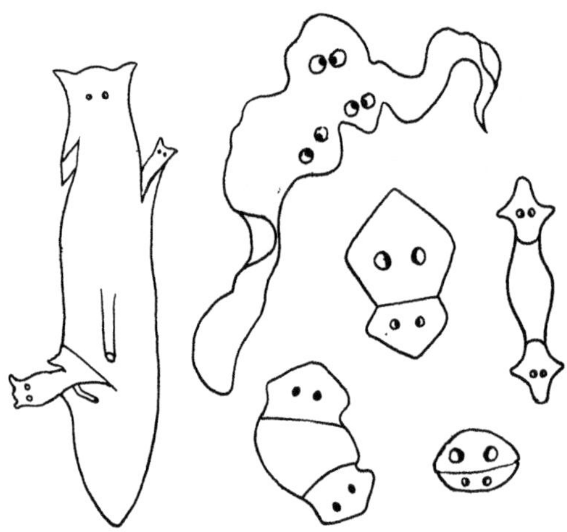

Fig. 48. Heteromorphosen an Planarien, nach Morgan u. a. aus Korschelt, entstanden durch Einschnitte und Abschnitte kleiner Stückchen.

Es ist also durch diese eigenartigen Ergebnisse der Durchschneidungsversuche noch nicht bewiesen, daß die Regenerate unzweckmäßig sind, denn die Zweckmäßigkeit beschränkt sich eben auf Vorkommnisse des normalen Lebens. Ähnlich sprach sich schon Roux aus: »Das Regenerationsgeschehen liefert Dauerfähigkeit nur für die in der Natur vorkommenden Verletzungen und Defekte«.

Nun finden wir aber zweifellos auch in der freien Natur unzweckmäßige Regenerate, und diese müssen wir zu erklären versuchen, da in diesem Bereich das Gesetz der Zweckmäßigkeit Gültigkeit haben soll.

Das bekannteste Beispiel für solche Vorkommnisse wurde schon erwähnt: man kennt Eidechsen mit zwei und mehr, ja bis sieben Schwanzspitzen. Korschelt zählt noch mehr solcher auf Regeneration zurückzuführender in der Natur beobachteter Doppelbildungen auf: gespaltene Tentakel bei Polypen und Medusen, ebensolche Cirrhen bei Anneliden, doppelte Scheren bei Krebsen, Doppelgliedmaßen bei

Arthropoden und Vertebraten, Zwei- und Dreifachbildungen an Haarsternarmen.

Wollen wir diese Bildungen verstehen, so müssen wir uns erst ihre Entstehung klar machen.

Ein Doppelschwanz kann bei einer Eidechse entstehen, wenn das Ende abgeworfen und der Stumpf vielleicht durch einen Biß verletzt wird, eine doppelte Gliedmaße, wenn das Glied nur angebrochen ist. Im ersten Falle sproßt ein neuer Schwanz vom Bruchende und von der Wunde, im zweiten eine neue Extremität von der Verletzung aus.

Derartige Vorkommnisse werden sehr selten sein; meist wird der Eidechsenschwanz proximal von der Verletzung autotomiert werden, und eine angebrochene Extremität wird wohl meist unvollkommen mit dem Körper verbunden sein, so daß sie nicht genügend ernährt wird, abstirbt und dann durch das Regenerat ersetzt wird. Wie häufig solche unzweckmäßige Ersatzbildungen eintreten, ist nicht festgelegt; es handelt sich immer um Unika, um seltene Vorkommnisse, die besonders beachtet werden. »Für selten eintretende Verluste kann nicht Vorsorge getroffen werden, selbst wenn dieselben von großem biologischen Nachteil wären, weil die Einbuße an Individuenzahl, welche die Art etwa dadurch erleiden könnte, verschwindend klein wäre« sagt Weismann. Dasselbe kann man auch auf die Heteromorphosen ausdehnen: sie kommen zu selten vor, und so werden die wenigen Individuen im Interesse der Art geopfert und zweckmäßige Regeneration auf häufigere Verletzungen beschränkt.

Der Natur kommt es eben auch hier nicht so auf die Erhaltung des Individuum, als der Art an, und es ist für die Art weit vorteilhafter, die wenigen Exemplare mit unzweckmäßigen Bildungen gehen zugrunde!, als daß sich im Interesse dieser Ausnahmen eine schwierige Veränderung der Regenerationsfähigkeit einstellte, die vielleicht die Nützlichkeit der häufigen Regenerate beeinträchtigte.

In diesem Sinne sind auch die experimentell erhaltenen Heteromorphosen zu verstehen, sollten sie sich einmal in freier Natur ausbilden können. Von dem Vorderende eines Regenwurms aus regeneriert ein Vorderende, vom Schwanzende ein Schwanz, mag die Schnittfläche kaudal oder oral schauen. Das Vermögen, einen Kopf oder Schwanz neu zu bilden, steckt eben im Vorder- oder Hinterteil des Tieres. Sollte einmal ein kleines Wurmende in freier Natur übrig bleiben und regenerieren, so kann für diesen gewiß äußerst seltenen Fall keine Umgestaltung der Kraft in Form einer Polarität verlangt werden, so daß kaudal gerichtete Schnittflächen einen Schwanz, orale einen Kopf neu bildeten, — es ist wie gesagt zweckmäßiger, die auf so seltene Weise verstümmelten Individuen gehen zugrunde und werden der Erhaltung der Art geopfert. Das gleiche gilt für proximal schauende Wunden an Extremitäten, die nicht proximale, sondern distale Teile neu bilden. Was da regeneriert wird, ist nicht das, was urspünglich mit der Fläche, die zur Wunde geworden ist, zusammenhing, sondern etwas Neues, was ihr fremd ist. Und doch ist das biologisch verständlich, denn was entfernt und neu gebildet werden soll, ist stets der distale Teil; es soll, man verzeihe mir das Schlagwort, die Gliedmaße am Tier und nicht das Tier an der Gliedmaße ersetzt werden.

Wir stehen hier vor dem Paradoxon, daß eine durch das Experiment erzeugte Unzweckmäßigkeit sich für das Tier gerade als Zweckmäßigkeit entpuppt. Die Regeneration zeigt sehr gut, wie mit dem Begriff der Nützlichkeit umzugehen ist.

Wir erklären die Erscheinungen der Regeneration nicht schlechthin als zweckmäßig, sondern finden den Vorteil dieses Vermögens in seiner günstigen Wirkung auf die Erhaltung des Individuum oder der Art in der freien Natur.

Gleichzeitig wird unsere Stellung zum Experiment klar.

Wollen wir die Tragweite einer Fähigkeit an sich bemessen oder ihre Natur studieren, so sind Versuche das einzige, was hierüber sichere Auskunft zu geben vermag. Über ihre Zweckmäßigkeit oder Unzweckmäßigkeit für die Organismenwelt erhalten wir aber von diesen Ergebnissen keine Antwort, da müssen wir uns zur Beobachtung der Tiere in der Natur wenden. Natürlich wird dadurch der Wert des Experimentes, das auch praktisch verwertbare Resultate zeitigen kann, in keiner Weise beeinträchtigt.

Unser Bestreben ging dahin, nachzuweisen, daß die Erscheinungen und Vorgänge der Regeneration zweckmäßige sind, und zwar nicht nur in den meisten Fällen, sondern ausnahmslos. Schwierige Klippen waren zu umfahren, indem die offensichtliche Unzweckmäßigkeit einiger Regenerate eine biologische Erklärung verlangte. Aber überall, selbst in den merkwürdigen Fällen, in denen sich der Verlauf der Regeneration von dem der normalen Entwicklung unterschied, konnte die Nützlichkeit dieser Abweichung erkannt werden.

Somit ergibt sich, daß die finale Betrachtung auch der Regeneration, die besonders mißachtet wird, doch berechtigt ist und Berücksichtigung verlangt.

Literatur.

1903. Barfurth, W., Die Erscheinungen der Regeneration bei Wirbeltierembryonen. Hertwigs Handb. d. Entwicklungslehre, Bd. III, 3. Jena.
1912. Barfurth, W., Regeneration und Verwandtes. Abderhalden, Fortschritte d. Phys. VI.
1905. Bordage, E., Recherches anatomiques et biologiques sur l'Autotomie et Régénération des divers Arthropodes. Bul. Sc. France Belg. Bd. 49.
1901. Driesch, H., Die organischen Regulationen. Leipzig.
1885. Fraisse, P., Die Regeneration von Geweben und Organen bei den Wirbeltieren, besonders Reptilien und Amphibien. Kassel u. Berlin.
1903. Gast, R. u. Godlewski, E., Die Regenerationserscheinungen bei Pennaria cavolinii. Arch. f. Entwmech. 16.
1907. Gluschkiewitsch, Th. B., Regeneration des Vorder- und Hinterendes der Clepsine tessulata. Arch. f. Entwmech. XXV.
1907. Korschelt, E., Regeneration und Transplantation. Jena.
1891. Loeb, J., Untersuchungen zur physiologischen Morphologie der Tiere. Würzburg.
1903. Maas, O., Einführung in die experimentelle Entwicklungsgeschichte. Wiesbaden.
1910. Maas, O., Über Nichtregulation bei Spongien. Archiv für Entwmech. Bd. 30, 1.
1907. Morgan, Th. H., Regeneration, übers. von Moszkowski. Leipzig.
1905. Nusbaum, J., Vergleichende Regenerationsstudien. Zeitschr. f. wiss. Zool. Bd. 79.
1909. Przibram, H., Regeneration. Experimental-Zoologie Bd. II. Leipzig u. Wien.
1915. Przibram, H., Regeneration und Transplantation im Tierreich. Kultur der Gegenwart III, 4, 1. Allgemeine Biologie.
1914. Roux, W., Die Selbstregulation, ein charakteristisches und nicht notwendig vitalistisches Vermögen aller Lebewesen. Nova Acta K. Akad. Naturf. Halle Bd. 100.
1910. Schultz, E., Prinzipien der rationellen vergleichenden Embryologie. Leipzig.
1892. Weismann, A., Das Keimplasma. Eine Theorie der Vererbung. Jena.
1899. Weismann, A., Tatsachen und Auslegungen in bezug auf Regeneration. Anat. Anz. XV.
1903. Weismann, A., Versuche über Regeneration bei Tritonen. Anat. Anz. 22.

Elftes Kapitel.

Die Erscheinungen der Vererbung.

Finale Betrachtung der Vererbung bisher nicht anerkannt. Ihre Stellung zu den jetzigen Forschungsmethoden. A. Zweckmäßigkeit der erblichen und nichterblichen Eigenschaften. Nichtvererbung von schädlichen Merkmalen (Verstümmelungen, Krankheiten), Vererbung von nützlichen. Kammerers Versuche. Nichtvererbung nützlicher Charaktere bei wechselnden Außenbedingungen oft der Erblichkeit überlegen. Erbliche schädliche Eigenschaften werden im Kampf

ums Dasein ausgeschaltet. Übergang der Nichterblichkeit in Erblichkeit. B. Die verschiedenen Formen der Vererbung. Ihre Bedeutung in freier Natur. Intermediäre, Mosaik-, alternative Vererbung. Übergänge. Verteilung der Typen auf verschiedene Merkmale. Zweckmäßigkeit einiger Erscheinungen der alternativen Vererbung. Entstehung der Dominanz. Wechsel der Dominanz.

Wenn ich auch die Vererbung in den Kreis unserer Betrachtungen einschließen und ihre Erscheinungen auf die Zweckmäßigkeit hin untersuchen will, so könnte dies in doppelter Hinsicht Befremden erregen.

Einmal ist die Erblichkeit als solche ein so zweifellos nützlicher Vorgang, der zur Erhaltung des Artbildes eine notwendige Einrichtung darstellt, daß es völlig überflüssig ist, noch ein Wort über diese Auffassung zu verlieren. Davon soll in diesem Abschnitt auch nicht die Rede sein.

Gehen wir aber ins Einzelne und versuchen unseren finalen Standpunkt auf die verschiedenen Erscheinungen der Vererbung auszudehnen, so wird dieser Gedanke vielleicht abgelehnt werden, weil für ihn in diesem jungen Wissenszweig kein oder noch kein Raum ist. Es möchte verwirrend wirken, könnte man sagen, in ein noch so im Fluß befindliches Forschungsgebiet einen neuen Gesichtspunkt hineinzutragen. Einer solchen Auffassung kann ich mich aber nicht anschließen. Ich meine, daß es für die Wissenschaft dienlicher ist, gleich von Anbeginn jeden Vorgang von allen Seiten zu beleuchten; denn dadurch schützt man die Forschung vor einer Einseitigkeit, die leicht unduldsam wird und eine einzige Fragstellung als die einzig berechtigte preist, und kann gewiß oft Erscheinungen deuten, die eine einseitige Betrachtung nicht zu erklären vermöchte.

Freilich — einen reichen Erfolg können wir von einer Prüfung der Vererbungserscheinungen auf ihren Nützlichkeitswert hin nicht versprechen; in der Hauptsache werden unsere Ausführungen sich darauf beschränken müssen, Fragen aufzuwerfen, und nur in wenigen Fällen werden wir in der Lage sein, mit einer Vermutung zu antworten. Es genügt mir aber, wenn die folgenden Zeilen zeigen sollten, daß man die Erscheinungen der Vererbung auch final auffassen kann, und wenn man die Berechtigung dieser Anschauung anerkennt.

Der Grund, weshalb wir keine sicheren Ergebnisse von unserer Betrachtung erwarten können, wird klar, wenn wir einen Blick auf die bisherige Vererbungsforschung richten.

So sehr seit Jahrzehnten das Studium der Erblichkeit die Biologie beherrscht, die Frage, aus welchen Nützlichkeitsgründen eine Eigenschaft in dem einen Falle erblich, in einem anderen Falle das nicht ist, weshalb dieses Merkmal auf die eine, jenes auf eine andere Weise auf die Nachkommen übertragen wird, ist noch nicht aufgeworfen worden. Die bisherige Erblichkeitsforschung steht der Frage nach der Zweckmäßigkeit eines Geschehens absolut fremd gegenüber. Sie beschäftigte sich von altersher nur mit der Feststellung der Vererbungsgesetze, richtiger Vererbungsregeln; erst in neuerer Zeit hat man auch den Mechanismus der Vererbung zu erkennen gesucht, und mit Erfolg ist man daran gegangen, »in die Erkenntnis der kausalen Momente einzudringen, welche den ganzen Vererbungsprozeß regulieren und welche als Ursache angesehen werden müssen, daß die elterlichen Eigenschaften sich gerade nach diesen und keinen anderen Regeln auf die Nachkommenschaft übertragen« (Godlewski). Auch jetzt gilt es noch, das schier unübersehbare Tatsachenmaterial der Erblichkeit zu sichten und in ihm nach Regeln zu fahnden. Das Experiment ist da scharf an der Arbeit, ihm gilt jetzt die Hauptarbeit der Biologen. Und vielerorts ist bereits der Schleier über dem Wirken der geheimnisvollen Kraft gelichtet, und wir können schon viele der verwickelten Vorgänge auf einige allgemeingültige Grundsätze zurückführen. Ja, sogar praktischen Nutzen haben die Versuche schon in Menge gezeitigt, wie ihn jeder Landwirt zu schätzen weiß.

Indes — für unsere Betrachtungsweise ist diese Behandlung der Frage nicht günstig. Beim Studium von Johannsens klassischem Buch über die Elemente der exakten Erblichkeitslehre kann ich mich des Gedankens nicht erwehren, daß diese Bastardierungsversuche und Züchtungen »reiner Linien« uns zwar ein unschätzbares Mittel an die Hand geben, um die Vererbungsregeln zu erforschen, daß alle diese Versuche aber eigentlich in Vorgängen bestehen, wie sie in der freien Natur nicht oder selten vorkommen können. Ein Darstellen von reinen Linien ist schon experimentell schwer zu erreichen und verlangt oft einen schwierig herzustellenden Ausschluß der natürlichen Bedingungen.

Kommen nun derartige Erscheinungen in der freien Natur nicht vor, so geben sie uns direkt auch keinen Aufschluß über den Nützlichkeitswert irgendeines Merkmals, da dieser doch nur durch genaue Beobachtung des Organismus in seiner Umwelt erkannt werden kann.

Dennoch sind diese Experimente durchaus nicht als für uns wertlos zu bezeichnen. Denn in der freien Natur können wir unmöglich die Erscheinungen der Vererbung studieren. Die verwirrende Mannigfaltigkeit verhindert uns, einzelne Vorgänge herauszusondern, und die

Geringfügigkeit der Unterschiede zwischen Eltern und Nachkommen stellt unserem Beobachtungsvermögen unüberwindliche Schwierigkeiten entgegen. Nur wenn zufällig besonders auffallende Eigenschaften übertragen werden, bemerken wir es. So sind wir zu gröberen Versuchen gezwungen, in denen wir mit deutlich erkennbaren Merkmalen arbeiten und unter künstlicher Entfernung aller »störenden« Bedingungen der Umgebung die Natur zwingen, uns auf eine einzelne Frage Antwort zu geben.

Damit ist man aber meines Erachtens noch nicht am Endziel angelangt, wenn die Experimente auch sichtbare praktische Vorteile gezeitigt haben. Dem Züchter genügen diese Erfolge, der Biologe ist aber noch vor die weit schwierigere Aufgabe gestellt, in der unberührten Natur die Regeln der Vererbung aufzusuchen, die ihn die Versuche gelehrt haben. Jetzt löst die Beobachtung das Experiment ab, und wenn Baur sein sehr anschauliches Buch »Einführung in die experimentelle Vererbungslehre« schließt: »Viel mehr Experimentieren und weniger Theoretisieren ist die Parole für die nächste Zeit«, so wird es dann heißen: und noch viel mehr Beobachtung!

Und dann, wenn wir Pflanze oder Tier wieder in der Umwelt betrachten können und nicht mehr im Gewächshaus oder Käfig, dann können wir auch ein Verständnis dafür gewinnen, aus welchen Zweckmäßigkeitsgründen sich gerade diese Eigenschaft bei dieser Form vererbt, bei der anderen aber nicht.

Auch in diesem Kapitel will ich das stets Betonte wiederholen, daß die Frage nach der Zweckmäßigkeit einer Vererbungsform das Forschen nach den kausalen Bedingungen in keiner Weise beeinträchtigt, die kausalen Ergebnisse aber zu einem biologischen Gesamtbild zu ergänzen fähig ist. Handelt es sich z. B. darum, zu erkennen, weshalb ein Merkmal sich gerade bei einer Form vererbt, bei einer anderen nicht, so gibt uns die bisherige Behandlung der Frage die Antwort, daß die eine Form einen bestimmten Vererbungsfaktor besitzt und deshalb die Eigenschaft weitergibt, während eine andere, der dieser Faktor fehlt, sie nicht vererben kann. Aber weshalb es sich nun bei diesen beiden Arten gerade so mit der Vererbung verhält und nicht umgekehrt, das kann uns erst die Beobachtung der Arten in ihrer Umwelt lehren, die uns über die Nützlichkeit der Merkmale Auskunft gibt.

Denn Nichterblichkeit ist für den Organismus von dem gleichen Wert wie Erblichkeit, und damit kommen wir zu unserem eigentlichen Thema der finalen Betrachtung der Vererbungserscheinungen. Wir fragen erstens nach der

A. Zweckmäßigkeit der erblichen und nicht erblichen Eigenschaften.

Vom Nützlichkeitsstandpunkt aus betrachtet wäre es am einfachsten, wenn schädliche Merkmale sich nicht vererbten, nützliche dagegen erblich wären. So einfach ist freilich das Verhalten nicht. Aber für einen Fall trifft das doch zu, nämlich für Verletzungen und Krankheiten.

Eine der Hauptstreitfragen der Erblichkeitslehre war die, ob erworbene Eigenschaften sich vererben oder nicht. So heftig für und gegen diese Frage Stellung genommen wurde, darin stimmen doch alle Forscher überein, daß Verletzungen nie übertragen werden. Die oft behauptete Vererbung von Narben wurde in das Reich der Fabel verwiesen, und die Versuche von Weismann sind bekannt, in denen Generationen von Mäusen der Schwanz abgeschnitten wurde, ohne daß die Schwanzlänge bei den Nachkommen irgendwie sich verringerte. Gerade das letzte Beispiel lehrt, daß sich ungünstige Eigenschaften nicht vererben; Waldmäuse können ihren Feinden ja oft dadurch entgehen, daß sie ihnen die abgerissene Schwanzhaut überlassen; den hautlosen Teil beißen sie sich dann ab. Derartige kurzschwänzige Exemplare findet man häufig. Sie zeigen sich infolge des Mangels des Steuers ungeschickt und werden besonders leicht von Hunden gefaßt, wie ich aus eigener Erfahrung weiß, denn mein Airedale bringt mir nur kurzschwänzige, nicht frisch autotomierte Mäuse. Diese Kurzschwänzigkeit ist also schädlich und vererbt sich trotz Verstümmelung in vielen aufeinander folgenden Generationen nicht.

Dasselbe gilt von anderen Verwundungen, die ja durchaus als unzweckmäßig zu bezeichnen sind.

Auch Krankheiten werden nicht übertragen. Hören wir über diesen Punkt Godlewski; er betont, »daß die Krankheiten als solche, d. h. als Komplex gewisser pathologischer, im individuellen Leben erworbener Eigenschaften, nie vererbbar sind. Daß man so oft von der Vererbung der Krankheiten hört, das hat seinen Grund nur darin, daß man diesen Begriff in wesentlich anderem Sinne als die Biologen und nicht kritisch genug gebraucht. Es kann doch davon keine Rede sein, daß sich z. B. der Komplex von Symptomen, welche das Bild der Tuberkulose zusammensetzen, hereditär, also vermittelst der Geschlechtselemente, übertrage!

Anders ist es mit der Disposition zu einer gewissen Krankheit«. Darüber später. Verstümmelungen und Krankheiten, diese schädlichen Merkmale, werden also nicht vererbt.

Daß dies nicht für alle »erworbenen Eigenschaften« gilt, zeigt sich, wenn wir uns zu nützlichen Charakteren wenden. Auf welche Weise diese Charaktere übertragen werden, welches der Mechanismus der Vererbung ist, das wird meist eingehend erörtert; wir halten uns hier nur an die Tatsachen. Die wichtigsten hierher gehörigen Versuche stammen von Kammerer. Ich greife einige spezielle Fälle heraus.

Daß *Salamandra maculosa* bei Wassermangel Vollsalamander gebiert wie *Sal. atra*, ist eine sehr zweckmäßige Anpassung, da die Jungen gleich aufs trockene Land abgesetzt werden können, ohne Wasser zur Entwicklung zu brauchen. Nachkommen solcher Vollsalamander legten auch nach Aufhören der umändernden Bedingungen, also der Wasserarmut, Larven ab, die weiter entwickelt waren, als die normal geborenen. Das erst erworbene längere Tragen der Embryonen im Mutterleib hatte sich also vererbt.

Daß der pigmentlose Olm, wenn er seine dunklen Aufenthaltsorte verläßt, eine graue Farbe annimmt, ist als eine Schutzanpassung aufzufassen. Kammerer fand nun: »Olme, die durch Lichtwirkung eine dunkle Farbe angenommen haben, geben ... meist einer ebenfalls dunkelfarbigen Nachkommenschaft das Leben, mag diese nun aus Eiern oder aus bereits fertig entwickelten Jungen bestehen.«

Interessant sind auch die Experimente desselben Forschers über Vererbung beim Feuersalamander, dessen Farbenkleid künstlich beeinflußt werden kann, Veränderungen, die ebenfalls auf die Nachkommen übertragen werden. Leider wissen wir noch wenig über die biologische Bedeutung der verschiedenen Farb- und Zeichnungsformen; höchstens wäre eine Beziehung zwischen »gelber und dunkler Farbe des Bodens einerseits, gelber Zeichnung und schwarzer Grundfarbe der Salamander anderseits« zu erwähnen, die sich experimentell als zutreffend herausgestellt hat, »soweit es das Mengenverhältnis der Pigmente betrifft«. In diesem Falle wäre an eine Schutzfärbung zu denken.

Nützliche erworbene Eigenschaften vererben sich also in manchen Fällen.

Diese beiden Beispielsgruppen der Nichtvererbung schädlicher und der Vererbung nützlicher Merkmale kräftigen unsere Vermutung, daß bei den Vererbungsvorgängen Zweckmäßigkeitsmomente mitsprechen. Ihnen stehen aber viele Fälle entgegengesetzter Natur gegenüber, in denen nützliche Eigenschaften nicht, wohl aber schädliche übertragen werden.

Beginnen wir mit der Nichtvererbung nützlicher Charaktere.

Allgemein wird angenommen, daß die Vererbung in jedem Falle ein günstiger Vorgang ist. Dem ist aber nicht so; selbst für nützliche Neuerwerbungen kann Nichterblichkeit für den Bestand der Form vorteilhafter sein, als Vererbung. Es scheint dies paradox, läßt sich aber an einem fiktiven Beispiel doch durchführen.

Ich stütze mich dabei auf die Wahrscheinlichkeit eines Wechsels der Außenbedingungen. Die Veränderungen, die die Umgebung erleidet, sind doch nicht immer fortschreitend. Wenn ein Jahr besonders heiß war, so ist das nächste wahrscheinlich nicht noch heißer, sondern wieder kühler; wenn ein Schädling plötzlich in großer Menge erscheint, so wird seine Anhäufung nicht bleiben, sondern die Anzahl wird bald zur Norm zurückgeführt werden, — kurz, man darf nicht vergessen, daß die Lebensbedingungen nicht stetig fortschreiten, sondern in gewissen Grenzen schwanken. Selbstverständlich ändern sie sich in großen Zügen eine Zeitlang in einer eingenommenen Richtung.

Nun wäre es sehr unvorteilhaft für eine Art, wenn die neuen Eigenschaften, die sie z. B. in dem heißen Jahr angenommen hat, sofort auf die Nachkommen übertragen würden, denn diese würden im nächsten kühlen Jahr nicht so voll an die Umwelt angepaßt sein, als wie die nicht umgeänderten Individuen.

Auch zahlenmäßig läßt sich dies ausdrücken. Nehmen wir irgendein meristisches Merkmal, z. B. die Skelettbildner (primären Mesenchymzellen) der Seeigellarven und nehmen an, daß deren Zahl von 20—40 schwanke, eine Zahl, die sich bei Temperaturen, die innerhalb der Behaglichkeitsgrenze der Tiere liegen, findet, doch so, daß die Exemplare mit einer großen Menge von Zellen besser der Wärme, solche mit geringerer besser der Kälte angepaßt sind. In einem besonders heißen Jahre gehen alle Tiere mit 20—35 Skelettbildnern zugrunde und nur die mit 35—40 Zellen bleiben erhalten. Vererbt sich diese Zahl auf die Nachkommen, so besitzen nun alle Gastrulä 35—40 Skelettbildner. Tritt dann ein Umschlag in dem Klima nach der anderen Seite ein, so daß nur Larven mit 20—30 Mesenchymzellen lebensfähig sind, so stirbt die Art aus, da infolge der streng normierten Vererbung nur solche mit 35—40 Zellen vorhanden sind. Vererben sich die Zahlen dagegen nicht so streng, so daß auch Kulturen mit 20—30 oder 35—40 Skelettbildnern immer wieder Larven mit der Ursprungszahl 20—40 hervorbringen, so bleibt die Art bestehen; denn auch unter den Nachkommen der Seeigellarven mit 35—40 Zellen finden sich immer solche mit 20—30, die auch der kühlen Temperatur gewachsen sind.

Noch viel eher wird das Aussterben der Art erfolgen, wenn die Variabilität erblich und fortschreitend ist, so daß Exemplare mit 35—40 Skelettbildnern solche mit 37—45, die mit 20—25 entsprechend solche mit 15—23 hervorbringen. Dann kann für den Fall, daß die Hitze, die mehrere Generationen lang herrschte, die Zahl der Mesenchymzellen sehr hochgeschraubt hat, selbst bei einer Rückkehr zu den früheren Temperaturverhältnissen kein Exemplar mehr mit 20—40 Zellen vorhanden sein, das die Art erhalten könnte.

In diesem Falle ist also Nichterblichkeit der Erblichkeit überlegen. Möglicherweise beruhen auf diesen Verhältnissen die viel ausgedehnteren nichterblichen Veränderugen der Pflanzen, die ja auf äußere Bedingungen so auffallend stark reagieren, während die beweglichen, verschiedeneren Bedingungen angepaßten Tiere weniger auffällig derartige Variationen zeigen.

Diese Betrachtungen sollten dartun, daß nichterbliche Variationen keine unnütze Spielerei der Natur sind, sondern daß ihnen eine hohe biologische Bedeutung zukommt. Sie sind vernachlässigt worden, weil sie für die Deszendenz für wertlos erachtet wurden, verlangen aber doch gebührende Berücksichtigung.

Nun haben uns ja aber die interessanten Versuche Kammerers gezeigt, daß erworbene Merkmale sich vererben können, daß labile Charaktere, die bei einem Wechsel der äußeren Verhältnisse wieder zurücksinken, durch Wirkung auf viele Generationen stabil und vererbbar werden können. Von unserem Standpunkt der Nützlichkeit aus ist dieses Verhalten leicht zu verstehen; so lange eben die neuen Bedingungen nurmehr auf wenige Generationen ihren Einfluß ausübten, erreichten sie auch ohne Erblichkeit stets das gleiche günstige Resultat durch Auslese der variableren Art. Da die Verhältnisse leicht wieder umgestimmt werden konnten, so war eine Erblichkeit, wie wir eben sahen, kein Vorteil. Erst eine lange Einwirkung, die einen Rückgang unwahrscheinlich machte, führte zur Erblichkeit, die jetzt beim Bleiben oder Fortschreiten der neuen Bedingungen von Nutzen ist.

Wir sehen also, daß nicht nur eine Nichtvererbung schädlicher, sondern auch eine Nichtvererbung nützlicher Merkmale zweckmäßig sein kann.

Nun erhebt sich aber die Frage, wie wir uns zu der sicher vorkommenden Erblichkeit schädlicher Merkmale zu stellen haben.

Erblich sind z. B. viele der angeborenen Mißbildungen, die wie Oligodaktylie, Syndaktylie, Spalthand und ähnliche sicher keine zweckmäßigen Eigenschaften des Trägers darstellen.

Daß wir die Erblichkeit derartiger Deformitäten verfolgen können, beruht nur darauf, daß wir sie züchten. Ein Mensch mit Spalthand kann sich in unserem Kulturleben ebenso behaupten, wie einer, dem durch einen Unfall Arm oder Bein verstümmelt worden ist. Nicht möglich wäre dies aber im reinen Kampf ums Dasein in freier Natur. Ein Tier — abgesehen von den Haustieren — geht mit einer ähnlichen Mißbildung gewiß eher zugrunde, als daß es Nachkommen zeugen und seinen Leibesfehler ihnen übertragen kann. Die Natur sorgt also für Ausmerzung dieser Individuen, so daß es völlig gleichgültig ist, ob das schädliche Merkmal sich vererbt oder nicht.

Das gleiche gilt für die Dispositionen zu Krankheiten, zu Konstitutionsanomalien, die sich vererben. So zeigt ja die entsetzliche Bluterkrankheit, die Haemophilie, einen eigenartigen, fest normierten Vererbungstypus. Auch solche schädliche Eigenschaften können in der freien Natur, in dem schweren Kampf ums Leben, nie die Ausbreitung erlangen, wie im Menschenstaat; sie werden trotz ihrer Erblichkeit in wenigen Generationen ausgerottet werden.

Aus diesen Betrachtungen folgt, daß die Erblichkeit an sich nicht die ausschließlich herrschende Wichtigkeit in der Natur besitzt, die man ihr gern zuschreibt; sie ist in vielen Fällen indifferent, indem sie — bei schädlichen Merkmalen — gar nicht in Erscheinung treten kann, in anderen ist sie sogar der Nichterblichkeit unterlegen.

Im vorhergehenden wurden Erblichkeit und Nichterblichkeit als Gegensätze behandelt. Sie sind das aber keineswegs, sondern durch Übergänge miteinander verbunden; die Stärke der Vererbbarkeit schwankt in weiten Grenzen. Auch diese Erscheinung kann biologisch verstanden werden.

Stark vererbbar sind, wie Godlewski betont, besonders die konservativen Merkmale einer Generation, die als Sippen-, Rassen- oder Familiencharaktere gelten. Diese Eigenschaften werden oft als indifferent bezeichnet, wir haben aber im 3. Kapitel ausgeführt, daß sie wohl als zweckmäßig anzusehen sind, und zwar sind sie als Anpassungen an die Umwelt gewissermaßen in weiten Grenzen aufzufassen, so daß sie auch bei leichteren Veränderungen derselben sich noch als nützlich erweisen können. Diese ihre weitgehende Zweckmäßigkeit bedingt ihre relative Konstanz und erklärt auch die hochstehende Vererblichkeit.

Schwächer vererbbar sind Neuerwerbungen. Besonders gering scheint das zu sein bei ganz frisch erworbenen Eigenschaften, wie sie Kammerer seinen Tieren aufzwang. Die Schwäche der Übertragung zeigt sich in zwei Richtungen, und es ergibt sich (nach

Kammerer 1913) die Unterscheidung einer Intensitäts- und Dauerenergie der Vererbung. »Es kann vorkommen, daß eine Veränderung sich bei den Nachkommen fast im vollen Umfange erhält, aber nur in einer oder wenigen Generationen, dann sehr rasch verschwindet, und umgekehrt kann eine Veränderung schon in der nächsten Generation sehr abgeschwächt wiederkehren, aber dann sehr lange, vielleicht durch viele Generationen erhalten bleiben.« Es ist leicht verständlich, daß sich eine jüngst erworbene Eigenschaft nicht sofort in ganzer Intensität dauernd vererbt, da dies, wie oben dargelegt, für die Art gefährlich sein kann. Erst wenn der die Veränderung bestimmende Faktor lange Zeit in gleicher Stärke einwirkt, ist anzunehmen, daß kein Rückschlag mehr in die alten Bedingungen stattfindet. Dann ist die Festigung der Vererblichkeit erst erwünscht und vorteilhaft.

Im allgemeinen wissen wir gar zu wenig von dem Nützlichkeitswert der Eigenschaften, die wir auf ihre Erblichkeit hin untersuchen können; wir sehen aber, daß die finale Betrachtung der Vererbung doch ihre Berechtigung hat und auch einige Erscheinungen derselben zu erklären vermag.

Noch auf einen zweiten Punkt können wir unsere finale Betrachtungsweise anwenden, nämlich auf

B. Die verschiedenen Formen der Vererbung.

Es mag auffallen, wenn ich hier von verschiedenen Formen der Erblichkeit rede, zu einer Zeit, in der die alternative Vererbung das Problem in seiner ganzen Ausdehnung beherrscht und die Experimentatoren fast auschließlich beschäftigt. In manchen die Vererbungsfrage behandelnden Büchern finden daher die anderen Arten gar keinen Platz oder werden nur ganz nebenher aufgeführt. Besonders gilt dies für Botaniker, aber auch bei Zoologen findet man diese Ansicht. So hält es Przibram für möglich, »daß schließlich die alternative Vererbung als die alleinvorkommende sich erweisen wird«.

Uns kommt es aber auf die Erscheinungsformen der Erblichkeit an, auf das Aussehen des Nachkommen, und in diesem Sinne kann man drei Formen der Vererbung unterscheiden, die intermediäre, die alternative und die Mosaikform. Allen drei Arten ist eine erhebliche Verschiedenheit der beiden Eltern eigen, deren differierende Eigenschaften dann in verschiedener Weise in den Nachkommen wieder auftreten.

Für die Verhältnisse der freien Natur muß aber berücksichtigt werden, daß diese Verschiedenheiten nicht immer vorzuliegen brauchen.

Ändert sich die Umwelt in irgendeiner Weise, so werden die meisten erhaltenen Exemplare einer Art sich in der gleichen Richtung den neuen Bedingungen anpassen, — die einen vielleicht etwas stärker als die andern. Dann kommt es darauf an, daß dieses neue, Vater und Mutter gleich zukommende Merkmal vererbt wird, und es ist völlig gleichgültig, auf welche von den drei Formen diese Übertragung vor sich geht. Der Effekt wird ganz der gleiche sein, ob die Nachkommen das Mittel aus den Charakteren von Vater und Mutter, oder diese mosaikartig verteilt, oder nur das Merkmal eines Elters in ganzer Ausdehnung tragen; da die Eltern die neue Eigenschaft beide in gleicher Weise zeigen, so werden die Nachkommen in jedem Falle gleich aussehen.

Die Bastardierungsversuche, die uns hauptsächlich über die Vererbungsformen unterrichten, werden in der freien Natur nur selten oder in sehr abgeschwächtem Maße vorkommen. Wir wollen aber doch die Formen und einige der Regeln der Erblichkeit betrachten.

Ich schicke eine kurze Orientierung über die drei Vererbungsformen voraus.

a) Die gemischte intermediäre Form der Vererbungsrichtung »beruht darauf, daß in ein und demselben Individuum, ja sogar in denselben Organen des Individuum die väterlichen und mütterlichen Charaktere gemischt erscheinen. ... Es entsteht dabei etwas, was zwischen der Intensität des väterlichen und des mütterlichen Merkmales in der Mitte steht, was einen durchschnittlichen Charakter in dieser Beziehung bildet.« (Godlewski.)

Zeigen die Eltern also eine neue Eigenschaft, aber in verschieden starker Ausbildung, so wird die nächste Generation sie in mittlerer Stärke tragen, etwas mehr hervortretend als wie bei dem einen Elter, etwas weniger als wie bei dem intensiv abgeänderten, — also vielleicht in dem für die neue Umwelt besonders günstigen Grade.

b) Die Mosaikform der Vererbungserscheinung »besteht darin, daß sowohl die väterlichen, wie die oft antagonistischen mütterlichen Merkmale gleichzeitig an einem und demselben Nachkommenorganismus der ersten Generation oft dicht beieinander hervortreten können«. (Godlewski.) Auch bei dieser seltenen Vererbungsart gehen Eigenschaften beider Eltern sichtbar auf die Nachkommen über, aber zum Unterschied von der vorigen nicht in mittlerer, durchschnittlicher Daseinsform, sondern in voller Ausbildung nebeneinander, so daß z. B. die Haut gescheckt die väterliche oder mütterliche Farbe aufweist, oder ganze Körperteile bald dem Vater, bald der Mutter gleichen. Dieser seltene Vererbungstypus braucht von uns nicht besonders berücksichtigt zu werden; faßt ihn doch Plate als eine besondere Form der alternativen auf (1913 § 21).

c) Die alternative Vererbungsform »beruht darauf, daß in dem Nachkommenorganismus die Merkmale erscheinen, welche nur einen elterlichen Organismus charakterisiert haben, während die des anderen elterlichen Teiles in dem Nachkommen überhaupt nicht auftreten, resp. in ihm in latentem Zustand bleiben«. Doch können diese latenten Merkmale in späteren Generationen wieder sichtbar werden.

Diese Form unterscheidet sich von den beiden andern also dadurch, daß die Nachkommen in dem betreffenden Merkmal ganz dem Vater oder der Mutter gleichen, während sie bei den anderen Vererbungsarten keinem Elter ganz gleich waren, sondern ein neues Aussehen trugen. Diese häufigste, nach einigen Autoren einzige Vererbungsform müssen wir auf einige besondere Punkte hin noch besprechen.

Vorher aber noch einige Worte über das Verhältnis der drei Arten zueinander. Sie sind nicht immer scharf voneinander zu scheiden, sondern durch Übergänge miteinander verbunden.

Einmal können sie einander im Wechsel der Generationen ablösen; so zeigen beim *Zea*-Typus der alternativen Vererbung die von zwei verschiedenen Eltern gezüchteten Bastarde das Durchschnittsaussehen, spalten aber doch im weiteren Verlaufe Individuen ab, die nur dem Vater oder nur der Mutter gleichen.

Dann sind Übergänge in der Art zu finden, daß die Eigenschaften des einen Elters nicht immer vollständig die des anderen unterdrücken, nicht rein »dominant« sind, so daß die Bastarde eine lückenlose Reihe vom Aussehen des einen Elters bis zur Mittelstellung bilden können (Übergang des alternativen zum intermediären Typus). In gleicher Weise kann bei einer Mosaikvererbung stellenweise Verschmelzung der beiden Merkmale eintreten an Stelle reinlicher Nebeneinanderstellung, also ein Übergang zum intermediären Typus.

Weshalb in dem einen Falle der Typus der intermediären, im anderen der der alternativen Vererbung eingeschlagen wird, das ist uns noch unerfindlich. Weder kausal noch final läßt sich eine Antwort auf diese Frage geben. Zweckmäßigkeitsgründe müssen aber vorhanden sein, da die Formen der Erblichkeit sich auf verschiedene Charaktere verteilen.

Am auffallendsten ist dies, wenn sich in einem Bastardorganismus, wie dies Lang bei seinen Schneckenkreuzungen fand, einige Merkmale gemischt, andere alternativ vererben. Ja selbst an ein und demselben Organ ließ sich dies beobachten: am Liebespfeil zeigte die Länge, das Profil der Kreuzleisten intermediäres Aussehen, die allgemeine Form des Pfeiles, der Hals dagegen glich ganz dem Pfeil des einen Elters. Hier kann man vielleicht am ehesten eingreifen und die einzelnen Merkmale auf ihren Nützlichkeitswert hin studieren, um dann wieder die Zweckmäßigkeit der Vererbungsform zu erkennen.

Interessant ist weiterhin, daß sich gemischte Vererbung mehr bei den Bastarden zwischen distinkten Arten findet, während alternative typisch ist für die Nachkommen bastardierter Rassen oder Abarten. Eine biologische Erklärung für dieses Verhalten ist vorderhand nicht zu geben.

Leichter verständlich ist, daß alte atavistische Merkmale, die infolge starker oder langer einwirkender Reize reaktiviert werden können, gleich mit der alten Stabilität auftreten, also dem alternativen Typus folgen, während »unlängst neu hervorgerufene oder aus sonstigem Grunde nicht im dynamischen Gleichgewicht befindliche Merkmale ..., die erblich noch nicht vollkommen fixiert sind« (Lang) intermediär vererbt werden. Denn die erst genannten Charaktere sind gewissermaßen erprobt, sie haben sich unter Verhältnissen, die früher bestanden und experimentell jetzt neu hergestellt wurden, bewährt. Da kann auch gleich die alternative Vererbung einsetzen und das Merkmal unabgeschwächt in der früher als zweckmäßig befundenen Stärke erscheinen lassen. Wird dagegen eine ganz neue Eigenschaft hervorgerufen, — und derartige Vorgänge werden in der freien Natur eine große Rolle spielen — so muß erst, menschlich gesprochen, die richtige Mischung der Merkmale beider Eltern erprobt werden; ist ein Elter besonders stark umgebildet, sodaß er gewissermaßen über den zweckmäßigen Grad hinaus organisiert ist, so würde er bei alternativer Vererbung diese ungünstige Eigenschaft ungeschwächt den Nachkommen weitergeben und diese dadurch ungeeigneter im Kampf ums Dasein machen. Intermediäre Vererbung mildert dagegen die neue Eigenschaft und führt sie vielleicht zur zweckmäßigen Stärke zurück. Sie könnte hier im Gegensatz zur alternativen viel zur Erhaltung der Art beitragen.

Viele Fragen drängen sich auf, wenn wir die hochinteressanten Vorgänge der gut durchgearbeiteten alternativen Vererbung, des Mendelns, betrachten. Man kann da gleich erst einmal dem Problem nachgehen, wie es zur Entstehung der Dominanz eines Merkmals über das andere gekommen ist. Wie dies phylogenetisch zu denken ist, haben wir hier nicht zu erörtern; ich denke mir, daß sich diese Vererbungsform allmählich aus der intermediären entwickelt hat. Dafür spricht, daß wir, wie oben angedeutet, viele allmähliche Übergänge zwischen beiden Typen finden, ja, es wird von den in dieser Richtung arbeitenden Forschern angegeben, daß eine reine Dominanz etwas sehr Seltenes ist. (Godlewski, S. 65.) Schritt für Schritt hat sich das Überwiegen des einen Merkmals eingerichtet, hat in verschiedener Ausbildung Halt gemacht, wo es nötig war, oder sich zur vollkommenen Reinheit herausdifferenziert. Es hat den Anschein, als ob reine Dominanz den Endgrad der Entwicklungsreihe darstelle.

Final kann man diesen Vorgang vielleicht betrachten als einen Abkürzungsprozeß während des Ablaufens einer neuen Anpassung. Im Gegensatz zu dem oben geschilderten Vorteil der intermediären Vererbung übergibt der veränderte Elter sein neues Merkmal dem Nachkommen gleich in voller Stärke, so daß Generationen gespart werden, die die Individuen erst zu der dem einen Vorfahren eigen gewesenen, zweckmäßigen Höhe gebracht haben würden, wie es bei gemischter Vererbung nur möglich wäre.

Es ist mir nicht entgangen, daß das eben Gesagte in einem gewissen Gegensatz zu den oben besprochenen Vorzügen der intermediären Vererbung vor der alternativen steht. Es liegt mir eben nur daran, anzudeuten, in welcher Richtung wir die Zweckmäßigkeit eines Vererbungstypus zu suchen haben. Ein Vergleich von verschiedenen Vererbungserscheinungen wird lehren, in welchen Fällen die Vorteile der einen oder anderen Form überwiegen.

Die Zweckmäßigkeit der Erscheinung der Dominanz eines Merkmals wird besonders deutlich, wenn wir an die gut begründete Presence-Absence-Theorie Batesons (der Autor nennt sie richtiger *Hypothesis*) denken. Nach dieser stehen sich bei der Vererbung zwei Merkmale gegenüber (Batesons *Allelomorpha*), von denen eines, das dominante, bei den Nachkommen den Sieg über das andere, das rezessive, davonträgt. Diese Paare bestehen nun stets aus einem vorhandenen, positiven und einem fehlenden, negativen Charakter, z. B. rote Farbe, — keine rote Farbe. Das positive Merkmal dominiert fast immer über das negative. Das ist verständlich, wenn man bedenkt, daß es meist die neue Anpassung darstellt, die bald ausgeschaltet würde, wenn sie rezessiv wäre.

Auch nach Plate sind im allgemeinen die progressiven erblichen Variationen dominant, und der Nützlichkeitswert dieses Befundes ergibt sich aus einem Gedanken, den Plate in seinem vorzüglichen Buch über Erblichkeitslehre entwickelt: »So begünstigt die alternative Vererbung die ansteigende Entwicklung der Organismen, vorausgesetzt, daß die neue Form etwas besser angepaßt ist.«

Betrachten wir nun einige Erscheinungen der alternativen Vererbung vom finalen Standpunkt. Vielleicht erhält man da Antwort auf wichtige Fragen. Warum ist z. B. ein Merkmal manchmal beim Männchen dominant, beim Weibchen rezessiv? Warum erhält das Männchen das dominante Merkmal leichter, als das Weibchen? Beruht diese letzte Erscheinung vielleicht darauf, daß das Männchen zum Aufsuchen des Weibchens intensiver im Kampf ums Dasein steht und daher gewissermaßen leichter im Annehmen eines neuen Charakters sein muß, als jenes? Dafür spräche die weitgehendere Differenzierung der Männchen im allgemeinen, die doch außer Zweifel steht. Es wäre da nachzuforschen, bei welchen Arten diese Bevorzugung des Männchens angetroffen wird.

Weiter: Wie ist die Verkoppelung und die Abstoßung von Erbeinheiten zu verstehen? Ist irgend ein Zweckmäßigkeitsgrund dafür einzusehen, daß einige Eigenschaften sich abstoßen, andere sich anziehen? Sicher gilt dies für die Verkoppelung zusammengehöriger Eigenschaften zu einem »biologischen Radikal« (Plate § 15). Bei Formen mit Generationswechsel z. B. bilden alle die Eigenschaften, die eine Generation von der anderen unterscheiden, ein solches biologisches Radikal; sie treten immer in einer Generation latent, in der folgenden aktiviert auf. Diese Merkmale müssen natürlich in einem engen Zusammenhange stehen, und ihre Zusammengehörigkeit, ihre »Verkoppelung« ist biologisch leicht verständlich.

Eine andere wichtige Erscheinung hat die Vererbungsforschung ans Licht gezogen: daß nämlich die Dominanz keine absolute Eigenschaft eines Merkmals ist, sondern eine relative.

Einmal kann ein Merkmal sich einem zweiten gegenüber als dominant, einem dritten gegenüber aber als rezessiv erweisen. Dann kann die Dominanz während des Lebens des Individuums oder während seiner Phylogenese wechseln. Bei einigen Schneckenkreuzungen fand z. B. Lang erst gelb dominieren, das erst später durch rot ersetzt wird (weitere Beispiele bei Plate 1913 § 34). Przibram führt ein Beispiel der phylogenetischen Entwicklung der Dominanz eines Merkmals an: Rattenkreuzungen lieferten im Jahre 1865 ein anderes Ergebnis als 1909; in den ersten Versuchen entstanden zur Hälfte schwarze, zur anderen Hälfte graue Nachkommen, später bei den gleichen Bastardierungen nur schwarze, was »auf den Übergang auch der Weibchen zur Homocygotie in Schwarz« hindeutet (Przibram, S. 140).

Dieser Umschlag der Dominanz (Valenzwechsel) einer Eigenschaft spricht dafür, daß auch bei diesen Erscheinungen finale Gesichtspunkte eine Rolle spielen. Ich vermute, daß der Wechsel im Aussehen z. B. der oben erwähnten Schnecken eine biologische Bedeutung besitzt. Die entwicklungsmechanische Forschung versucht eine kausale Erklärung dieser Befunde, aber auch ihren Nützlichkeitswert sollte man berücksichtigen und das Suchen nach diesem nicht von der Hand weisen.

Es wurden nur einige wenige Erscheinungen der alternativen Vererbung erwähnt. Man kann aber alle die vielgestaltigen Ergebnisse der Mendelschen Vererbungsforschung final betrachten; vielleicht wird da mancher Vorgang verständlicher.

Die eben besprochenen Erscheinungen sind Resultate von Experimenten, die den Vorgängen in der freien Natur nicht gleich zu setzen sind.

Die Versuchsergebnisse lassen aber auch erkennen, welche Erfolge die alternative Vererbung in freier Natur bei Panmixie, bei freier Vermischung aller Individuen, haben wird. Für uns handelt es sich fast durchaus um allogame Organismen, die sich nicht durch Selbstbefruchtung fortpflanzen. Nach beliebig vielen Generationen wird in diesem Falle die Nachkommenschaft gerade so zusammengesetzt sein, wie in der zweiten Generation und wird, wenn wir eine Vererbungsform haben, in der die Heterozygoten nicht intermediär aussehen, ganz den Stammeltern gleichen, die ja der Umwelt angepaßt sind. Erst bei Kreuzungen mit neuem Blut und Ausschaltung von Kategorien durch Selektionsprozesse ändert sich das Anfangsverhältnis. Die Zweckmäßigkeit auch dieser Erscheinung liegt auf der Hand.

Wir haben gesehen, daß die Erscheinungen der Vererbung sehr vielgestaltig sind; es findet sich nicht eine Form der Erblichkeit, sondern mehrere in allen möglichen Abstufungen und Durchmischungen. Und diese Variabilität des Vererbungsvorganges soll uns dazu veranlassen, diesen Verschiedenheiten auf den Grund zu gehen. Biologische, finale Betrachtung wird uns in vielen Fällen ein Verständnis für diese Mannigfaltigkeit aufgehen lassen.

Literatur.

1913. Bateson, W., Mendels Principles of Heredity. Cambridge.
1911. Baur, E., Einführung in die experimentelle Vererbungslehre. Berlin.
1909. Godlewski, E. jun., Das Vererbungsproblem im Lichte der Entwicklungsmechanik betrachtet. Roux' Vortr. u. Aufs. über Entwmech. IX.
1913. Goldschmidt, R., Einführung in die Vererbungswissenschaft. Leipzig.
1913. Johannsen, W., Elemente der exakten Erblichkeitslehre. Jena, Fischer.
1912. Kammerer, P., Experimente über Fortpflanzug, Farbe, Augen und Körperreduktion bei Proteus anguineus Laur. Arch. f. Entwmech. 33.

1913. Kammerer, P., Vererbung erzwungener Farbveränderungen. IV. Mitteilung: Das Farbkleid des Feuersalamanders (Salamandra maculosa Laurenti) in seiner Abhängigkeit von der Umwelt. Arch. f. Entwicklungsmech. 36.
1914. Lang, A., Die experimentelle Vererbungslehre in der Zoologie seit 1900, I. Jena, Fischer.
1909. Lange, Fr., Untersuchungen über das Epithel der Lungenalveolen. Frankf. Zeitschr. f. Pathol. III, 1.
1911. Peter, K., Neue experimentelle Untersuchungen über die Größe der Variabilität und ihre biologische Bedeutung. Arch. f. Entwmech. XXXI.
1913. Plate, L., Vererbungslehre. Leipzig.
1910. Przibram, H., Phylogenese. Experimental-Zoologie Bd. 3. Leipzig u. Wien.

Zwölftes Kapitel.

Die Erscheinungen der Variabilität.

Variabilität als solche nützliche Erscheinung. Variabilität und Variation. Prüfung von Eigenschaften der Variabilität auf ihre Zweckmäßigkeit. A. Die Größe der Variabilität unabhängig von der Entwicklungsgeschwindigkeit und vom Mittelwert. 1. Ist für jede Art charakteristisch. Konstante und variable Formen. Eutelie und ihre biologische Erklärung. Größe der Variabilität proportional der Verschiedenheit der Lebensbedingungen. 2. Ist für jedes Merkmal charakteristisch. Variable und konstantere Merkmale. Variabler sind neue Eigenschaften, konstant altererbte. 3. Ist für jedes Entwicklungsstadium charakteristisch. Ansicht, daß jüngere Stadien variabler seien, als ältere, nicht haltbar. B. Die Veränderlichkeit der Variabilität. Erhöhung bei Veränderung der Lebensbedingungen. 1. Beobachtungen: Sperling, Schnecken. 2. Versuche: Seeigel, Aszidienlarven. Erhöhung durch jede Art der Veränderungen der Entwicklungsbedingungen. Koloradokäfer: Tower, *Chilomonas*: Pearl. C. Das weitere Schicksal der larvalen Variabilität. Variabilität aus inneren Ursachen wirkt nicht auf weitere Stadien ein, wohl aber solche aus äußeren Ursachen. Biologische Erklärung.

Wenn wir uns dazu wenden, die Variabilität auf ihre Zweckmäßigkeit hin zu untersuchen, so können wir dieselben Worte an die Spitze stellen, die das vorige Kapitel einleiteten. Denn wie die Erblichkeit, so ist die Variabilität eine nützliche, dauerfördernde Eigenschaft der Organismen, die zur Anpassung an wechselnde Verhältnisse und damit zur Erhaltung der Art notwendig ist. Darauf soll auch hier nicht eingegangen werden.

Dagegen muß ich an bereits im 3. Kapitel (S. 53 ff.) gemachte Ausführungen erinnern, in denen dargelegt wurde, daß die Verschiedenheit der Individuen einer Art an sich auch für den gegenwärtigen Artbestand selbst von großem Vorteil ist, in dem sie sich der überall in der Organismenwelt herrschenden Variabilität anpaßt; die zahllosen Arten mit Schutzfärbung und

Schutzgestaltung sind in ihrer individuellen Verschiedenheit ihren stark variierenden Vorbildern ähnlicher und daher geschützter, als wenn sie unverändert gleichartig nur eine bestimmte Form nachahmten.

Wir wollen hier, wie es im vorigen Kapitel bei Besprechung der Erblichkeit geschehen ist, die Erscheinungen der Variabilität auf ihren Nützlichkeitswert hin ins Auge fassen, und zwar ohne Rücksicht auf ihre Übertragbarkeit auf die Nachkommen, da dieser Gesichtspunkt schon im vorhergehenden Abschnitt zur Sprache gekommen ist.

Ich muß noch betonen, daß ich mich hier durchaus auf die Variabilität beschränke, deren Eigenschaften im allgemeinen wenig beachtet werden, während die der Variation von anderen Autoren fast ausschließlich berücksichtigt und auch in ihrer Zweckmäßigkeit gewürdigt werden. Um kein Mißverständnis aufkommen zu lassen, will ich noch kurz den Unterschied zwischen diesen beiden Erscheinungen präzisieren.

Variabilität ist Veränderlichkeit der Organismen, Variation ihre Veränderung, Variabilität nach Duncker, »der Ausdruck für die Wahrscheinlichkeit, unter einer gegebenen Anzahl von Individuen individuelle Verschiedenheiten der Merkmale anzutreffen«, Variation dagegen der »Vorgang, dessen Resultat innerhalb der Spezies individuelle Verschiedenheiten der einzelnen Merkmale sind«. Die Variation ist groß, wenn die Abweichungen eines oder mehrerer Individuen vom Mittel oder von ihren Vorfahren sehr bedeutende sind, wenn also z. B. irgend ein Merkmal bei einer Art von 2 bis 30 schwankt, während das Mittel 15 ist. Die Veränderlichkeit, die Variabilität dagegen ist groß, wenn bei einer gegebenen Anzahl von Individuen viele vom Mittelwert abweichen, wenn also von 100 Individuen, die in einem Merkmal von 11 bis 20 variieren, nur wenige den Mittelwert 15 aufweisen, viele dagegen irgendeine der anderen Zahlen 11, 12 usw., d. h. wenn die Streuung groß ist. Die Größe der Variabilität wird durch den Variabilitätsindex ε (auch Hauptabweichung ν oder Standartabweichung σ genannt), ausgedrückt.

Auf den Unterschied der Größe von Variation und Variabilität bin ich eingegangen, weil es auf diesen Begriff hier besonders ankommt. Die Größe der Variabilität ist ihre wichtigste Eigenschaft. Ihr habe ich zwei experimentelle Studien gewidmet, bin ihren Ursachen nachgegangen und habe sie biologisch zu verstehen gesucht. In diesen Arbeiten findet man genaueres über diesen Punkt. Meine Untersuchungen beziehen sich allerdings nicht auf erwachsene Tiere, sondern auf Entwicklungsstadien; aber es ergab sich beim Vergleich mit in der Literatur niedergelegten Befunden, daß die Variabilität der embryonalen Formen durchaus den gleichen Gesetzen folgt, wie die der entwickelten Organismen, sodaß unsere Ergebnisse auch auf diese übertragen werden können.

Zwei Erscheinungen der Variabilität wollen wir auf ihre Zweckmäßigkeit hin prüfen: ihre Größe und ihre Veränderlichkeit. Zum Schluß wird noch auf das weitere Schicksal embryonaler Variabilität eingegangen.

A. Die Größe der Variabilität.

Es ist allbekannt, daß es konstante und variable Arten und Merkmale gibt; neuerdings hat man Tierformen gefunden, die aus einer bestimmten Zahl von Zellen bestehen, von denen jede sich an ihrem bestimmten Platze befindet; andererseits gibt es Arten, wie z. B. den Lindenschwärmer, die so veränderlich sind, daß es schwer hält, von ihrem Aussehen eine für alle Individuen gültige Beschreibung zu liefern. Das gleiche wird weiter unten für Merkmale ausgeführt werden.

Worauf beruht nun diese Verschiedenheit in der Größe der Variabilität? Man hat alle möglichen Beziehungen zu anderen Charakteren der Tiere herzustellen versucht, aber mit Unrecht.

So sollten sich schneller entwickelnde Organe und Tiere eine größere Veränderlichkeit besitzen, als langsamer wachsende. Ich selbst hatte bei meinen ersten Versuchen geglaubt, daß beschleunigte Entwicklung die Variabilität eines Merkmales erhöhe, bis ich durch weitere Experimente zu dem Ergebnis gelangte, daß diese Beeinflussung auf veränderte Lebensbedingungen überhaupt und nicht auf die Wachstumsgeschwindigkeit als solche zurückzuführen sei. Schon bei nahe verwandten Arten zeigt sich, daß die Variabilität nicht mit der Entwicklungsschnelligkeit wächst; die Larven des Seeigels *Echinus* entwickeln sich bedeutend schneller, als die von *Sphaerechinus*, und doch variiert die Zahl der Skeletbildnerzellen bei der ersten Art nicht mehr, als bei der zweiten, ist nach meinen Versuchen sogar ein wenig konstanter; der Variabilitätsindex ε beträgt für *Echinus* 5,01, für *Sphaerechinus* 6,13.

Noch auffallender wird das Resultat, wenn wir die Aszidie Phallusia zum Vergleich heranziehen. Ihre Larven entwickeln sich außerordentlich schnell, so daß man die Chordazellen schon nach 12—24 Stunden zählen kann. Trotzdem schwankt die Zahl der Chordaelemente nur wenig um 40, und den Variabilitätskoeffizienten berechnete ich im Jahre 1905/06 auf 0,735, im Jahre 1910 sogar auf 0,18. Die Variabilität ist bei diesem sich rapid entwickelnden Tier demnach viel kleiner als bei den langsamer wachsenden Seeigellarven.

Schon diese Beispiele, die sich beliebig vermehren ließen, lassen erkennen, daß die Größe der Variabilität von der Schnelligkeit der Entwicklung oder des Wachstums völlig unabhängig ist.

Von manchen Seiten wurde der Satz aufgestellt, daß die Variabilität abhängig sei von der Höhe der Mittelwerte; so vermutet Martini, daß »die Zahlenvarianten bei Hunderten von Zellen höher sein werden, als bei wenigen«. Auch diese Beziehung läßt sich nicht erkennen, diese Vermutung ist falsch. Ein Beispiel aus unseren Versuchen möge zum Beweis genügen: Die Gastrulä von *Sphaerechinus* besitzen im Mittel 42 Skeletbildnerzellen, die von *Echinus* dagegen 56; trotzdem ist der Variabilitätsindex für die Zahl dieser Zellen bei *Sphaerechinus* höher (6,13) als bei *Echinus* (5,01). Ich konnte also Dunckers Satz voll bestätigen: »Die Höhe der Mittelwerte steht . . . in keinerlei Beziehung zur Größe ihrer Hauptabweichungen« (= Variabilitätsindex).

Feste Beziehungen zu irgendwelchen Merkmalen lassen sich also für die Größe der Variabilität nicht aufstellen, und da taucht schon die Vermutung auf, ob es nicht Zweckmäßigkeitsgründe sind, die bestimmend für diese Erscheinung sind. Nützlichkeitswerte ließen sich für die eben angeführten angenommenen Beziehungen jedenfalls nicht herausfinden.

Verwandschaft von Arten, Zusammengehörigkeit von Merkmalen, Aufeinanderfolge von Entwicklungsstufen, all dies beeinflußt auch in keiner Weise die Höhe der Variabilität; jede Art, jedes Organ, jedes Entwicklungsstadium hat seine bestimmte Variabilität und diese scheinbare Regellosigkeit nötigt uns, nach einer Erklärung zu suchen, die sich für einige Fälle auch schon geben läßt.

Es ist sehr wichtig, sich diese Verhältnisse vor Augen zu halten, darum müssen wir auf sie etwas näher eingehen.

1. Die Variabilität ist für jede Art charakteristisch.

Daß die Variabilität zu der Verwandtschaft der Arten keine Beziehung hat, ist oft schon betont worden. »It often happens« schreibt Bateson in seinem großen Variationswerk, »that in particular genera or in particular species, a considerable range of Meristic Variation is found, while in closely allied forms there is little or none.« So sind die Geophiliden variabler, als die übrigen Chilopoden, so schwankt die Anzahl der Beine bei den neotropischen Arten von *Peripatus*, während sie bei P Balfouri konstant ist.

Final betrachtet könnte man auch nicht einsehen, weshalb nahe verwandte Formen stets die gleiche Variabilität aufweisen sollten, während es wohl zu verstehen ist, daß eine Art nicht stark zu variieren braucht, während eine sehr nahe stehende diese Eigenschaft bei ihrer anderen Lebensweise im hohem Grade nötig hat.

Somit kann man von variablen und konstanten Formen sprechen, oder besser von stark und wenig variablen, da eine absolute Konstanz wohl nicht beobachtet ist.

Das Endglied in dieser Reihe stellen die von Goldschmidt und besonders von Martini studierten Formen dar, die »Eutelie« zeigen, d. h. aus einer bestimmten Anzahl von Zellen zusammengesetzt sind. Diese Konstanz kann einen erstaunlichen, geradezu grotesken Grad erreichen. So schreibt Martini von dem von ihm genau untersuchten Rädertier *Hydatina senta*: es »findet sich unter den 959 Zellen (oder besser Kernen) des Tieres nicht eine, die beliebig fehlen könnte oder sich manchmal wesentlich anders als sonst verhielte. Sie liegen alle hübsch an dem ihnen gesetzlichen Platz mit ihrer typischen Form, Bau und Funktion«.

Zu diesen Endformen führt eine ununterbrochene Reihe von Arten, indem auch bei eutelischen Tieren sich geringe Verschiedenheiten zeigen können. Martini fand selbst zweimal in 20 Fällen in der zentralen Platte des Magens von *Fritillaria* eine Zelle zuviel, unter 100 Fällen fand sich einmal das sechste Ganglion des Rückenstranges statt aus drei aus vier Zellen zusammengesetzt, und was solche Unregelmäßigkeiten mehr sind. Kurz, eine geringe Variabilität zeigen diese Arten auch, und ob bei *Hydatina senta* der Variabilitätskoeffizient $\varepsilon = 0{,}000$ ist, ist möglich, kann aber erst durch Untersuchung von vielen Individuen erwiesen werden.

Was ziehen diese Tiere für einen Vorteil aus ihrem Aufbau aus einer bestimmten Zellzahl? Martini sieht den Nutzen darin, daß sie als »möglichst einfacher Organismus mit den sparsamsten Mitteln, aber präzisester Arbeit ..... schnell zur Geschlechtsreife (oder einem sonst für die Spezies besonders wichtigen Stadium) gefördert« werden.

Das ist ohne Zweifel zuzugeben. Aber warum treffen wir die Eutelie nur bei einiger Formen, und weshalb variieren einige Arten stark, andere weniger?

Ich glaube, daß der schon anderwärts ausgesprochene Gedanke Berechtigung hat, daß Tiere, die in wechselnden Bedingungen leben, variabler sein müssen, als solche in gleichmäßiger

Umwelt. Erstere müssen sich eben verschiedenen Verhältnissen anpassen können und bedürfen einer großen Veränderlichkeit, während letztere in enger gespannten äußeren Bedingungen leben und daher eine einseitige Anpassung und keine weitgehende Variabilität brauchen.

Einen interessanten Beweis für diese Vermutung liefern Montgomerys Berechnungen. Diese ergaben nämlich, daß die Wandervögel Nordamerikas stärker variieren, als Standvögel, und unter den ersten Formen wieder die Arten mehr, die ausgedehnte Wanderungen unternehmen, während Arten, die nur kleinere Reisen machen, etwas konstanter sind. Nun ist es doch klar, daß die Bedingungen um so mannigfaltiger sind, je größer das Areal ist, das die Vögel bestreichen. Wir finden hier also ein genaues Verhältnis zwischen der Größe der Variabilität und der Verschiedenheit der Lebensbedingungen.

Sehen wir uns nun die Formen an, bei denen Zellkonstanz gefunden wurde, so gehören sie entweder den Darmparasiten (Nematoden) oder den Planktonorganismen (*Oikopleura*, *Fritillaria*, *Hydatina*) an. Die ersteren leben in ganz eng begrenzten Verhältnissen und sind, wenn sie ihren Wirt gefunden haben, von der Sorge um den Kampf ums Dasein befreit. Ebenso sind die Lebensbedingungen im Plankton sehr gleichmäßig. Somit können wir verstehen, weshalb sich die merkwürdige Eigenschaft der *Eutelie*, die eine ganz besonders geringe Variabilität bedeutet, sich bei diesen Tieren findet, die in so gleich bleibender Umwelt leben.

Interessant wäre es, nahe verwandte Arten, die verschiedene Variabilität zeigen, auf ihre Lebensbedingungen hin zu untersuchen. Tower hat den Koloradokäfer *Leptinotarsa decemlineata* als eine sehr variable Form beschrieben, während eine andere Art *L. signaticollis* das andere Extrem der Konstanz darstellt. Auf der ersten Tafel des klassischen Werkes, das die geographische Verbreitung der *Leptinotarsa*-Arten wiedergibt, finde ich *L. decemlineata* in der Tat über einen großen Bezirk der südlichen vereinigten Staaten verbreitet, während *L. signaticollis* nur auf einem kleinen beschränkten Gebiet Mexikos lebt. Auch hier scheint also Verschiedenheit der Lebensbedingungen mit großer Veränderlichkeit zusammenzufallen, und umgekehrt.

Ich glaube mich durch diese Beispiele berechtigt zu dem Satze, daß eine große Variabilität mit wechselnden Lebensbedingungen, eine schwache mit konstanteren zusammenfällt, eine Erscheinung, deren Zweckmäßigkeit oben erläutert wurde.

2. Die Variabilität ist für jedes Merkmal charakteristich.

Wenn wir oben stark und schwach variable Arten unterschieden so ist dies nicht so aufzufassen, als ob die Tiere in allen Merkmalen eine große oder geringe Veränderlichkeit aufwiesen, es bezieht sich dies nur auf eine größere Anzahl von Charakteren; die Intensität der Variabilität erstreckt sich durchaus nicht in gleicher Weise auf alle Organe eines Tieres.

Bei den meisten Tieren kann man konstante und variable Eigenschaften unterscheiden. (Der Einfachheit wegen wähle ich diese Bezeichnungen, die aber relativ verstanden werden wollen und genauer wenig und stark variabel bezeichnen sollen.) So unterscheiden Friese und Wagner bei Hummeln variable Merkmale (Qualität, Dichte, Färbung und Zeichnung des Haarkleides, Färbung der Beine und Flügel, Flugzeit der Königinnen) und konstantere (Beschaffenheit des Kopfes, der Mundwerkzeuge, des männlichen Geschlechtsapparates und des allgemeinen Habitus.) Auch bei meinen Seeigellarven fand ich einige Merkmale, z. B. die Skelettbildnerzellen, sehr variabel, während die Größe der Gastrulä viel konstanter war und in gar keinem Verhältnis zur Zahl oder Masse der eben genannten Zellen stand. Es zeigen also die verschiedenen Merkmale eines Tieres ganz verschiedene Variabilität.

Handelte es sich hier um verschiedene Merkmale eines Individuum, so können wir auch die Variabilität eines Charakters bei verschiedenen Tierformen untersuchen. Auch diese ist nicht gleichmäßig, sondern wechselt anscheinend regellos. Brewsters Untersuchungen gipfeln geradezu in dem Satze, daß ein Charakter, welcher bei den Individuen einer Gruppe variabel ist, in anderen Gruppen sich ganz anders verhalten kann. Ich verweise auch auf das oben gegebene Beispiel von *Peripatus.*

Fragen wir uns nun nach der Ursache dieser Verteilung der Größe der Variabilität, so verfügen wir bereits über einige Untersuchungen, die uns einen Fingerzeig für die Bedeutung der schwankenden Verschiedenheit geben.

Brewster fand bei seinen Untersuchungen die Merkmale, die die einzelnen Arten innerhalb einer Gruppe unterscheiden, schwankender als die, welche verwandten Gruppen gemeinsam sind. So unterscheiden sich z. B. die Nager *Zapus insignis* und *Z. hudsonianus* durch die Länge des Ohres, zwei Arten einer anderen Nagergattung *Sitomys* durch die Länge des Schwanzes: infolgedessen ist der Variabilitätskoeffizient in der ersten Gattung am größten für die Ohrlänge, der den der Schwanzlänge übertrifft, während bei Sitomys der Koeffizient der Schwanzlänge größer ist als der für die Ohrlänge.

Field kam bei seinen Messungen am Vorderflügel des Sphingiden *Thyreus abbottii* zu ähnlichem Ergebnis. Dieser Schmetterling unterscheidet sich von seinen Verwandten durch einen verlängerten und gezackten Außenrand der Vorderflügel, und diese spezielle Eigenschaft variiert stärker als die anderen Charaktere des Vorderflügels, ihr Variabilitätskoeffizient übertrifft den der Länge und Breite.

Ein ähnliches, wichtiges Resultat lieferten Pearls (1907) Untersuchungen über die Variationen einer Krabbe (*Cambarus propinquus*); das scherentragende Bein, das am meisten differenzierte, variierte mehr als eins der anderen, und an diesem wieder am meisten der differenzierteste und spezialisierteste Abschnitt, die große chela. Die am meisten differenzierten Teile variieren also am stärksten.

Die Ergebnisse dieser Arbeiten stimmen darin überein, daß die Eigenschaften, die seit langer Zeit fixiert sind und somit allen Arten einer Gruppe zukommen, konstanter sind, während solche, die erst später sich herausbildeten, als die einzelnen Arten aus der gemeinsamen Stammform hervorgingen, stärker schwanken.

Das ist biologisch gut zu verstehen. Einmal haben wir im Auge zu haben, daß die Gruppeneigenschaften mehr allgemeiner Natur sind, daher für verschiedene Außenbedingungen angepaßt, denen sie dann ohne zu variieren gerecht werden können, während die Arteigentümlichkeiten sich an spezielle Verhältnisse anzupassen haben, die leicht schwanken können und daher auch eine entsprechende Variabilität der differenzierten Merkmale verlangen. Dementsprechend variiert auch bei der Krabbe der spezialisierteste Beinteil am stärksten. Dann ist zu bedenken, daß Gruppencharaktere meist viel früher entstanden sind, als Artmerkmale und die zweckmäßigste Gestalt sozusagen schon gefunden haben, die bei jenen noch nicht herausmodelliert ist.

Im allgemeinen läßt sich also sagen, daß Variabilität sich bei Merkmalen dort findet, wo sie biologisch notwendig ist.

3. Die Variabilität ist für jedes Entwicklungsstadium charakteristisch.

Allgemein findet man die Ansicht verbreitet, daß die Variabilität im Laufe der ontogenetischen Entwicklung abnehme. Jüngere Embryonen sollen variabler sein, als ältere, diese wieder verschiedenartiger, als erwachsene Tiere. Vernon spricht direkt von einem

»Gesetz«: »The variability of a developing organism diminishes regularly with its growth«. K. E. v. Baer hat diese Beobachtung in seinem klassischen Werke über Entwicklungsgeschichte niedergelegt, und der Augenschein giebt ihm Recht, wie diese Tatsache auch vielfach bestätigt worden ist; jeder, der die ganze Entwicklung eines Tieres in vielen Individuen studiert hat, gewinnt denselben Eindruck. Es fragt sich nun, ob diese Behauptung zu Recht besteht, oder ob hier ein Irrtum vorliegt.

Da ist gleich im Anfang zu beachten: die größere Verschiedenheit junger Embryonen ist zum Teil nur scheinbar. Junge Keime zeigen nämlich leicht jedes Detail im Oberflächenbild; sie sind flach ausgebreitet, durchscheinend und besitzen überhaupt wenig Einzelheiten. Da wir dieselben nun bei stärkeren Vergrößerungen zu durchmustern pflegen, so fällt die geringste Verschiedenheit zweier Embryonen sofort ins Auge. Anders bei älteren Stadien: hier bieten sich dem Beobachter nur wenige Organe im Flächenbild dar, das demnach nur einen kleinen Teil des Organismus enthüllt; über die Ausbildung der inneren Organe belehrt uns erst die Schnittserie. Größere Embryonen betrachten wir übrigens mit schwächeren Linsen und werden daher geringere Verschiedenheiten schwerer gewahr. Ein Plus oder Minus von zwei Urwirbeln fällt bei jüngeren Keimen sofort auf, ist aber bei älteren nur nach eingehender Untersuchung zu erkennen. Kurz, es drängen sich die individuellen Unterschiede bei jüngeren Keimen mehr auf als bei älteren.

Exakt läßt sich diese Beobachtung schwer ausdrücken. Ich habe bei meinem Eidechsenmaterial die Embryonen, die einem Muttertier entnommen worden waren oder entstammen, auf die Zahl ihrer Ursegmente hin untersucht und die Variabilität dieser Geschwisterembryonen festgestellt. Dabei ergab sich, daß die jüngeren Stadien durchaus in den gleichen Grenzen schwankten, wie die älteren, also nicht variabler waren. Für Embryonen von 0—20 Ursegmenten betrug die Differenz in der Zahl der Somiten 2, 0, 1—2, 2, 2, 2, 4, 1 Ursegmente, ihre Zahl schwankte also um 2. Bei solchen von 30 bis 62 Urwirbeln betrugen die Differenzen 3—4, 3, 8, 0—1, 0, 2, 1, 2, 0, 3—4, also im Durchschnitt ebenfalls 2, waren sogar etwas größer, als im ersten Falle. Die Zahlen geben zwar die Variationsbreite an; da der Variabilitätskoeffizient aber von dieser abhängig ist und bei der geringen Anzahl der Tiere nicht berechnet werden konnte, so müssen wir uns mit diesen Angaben begnügen.

Die Untersuchung bestätigte den oben angeführten Satz nicht und lehrt: die Variabilität in der Zahl der Ursegmente ist bei jüngeren Stadien nicht größer, als bei älteren.

In der Literatur finden sich mehrere Fälle verzeichnet, die das gleiche Resultat ergeben.

So schreibt Sobotta, daß von der zweiten Hälfte des sechsten Tages an an den Keimblasen der Maus, die vorher ziemlich gleichmäßig gebaut waren, eine große Variabilität Platz greift. Am siebenten sind aber »die Mannigfaltigkeiten der Keimblase überhaupt ganz enorm. Selbst die Größe ist eine im gleichen Entwicklungsstadium außerordentlich schwankende«.

Eine ähnliche Erhöhung der Variabilität während der Entwicklung war mir bei den Untersuchungen von Eidechsenembryonen aufgefallen, indem sie zur Zeit der Anlage der Ursegmente größere Verschiedenheiten aufwiesen, als früher.

Ebenso stellte Weldon durch Messungen fest, daß sich bei Taschenkrebsen eine Periode während des Wachstums findet, in der die Häufigkeit der Abweichungen vom Mittel größer ist, als früher und später.

Endlich zitiert Vernon selbst eine Angabe von Bowditch, der beim Menschen eine sichtbare Erhöhung der Variabilität kurz vor und während der Pubertät bei Knaben, in geringerem Grade auch bei Mädchen fand, die dann wieder zurückging.

Diesen Daten stehen die Messungen Fischels an Entenembryonen verschiedenen Alters gegenüber. Fischel verglich Embryonen mit der gleichen Urwirbelzahl auf ihre Größe und die Ausdehnung einzelner Teilstrecken ihrer Länge hin und fand: »Die individuellen Variationen sind nun durchaus nicht an allen Strecken und in allen Stadien gleichmäßig und in gleicher Größe vorhanden; vorwiegend wurden sie vielmehr in den jüngsten Stadien gefunden.« Hier handelt es sich um Variation, doch lassen sich diese Sätze auch auf die Variabilität übertragen.

Es ist natürlich nicht zu leugnen, daß ein Merkmal in früheren Altersstufen stärker schwanken kann, als in späteren; das spricht nur für unseren Satz, den die angeführten Beispiele bewiesen, daß nämlich die Variabilität für jedes Entwicklungsstudium charakteristisch ist und nicht mit dem Ablauf der Entwicklung abnimmt.

Nun fragt sich noch, weshalb einige Stadien besondere Variabilität aufweisen, andere nicht. Ich glaube, daß man auch für diese Differenzen Zweckmäßigkeitsgründe annehmen kann, wenn sie uns auch wegen der schwer verständlichen Biologie des Embryo noch nicht bekannt sind. Darauf weisen schon die Angaben Sobottas und Bowditchs hin. Die Variabilität des Mäuseeies wird enorm groß, wenn das Uterusepithel degeneriert und die Keimblase direkt an die ernährende Schleimhaut grenzt, also bei einem offenbaren

Wechsel der Entwicklungsbedingungen, bei dem wir auch eine solche Erhöhung erwarten dürfen. Ähnliches gilt für die Pubertätsjahre, in denen Bowditch die Variabilität vergrößert fand, die ja durch den Eintritt der Geschlechtsreife auch einen eingreifenden Wechsel in den Lebensbedingungen bedeuten.

Die Variabilität ist also für jede Art, jedes Merkmal und jedes Entwicklungsstadium charakteristisch, und zwar entspricht ihre Höhe den biologischen Anforderungen, die an die Variabilität gestellt werden.

B. Die Veränderlichkeit der Variabilität.

Wir haben eben gesehen, daß die Variabilität nach Art, Merkmal und Entwicklungsstadium sehr wechselt und konnten wahrscheinlich machen und für einige Fälle auch beweisen, daß dies in Übereinstimmung steht mit den verschiedenen Außenbedingungen, die wechselnde Anforderungen an die Variabilität eines Organismus oder eines seiner Teile stellen. Es scheint also, daß die Größe der Variabilität von der Umwelt abhängt.

Da nun die Bedingungen, unter denen ein Tier lebt, nicht gleichbleiben, so ergibt sich der Schluß bei Annahme obigen Zusammentreffens, daß auch die Variabilität z. B. eines Organs keine starre, fest normierte Größe ist, sondern daß auch ihre Intensität schwanken muß.

Verlangt würde theoretisch eine Vergrößerung der Variabilität bei Veränderung der Lebensbedingungen.

In unveränderter Umwelt brauchen die Organismen sich nicht zu verändern, sie sind ihr eben angepaßt. Sobald sie aber wechselt, tritt auch die Notwendigkeit an das Tier heran, mit den Veränderungen gleichen Schritt zu halten und sich mit ihr in passender Weise zu verändern. Dann wird also eine Umbildung nötig.

Man mag sich den Wert der Selektion vorstellen, wie man will, das wird jeder zugeben müssen, daß eine Erhöhung der Variabilität (wie auch der Variation) der Selektion einen besseren Angriffspunkt bietet. Ein Diagramm, das ich einem in Vernons Buch enthaltenen nachbilde, macht dies klar. In Fig. 49 *A* ist eine Variationskurve für 284 Individuen dargestellt, die nur in geringer Anzahl (geringe Variabilität) und in geringem Grade (geringe Variation) vom Mittelwert 0 abweichen. Die Abweichung betrifft nur 9 Einheiten, und 40 Exemplare besitzen den Mittelwert 0. Der Variabilitätsindex ε beträgt für dieses Beispiel 3,174. Fig. 49 *B* zeigt dagegen eine Variationskurve für dieselben 284 Individuen, aber mit erhöhter Variation (die Abweichung vom Mittel beträgt hier bis 15 Einheiten) und Variabilität (es weichen viel mehr Exemplare vom Mittelwert ab, der sich nur bei 14 Individuen findet): der Variabilitätsindex beträgt für diese viel flachere Kurve $\varepsilon = 6{,}705$, ist also mehr als doppelt so groß, als für die steile Kurve Fig. 49 *A*.

Der Vorteil der flachen Kurve der hohen Variabilität für die Wirkung der Auslese liegt auf der Hand.

Ist die Variabilität sehr gering, die Kurve also sehr steil (Fig. 49 *A*), so werden bei einer Veränderung der Bedingungen nicht mehr die vielen dem arithmetischen Mittel nahestehenden Exemplare, die vorher am besten angepaßt waren, die lebensfähigsten sein, sondern andere, z. B. mit dem Merkmal 8 oder 9, die vom Mittel mehr oder weniger entfernt stehen, deren es aber in der steilen Figur nur

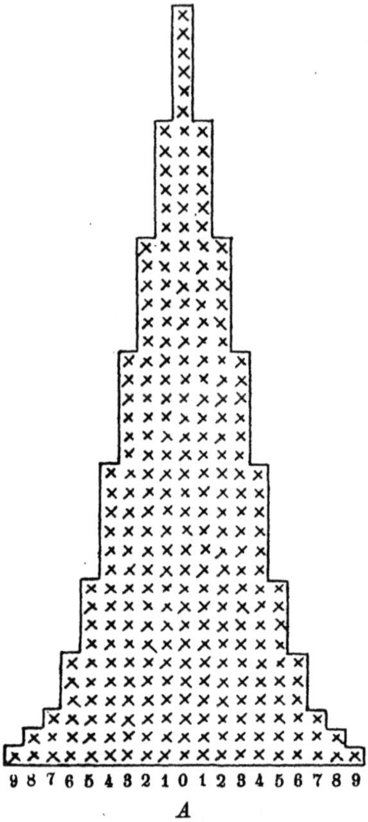

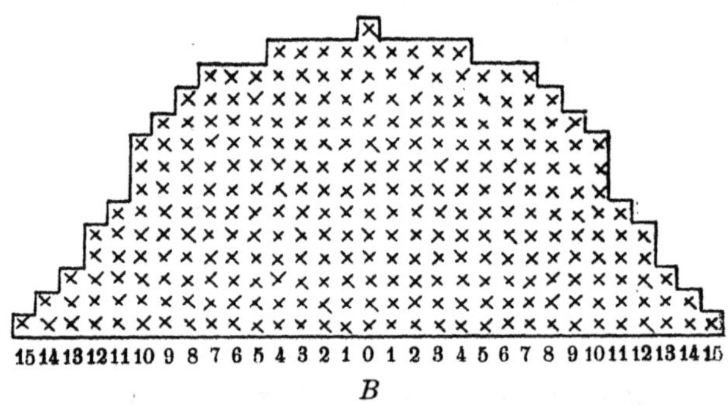

Fig. 49. Variationskurven von 284 Individuen bei schwacher (49 *A*) und starker (49 *B*) Variabilität und Variation. Bei *O* liegt der Mittelwert, von dem sich die Varianten um 9 (in 49 *A*) oder 15 (in 49 *B*) Einheiten entfernen.

wenige (3) gibt. Eine flachere, stärkere Variabilität zeigende Kurve dagegen wird bei gleicher Individuenzahl von den letzteren viel mehr (21) enthalten, daher werden bei höherer Variabilität mehr Tiere erhalten werden können. Während die erhöhte Variabilität die Kurve abflacht und so für die Auslese günstigere Bedingungen schafft, breitet die erhöhte Variation sie aus und erzeugt neue, stärker abweichende Varianten, die der Selektion neue Angriffspunkte bieten können.

Sehen wir einmal zu, ob unsere Forderung zu Recht besteht, ob also eine Art auf Veränderung ihrer Lebensbedingungen mit einer Erhöhung der Variabilität reagiert.

Wir können uns hier auf Beobachtungen wie auf Versuche stützen: Beobachtungen, die Tierformen, die in neue Länder eingeführt wurden, vergleichen mit der Stammform, und Experimente, in denen wir künstlich die Bedingungen der Tiere verändern. In beiden Fällen muß die Variabilität der Art im Mutterlande bzw. der unter normalen Verhältnissen kultivierten Tiere derjenigen der Art im neuen Land, bzw. der in experimentell modifizierten Bedingungen gezüchteten gegenübergestellt werden. Beide Kategorien haben ihre Vorteile: die Beobachtungen werden an einem Material angestellt, mit dem gewissermaßen die Natur experimentiert hat; in den Versuchen ist es dagegen möglich, die Außenbedingungen in sehr verschiedener Weise zu verändern und damit zu ergründen, ob eine bestimmte Veränderung eine besondere Wirkung auf die Variabilität ausübt.

1. Beobachtungen.

Die Beobachtung in der Natur lehrt, daß veränderte Lebensbedingungen die Variabilität erhöhen. Dies ist der Fall bei eingeführten Arten, die sich den neuen Verhältnissen anbequemen müssen.

Dies gilt für den in Amerika eingeführten Sperling (Bumpus, zitiert nach Vernon), dessen Eier von 18—26 mm in der Länge variieren, während sie in England 18,5—25 mm lang sind. »American eggs are considerably more variable both in shape and size, than english eggs«, schreibt Vernon. Auch *Helix nemoralis* hat nach Cockerell (s. Vernon 1903, S. 315) nach ihrer Einführung von Europa nach Virginia außerordentliche Erhöhung der Variation gezeigt.

Ein weiteres eigenartiges Beispiel erwähnt Bumpus (1898, zitiert nach Duncker). Die Schnecke *Littorina littorea* war seit etwa 50 Jahren in das atlantische Küstengebiet der Vereinigten Staaten eingeführt worden und hatte dort nicht nur eine Reihe von Formveränderungen erfahren, sondern auch die Variabilität der Spezies ist durch den Aufenthaltswechsel beeinflußt worden. Hinsichtlich des Variationsumfanges U stehen die englischen Formen stets hinter den nordamerikanischen zurück. Duncker (1898) berechnete aus den Tabellen der Originalarbeit auch den Variabilitätsindex des Quotienten von Breite zu Höhe der Schale und fand denselben bei den amerikanischen Formen stets höher, als bei den englischen; bei jenen betrug der Index ε 2,4849—3,0340, bei diesen 2,3024—2,3775, die neu eingewanderten Formen variieren demnach an Breite und Intensität stärker, als die Stammformen. Dabei scheinen die Lebensbedingungen, die an den einzelnen amerikanischen Fundorten herrschten (felsige Küste, steiniger oder weicher Grund usw.), keinen nennenswerten Einfluß auf die Variabilität der neuen Lokalform auszuüben.

Diese Beobachtungen beweisen zahlenmäßig die Erhöhung der Variabilität bei einem Wechsel der Lebensbedingungen.

Wenden wir uns nun zu den

2. Versuchen.

Ich hatte mir die Beantwortung der Frage, ob veränderte Lebensverhältnisse die Variabilität erhöhen, als Hauptaufgabe für meine in Neapel ausgeführten Versuche gestellt und prüfte diese Idee an zwei weit auseinander stehenden Tiergruppen, an Seeigeln und Ascidien. Als leichter zu bearbeitendes Material zog ich die in Masse zu erhaltenden Larven dieser Tiere vor und benutzte als zahlenmäßig auszudrückendes Merkmal die Skelettbildner (primären Mesenchymzellen) der Seeigel (*Sphaerechinus granularis, Echinus microtuberculatus* und *Strongylocentrotus lividus*). Bei der Monascidie *Phallusia mammillata* zählte ich die Chordazellen. Die Formen boten noch den Vorteil, daß die beiden Merkmale in sehr hohem Grade verschieden variierten, ja selbst die Seeigelarten differierten in dieser Hinsicht, so daß die Ergebnisse zugleich für eine der Art nach geringe oder hohe Variabilität gelten und somit eine weitere Bedeutung erlangen.

Besonders verwendbar sind ja die Seeigellarven, die ich verschiedenen abnormen Bedingungen aussetzte und die sehr gut auf solche Einflüsse reagierten. Ich züchtete sie in Wärme oder Kälte, in Wasser, das von dem Golfwasser in seiner Zusammensetzung abweicht, wie Aquariumwasser, oder solchem mit Zusatz von Chloroform, Natronlauge oder Salzsäure, endlich in ungünstigen Bedingungen, wie kleinen Schälchen mit wenig Wasser. Stets wurde das Ergebnis erhalten, daß die Variabilität der beeinflussten Larven höher war, als die der in normalen Verhältnissen gelassenen.

Ich füge eine Tabelle bei, in der meine Versuche verzeichnet sind; in der ersten Reihe ist die Nummer des Experimentes angegeben, in der zweiten die verwendete Art, in der dritten ist der Variabilitätsindex für die normale Kultur berechnet, in der vierten der Index der unter abnormen Bedingungen gehaltenen. In der fünften endlich ist die Art der abnormen Bedingungen verzeichnet.

Variabilität der Skelettbildner unter normalen und abnormen Bedingungen.

Versuch	Art	Kultur unter normalen Bedingungen	Kultur unter abnormen Bedingungen	Art der abnormen Bedingungen
33	*Echinus*	7,40	15,4	Wärme
45	—	2,61	11,92	„
74	—	4,688	5,685	„
65	*Strongyloc.*	4,970	4,508	„
—	—	—	5,551	Kälte
67	—	5,625	8,093	Wärme
13	*Sphaerechin.*	5,58	12,84	„
14	—	5,7	11,6	„
20	—	5,6	12,27	„
21	—	5,3	13,5	„
39	—	8,1	13,2	„
54	—	2,847	6,180	kleine Schale
56	—	5,019	7,110	Aquariumwasser
—	—	—	8,714	„ kl. Schale
57	—	4,446	10,895	Wärme
—	—	—	5,973	Chloroform
59	—	—	7,063	Kälte + Aquariumwasser
—	—	4,126	6,953	kl. Schale + „
—	—	—	6,572	Aquariumwasser
61	—	5,223	5,883	Natronlauge
—	—	—	5,640	Salzsäure
62	—	3,865	6,091	Natronlauge
—	—	—	6,173	Salzsäure
63	—	4,610	3,625	Kälte
—	—	—	2,468	Chloroform
64	—	4,387	10,336	„
69	—	4,312	5,463	Kälte
78	—	3,007	8,634	Wärme
79	—	9,850	10,184	„
80	—	5,186	9,020	„
Durchschnitt für *Sphaerechinus*		5,13	7,90	

Die Tabelle lehrt, daß die Variabilität bei Veränderungen der Entwicklungsverhältnisse sofort mit Erhöhung ihres Index reagiert. Dabei ist es völlig gleichgültig, auf welche Weise diese Veränderung geschieht. Dies ist besonders zu beachten, denn die Verschiedenartigkeit der Versuche gestattet nicht, einen besonderen Faktor, wie Wärme oder Chloroform, für das Resultat verantwortlich zu machen; das gleiche Ergebnis gestattet nur, die Veränderung als solche als Ursache für die Erhöhung der Variabilität anzusehen. Die wenigen abweichenden Zahlen sind erklärbar (s. die spezielle Arbeit) und beeinflussen das Gesamtergebnis nicht.

Als Mittel für alle Versuche ergab sich für *Sphaerechinus* eine Erhöhung des Variabilitätsindex um mehr als die Hälfte seines Wertes.

Zugleich mag hier bemerkt werden, daß diese Erhöhung um so ausgiebiger ist, je stärker die Bedingungen verändert wurden, so daß sie proportional der Größe der Veränderung der Umwelt ist. Genaueres hier anzugeben, würde zu weit führen; ich verweise da auf meine speziellen Arbeiten.

Viel konstanter als die Zahl der Skelettbildner ist die der Chordazellen von *Phallusia*.

Mit *Phallusia* stellte ich fünf Versuche an, in vieren beeinflußte ich die Entwicklung durch Wärme, in einem durch Züchtung in einem Uhrschälchen. Alle fünf Experimente ergaben für die Kulturen in abnormen Bedingungen einen erhöhten Variabilitätsindex, der, obwohl sehr klein, in normalen Kulturen 0,360, dennoch fast um das Dreifache, bis auf 1,02 stieg.

Variabilität der Chordazellen von Phallusia unter normalen und abnormen Bedingungen.

Versuch	Kultur unter normalen Bedingungen	Kultur unter abnormen Bedingungen	Art der abnormen Bedingungen
34	0,8	1,77	Wärme
38	0,28	0,55	„
40	1,18	1,33	„
42	0,14	0,91	„
55	0,00	0,533	Uhrschälchen
Mittel $\varepsilon =$	0,360	1,02	

Die Versuche mit *Phallusia* führten also zu ganz dem gleichen Resultat, wie die mit den Seeigeln. Daher kann man ihr Ergebnis, daß Veränderung der Lebensbedingungen die Variabilität erhöht, wohl verallgemeinern, zumal es mit den Resultaten der Experimente anderer Autoren gut übereinstimmt.

Ein besonders reiches Material bieten die schon früher herangezogenen ausgezeichneten Versuche von Tower.

Tower hat Arten des Koloradokäfers zu Temperatur- und anderen Experimenten benutzt und die Farbveränderungen dieser Käfer, verglichen mit den Farben der Elterntiere und unbeeinflußter

Kontrollversuche, festgestellt. Dabei zeigen seine Tabellen häufig eine Erhöhung der Variabilität bei den Versuchstieren, und zwar sowohl den Eltern, als auch der Kontrollzucht gegenüber.

Allerdings hat er nicht die Variabilität selbst berechnet, da seine Untersuchungen nicht auf diesen Punkt ausgingen. Um so beweisender sind die Zahlen für uns, wenn die Erhöhung der Variabilität sich aus den Tabellen herausrechnen läßt. Ich habe dies für zwei Tabellen von *Leptinotarsa signaticollis* getan und finde den Index für die durch Wärme beeinflußte Kultur (*c*) höher als für die Elterntiere (*a*) und die Kontrollzucht (*b*). Für Tabelle 91 finde ich ε^a 1,163, ε^b 1,111 und ε^c 1,256. Dieselben Werte betragen für Tabelle 100: 1,168, 1,110, 1,521. Kältezuchten ergaben gleiche Resultate, wie Tower bemerkte.

Leptinotarsa decimlineata ist viel variabler als die andere Art. Auch hier ergeben die meisten Tabellen, daß die Versuchskultur variabler ist als Kontrollzucht oder Eltern. Daß dies nicht in allen Fällen zutrifft, beruht wohl auf der Ungunst des benutzten Merkmals, das nicht meristisch war, sondern in Färbungsgruppen, nach ihrer Helligkeit angeordnet, bestand. Die Differenzen zwischen diesen einzelnen Klassen sind wohl verschieden groß, — daher vielleicht einige abweichende Resultate.

Im ganzen kann man aber sagen, daß Towers Tabellen unser Ergebnis voll bestätigen, daß Tiere ihre Variabilität erhöhen, wenn sie in andere Bedingungen gebracht werden, gleich, welcher Art diese sind.

Auch Vernon (1896) hat neben der Bestimmung der Veränderung von Seeigellarven durch veränderte Lebensbedingungen in seiner großen Arbeit die Variationsstatistik nicht vernachlässigt. Seine Versuche beziehen sich auf die Veränderung der Größe der Plutei und ihrer Arme. Auf S. 608 konstatiert er, daß die Variabilität der unter normalen Bedingungen angesetzten Kulturen 23,0, die der abnormen aber 25,7 ist. Er schließt daraus, wie wir sehen, mit Recht: »Is may thus be looked upon as probable that change in the conditions of environment from the normal tends to increase somewhat the limits of variation in the size of the larvae.« Speziell erwähnt Vernon eine geringe Variabilität für Zuchten, die zwischen 18 und 20° gehalten worden waren (22,2); bei höherer Temperatur ist sie größer (24—26,3) entsprechend unseren Ergebnissen.

Endlich wären noch die Versuche Pearls zu erwähnen, der seine *Chilomonas*-Kolonien teils in günstigen, teils in ungünstigen Bedingungen züchtete und im letzteren Falle eine geringe Erhöhung der Variabilität feststellen konnte.

Zusammenfassend ist also aus diesen Versuchen der Schluß zu ziehen, daß veränderte Lebensbedingungen die Variabilität einer Art erhöhen, und zwar ist es dabei gleichgültig, in welcher Hinsicht diese Veränderung vor sich geht. Je normaler die Verhältnisse sind, denen die Form angepaßt ist, desto geringer ist die Variabilität, erhöht sich aber proportional der Größe der Veränderung der Umwelt. Damit werden, wie oben ausführlich dargelegt, für die einsetzende Selektion die notwendigen neuen Angriffspunkte geschaffen, so daß sich die Art in Übereinstimmung mit den neuen Bedingungen umgestalten kann.

Zwei Erscheinungen der Variabilität wurden im vorstehenden auf ihren biologischen Wert hin untersucht. Es waren Stichproben, in denen gezeigt wurde, daß eine finale Betrachtung der Variabilität wohl gerechtfertigt ist. Aber auch andere, im Prinzip wohl alle Eigenschaften dieser Variabilität können von diesem Standpunkt aus beleuchtet werden. Ich möchte zum Schluß nur noch auf ein Ergebnis eingehen, das mir meine Versuche zeitigten:

C. Das weitere Schicksal larvaler Variabilität.

Sehr wichtig ist die Frage, ob die Variabilität früher Entwicklungsstadien auch in späteren Phasen nachklingt oder ob diese unabhängig von jenen ihre eigene Verschiedenheit bewahren. Beides finden wir bei unseren Seeigellarven, und beide Fälle sind als zweckmäßig wohl zu verstehen.

Diese Frage ist schon öfters aufgeworfen worden; so teilt Rabl die Verschiedenheiten, die er in der Entwicklung der Linse fand, ein in »solche, welche im weiteren Verlaufe der Entwicklung durch regelnde Einflüsse oder Vorrichtungen, wie vor allem durch die Korrelation der sich entwickelnden Organe, wieder ausgeglichen wurden, und zweitens solche, welche keine Ausgleichung erfuhren, sondern durch alle folgenden Stadien bestehen blieben und auch im fertigen Zustande zum Ausdruck kamen«. Mit Recht betont er, daß die ersteren in phylogenetischer Hinsicht belanglos, die letzteren dagegen sehr wichtig sind; immerhin sind diese doch für das betreffende Stadium von biologischer Bedeutung.

Eine auffallende Verschiedenheit in dieser Hinsicht boten nun die Variabilität aus inneren Ursachen, die das Keimplasma betrifft und blastogener Natur ist, und die aus äußeren Ursachen, die durch äußere Verhältnisse bedingt nur das Soma, den Körper affiziert.

Die erste Art der Variabilität drückt sich in der Verschiedenheit von Kulturen verschiedener Elterntiere aus, die unter gleichen Entwicklungsbedingungen gehalten werden, während die andere Art sich bei Zuchten von den gleichen Eltern findet, die sich entweder unter normalen (Kontrollkultur) oder abnormen Bedingungen (Wärme, Kälte, Chloroformzusatz usw.) entwickelten.

Untersucht wurde einmal die Anzahl der Skelettbildnerzellen im Gastrulastadium, und dann das Skelett der sich aus diesen entwickelnden *Pluteus*-Larven, bei denen die Zahl der Analarmwurzeln vermehrt sein kann, und die Anzahl solcher Varianten das Maß der Variabilität angab.

Hat nun die Variabilität der Gastrulä einen Einfluß auf die der Plutei?

Bei Variabilität aus inneren Ursachen ist dies nicht der Fall. Fünf Versuche bewiesen mir, daß beide Stadien in bezug auf ihre Variabilität völlig unabhängig voneinander sind. Insbesondere stellte sich oft heraus, daß beim Vergleich zweier Kulturen die mit dem höheren Koeffizient der Skelettbildnerzahlen den niedrigeren der Skelettvariabilität besaß; z. B. betrug im Versuch 71 der Variabilitätskoeffizient ε der Mesenchymzellen der Kultur *a*: 17,672, der Kultur *c* dagegen nur 3,116. Und doch fanden sich in ersterer unter 100 Pluteis nur 2 abweichende Varianten, in *c* deren 3; Kultur *c* zeigte eine größere Variabilität zur Zeit des Pluteusstadiums, während sie als Gastrulä konstanter war als die unter den gleichen Bedingungen gehaltene, aber anderen Elterntieren entstammende Zucht *a*.

Die Variabilität der primären Mesenchymzellen »normaler« Kulturen, aus inneren Ursachen, ist also eine in der Ontogenese vorübergehende Erscheinung und übt keinen Einfluß auf die Variabilität des Skeletts selbst aus.

Ganz anders bei Variabilität aus äußeren Ursachen. Hier lehren 4 Versuche in übereinstimmender Weise, daß die durch verschiedene Mittel künstlich erhöhte Variabilität der Zahl der Skelettbildner auch eine vermehrte Variabilität der Wurzeln der Analarmstäbe bedingt. Auf welche Weise diese erworbene Erhöhung der Variabilität hervorgerufen wurde, ist dabei gleich: ob sie durch Aquariumwasser, durch Kälte, durch Zusatz von Salzsäure bedingt war oder durch Züchten in kleiner Schale, die Plutei waren variabler als die der »normalen« Kontrollarven.

Ein Beispiel: in Versuch 59 züchtete ich Larven von *Sphaerechinus* unter normalen Bedingungen (*a*) und in Kälte (*b*). Der Variabilitätsindex der Skelettbildner betrug in *a* 4,126, in *b* war er sehr hoch, 7,063. Unter je 100 Pluteis fand ich aber in Kultur *a* nur 11 abweichende Varianten, in *b* dagegen 84!

So ist der Schluß erlaubt, daß die erworbene Erhöhung der Variabilität der Skelettbildner mit einer ebensolchen des Skelettes selbst einhergeht, daß sie also nicht vorübergehend ist und ausgeglichen wird, sondern spätere Stadien beeinflußt.

Einwürfen, die in der Richtung gemacht werden könnten, daß sich hier die erhöhte Variabilität des Skelettes erst nach der Gastrulation eingestellt hätte, so daß sie nicht als Nachwirkung des Gastrulationsstadiums aufzufassen wäre, begegnete ich durch besondere Versuche, die diesen Faktor ausschalteten. Ich brachte künstlich variabel gemachte Zuchten nach der Gastrulation in normales Wasser und fand, daß sie die hohe Variabilität beibehielten.

Das merkwürdige Ergebnis dieser Versuche lautet also, daß die Variabilität der Skelettbildner aus inneren Ursachen keine bleibende ist, daß sie im Verlaufe der Entwicklung ausgeglichen wird, während die erworbene, auf äußeren Ursachen beruhende spätere Entwicklungsphasen beeinflußt.

Biologisch kann man dieses eigentümliche Verhalten vielleicht durch die folgende Betrachtung verstehen.

Die durch äußere Ursachen erhöhte Variabilität wurde als Anpassung an die veränderten Lebenbedingungen aufgefaßt. Diesen müssen sich aber nicht nur die Gastrulä, sondern auch die späteren Stadien, wie die Plutei, anpassen. Wenn diese nun auch, wie bewiesen wurde, selbständig die Fähigkeit besitzen, ihre Variabilität bei veränderten Verhältnissen zu erhöhen, so ist es doch gewissermaßen eine Erleichterung, wenn die individuellen Verschiedenheiten früherer Entwicklungsphasen einen Einfluß auf die späteren ausüben in dem Sinne, daß — in unserem Beispiel — größere Variabilität der Gastrulä eine gleiche der Plutei bedingt, geringere eine geringere. Diese Nachwirkung der Höhe der erworbenen Variabilität ist also von Bedeutung und selbst auch als Anpassung aufzufassen; denn es werden sich in der kurzen Zeit, die zwischen den beiden Entwicklungsperioden liegt, die Lebensbedingungen kaum so schnell verändern, daß jedes dieser Stadien eine andere Variabilität nötig hat.

Anders die Variabilität aus inneren Ursachen. Diese ist ja auch bei gleichen Lebensbedingungen verschieden. Wenn aber diese nicht wechseln, so ist eben eine erhöhte Variabilität in und eine Nachwirkung auf spätere Stadien nicht nötig; in unveränderten Verhältnissen braucht sich die Variabilität des Plutei nicht zu erhöhen. Daher fehlt hier diese Beeinflussung völlig.

Damit soll aber nicht gesagt sein, daß die auf inneren Ursachen beruhende Variabilität der Gastrulä wertlos ist; vielleicht ist sie erblich und somit phylogenetisch bedeutungsvoll; sie beschränkt sich aber eben auf die betreffenden Stadien und bildet eventuell diese allein um, ohne auf spätere weiter zu wirken.

Die Darlegungen dieses Kapitels lassen wohl erkennen, daß sich die verschiedensten Erscheinungen der Variabilität final verstehen lassen, und daß man diesen Standpunkt auch in die Lehre von der Variabilität hineintragen darf.

Literatur.

1828—37. Baer, K. E. v., Über Entwicklungsgeschichte der Tiere. Königsberg.

1894. Bateson, W., Materials for the Study of Variation treated with especial regard to Discontinuity in the Origin of Species. London.

1877. Bowditch, Rep. of Massachusetts State Board of Health. (Zit. nach Vernon.)

1897. Brewster, E. T., A Measure of Variability and the Relation of Individuel Variations to specific Differences. Proc. Amer. Acad. Arts Sc. Bd. 32, N. 15.

1895. Bumpus, H. C., The Variations and Mutations of the introduced Littorina. Zool. Bull. Boston Febr. 1895. (Zitiert nach Duncker, Biol. Zentralbl. XVIII 1898.)

1896/97. Bumpus, H. C., Biol. Lectures, Woods Holl. (Zit. n. Vernon.)

1898. Duncker, G., Bemerkung zu dem Aufsatz von H. C. Bumpus: „The Variations and Mutations of the Introduced Littorina". Biol. Zentralbl. Bd. 18.

1899. Duncker, G., Die Methode der Variationsstatistik. Arch. f. Entwicklungsmech. Bd. 8.

1898. Field, W. L. W., A Contribution to the Study of Individual Variation in the Wings of Lepidoptera. Proc. Amer. Acad. Arts. Sc. Vol. 33.

1896. Fischel, A., Über Variabilität und Wachstum des embryonalen Körpers. Morph. Jahrb. Bd. 24.

1904. Friese, H. u. Wagner, F. v., Über die Hummeln als Zeugen natürlicher Formenbildung. Zool. Jahrb. Suppl. VII, Festschr. für Weismann.

1908. Goldschmidt, R., Das Nervensystem von Ascaris lumbricoides und megalocephala. Zeitschr. f. wiss. Zool. Bd. 90.

1908. Martini, E., Die Konstanz histologischer Elemente bei Nematoden nach Abschluß der Entwicklungsperiode. Verhandl. anat. Ges. Berlin.

1909. Martini, E., Über Eutelie und Neotenie. Verhandl. Deutsch. zool. Ges.

1909. Martini, E., Darwinismus und Zellkonstanz. Sitz.-Ber. nat. Ges. Rostock, N. F. I.

1909—1912. Martini, E., Studien über die Konstanz histologischer Elemente. I. Oikopleura longicauda, II. Fritillaria pellucida, III. Hydatina senta. Zeitschr. f. wiss. Zool. Bd. XCII, XCIV, CII.

1896. Montgomery, Journal of Morphology. (Zit. nach Vernon 1903.)

1906. Pearl, R., Variation in Chilomonas under favorable and unfavorable Conditions. Biometrica Vol. V.

1907. Pearl, R. and Clawson, A. B., Variation and correlation in the Cray fish. Carnegie Institution No. 64.

1909. Peter, K., Experimentelle Untersuchungen über individuelle Variation in der tierischen Entwicklung. Arch. f. Entwmech. Bd. 27.

1911. Peter, K., Neue experimentelle Untersuchungen über die Größe der Variabilität und ihre biologische Bedeutung. Ebenda Bd. 31.

1899. Rabl, C., Über den Bau und die Entwicklung der Linse, III. Teil. Zeitschr. f. wiss. Zool. LXVII.

1902. Sobotta, J., Die Entwicklung des Eies der Maus vom Schlusse der Furchungsperiode bis zum Auftreten der Amniosfalten. Arch. f. mikr. Anat. Bd. 61.

1906. Tower, W. L., An Investigation of Evolution in Chrysomelid Beetles of the Genus Leptinotarsa. Carnegie Institut. Nr. 48.

1896. Vernon, H. M., The Effect of Environment on the Development of Echinoderm Larvae: an Experimental Inquiry into the Causes of Variation. Philos. Transacts Roy. Soc. London. B. Vol. 186, Pt. II.

1903. Vernon, H. M., Variation in Animals and Plants, London. (The International Scientific Series Vol. LXXXVIII.)

1895. Weldon, W. F. R., Remarks on Variation in Animals and Plants. Proc. R. Soc. London LVII.

Dreizehntes Kapitel.

Das biogenetische Grundgesetz.

Stellung zum biogenetischen Grundgesetz. A. Die Tatsachen des biogenetischen Grundgesetzes. Definition. Ansichten von Keibel, O. Hertwig, Ebner, Hensen, Kranichfeld. Geltung des Gesetzes. B. Erklärung des biogenetischen Grundgesetzes vom finalen Standpunkt. C. Seine Bedeutung für die individuelle Entwicklung. 1. Die Veränderung der Ontogenese durch cenogenetische Einflüsse. a) Schwinden alter Charaktere und Stadien. b) Auftreten neuer Charaktere und Stadien. c) Veränderungen palingenetischer Gebilde durch cenogenetische Einflüsse. Veränderungen der Anlage und späteren Stadien in bezug auf α) Art, β) Ort und γ) Zeit. Keibels und Mehnerts Erklärung für die Heterochronieen. 2. Unterscheidung von palingenetischen und cenogenetischen Merkmalen. Verteilung der Flügellosigkeit bei den Weibchen der Schmetterlinge. Primordialkranium der Wirbeltiere. 3. Die Bedeutung des biogenetischen Grundgesetzes bei der Erklärung embryonaler Merkmale.

Jede Arbeit, die sich eingehend mit den embryonalen Organen und Vorgängen befaßt, muß Stellung zum biogenetischen Grundgesetz nehmen. Auch für uns gilt dies. Denn wir erklären diese Gebilde und Prozesse, insbesondere die Rückbildungen, nicht aus ihrer Phylogenese, sondern durch die Notwendigkeit ihres Vorkommens in der Ontogenese selbst. Das biogenetische Grundgesetz versteht die Ontogenese aber durch die Phylogenese, und da erhebt sich die Frage, ob es von unserm finalen Standpunkt aus verworfen werden muß, oder ob wir es beibehalten können.

Das biogenetische Grundgesetz, von J. F. Meckel zuerst erkannt, von Fritz Müller in seiner berühmten Schrift »Für Darwin« genau durchgearbeitet und von Haeckel in seiner generellen Morphologie der Organismen in kurze bequeme Form gegossen, lautet in seiner alten Gestalt: »Die Ontogenesis ist die kurze und schnelle Rekapitulation der Phylogenesis ... das organische Individuum ... wiederholt während des raschen und kurzen Laufes seiner individuellen Entwicklung die wichtigsten von denjenigen Formveränderungen, welche seine Voreltern während des langsamen und langen Laufes ihrer paläontologischen Entwicklung ... durchlaufen haben« (Haeckel). »Die in der Entwicklungsgeschichte erhaltene geschichtliche Urkunde wird allmählich verwischt, indem die Entwicklung einen immer geraderen Weg vom Ei zum fertigen Tier einschlägt, und sie wird häufig gefälscht durch den Kampf ums Dasein, den die freilebenden Larven zu bestehen haben« (Fr. Müller).

Diese neuauftretenden »fälschenden« Merkmale bezeichnet Haeckel als cenogenetisch und stellt ihnen die palingenetischen, die die Phylogenese wiederholen, gegenüber.

Das in diesen Sätzen ausgesprochene Gesetz hat seit der Durchdringung der Biologie durch den Deszendenzgedanken im Mittelpunkt des wissenschaftlichen Interesses und Streites gestanden. Es hat sich durchgreifende Wandlungen gefallen lassen müssen, ist oft völlig verworfen, dann von anderer Seite wieder hervorgeholt und in sein Recht eingesetzt worden, kurz es hat eine reiche Literatur hervorgerufen. Während es von Zoologen meist anerkannt wird, wird es von der Mehrzahl der Embryologen und Entwicklungsmechaniker abgelehnt, und auch die Forscher, die das biologische Moment mehr in den Vordergrund stellen, sind sich über seine Geltung nicht einig.

Es kann unsere Sache nicht sein, der Entwicklung dieses Gedankens historisch nachzugehen. Bis zum Jahre 1897 ist diese in klarer Weise in Keibels Zusammenfassung »das biogenetische Grundgesetz und die Cenogenese« dargestellt worden. Wir werden die stark voneinander abweichenden Ansichten der Biologen nur soweit anführen, als sie unser Gebiet berühren, werden besonders ihre der Embryologie entnommenen Gegengründe besprechen und uns natürlich ausführlicher mit den Autoren beschäftigen müssen, deren biologische Anschauungen sich den unseren nähern.

Bei unserer Besprechung müssen wir drei Fragen getrennt beantworten:

A. Bestehen die Tatsachen, die das biogenetische Grundgesetz zusammenfaßt, zu recht, und kann dieses unverändert übernommen, oder muß es verändert oder gar verworfen werden?

B. Wie sind von unserm finalen Standpunkt aus die Tatsachen des biogenetischen Grundgesetzes zu erklären?

C. Welche Folgerungen ergeben sich aus unserer Auffassung des biogenetischen Grundgesetzes für das Verständnis der Vorgänge der Ontogenese?

Wenden wir uns erst zu den

A. Tatsachen des biogenetischen Grundgesetzes.

Zuerst haben wir uns also darüber klar zu werden, ob die Ontogenese wirklich als eine, wenn auch, wie es Mehnert kurz ausdrückt, modifizierte Phylogenese zu betrachten ist.

Die veraltete Auffassung, daß in der individuellen Entwicklung die einzelnen in der Stammesentwicklung durchlaufenen Stadien wieder auftreten, daß man also bei Säugetierembryonen ein Fisch-, ein Amphibien-, ein Reptilienstadium unterscheiden könnte, haben wir natürlich fallen zu lassen. Davon kann keine Rede sein, daß ein Säugetierembryo im Ganzen während seiner Entfaltung erst einem Fische ähnlich sei, dann einem Amphibium usf.

Das fordert aber das biogenetische Grundgesetz selbst in der alten von Haeckel präzisierten Form gar nicht. Die cenogenetischen Prozesse greifen eben so gewaltig in das Rad der Entwicklung ein, daß keine einzelne Phase von ihnen unberührt bleibt.

Wir müssen also in unseren Ansprüchen bescheidener werden und darnach forschen, ob einzelne Organe während ihrer Entwicklung phylogenetische Stadien durchlaufen. Ob sie diesen mehr oder weniger ähnlich sind, spielt dabei keine Rolle, denn niemand wird verlangen, daß ein Organ eines im Mutterleib lebenden Säugetierkeimes in allen Einzelheiten die Gestalt wiederholt, die es bei den freilebenden Vorfahren besessen hat; dazu sind die Außenbedingungen eben gar zu verschieden. Und solche Wiederholungen phyletischer Stufen finden sich in der Organogenese auf Schritt und Tritt — ich erwähne nur die Schlundspalten der Reptilienembryonen.

Wenn wir also fürs erste einmal den Tatsachenkomplex des biogenetischen Grundgesetzes ins Auge fassen, so finden wir auf jedem Stadium eines sich entwickelnden Organismus wie auch beim Erwachsenen ererbte und durch Anpassung neu entstandene Eigenschaften vor. Wir finden dann weiter, daß Organe, die bei manchen Tierformen nur in frühen Embryonalstadien erscheinen und eine geringe Ausbildung erfahren, sich bei anderen Klassen weiter entwickeln und bei noch anderen sogar im erwachsenen Zustand eine wichtige Tätigkeit zu übernehmen haben.

Bleiben wir bei unserem so oft herangezogenen Beispiel des Schlundapparates, der ja stets ein Musterbeispiel für Erörterung über das biogenetische Grundgesetz bildet, so haben wir gesehen, daß die Viszeraltaschen bei Säugetieren nicht zum Durchbruch gelangen, bei Reptilienembryonen sich nach außen öffnen, bei wasserlebenden Anamniern noch die Atmungsorgane der Kiemen tragen und bei Perennibranchiaten und Fischen zeitlebens im ausgebildeten Zustand verharren.

Nun hat uns die Paläontologie gelehrt, daß diese Tierklassen um so früher auf der Erde erscheinen, je ausgebildeter ihr Schlundapparat ist: Fische treffen wir schon im Silur und Devon, Amphibien im Karbon, Repitilien im oberen Karbon, Säugetiere erst in der Trias. Diese Ahnenformen müssen wir auf die Entwicklung ihres Viszeralapparates hin untersuchen und können die jetzt lebenden Vertreter ihrer Familien, die sich in den in Rede stehenden Organen nicht prinzipiell verändert haben, vorsichtig zum Vergleich heranziehen. Dann können wir sagen: Jedes Tier besitzt während seiner Entwicklung Eigenschaften und Organe, die bei ihm während der Ontogenese schwinden, aber bei Formen, die früher gelebt haben und als ihre Ahnen anzusehen sind, im erwachsenen Zustand vorhanden waren und mit einer wichtigen Funktion betraut waren. Aus Gründen, die später zur Sprache kommen werden, erhielten sich die Organe in Resten bei den Embryonen der Nachkommen, so daß wir sagen können, daß die Nachkommen während ihrer individuellen Entwicklung in einzelnen Organen Stadien durchlaufen, die frühere phylogenetische Stufen wiederholen.

Ich glaube, die diesem Gesetz zugrunde liegenden Tatsachen sind zu auffallend und von zu grundlegender Wichtigkeit, als daß wir auf eine zusammenfassende Formulierung verzichten dürfen; belassen wir also dem kurzgefaßten Ausdruck für diesen Tatsachenkomplex den eingebürgerten Namen des biogenetischen Grundgesetzes.

Ich stehe also völlig auf dem Standpunkt von E. Schultz, der schreibt: »Mehr als das Faktum, daß in der Ontogenie phyletische Stadien wiederholt werden, will auch das Gesetz nicht besagen«.

Auch Keibel leugnet nicht »die Erfahrungsreihen, welche in dem sogenannten biogenetischen Grundgesetz . . . kondensiert sind. Zweifellos sind durch die Vererbung bedingte Spuren des Weges, welchen die Phylogenie genommen hat, in der Entwicklungsgeschichte der Säuger vorhanden«. Wenn Keibel dann durch die starken Verschiebungen, die die Entwicklung der Organe in der Ontogenese erleidet, dazu geführt wird, das biogenetische Grundgesetz für Säuger nicht gelten zu lassen, so kann ich ihm hierin nicht folgen. Einen kurzen knappen Ausdruck für die Erfahrungsreihen, die Keibel selbst zugibt, muß die Wissenschaft haben, um mit diesem wichtigen Begriff arbeiten und auf ihm weiter bauen zu können, und das ist eben die oben gegebene Formulierung dieses Gesetzes, die gar nichts aussagt über den Grad der Veränderung, den die cenogenetischen Vorgänge an der Phylogenese hervorbringen; theoretisch könnte in einem bestimmten Falle die ganze Ontogenese cenogenetisch modifiziert werden; dann würde der eine Faktor, der palingenetische, unendlich klein, der cenogenetische unendlich groß. Die Gültigkeit des biogenetischen Grundgesetzes in der Tierwelt würde meines Erachtens durch diesen extremen Fall nicht aufgehoben werden.

Ausführlicher müssen wir uns mit der Auffassung von O. Hertwig beschäftigen, der sich in verschiedenen Schriften eingehend mit dem biogenetischen Grundgesetz befaßt und eine Umprägung desselben vorgenommen hat. So sehr man seinen Ausführungen beipflichten wird, so liegt doch kein Grund vor, unseren oben zitierten Schultzschen Satz zu verändern. Hertwig betont mit Recht, daß von einer Wiederholung der Ahnengeschichte in der Ontogenese dem Wesen der beiden Prozesse nach keine Rede sein kann, insofern, als z. B. die Eizelle eines Tieres nie gleich ist dem einzelligen Wesen, das am Anfang seiner Ahnenreihe stand. Die Eizelle z. B. eines Vogels unterscheidet sich von jenem durch alle die Anlagen, die es ermöglichen, einen Vogel aus sich zu entwickeln; sie ist auch soweit in ihrer Spezialisierung gelangt, daß sie eben nichts anderes als einen Vogel bilden kann. »Etwas anderes als in der Eizelle als Anlage enthalten ist, kann durch den Entwicklungsprozeß auch nicht aus ihr hervorgebracht werden, abgesehen von den geringfügigen, durch äußere Einwirkungen hervorgerufene Modifikationen«. Ebensowenig ist z. B. die Gastrula eines Seeigels mit der des *Amphioxus* vergleichbar, trotz äußerer Ähnlichkeiten, denn sie enthalten entweder die Anlagen eines Seeigels oder eines Lazettfischchens in sich.

Dieser Hertwigsche Gedanke von der »Artzelle« ist natürlich richtig; es kann aus einem Froschei nur ein Frosch, aus einem Hühnerei nur ein Huhn entstehen, insoweit sind sie spezialisiert und weder untereinander noch mit dem einzelligen Wesen, von dem sie abstammen, vergleichbar. Fragen wir uns aber, ob damit das biogenetische Grundgesetz fällt.

Wir gehen da am besten von sichtbaren Spezialisierungen der Eizellen aus, wie sie sich in dem verschiedenen Dotterreichtum zeigen. Ein Hühnerei z. B. unterscheidet sich unendlich weit von dem einzelligen Wesen, das am Anfang der Ahnenreihe des Huhnes stand; hier ein mehrere Zentimeter großes Gebilde, dort ein wahrscheinlich mikroskopisch kleines Wesen. Der so ins Auge fallende Unterschied beruht auf dem reichen Nährmaterial, das der Hühnereizelle mitgegeben werden muß, um das junge Hühnchen bis zum Ausschlüpfen zu ernähren. Es handelt sich also um eine Anpassung, einen cenogenetischen Charakter. Palingenetisch geblieben ist aber die Einzelligkeit des befruchteten und entwicklungsfähigen Eies, und in dieser Hinsicht ist die Hühnereizelle mit der Ausgangszelle vergleichbar, und in dieser Hinsicht wiederholt die Ontogenese die Phylogenese.

Ganz ebenso verhält es sich mit den für uns nicht sichtbaren unendlich reichen Anpassungen des Hühnereies, die die Anlagen der befruchteten Zelle darstellen; sie sind auch cenogenetischer Natur und direkt vergleichbar mit den Dotteranhäufungen. Und auch hier ist zu wiederholen, daß diese Anlagen die Einzelligkeit des Keimes in keiner Weise beeinträchtigen, daß also in dieser Einzelligkeit trotz Beigabe von Dotter und unsichtbaren Anlagen das befruchtete Hühnerei die erste phylogenetische Stufe des einzelligen Urwesens wiederholt.

Wir haben dies hier für die erste Entwicklungsstufe ausgeführt, natürlich gilt dies in gleicher Weise entsprechend für die Blastulations-, Gastrulations- usw. stadien.

Noch einen anderen Einwand, der von histologischer Seite, von V. v. Ebner in einer geistvollen Rede entwickelt wurde, muß ich besprechen.

Die cenogenetischen Veränderungen der Embryogenese beschränken sich naturgemäß nicht nur auf die Gestalt der Organe, sondern auch auf ihren feineren Bau, auf ihre Gewebe.

Ein Organ, das ein Urahn in geschlechtsreifem Zustand getragen hat, besteht aus ganz anderen Geweben, als im Embryo, der in Eihüllen oder Mutterleib geschützt liegt; dort war es fester und widerstandsfähiger, hier ist es zart und zu weiteren Umbildungen fähig.

Die Gewebe sind besonders anpassungsfähig und behalten nur selten ihren palingenetischen Charakter. Man wird daher Ebner zustimmen, wenn er schreibt: »Eine direkte Anwendung des biogenetischen Grundgesetzes, daß die individuelle Entwicklung eine abgekürzte Wiederholung der Stammesgeschichte sei, scheint für die Gewebeentwicklung von vornherein ausgeschlossen; denn wir können z. B. uns unmöglich vorstellen, daß es jemals Wirbeltiere gegeben habe, deren Stützgewebe nur aus mesenchymatischem Gallertgewebe der embryonal primären Bindgewebsform bestanden hätte«.

In dem histologischen Bau verwischen also die neuen Anpassungen die alten Eigenschaften in besonders einschneidendem Maße. Trotzdem ändert dies nichts an unserer Auffassung von der Gültigkeit des biogenetischen Grundgesetzes, da wir es nur deskriptiv fassen und eine Erklärung desselben nicht in die Definition einschließen. Daher können wir uns auch der Zurückweisung eines Forschers, der diesem Gesetz die Berechtigung zur Erklärung embryonaler Gebilde absprechen und damit es selbst nicht gelten lassen will, nicht anschließen.

Hensen hat, wie früher ausgeführt, ähnliche Vorstellungen von der Zweckmäßigkeit embryonaler Organe, wie sie in diesem Buche entwickelt wurden. Von diesem ausgehend schreibt er dann weiter:

»Das biogenetische Grundgesetz sagt aus, daß der Entwicklungsgang eingeschlagen worden sei, weil er sich von unseren paläontologischen Ahnen her auf uns vererbt habe... Unsere Erklärung der Entwicklung ist im allgemeinen also die, daß erstens dieselbe zur Bildung der elterlichen Form führen muß, weil die Geschlechtsprodukte nach denselben Regeln sich entwickeln müssen, denen nach Aufbau und Mischung die zugehörige Spezies unterworfen ist; zweitens die, daß wir den vorhandenen Entwicklungsgang als den richtigsten und einzig möglichen anerkennen müssen. Haeckels Grundgesetz findet daneben keinen Platz.«

Hensen verfällt in den von uns im ersten Kapitel gerügten Fehler; daß er die phyletische Erklärung des Entwicklungsganges, wie ihn das biogenetische Grundgesetz bietet, mit seiner finalen Erklärung zurückweist. Das neben ersterer Haeckels Gesetz keinen Platz fände, ist ein Irrtum; finale und genetische Erklärung schließen einander nicht aus, sondern gehen nebeneinander her und ergänzen sich. Bei aller Anerkennung von Hensens biologischer Erklärung der Entwicklungsprozesse lasse ich doch das biogenetische Grundgesetz in unserer Fassung gelten.

Auch Kranichfelds Bedenken berühren unseren Satz nicht. Wenn er meint, »daß alle Wirbeltierklassen den Schlundapparat von unbekannten Vorfahren in gleicher Weise als eine noch indifferente Bildung ererbt, und daß sie sich von hier aus nach verschiedenen Seiten entwickelt haben«, so ist dies eine spezielle Vorstellung von der Ausbildung des Schlundapparates, die aber auch annimmt, daß es sich hier um ein von den Vorfahren übernommenes palingenetisches, in der Ontogenese wieder auftretendes Gebilde handelt.

Wie gesagt, fassen wir das biogenetische Grundgesetz rein deskriptiv auf und sind zu dem Satze berechtigt: Die Ontogenie ist eine durch cenogenetische Vorgänge stark beeinflußte und verkürzte Phylogenie.

B. Erklärung des biogenetischen Grundgesetzes.

Bisher haben wir uns nur mit den Tatsachen des biogenetischen Grundgesetzes befaßt, nun müssen wir dies auch von dem finalen Standpunkt erklären. Denn einer Erklärung bedarf es; ich kann nicht mit Jensen die Ähnlichkeit zwischen Keimesentwicklung und Stammesentwicklung z. B. der Säugetiere auf Grund zweier Tatsachen allein ganz verständlich finden: »Beide Entwicklungsprozesse gehen von einer einzelnen Zelle aus, und beide führen zu dem gleichen Ergebnis, nämlich dem fertigen Säugetierkörper. Daß aber schon dieses gleiche Entwicklungsergebnis nicht ohne eine weitgehende Ähnlichkeit der beiden Prozesse erreicht werden kann, ist einleuchtend.« Die Ähnlichkeit kann durch sekundäre Anpassungen, wie oben bemerkt, vollständig verwischt werden, so daß die ganze Ontogenese cenogenetisch wird; aus dem gleichen Anfangs- und Endpunkt der beiden Entwicklungsreihen ist also meines Erachtens noch gar nicht auf eine Ähnlichkeit der Zwischenperioden zu schließen; infolge dessen bedarf das Gesetz noch einer Erklärung.

Diese ist vom Zweckmäßigkeitsstandpunkte leicht zu geben: Von den Eigenschaften der Ahnen hat sich das erhalten, was den neuen Verhältnissen noch angepaßt ist und daher für das Individuum (oder die Art) nützlich, dagegen ist all das geschwunden, was überflüssig oder schädlich werden konnte. Auch erhaltene Organe sind soweit zugrunde gegangen, als sie unnütz gewesen wären, und nur die zweckmäßigen Teile oder Stadien treten auf. Im einzelnen kann dies hier nicht erläutert werden; besondere Beispiele sind im siebenten bis neunten Kapitel ausgeführt, in denen auch diesen palingenetischen Merkmalen ein physiologischer Wert zugesprochen wurde.

Diese Annahme eröffnet uns auch ein Verständnis für die sonst unerklärliche Tatsache, weshalb gerade die betreffenden Gebilde erhalten geblieben sind, während andere, die den Vorfahren nicht weniger wichtig gewesen sind, völlig aus der Ontogenese ausgemerzt wurden, ferner weshalb sich die Merkmale bei der einen Art nur bis zu dem bestimmten Grade, bei einer anderen bis zu einem anderen entfalteten. Aus Nützlichkeitsgründen erhielten sie sich eben nur bei den Arten, für die sie zweckmäßig waren, während sie bei anderen, die sie nicht brauchten, zugrunde gingen, und blieben nur in der Ausbildung, die gerade den Bedürfnissen entsprach.

Bleiben wir bei unserem Gedankengang, so müssen wir annehmen, daß es eine völlig reine Wiederholung der Phylogenese in der Ontogenese gar nicht geben kann.

Da ich eine Entwicklung der Organismenwelt aus inneren Ursachen heraus leugne und die Weiterbildung nur auf Grund von Veränderungen in der Umwelt geschehen lasse, so würde das einzellige Urwesen keinen Grund zu einer Umwandlung in einen mehrzelligen Organismus gehabt haben, wenn die Außenbedingungen vollständig gleichartig geblieben wären. Mit der Notwendigkeit einer solchen Entwicklung begann die Ontogenese; das mehrzellige Tier nahm von der Eizelle seinen Ausgang und wiederholte in ihr den früheren einzelligen Zustand. Die veränderten Bedingungen wirkten nun auf das Endstadium ebenso ein, wie auf die Entwicklungsphasen. Die Veränderungen des fertigen Wesens mußten in der Keimesgeschichte vorbereitet werden und veränderten deren Ablauf in cenogenetischer Weise. Aber auch direkt modifizierte die neue Umwelt das sich so entfaltende Tier. Somit traten schon bei dem ersten Uranfang einer Ontogenese cenogenetische Vorgänge auf, die eine reine Wiederholung der Phylogenese in der Ontogenese unmöglich machten.

Mit dem weiteren Ausbau der Tierwelt und der komplizierteren Gestaltung der ontogenetischen Prozesse häuften sich notwendigerweise die cenogenetischen Einflüsse erheblich, und es ist zu verwundern, daß die Stammesentwicklung immer noch, wenn auch nur in kümmerlichen Resten, in der Keimesgeschichte kenntlich bleibt.

In welchem Verhältnisse Palingenese und Cenogenese sich in die Vorgänge der Ontogenese teilen, das soll nun noch genau besprochen werden.

C. Die Bedeutung des biogenetischen Grundgesetzes für die individuelle Entwicklung.

Wir können in diesem Abschnitt wieder unseren finalen Standpunkt in drei Teilprobleme hineintragen:

1. In welcher Weise modifizieren cenogenetische Einflüsse den palingenetischen Verlauf der Ontogenese?
2. Wie sind palingenetische und cenogenetische Gebilde und Vorgänge in der Keimesentwicklung zu erkennen?
3. Kann das biogenetische Grundgesetz von sich allein aus embryonale Gebilde erklären?

1. Die Veränderungen der Ontogenese durch cenogenetische Einflüsse.

Die cenogenetischen Prozesse, die die phylogenetische Entwicklung in der Ontogenese verschleiern oder fälschen, können in dreifacher Gestalt auftreten:

a) Es können alte Charaktere oder Stadien schwinden,
b) es können neue auftreten.
c) an den Anlagen altererbter Organe können Veränderungen eintreten, die Art, Ort oder Zeit der Entwicklung modifizieren.

a) Schwinden alter Charaktere und Stadien.

Die Phylogenese wird in der ontogenetischen Entwicklung erheblich dadurch verändert und abgekürzt, daß Gebilde, die die Voreltern besessen haben, in großer Zahl völlig verschwinden. Ein Organismus, der die sämtlichen Organe seiner Vorfahren, all die in den verschiedenen Stufen der Stammesentwicklung erworbenen Anpassungen, mit sich herumschleppen müßte, ist ja ein Unding.

Gerade unsere Auffassung, daß sich nur nützliches erhält, erleichtert die Vorstellung, daß unnötiges sofort zu Grunde geht und daß somit jeder Organismus restlos aus zweckmäßigen Charakteren aufgebaut ist. Wir verstehen also, welche Gebilde schwinden müssen, eben die, die keine Funktion mehr ausüben können. Die landläufige Ansicht, die dem Tier noch so viele unnütze oder gar schädliche Eigenschaften beläßt, bleibt uns dagegen die Antwort auf die Frage schuldig, weshalb sich diese überflüssigen Dinge noch erhalten haben, während andere längst aus der Entwicklung gestrichen sind.

Andererseits erschwert uns unsere Vorstellung erheblich das Erkennen schwindender Organe bei einem Embryo. Nimmt man nämlich an, daß ein Organismus nutzlose Gebilde aufweist, so braucht man nur nach solchen zu fahnden; sie müssen ihre Existenz nicht dem jetzigen Zustand, sondern früheren Zeitperioden zu verdanken haben, in denen sie noch funktionierten. Also handelt es sich um altererbte, infolge ihrer Untätigkeit zugrundegehende Charaktere. Leugnet man hingegen das Vorhandensein unnützer Bildungen, wie wir es tun, dann erklärt sich das Bestehen einer jeden Eigenschaft durch ihre Funktion, und wir müssen auf Umwegen herauszufinden suchen, ob sie etwa im Schwinden begriffen ist. Die Kleinheit eines Organs an sich ist daher noch nicht maßgebend für ihre Reduktion. Ein Organ, das z. B. bei Säugetieren nur in Spuren während des Embryonallebens auftritt, ist deswegen noch nicht reduziert, wenn wir es z. B. bei Fischen in hoher Ausbildung finden, denn es kann bei letzteren cenogenetisch eine bedeutende progressive Entwicklung durchgemacht haben. Nur eine genaue kritische Untersuchung der vergleichenden Anatomie und besonders der vergleichenden Entwicklungsgeschichte der fraglichen Bildung kann in diesem Falle Aufschluß erteilen. Immerhin ist eine Sicherheit nur sehr schwer zu erreichen; meist wird man sich mit der Wahrscheinlichkeit begnügen müssen.

b) Auftreten neuer Charaktere und Stadien.

Wenige Worte sind notwendig, um das Auftreten neuer Gebilde oder Vorgänge in der Keimesgeschichte zu erklären.

Wo sich Neueinrichtungen nötig machten, da traten sie eben auf, in jedem Stadium, in jeder geforderten Ausbildung. Keine Entwicklungsphase ist dabei bevorzugt oder benachteiligt. Ich kann zur Strassens Ansicht nicht gelten lassen, daß »in der Stammesgeschichte der Organismen diejenigen Keimplasmaeigenschaften, die für die Embryogenese verantwortlich waren, im Durchschnitt konstanter gewesen sind, als die Bestimmungsgründe der Endstadien«, sodaß etwa frühere Stadien weniger variierten, als spätere. Die Tatsachen der vergleichenden Embryologie sprechen durchaus dagegen, denn z. B. sind die Eier vieler Tierformen schon in ihren groben Verhältnissen verschiedener, als die ausgebildeten Tiere; man vergleiche das kaum zwei Millimeter große Ei unseres Wasserfrosches mit dem fast fünfmal so großen der *Rana opisthodon* von den Salomonsinseln, die ihre Entwicklung im Ei durchmacht. Anch sind die ersten Keimesstadien der meisten Säugetiere weit differenter gestaltet, als die später sich herausbildenden Embryonen.

Wo sich also eine Neueinrichtung nötig macht, da tritt sie auf und kümmert sich nicht um das Entwicklungsstadium, So wird schon das Ei durch verschieden reiche Mitgabe von Dotter in seiner Gestalt verändert, so treten in frühesten Phasen die Anlagen der Embryonalanhänge auf, Dottersack, Plazenta, Amnion, Chorion und Allantois.

Diese cenogenetischen Veränderungen durchsetzen also die gesamte Ontogenese von ihrem Ausgangspunkt an. Doch sind sie, wenn auch nicht leicht, zu erkennen und zur Wiederherstellung der stammesgeschichtlichen Entwicklungsreihe auszuschalten, da ihre Funktion meist klar zutage tritt; ein Vergleich mit verwandten Formen zeigt ihre Natur als Neuanpassungen.

c) Veränderung palingenetischer Gebilde durch cenogenetische Einflüsse.

Die Veränderungen, die altererbte Organe in der Keimesentwicklung durch die Einflüsse cenogenetischer Momente erleiden, sind für uns besonders wichtig und bedürfen einer eingehenden Behandlung. Denn diese Gebilde geben uns allein die Möglichkeit, die Palingenese aus den Vorgängen der Ontogenese herauszuschälen und dann die Phylogenese der Tierform wieder aufzubauen. Dazu müssen die Organe aber von allem cenogenetischen Beiwerk entkleidet werden.

Die Veränderung an den palingenetischen Organen kann sich auf Art, Ort und Zeit der Anlage und der weiteren Entwicklung erstrecken.

α) Art der Anlage.

Die Art der Anlage und weiteren Ausbildung eines embryonalen Gebildes wird mächtig beeinflußt werden können. Wir haben schon im 8. Kapitel gesehen, daß die Größe der Anlage eines Organs mit seiner Rückbildung abnimmt, — ein kleines Organ braucht auch nur eine kleine Anlage — und ebenso ist anzunehmen, daß mit einer Vergrößerung auch die Anlage bedeutender wird. Und mit der Anlage verändern sich auch die späteren Stadien in der gleichen Richtung. Aber nicht nur die Größe allein kann sich verändern, auch alle übrigen Merkmale nehmen an der Umbildung teil. Das Linsengrübchen kann bei Raummangel zu einem soliden Zellklumpen werden — um nur ein Beispiel anzuführen; in den früheren Kapiteln sind viele andere Fälle solcher cenogenetischer Umbildungen beschrieben worden, auf die ich hier hinweise.

β) Ort der Anlage.

Örtliche Verschiebungen in der Ontogenese sind noch nicht genügend zusammenfassend hehandelt worden, worüber auch E. Schultz in seinem Büchlein klagt. Sie kommen aber zahlreich vor, z. B. in Gestalt eines Ersatzes einer Anlage durch eine andere, die einer fremden Quelle entstammt. So nimmt bei der Bildung des bei Reptilien vollkommen mesodermalen Vornierengangs bei Säugetieren das Ektoderm teil. Biologisch sind uns diese Vorgänge noch völlig unverständlich.

γ) Zeit der Anlage.

Genauer durchgearbeitet, hauptsächlich durch Oppel, Keibel und Mehnert sind die zeitlichen Verschiebungen in der Ontogenese, die »Heterochronieen«.

Wir sind auf diese Verhältnisse schon bei der Besprechung der Veränderungen, die ein rückgebildetes Organ während der Embryogenese erleidet, eingegangen und haben Mehnert's Angaben in wichtigen Punkten zu korrigieren gehabt. Von dem Tatsachenmaterial muß hier aber hervorgehoben werden, daß »Heterochronieen« in der Ontogenese in reichem Maße vorkommen und in der verschiedensten Gestalt: als verfrühtes Erscheinen der Anlage, als Beschleunigung oder Verlangsamung des Wachstumsprozesses oder der Differenzierung. Man braucht nur zwei Schnittserien durch Embryonen verschiedener Tierformen im allgemeinen gleichen Entwicklungsgrades durchzusehen, um zu erkennen, wie verschieden weit die Ausbildung der einzelnen Organe gediehen ist.

Eine Erklärung dieses Verhaltens haben uns Mehnert und Keibel gegeben. Beide Deutungsversuche stehen mit vielen Fällen im Einklang, lassen sie also gut verstehen, treffen aber doch nicht den Kern der Sache, da sie zahlreiche Ausnahmefälle unerklärt lassen. Auch Schultz weist auf diese Mängel hin.

Keibel meint: »In hohem Grade bestimmend für das zeitliche Auftreten der Organe erscheint die Funktion.« Das wird für die meisten Organe zutreffen; stellt sich die Funktion zeitig ein, so muß das Organ eben zur Zeit fertig gestellt sein, seine Anlage muß früher erscheinen; ob freilich mit dem Nachlassen oder Verspäten des Eintritts der Tätigkeit das Erscheinen der ersten Anlage hinausgeschoben wird, das ist noch zu ergründen. Die späte Funktion der Milchdrüse, der Sinnesorgane harmoniert nicht mit ihrem so frühzeitigen Auftreten in der Embryogenese.

Mehnert erklärt die Heterochronieen durch die Phylogenese: »Jede embryonale Retardation und Akzeleration ist eine direkte Folge phyletischer Regressivität und Progressivität«. Ein in der Stammesentwicklung sich in aufsteigender Linie bewegendes Organ entfaltet sich also schneller, ein verkümmerndes langsamer. Diese Anschauung hängt mit der Keibelschen zusammen, insofern als ein kräftigeres und früher einsetzendes Funktionieren sich hauptsächlich bei progressiven Organen finden wird, während regressive sich im anderen Sinne verhalten werden.

Für progressive Organe mögen Mehnert's Regeln in den Hauptzügen zu Recht bestehen — eine genaue Durcharbeitung dieser Verhältnisse ist allerdings ein dringendes Bedürfnis —, für regressive gelten sie, wie im 8. Kapitel dargelegt wurde, nur zum Teil; die Veränderungen beschränken sich auf eine Verlangsamung des Wachstums und vielleicht des Differenzierungsprozesses, nicht dagegen auf eine von Mehnert energisch verfochtene Hinausschiebung der ersten Anlage.

Ich glaube, daß auch für diese Heterochronieen Zweckmäßigkeitsgründe verantwortlich zu machen sind. Eintreten werden diese Verschiebungen nur dann, wenn die Notwendigkeit dazu vorliegt. Denn sie bedingen eine erhebliche Störung im Ablauf der Ontogenese. Das innere Gleichgewicht des Embryo, die Verknüpfung der einzelnen Organe miteinander muß aufgehoben werden, um eine Anlage bereits in einem Stadium erscheinen zu lassen, in dem von ihr in früheren Generationen noch nichts zu bemerken war.

Diese Notwendigkeit muß man annehmen, wenn ein Organ den Beginn seiner Tätigkeit auf frühere Zeiten verlegt; für diesen Fall kann man sich vorstellen, daß alle Entwicklungsstufen gleichfalls zeitiger durchlaufen werden müssen, daß also auch die Anlage sich verfrüht einstellen muß. Dasselbe kann Platz greifen, wenn ein Organ sich phylogenetisch weiter entwickelt; da muß mit einer weitergehenden Differenzierung die Entwicklung verlängert werden, und das wird ebenfalls ein Zurückschieben der Zeit der Anlage mit sich bringen. So könnte man für progrediente Organe Heterochronieen in der Entwicklung wohl verstehen.

Dagegen liegt meines Erachtens diese Notwendigkeit für zurückgehende Organe nicht vor. Kleiner werdende oder spät mit ihrer Funktion beginnende können ihren Ausbildungsgrad gut erreichen, wenn die Anlage zeitlich an dem ihr zugewiesenen Platze bleibt; die Größenverhältnisse allein verschieben sich, die zeitlich miteinander verknüpften Entwicklungsstadien können unangetastet bleiben. In Übereinstimmung damit steht, daß wir bei Rückbildungen (s. Kapitel 8, Seite 197) kein Hinausschieben der Anlage feststellen konnten. Auch die Ausnahmen von der Keibelschen Regel beziehen sich auf spät funktionierende Organe, die frühzeitig in Erscheinung treten.

Ich glaube also, daß Verschiebungen im zeitlichen Ablauf der Organogenese nur bei biologischer Notwendigkeit eintreten, und daß diese sich auf progrediente und zeitig mit ihrer Tätigkeit beginnende Organe beschränkt, dagegen für regressive oder spät funktionierende Gebilde nicht vorliegt.

2. Unterscheidung von palingenetischen und cenogenetischen Merkmalen.

Die Unterscheidung zwischen palingenetischen und cenogenetischen Merkmalen ist äußerst schwierig, und bei der Bestimmung muß mit großer Vorsicht vorgegangen werden.

Von vornherein kann man von keinem Charakter und von keiner Gruppe von Charakteren an sich behaupten, daß sie palingenetischer Natur sei. Denn die Notwendigkeit einer cenogenetischen Veränderung kann in allen ontogenetischen Stadien, an allen Merkmalen, in jeder denkbaren Stärke eintreten, die Umbildung kann in jeder geforderten Schnelligkeit erfolgen.

Es kann sich daher eine Eigenschaft als altererbtes Merkmal bei einer Gruppe von Tieren ganz konstant verhalten, während sie in einer anderen nur wenigen Arten zukommt. Dieselbe Umbildung kann zu sehr verschiedenen Zeiten der Stammesentwicklung vorsichgegangen sein, bei einer Gruppe in frühen phylogenetischen Zuständen, als diese sich abspaltete, während andere Gruppen unverändert blieben, und erst weit später dieselbe Veränderung bei einigen Arten nötig wurde.

Somit kann dasselbe Merkmal zu ganz verschiedenen Zeiten in der Stammesgeschichte aufgetreten sein, und an sich sagt es gar nichts aus über das Alter seiner Entstehung, das erst durch sorgfältigen Vergleich mit verwandten Formen erkannt werden kann.

Ein Beispiel wird diese Verhältnisse klar stellen.

Die Schmetterlinge sind ursprünglich in beiden Geschlechtern geflügelt. Nun kann es sich als ein Vorteil für gewisse Arten herausstellen, daß das Weibchen auf das Flugvermögen verzichtet und dafür eine ungleich größere Masse von Eiern produzieren kann, als sie das geflügelte Insekt mit sich herumzuführen vermöchte. Diese Flugunfähigkeit der Weibchen finden wir nun in ganz eigenartiger Verteilung durchgebildet, indem ganze Familien diese Eigentümlichkeit besitzen, während sie in anderen auf einzelne Arten beschränkt und in anderen in wechselndem Grade durchgebildet ist.

Es lohnt sich wohl, diesem Verhalten etwas näher nachzugehen. Ich benutze hierzu Seitz' Großschmetterlinge und beschränke mich auf die paläarktische Fauna.

Flügellosigkeit fehlt vollständig bei allen Tagfaltern, Zygäniden und Epicopeiden. Bei Syntomiden findet sie sich nicht selten, vielfach und in verschiedenen Abstufungen bei Arctiiden. Vorhanden bei Lymantriiden (Orgyia), fehlend bei Thaumetopoeiden, selten bei Lasiocampiden (Chondrostega), fehlend bei elf folgenden Familien (Lemoniidae, Europteridae, Bombycidae, Endromidae, Drepaniidae, Callidulidae, Saturniidae, Brahmaeidae, Sphingidae, Uraniidae, Notodontidae, Cymatophoridae). Dagegen sind die Weibchen aller Megalopygidae flügellos. Geflügelt sind sie bei den Limacodidae, flugunfähig und madenartig bei den Heterogynidae und Psychidae. Die darauf folgenden Familien der Thyrididae, Sesiidae und Cossidae haben wieder fliegende Weibchen. Bei den Hepialidae tragen die Weibchen große Flügel, nur bei *H. pyrenaicus* sind sie verkümmert. Die Agaristidae verfügen über geflügelte Weibchen, ebenso die Riesenklasse der Noctuidae, bei denen sich nur eine Ausnahme befindet, indem das Weibchen von *Agrotis fatidica* nicht zu fliegen vermag. Bei den Spannern Geometridae sind die meisten Weibchen mit funktionstüchtigen Flügeln versehen, doch fehlen diese einigen Arten, und in verschiedenen Gattungen (*Biston*) findet man alle Übergänge von großen Flügeln bis zu kleinen Stümpfen.

Diese Verteilung ist also höchst merkwürdig. In manchen Familien sind die Weibchen ebenso oder fast ebenso flugtüchtig wie die Männchen, in anderen sind sie madenartig. Bei den Hepialiden und Noctuiden finden wir nur je eine Art mit kurzflügeligen Weibchen und bei diesen können wir die Ursache dieser Umbildung leicht verstehen: Beide Arten leben im Hochgebirge, in dem das befruchtete Weibchen bei seinem Fluge nach einer Eiablegestelle leicht von den heftigen Stürmen erfaßt und in unwirtliche Regionen verschlagen werden könnte, in denen eine Aufzucht der Brut unmöglich wäre. Ebenso sind die Weibchen vieler zur Zeit der Winterstürme lebenden Spanner (*Anisopteryx*, *Operophtora*, *Hibernia*, *Phigalia*, *Biston*) flügellos.

Dieselbe Eigenschaft der Flugunfähigkeit hat sich also zu ganz verschiedenen Zeiten der phylogenetischen Entwicklung der Schmetterlinge herausgebildet: bei den Psychiden sehr früh, bei *Agrotis fatidica* sehr spät; sie wäre bei ersteren als ein palingenetisches, bei letzteren als ein cenogenetisches Merkmal anzusprechen. Daraus erkennen wir, daß kein Merkmal an sich etwas über seine Zugehörigkeit zur Palingenese oder Cenogenese aussagt; stets kann uns erst eine genaue Vergleichung über seine Natur aufklären.

Auch der Grad der Veränderung erlaubt keinen Schluß auf die Zeit ihrer Entstehung, da sie langsam oder schnell vor sich gegangen sein kann. So kann sich ein Merkmal, das eine Familie von ihren Ahnen geerbt hat, langsam umgestaltet und von seiner Urform bis zu einem gewissen Grade entfernt haben. Die Ahnenfamilie besitzt das Merkmal in alter Gestalt. Dann spaltet sich eine Gruppe aus ihr ab, die jetzt schnell das Merkmal in ähnlicher Weise modifiziert, wie die früh entstandene Familie, aber in rascherem Tempo, so daß es noch weiter umgebildet ist als bei jener.

Ein Beispiel hierfür bietet das Primordialkranium der Wirbeltiere. Anure und urodele Amphibien besitzen einen gut entwickelten Knorpelschädel (Fig. 50*a*), der bei Vögeln und Säugern noch in der Ontogenese wieder auftritt, aber erheblich modifiziert und degeneriert (Fig. 50*c*). Noch mehr rückgebildet als bei diesen Klassen ist er aber bei den Apoden (Fig. 50*b* stellt ihn von Ichthyophis dar), die ja selbst Amphibien sind und sich sicher später von den Uramphibien abgelöst haben, als Vögel und Säugetiere. Die Notwendigkeit eines festen Grabschädels bedingte bei diesen fußlosen Lurchen ein frühes Entstehen der Kopfknochen und damit ein nur skizzenhaft angelegtes aus schwachen Balken bestehendes Primordialkranium.

Ein jedes Merkmal kann bei einer Tiergruppe palingenetisch, bei einer anderen cenogenetisch sein. Gesetze, die uns angeben,

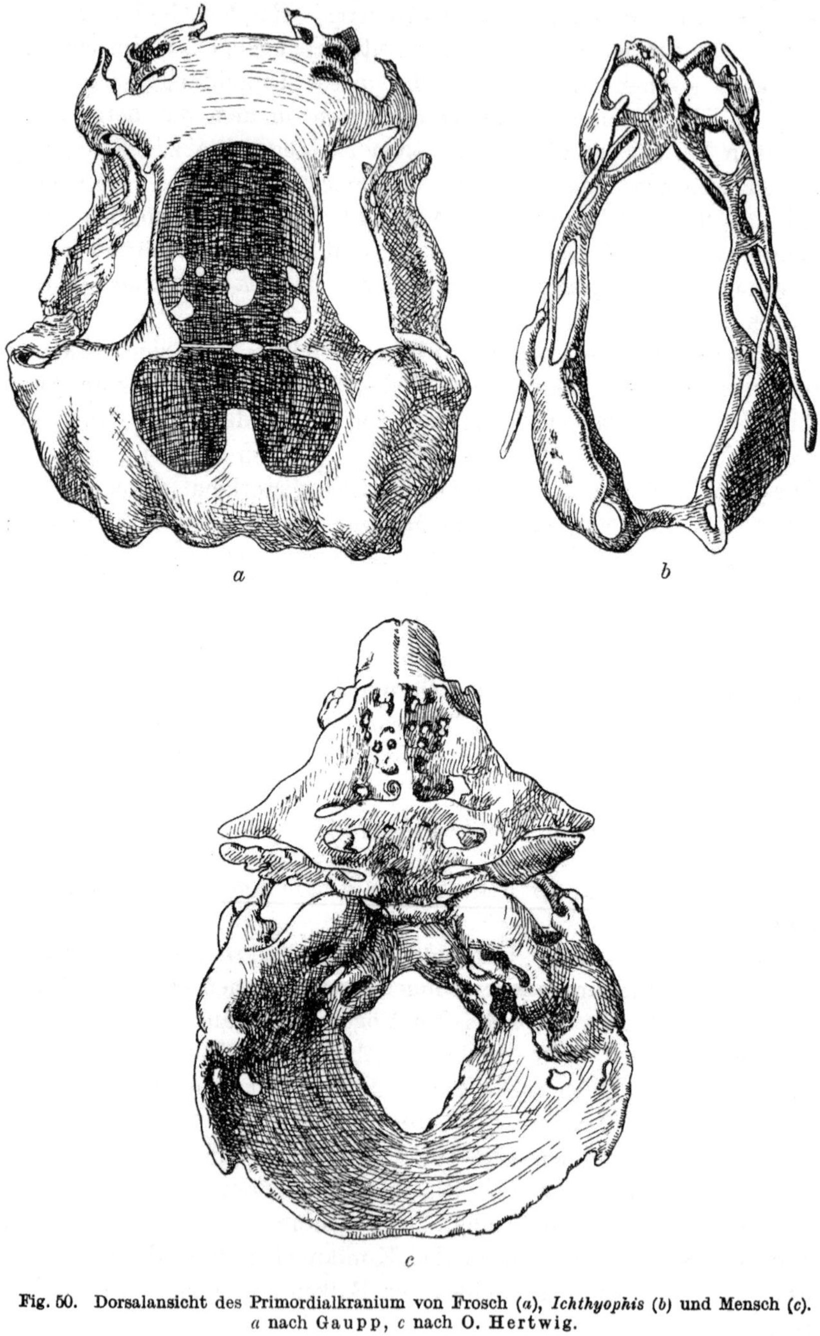

Fig. 50. Dorsalansicht des Primordialkranium von Frosch (*a*), *Ichthyophis* (*b*) und Mensch (*c*). *a* nach Gaupp, *c* nach O. Hertwig.

welches Merkmal der einen, welches der anderen Gruppe gehört, lassen sich nicht aufstellen. Stets wird man die Arten, Ordnungen usw. der Tiere auf den Charakter hin vergleichend untersuchen müssen, immer mit Berücksichtigung der biologischen Verhältnisse; erst nach solch eingehender und schwieriger Arbeit wird es möglich werden, Palingenese und Cenogenese in der Entwicklung einer Form voneinander zu trennen und vorsichtig den Versuch eines Stammbaums zu machen.

3. Die Bedeutung des biogenetischen Grundgesetzes für die Erklärung embryonaler Merkmale.

Wenn wir die Existenz des biogenetischen Grundgesetzes in der angegebenen Beschränkung gelten lassen, so ist damit noch nicht gesagt, daß wir es als Erklärungsprinzip für Gebilde, deren Vorhandensein wir sonst nicht verstehen zu können glauben, gelten lassen.

Gar oft werden die Rückbildungen in dieser Weise betrachtet. So schreibt Schultz: »Daß ein Organ sich in der Ontogenese anlegt, sich weiter entwickelt und darauf wieder rückgebildet wird, dient als Beweis, daß es ein ursprüngliches Gesetz und keine Anpassung ist, welches dieses Wiederauftauchen nun nutzloser Gebilde verursacht«, und als dieses Gesetz bezeichnet er kurz zuvor das biogenetische Grundgesetz.

Wir haben im 8. Kapitel auch die Rückbildungen unter dem gleichen Gesichtspunkt betrachtet, wie vorher alle Organe und Vorgänge des Embryo, und der Zweck des ganzen Buches besteht eben darin, den Begriff der Nutzlosigkeit oder Schädlichkeit den embryonalen Erscheinungen zu nehmen. Jedes Gebilde, jeder Prozeß dient den beiden Lebensaufgaben des sich entwickelnden Organimus, das Individuum im Kampfe ums Dasein zu erhalten und bis zur Geschlechtsreife weiter zu bilden (Kapitel 4).

Dem gleichen Zweck haben auch die Rückbildungen ihr Dasein zu verdanken. Das biogenetische Grundgesetz klärt uns über die Herkunft dieser Gebilde auf, aber nie über ihr Vorhandensein selbst, — denn dann müßte es uns auch sagen, weshalb so viele andere Organe, die die Vorfahren der Tiere besessen haben, aus ihrer Ontogenese ganz ausgefallen sind.

Diesen Gedanken müssen wir also ablehnen. Das biogenetische Grundgesetz ist der Ausdruck für die Tatsache, daß in der Ontogenie Organe oder Stadien wiederholt werden, die in der Phylogenese den Vorfahren zukamen, aber man darf auf diesem Gesetz nicht weiterbauen und aus ihm heraus das Vorkommen in der Ontogenie restlos erklären; dies kann nur die finale Betrachtung der Organe.

Ebensowenig darf man dem biogenetischen Grundgesetz eine aktive Rolle in der Keimesentwicklung zugestehen, etwa in der Art, wie es zur Strassen annimmt, wenn er schreibt, daß der »Mechanismus des biogenetischen Grundgesetzes« »den Eintritt embryonaler Variationen erschwert oder verhindert und dadurch excessive Abweichungen der Somata vermeiden hilft«.

Wir nehmen an, daß der Embryo aus einem höchst plastischen Material besteht und äußerst fein auf all die unendlich zahlreichen Reize, die an ihn herantreten, reagiert. Darauf beruht ja die so wunderbare Anpassungsfähigkeit des werdenden Organismus. Einen Faktor, der sich ihr hemmend entgegengesetzt, anzunehmen, hieße sich blind dieser Wandlungsfähigkeit gegenüberstellen. Und unlogisch wäre es, diesen Faktor in einem Tatsachenkomplex zu suchen, den man erst selbst aus den Vorgängen der Keimesgeschichten herausgelesen hat.

Im vorstehenden wurde an mehreren Stellen auf die Schwierigkeit hingewiesen, aus embryologischen Befunden auf den Stammbaum einer Tierform zu schließen. Die cenogenetischen Prozesse modifizieren den alten palingenetischen Entwicklungsgang gar oft bis zur Unkenntlichkeit. Ich glaube auch, daß Abel recht hat, wenn er von einer Überschätzung der embryologischen Methode zur Aufhellung der phylogenetischen Zusammenhänge spricht.

Damit will ich natürlich die Entwicklungsgeschichte in ihrem Werte für die Erkenntnis der Stammesgeschichte nicht herabdrücken; ich will nur die Schwierigkeiten andeuten, die sich hier in den Weg stellen und auf eine ausgiebige Berücksichtigung der biologischen Verhältnisse dringen; denn erst die Erkenntnis der cenogenetischen Einflüsse gestattet uns, die palingenetischen Momente in der Embryogenese zu erkennen. Nie soll man aber bei dem Versuche der Aufstellung von Stammbäumen die Embryologie allein zu Rate ziehen; nur im Verein mit der vergleichenden Anatomie und der Paläontologie werden gesicherte Ergebnisse erzielt werden können.

Literatur.

1912. Abel, O., Grundzüge der Paläobiologie der Wirbeltiere. Stuttgart.
1911. Ebner, V. v., Gewebeentwicklung und Phylogenese. Verhandl. anat. Ges. Leipzig 1911.
1866. Haeckel, E., Generelle Morphologie der Organismen. Berlin.
1891. Hensen, V., Die Planktonexpedition und Haeckels Darwinismus. Kiel.
1906. Hertwig, O., Über die Stellung der vergleichenden Entwicklungslehre zur vergleichenden Anatomie, zur Systematik und Deszendenztheorie. Handb. d. vgl. Entwicklungslehre Bd. III, T. 3.

1916. Hertwig, O., Das Werden der Organismen. Jena, Fischer.
1907. Jensen, P., Organische Zweckmäßigkeit, Entwicklung und Vererbung Jena, Fischer.
1898. Keibel, Fr., Das biogenetische Grundgesetz und die Cenogenese. Erg. d. Anat. u. Entwgesch. Bd. 7.
1914. Kranichfeld, H., Einige Beobachtungen, welche die Annahme einer physiologischen Bedeutung der Schlundtaschen bei den Embryonen der höheren Wirbeltiere nahe legen. Anat. Hefte Bd. 50.
1811. Meckel, J. F., Entwurf einer Darstellung der zwischen dem Embryonalzustande der höheren Tiere und dem permanenten der niederen stattfindenden Parallele. Beitr. zur vgl. Anat. Bd. II.
1897. Mehnert, E., Kainogenesis, eine gesetzmäßige Abänderung der embryonalen Entfaltung usw. Morphol. Arb. Bd. 7.
1898. Mehnert, E., Biomechanik, erschlossen aus dem Prinzipe der Organogenese. Jena, Fischer.
1864. Müller, Fritz, Für Darwin. Leipzig.
1891. Oppel, A., Vergleichung des Entwicklungsgrades der Organe zu verschiedenen Entwicklungszeiten bei Wirbeltieren. Jena, Fischer.
1914. Roux, W., Die Selbstregulation, ein charakteristisches und nicht notwendig vitalistisches Vermögen aller Lebewesen. Nova acta K. Leop. Carol. Akad. Halle Bd. 100.
1910. Schultz, E., Prinzipien der rationellen vergleichenden Embryologie. Leipzig, Engelmann.
1912. Seitz, A., Die Großschmetterlinge der Erde. Stuttgart.
1915. Zur Strassen, O., Zweckmäßigkeit. Kultur der Gegenwart III, 4, 1. Allgemeine Biologie.

Vierzehntes Kapitel.

Die Zweckmäßigkeit in der Histologie.

Anwendung der phylogenetischen, kausalen und finalen Betrachtungsweise auf die Histologie. A. Funktionelle Struktur. Stützgewebe. Struktur des Knochengewebes. Gebhardt: Fibrillenverlauf in den Haversschen Lamellen der Diaphysenkompakta großer Röhrenknochen. Bindegewebe: Trommelfell, Faszien, Schwanzflosse des Delphins (Roux). Experimentelle Änderung des typischen Verlaufs durch Änderung der Beanspruchung: Tenotomie der Achillessehne. B. Topographie und Struktur des Epithelgewebes. Ableitung der einzelnen Formen aus den physiologischen Bedingungen. Notwendigkeit des einschichtigen und vielschichtigen Epithels. Einschichtiges Platten- und Prismenepithel. Vielschichtiges Platten- und Prismenepithel. Übergangsepithel. Verschiedene Formen der Verbindung mit dem Bindegewebe. Scheinbare Ausnahme: Cornea. Bindegewebsleisten im Übergangsepithel. C. Der Bau der Blutgefäße. Physiologische Notwendigkeit der drei Häute der Arterien: Intima, Media mit elastischen und muskulösen Elementen, deren Verteilung in den großen und kleinen Arterien auf die Mechanik des Kreislaufs zurückzuführen ist, Adventia.

Die Gebilde der mikroskopischen Anatomie und der Histologie, deren Besprechung wir hier noch als letztes Kapitel anfügen wollen, sind unseren drei Fragestellungen in gleicher Weise zugänglich, wie alle anderen organisierten Körper.

Die Gewebe lassen sich einmal vom phylogenetischen Gesichtspunkt aus betrachten. Der sicherste Weg, der sich uns zur Lösung der Frage nach ihrer Herkunft böte, die Untersuchung der Tiere vergangener Erdperioden, ist uns allerdings verschlossen, da die versteinerten Reste uns nur in sehr geringem Grade (Knochen u. a. Hartgebilde) den Bau der Gewebe zu studieren ermöglichen. So sind wir meist gezwungen, die phyletische Reihenfolge der Gewebe aus den Ergebnissen, die uns die vergleichende Histologie liefert, herauszulesen, ein Weg, der, wie im vorigen Kapitel ausgeführt wurde, nur mit größter Vorsicht beschritten werden darf.

Die kausale Untersuchung der Gewebe sucht die Gesetze zu erforschen, nach denen sie sich bilden und differenzieren, ein Forschungszweig, der sehr reizvolle Aufgaben stellt und von der Entwicklungsmechanik mit großem Erfolg durchgearbeitet wird.

Endlich kann die Histologie vom finalen Standpunkt aus beleuchtet werden. Zwei Fragen müssen beantwortet werden, wenn wir die Gewebe auf ihre Zweckmäßigkeit hin prüfen wollen:

1. Ist das Gewebe seiner Funktion, seiner Beanspruchung entsprechend gebaut? Besitzt es eine, mit Roux zu sprechen, funktionelle Struktur?

2. Nicht prinzipiell verschieden von dieser ersten Frage, aber praktisch wohl von ihr zu trennen ist die zweite: weshalb finden sich die verschiedenen Formen eines Gewebes immer an bestimmten Standorten? Auch für diese »Topographie« der Gewebsarten müssen sich biologische Gründe finden und ihr feinerer Bau sich aus diesen ableiten lassen.

Die funktionelle Struktur der Gewebe ist ausgiebig bearbeitet worden; Roux hat uns auch hier mit seinen geistvollen Arbeiten einen großen Schritt vorwärts gebracht. Doch erscheint seinem kausalen Denken eine solche Untersuchung nicht das letzte Ziel der wissenschaftlichen Forschung darzustellen, wie er am Schluß der Einleitung seiner Erforschung der Struktnr der Delphinschwanzflosse schreibt, denn nach der anatomischen Beschreibung und ihrer funktionellen Bedeutung folgen »als Hauptsache für unseren Zweck . . . die Möglichkeit und Wahrscheinlichkeit der Entstehung derselben aus dem kausalen Prinzipe der funktionellen Anpassung«.

Für uns kommt die Struktur allein in Frage, deren funktionelle Bedeutung ohne Rücksicht auf ihre kausale Genese betrachtet werden muß.

Die zweite Frage nach der Topographie der Gewebsformen ist meines Wissens noch kaum eingehend berücksichtigt worden. In dieser Beziehung beschränken sich die Lehrbücher meist auf eine ausschließliche Beschreibung der morphologischen Merkmale der Gewebsformen und ihrer Verbreitung. Nur selten findet man physiologische Bemerkungen eingestreut, ohne daß jedoch die einzelnen Formen in unserem Sinne erklärt würden.

Und doch liegt dies oft so nahe. Ich pflege in den Vorlesungen sogar die einzelnen Gewebsformen aus dem physiologischen Bedürfnisse abzuleiten und glaube, sie dadurch den Hörern verständlicher zu gestalten, so daß die öde Lernarbeit in wünschenswerter Weise beschränkt wird. Auch der feinere Bau der Organe kann aus ihren Leistungen erklärt werden, und daher schließe ich noch einen dritten Abschnitt an, der den Bau der Arterien funktionell begründet.

A. Funktionelle Struktur.

Gehen wir erst zur Besprechung der funktionellen Struktur der Gewebe über, so erstreckt sich ihre Erkenntnis hauptsächlich auf die Stützsubstanzen. Muskel- und Nervengewebe lassen die Bedeutung ihres Baues klar erkennen. Wenn wir auch besonders beim Nervengewebe die physiologische Aufgabe der komplizierten morphologischen Merkmale noch nicht enträtseln können und die Hauptfragen hier noch nicht gelöst sind, so zweifelt doch niemand, daß diese Eigenschaften in engster Beziehung zu der so streng spezialisierten Tätigkeit des Gewebes stehen, — die Zweckmäßigkeitsfrage erscheint hier selbstverständlich und überflüssig. Ebenso ist die Nützlichkeit des Baues des Epithelgewebes einleuchtend, dessen eng aneinander geschlossene Zellen die anderen weicheren Gewebe nach Außenfläche und Hohlräumen abzuschließen in der Lage sind.

Beim Stützgewebe erschien nur in vereinzelten Fällen, z. B. bei den parallelfaserigen Sehnen, ein zweckmäßiger Bau vorhanden zu sein, bei den meisten Formen laufen die Fibrillen anscheinend regellos durcheinander. Auch bei ihnen ahnte man, daß der Verlauf der Fasern bestimmten Gesetzen gehorche, doch hat man erst in jüngster Zeit begonnen, diese Gesetze zu erforschen.

Den Ansporn zu diesen genauen Untersuchungen gab die Erkenntnis vom zweckmäßigen Bau der Knochenspongiosa. Auch dieses schwammige Netzwerk faßte man früher als ein regelloses Gewirr von Knochenbälkchen auf. Die Zusammenarbeit von H. v. Meyer und Culmann ergab aber zuerst an dem berühmt gewordenen Beispiel des Verlaufs der Spongiosabälkchen am Oberschenkelkopf des Menschen einmal die streng gesetzmäßige, in allen Fällen gleich gerichtete Lagerung dieser Balkenzüge und dann ihren Zusammenfall mit den Linien der stärksten Beanspruchung des Knochens. Der Bau der Spongiosa erwies sich damit als äußerst zweckmäßig, da mit einem Minimum von Material ein Maximum von Leistung erreicht wurde; der Knochen mit seiner zarten Schwammasse ist gerade so leistungsfähig wie ein gleich großer solider Knochen.

Hier trat zum erstenmal die »funktionelle Struktur« eines aus Stützgewebe bestehenden Körpers zutage, die »bloß die Linien ‚stärkster' Funktion insubstantiiert, und daher die gegebene Funktion mit dem Minimum an Material oder mit dem gegebenen Material das Maximum an Funktion leistet« (Roux). Dies ist möglich, wenn die Bälkchen in der Richung der Zug- und Drucklinien verlaufen.

Der Befund der funktionellen Struktur des Oberschenkelkopfes hatte eine weit über den speziellen Fall hinausgehende Bedeutung. Er lehrte die Gesetze kennen, die die Struktur des Stützgewebes beherrschen. Sie sind mechanischer Natur. Die Richtung der Druck- und Zuglinien in einem in bestimmter Weise beanspruchten Knochen sind exakt zu berechnen, — so haben wir hier die ebenso seltene wie erwünschte Gelegenheit, den Bau eines Stützgebildes rechnerisch zu verstehen und seine Zweckmäßigkeit mathematisch zu beweisen.

Aber noch ein anderer Vorteil bietet sich durch diese Art der Behandlung dar. Wir können die Zweckmäßigkeitsfrage nicht nur deskriptiv, sondern auch experimentell lösen und damit einen Einblick in die Anpassungsfähigkeit der Zweckmäßigkeit gewinnen. Wir können die Inanspruchnahme eines Gewebes durch Veränderung der mechanischen Bedingungen in eine andere Richtung lenken und dann untersuchen, ob sich damit der Verlauf der stützenden Elemente ändert. Auch auf diesem Gebiete hat sich die Forschung ergebnisreich betätigt.

Wollen wir dann den feineren Bau des Stützgewebes auf seine Nützlichkeit hin prüfen und bleiben wir vorerst einmal bei dem Knochen, so bringen wir von den Errungenschaften früherer Zeit die Erkenntnis mit, daß wir mit mechanischen Betrachtungen an unsere Frage herantreten müssen, daß wir die Kräfte aufsuchen müssen, die auf die Gewebe wirken, um dann zu erforschen, ob das Gewebe ihnen gemäß gebaut ist.

Daß diese Kräfte nicht die gleichen sein können wie die, die den makroskopischen Aufbau der Spongiosa formieren, das ergibt sich aus der Betrachtung der Knochensubstanz. Hier handelt es sich um feinste Fibrillen, die in verschiedener Richtung die Bälkchen der schwammigen oder die dicken Züge der kompakten Substanz durchlaufen. Ist auch deren Verlauf zweckmäßig?

Dieser Frage ist in höchst exakter Weise der früh verstorbene W. Gebhardt in zahlreichen eingehenden Arbeiten nachgegangen und stellt als Hauptergebnis seiner Untersuchungen den Satz auf, daß »eine hochgradige Anpassung auch der Mikrostruktur an die Funktion besteht«. Der feinere Bau des Knochens ist also nützlich, zweckmäßig.

Triepel leugnet dies zwar, indem er schreibt, »daß man die Annahme von der Nützlichkeit des Fibrillenverlaufs in den Lamellen der Haversschen Kanäle nicht aufrecht erhalten kann« (1906). Eine andere finale Anschauung setzt er nicht an die Stelle der zurückgewiesenen; der Fibrillenverlauf besitzt nach ihm nur untergeordnete Bedeutung, und er versucht seine Entstehung auf Blutdrucksteigerung in den Knochenkanälchen zurückzuführen. Wir finden hier wieder eine Vermengung der finalen Betrachtung mit der kausalen; Triepel kann mit seiner Ansicht von der mechanischen Entstehung des Fibrillenverlaufs recht haben, daneben aber Gebhardt auch mit der finalen Anschauung von der Nützlichkeit des Faserverlaufs. Er bleibt daher mit Recht bei seiner Meinung und führt in seiner Diskussion zu Triepels Vortrag aus, daß die Knochenfibrillen nicht nach den Gesetzen der graphischen Statik angeordnet sein können, die die Architektur des Spongiosafachwerks beherrscht, daß sie also nicht trajektoriell gebaut sind; diese Prinzipien kommen für den feineren Bau der Knochensubstanz gar nicht in Betracht, sondern hier sind die der Festigkeitslehre maßgebend.

Druck, Zug, Schub, Biegung und Torsion wirken auf die Knochensubstanz ein, und sowohl an den Spongiosabälkchen wie an der Kompakta konnte Gebhardt nachweisen, daß sich »eine geradezu überraschende Übereinstimmung in der Verteilung der Strukturtypen mit den jeweils vorhandenen typischen Beanspruchungen ergibt«.

Diese Beanspruchungen sind nun höchst mannigfaltig. Einmal schon werden sich die verschiedenen Tiere hierin verschieden verhalten (schwimmende, laufende, fliegende Tiere brauchen ihre Knochen in verschiedener Weise), dann wirken die Kräfte verschieden ein auf die einzelnen Knochen eines Individuum; weiterhin ist derselbe Knochen nicht an allen Stellen gleich beansprucht, und dasselbe gilt sogar für das einzelne Haverssche Kanälchen, das in seinem Verlaufe in wechselnder Weise verschiedenen Kräftewirkungen ausgesetzt ist.

Daraus ergibt sich eine verwirrende, geradezu schwindeln machende Vielgestaltigkeit der Knochenstruktur, und es ist Gebhardt hoch anzurechnen, daß er sich durch diese unendliche Mannigfaltigkeit der Erscheinungsformen nicht von seinem Ziele abbringen ließ und an einer großen Reihe von Beispielen den Zusammenfall von Struktur und Beanspruchung nachwies.

Das Problem, die Zweckmäßigkeit der Knochenstruktur zu erkennen, ist durch die ungeahnte Fülle des Gebotenen äußerst kompliziert geworden, hat aber an Interesse nicht verloren, da wir hier eben streng mechanisch vorgehen können.

Ich kann mich daher, um die Knochenstruktur als nützlich hinzustellen, nur auf ein ganz spezielles Beispiel beschränken. Ich wähle hierzu die Diaphysenkompakta der langen Extremitätenröhrenknochen und hier den Bau der um die Haversschen Kanälchen in Lamellen angeordneten Knochensubstanz.

Die widerstandsfähigen Elementarteile sind hier also konzentrisch geschichtet. Innerhalb dieser Lamellen sind die Fibrillen schraubig angeordnet mit meist alternierendem Rechts- und Linksverlauf der Richtungsschraube in aufeinander folgenden Lamellen.

Derartiger Spiralverlauf ist an und für sich schon viel zweckmäßiger als gerade Faserung. Gebhardt zieht als Beispiel das gedrehte Seil heran, das gegen Längszug besonders widerstandsfähig ist, auch nicht in seine einzelnen Fasern auseinandergezogen werden kann, wie ein parallelfaseriger Strang. Dabei bietet eine solche Torsionsstruktur den großen Vorteil einer bedeutenden Elastizität.

Eine höhere Biegungsfestigkeit und Längsdruckfestigkeit läßt sich dann auf zwei Wegen erreichen: entweder windet man bereits gedrehte Stränge nochmals umeinander zu »Seillitzen«, Torsionsstrukturen zweiter usw. Ordnung, wodurch auch die Abscheerungsfestigkeit gesteigert wird, oder man schichtet verschieden stark ansteigende, schraubig gefaserte Lagen konzentrisch umeinander; dieses letztere Mittel ist beim Knochen angewandt.

Dieses Ineinanderlegen verschiedener Torsionssysteme ist insofern besonders nützlich, weil die einzelnen Lagen von verschiedenen Kräften in verschiedener Weise beansprucht werden und sich bei Druck nach außen oder nach innen abwechselnd bald an die äußere, bald an die innere Schicht pressen werden. »Aus diesen Unterschieden, welche durch die Verschiedenheit der Neigungswinkel der Elemente gegen die Achse in bezug auf die Formveränderungen bei der Beanspruchung bedingt sind, geht hervor, daß durch die geeignete Kombination röhrenförmig ineinander gesteckter Systeme verschiedener Faserungssteigerung zwischen diesen erhebliche Flächenpressungen bei axialen Beanspruchungen resultieren müssen, durch welche wieder eine hochgradige Widerstandsfähigkeit und zwar bald ein mehr elastischer, bald ein mehr starrer Widerstand hervorgebracht wird, der die Summe der Widerstände der einzelnen Systeme um ein Vielfaches übertreffen muß.«

Somit steht zu erwarten, daß auch der Bau der Haversschen Lamellen ein wechselnder sein wird, und in der Tat unterscheidet Gebhardt nicht weniger als sechs Typen, die aber ineinander übergehen und selbst im Verlauf eines Haversschen Kanälchens sich abwechseln können.

Eine sehr häufige Form ist der Typus 4, der in der vollkommensten Weise gegen alle Arten der Beanspruchung (axialer Zug, Druck, Torsion, Biegung) versteift ist. Er besteht abwechselnd aus Lamellen mit sehr steilem und sehr flach ansteigendem Fibrillenverlauf, von denen die steilen Richtungsspiralen alle links, die flachen alle rechts gewunden sind oder umgekehrt. Bei axialem Druck pressen »die stark ausgebauchten steilen Systeme sich fest an die zunächst nach außen von ihnen gelegenen Systeme niedriger Steigung an. Bei Zug tun sie dies, weil sie sich stärker verdünnen müssen als jene, mit den nächst inneren. In beiden Fällen resultiert eine starke Behinderung der Querschnittsveränderungen, wodurch nach bekannten technischen Sätzen eine Versteifung gegen die Beanspruchung erfolgt. . . Bei Torsion leisten wieder umgekehrt die steilen Systeme die Verhinderung der starken Querschnittsveränderungen der flachliegenden, so daß auch hier außerordentliche Versteifung die Folge ist.« (1914. S. 465.)

In ähnlicher Weise werden die Leistungen der übrigen Typen entwickelt.

Auch die fibrilläre Struktur der Spongiosabälkchen erklärt Gebhardt aus den mechanischen Beanspruchungen, und so ist zum Schluß nochmals zu betonen, daß die Struktur des Knochengewebes eine außerordentlich zweckmäßige ist.

Sehr schwierige Untersuchungen, die ein gewaltiges Können auf dem Gebiete der Mechanik verlangten, haben uns zu dieser Erkenntnis verholfen.

Klarer liegen die Verhältnisse beim Bindegewebe, und hier wurde der funktionelle Bau schon früher erkannt, hauptsächlich von Roux, der eine Reihe von interessanten Beispielen analysierte.

Die Bindegewebsfaser ist in der Längsrichtung zugfest, in der queren druckfest. Fast vollkommen fehlt ihr Biegungsfestigkeit sowie Druckfestigkeit in der Längsrichtung. Daraus ergibt sich die Anordnung der Fibrillen, deren Richtung in der der stärksten Dehnung verlaufen muß.

Roux führt als einfaches und klares Beispiel für den zweckmäßigen Bau des Bindegewebes das Trommelfell an, dessen Fasern nur radiär und zirkulär verlaufen, also in den Linien, die bei den Schwingungen die stärkste Dehnung auszuhalten haben. Interessant ist, daß im Bereich des dem Trommelfell eingefügten Handgriffs des Hammers das radiäre System von seiner Richtung abgelenkt ist und zwar »in der günstigsten Richtung zur Übertragung der Schwingungen auf den Fortsatz, also wiederum in der Richtung stärkster Spannung«. (Roux 1881.)

Auch in den Faszien sind zwei einander rechtwinklig kreuzende Fasersysteme kenntlich, die in den Richtungen stärkster Beanspruchung verlaufen.

Viel komplizierter ist dagegen der Bau der Schwanzflosse des Delphins, der Roux eine besondere, berühmt gewordene Abhandlung widmete. Er suchte und fand in ihr ein bindegewebiges Organ von äußerst hochgradig komplizierter Struktur, das seiner spezifischen Funktion vollkommen angepaßt ist.

Die Schwierigkeit bestand hier darin zu erkennen, wie aus dem Bindegewebe, dessen Fasern jede Biegungsfestigkeit abgeht, ein biegungsfestes Organ entstehen kann. »Es war«, wie Roux in der Zusammenfassung sagt, »mit Fasern, welchen blos Zugfestigkeit in der Längsrichtung und Druckfestigkeit in dazu rechtwinkeliger Richtung eigen ist, beim Fehlen jeder beanspruchbaren Druckfestigkeit in Längsrichtung und jeder Biegungsfestigkeit ein Gebilde hervorzubringen, welches gerade diejenige Kombination von Druck-, Zug- und Abscheerungsfestigkeit besitzt, durch welche allein Biegungsfestigkeit hergestellt werden kann. Diese Aufgabe wurde gelöst, indem wir immer die Fasern mit der Richtung der bezüglichen größten Widerstandsfähigkeit in der Richtung der größten abgeleiteten Beanspruchung legten; und es entstand so eine Struktur, welche durchaus die Typen der in der Flosse gefundenen wiederholte.« Diese besteht »in ihrem Grundstock aus drei Bindegewebsschichten, jederseits aus einer äußeren von bestimmt gebogenen, im allgemeinen radiärem Faserverlauf und einer mittleren, aus lauter Lamellen gebildeten, deren Lamellen sowohl rechtwinkelig zur Flächenausbreitung der ersteren Schichtung, als in ihrem Verlauf auch zugleich allenthalben rechtwinkelig zu der so mannigfach gebogenen Faserrichtung derselben stehen. Die Lamelle selber besteht wieder aus zwei rechtwinkelig sich kreuzenden Fasersystemen, deren Verlauf an verschiedenen Stellen derselben Lamelle in typischer Weise variiert; und zugleich sind diese Lamellen noch in ganz bestimmter Weise durch ihnen parallel verlaufende Faserpaare untereinander verbunden. Schließlich mußte noch ein weiteres, gleichfalls zum Teil den Lamellen sich einordnendes Fasersystem unterschieden werden, welches durch eine besondere Beziehung zu den letzten Gliedern der die Flosse stützenden Wirbelsäule den Charakter einer gewissen Selbständigkeit erhält.«

Fürwahr, ein höchst verwickelter Aufbau! Und doch gelang es Roux, die speziellen Verlaufsrichtungen der Beanspruchungen in ihm zu ermitteln und das Ergebnis zu zeitigen, daß in der Tat die gefundenen, mannigfaltigen Verlaufsrichtungen der Fasern in der Flosse allenthalben den Richtungen »stärkster« Beanspruchung entsprechen, daß somit die ganze Konstruktion mit dem verwendeten Material »das Maximum an Widerstandsfähigkeit leistet, oder daß umgekehrt die geleistete Widerstandsfähigkeit mit dem Minimum von Material erreicht wird.« Das Bindegewebe der Delphinschwanzflosse besitzt also in höchster Vollkommenheit eine typische »funktionelle Struktur«.

Unter Roux' Leitung ist dann O. Levy daran gegangen, experimentell die Entstehung solcher Strukturen zu studieren.

Er führte an Kaninchen Tenotomie der Achillessehne aus, ohne die Stümpfe zu vereinigen, und untersuchte das Narbengewebe in verschiedenen Zeiten nach der Operation. In den ersten zehn Tagen fand er in sehr komplizierter Weise verflochtene Bündel, die aber durchaus in ihrem Verlauf den zeitigen mechanischen Verhältnissen entsprachen, da die Kräfte noch nicht von den isolierten Stumpfenden angreifen können, sondern von den umgebenden Faszien ausgehen. Später, wenn der Zug von den Sehnenenden kommt, wandelt sich die Struktur um, und es stellt sich eine regelmäßige, parallele, längsverlaufende Faserung ein.

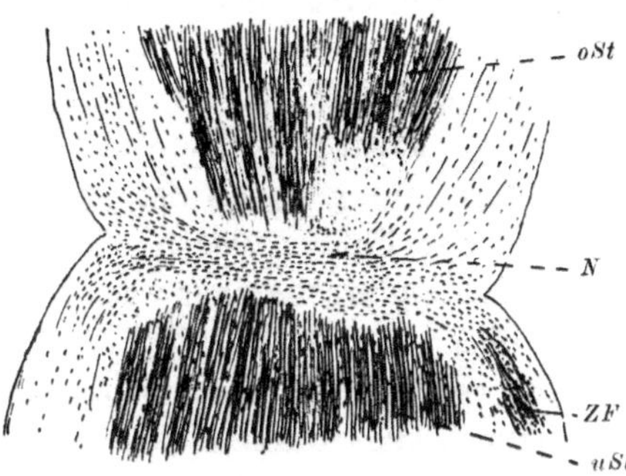

Fig. 51. 23 Tage alte Narbe nach Muskelexstirpation mit querem Zug, nach Levy. Zwischen dem oberen (*oSt*) und unteren Muskelstumpf (*uSt*) hat das Narbengewebe (*N*) durch den queren Zug des Zugfadens (*ZF*) eine quere Faserrichtung angenommen. Ohne diesen Zug würde es die Richtung der Muskelfasern fortsetzen.

Interessant ist nun, daß Levy bei Ablenkung dieses Zuges (s. Fig. 51) mittels eines Seidenfadens (*ZF*), der in querer Richtung zog, auch queren Verlauf der jungen Bindegewebsfasern erreichen konnte (*N*). Somit zeigte sich, daß die Faserrichtung stets den Richtungen der Beanspruchung parallel geht.

Das Endergebnis dieser Untersuchungen ist also, daß der Bau des Stützgewebes durchaus zweckmäßig ist. Diese Nützlichkeit konnte hier sogar mathematisch bewiesen werden, da die Richtung der Fibrillen und ihre Anordnung ausnahmslos mechanischen Gesetzen gehorchen und sich auch verändern mit der Änderung der Beanspruchung.

B. Topographie und Struktur des Epithelgewebes.

Die Zweckmäßigkeit der Gewebsformen tritt deutlich hervor, wenn wir z. B. das Epithelgewebe betrachten und den Bau der einzelnen Arten in Beziehung setzen zu ihren speziellen Aufgaben. In den Lehrbüchern werden die verschiedenen Zellformen sowie ihre Zusammenfügung zu ein- oder mehrschichtigen Epithelien beschrieben, und die Orte des Vorkommens dieser Arten werden aufgezählt. Mir erscheint es zweckmäßiger, etwa in der folgenden Weise vorzugehen.

Die Außenfläche der Tiere — ich beschränke mich auf die Vertebraten — sowie ihre Hohlräume bedürfen als Abschluß einer Zellmembran, die geeignet ist, dem unter ihr gelegenen Gewebe einen genügenden Schutz gegen die außen oder innen befindlichen Stoffe zu geben, anderseits aber auch den notwendigen Stoffwechsel zwischen dem unter der Hüllschicht befindlichen Gewebe mit seinen Blutgefäßen und der Außenwelt bzw. den Innenräumen zu sichern. Hierzu eignet sich kein lockeres, zellarmes, zwischenzellsubstanzreiches, faseriges Gewebe wie das Stützgewebe — denn Muskel- oder Nervengewebe kommen hierfür nicht in Betracht —, sondern ein solches, das einen festen, für nicht wünschenswerte Stoffe undurchdringlichen Schutzwall bildet. Dies tut am besten eine Zellmauer, die aus dicht nebeneinander gereihten Zellen besteht, die noch den Vorteil bieten, aktiv nützliche Stoffe aussuchen und schädliche abweisen zu können, eine Fähigkeit, die den weniger tätigen Zwischensubstanzen abgeht; so kann den Forderungen des Stoffwechsels am besten Genüge getan werden.

Nun sind die Aufgaben dieser Epithelmembranen an den verschiedenen Stellen auch verschiedenartig.

An einigen Orten, an denen der Austausch zwischen Außen- und Innenfläche recht energisch vor sich gehen soll, muß die Haut möglichst dünn sein, darf also nur aus einer einzigen Lage von Zellen bestehen. An anderen dagegen, an denen äußere Einwirkungen die peripherste Zellage fortdauernd schädigen, zum Absterben oder Abschilfern bringen, darf die Hüllschicht nicht aus einer einzigen Zellreihe bestehen, da beim Absterben einer Zelle sofort eine Lücke im Epithel resultieren würde. Hier sind mehrere Lagen notwendig, damit die Schutzmembran nicht beim Ausfall einer Schicht gleich durchbrochen würde, sondern sofort andere, tiefer gelegene Elemente an ihre Stelle treten können, und damit ganz in der Tiefe geschützt gelegene Zellen durch Teilung den Verlust ersetzen können.

Somit ergibt sich schon die Notwendigkeit von zwei Epithelformen, von einschichtigem und mehrschichtigem, und wir verstehen, weshalb die Haut, die Schleimhaut der Mundhöhle, der größeren Luftwege, der harnleitenden Kanäle, die Schädlichkeiten in hohem Maße ausgesetzt sind, mehrschichtiges Epithel tragen, während die Innenfläche des Darmkanals vom Magen an, der serösen Häute, der Gefäße, die solchen Fährnissen entrückt sind, mit einer einzigen Zellage ausgekleidet ist.

Auch die Elemente des einschichtigen Epithels können nicht gleichartig sein.

An einigen Stellen soll der Stoffwechsel zwischen Bindegewebe und Außenfläche (oder Lumen) möglichst schnell und intensiv vor sich gehen, und zwar in der Weise, daß der Stoff die Zellen nur passiert, ohne erhebliche Veränderungen zu erfahren, während anderorts wieder auf dem Wege durch das Epithel eine Verarbeitung des durchtretenden Stoffes stattfinden soll, sei es, daß er dem Binnenraum entnommen und dem Körper einverleibt, sei es, daß er aus dem Körper in das Lumen ausgeschieden werden soll.

Ersteres trifft z. B. bei den Kapillaren zu, bei denen der Wechsel der Gase und Flüssigkeit zwischen Blut und Gewebe nur eine äußerst dünne Zwischenschicht zuläßt. Daher finden wir die Wand der Haargefäße nur aus einer Lage platter Endothelzellen geliefert (Fig. 52 *a*). Noch reicher geht der Gaswechsel in der Lunge vor sich. Sauerstoff einerseits, Kohlensäure anderseits müssen, um die Blut und Luft trennende Wand zu durchsetzen, mindestens zwei Zellschichten durchlaufen: das Epithel der Lungenalveolen und das der Lungenkapillaren. Um diese Wand möglichst dünn zu gestalten, haben einige Zellen, die die Alveolen auskleiden, sogar ihren Kern aufgegeben und sich zu großen kernlosen Platten ausgebreitet, damit selbst die durch den Kern gegebene Verdickung ihres Leibes wegfällt und dem Gaswechsel kein Hindernis bereitet.

Im Verdauungstrakt dagegen sollen die Epithelzellen die aus dem Darminhalt aufgenommenen Stoffe noch weiter verarbeiten, ehe sie ins Blut gelangen, anderseits aber auch Stoffe ausscheiden, die den Darminhalt resorptionsfähig machen. Für beide Zwecke taugen die dünnen protoplasmaarmen Zellen des Plattenepithels nicht; hier werden kleine Laboratorien benötigt, die nur in großen, hohen, saftreichen Elementen Platz finden können, — deshalb ist der ganze resorbierende Darmkanal mit einem einschichtigen Prismenepithel ausgekleidet. Ebensolche Elemente finden sich in der Niere (Fig. 52 *b*).

Auch das mehrschichtige Epithel muß je nach den Anforderungen, die an seine oberste Schicht gestellt werden, verschieden gebaut sein.

Eine Deckschicht, die äußeren Schädlichkeiten besonders stark ausgesetzt ist und von einem für lebende Gewebe sehr differenten Medium, wie z. B. Luft, umgeben ist, muß nach außen durch abgestorbene Elemente abgeschlossen sein, durch platte Schüppchen, die luftdicht gegen die Unterlage abschließen. Deshalb ist die äußere Haut, aber auch die oft mechanisch, chemisch oder thermisch verletzte Bekleidung von Mundhöhle und Speiseröhre mit vielschichtigem Plattenepithel bekleidet, dessen oberste Zellen platte Schüppchen darstellen, die in der Epidermis verhornt sind und den Kern verloren haben (s. Fig. 53 *a*).

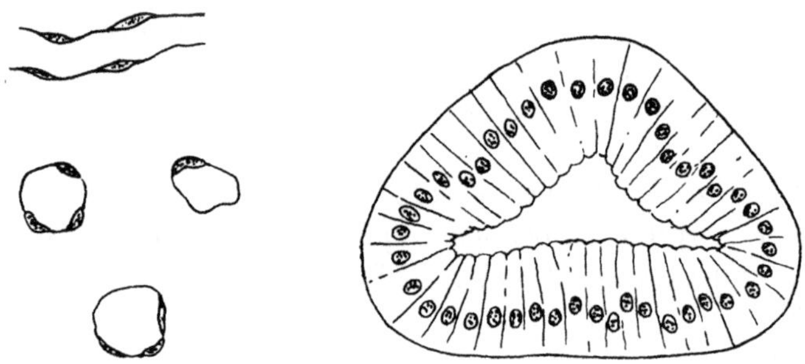

a *b*

Fig. 52. Einschichtiges Epithel, *a* Plattenepithel, Quer- und Längsschnitt durch Kapillaren, nach Sobotta, *b* Prismenepithel, Niere, nach Stöhr-Schultze.

Das Epithel der Luftwege ist dagegen nicht so intensiven Schädigungen ausgesetzt; die Luft tritt schon vorgereinigt und vorgewärmt in sie ein, somit bedürfen wir hier keines vielschichtigen Plattenepithels. Dagegen müssen die obersten Zellen in der Lage sein, eingedrungene Staubteilchen aktiv herauszuschaffen. Daher finden wir hier als Auskleidung Flimmerepithel (Fig. 53 *b*), das dort, wo die Schädlichkeiten noch stärker auftreten und einen ausgiebigeren Ersatz der obersten Lage fordern, mehrreihig ist, in den feinsten Bronchiolis aber, in denen die schädigenden Einflüsse geschwunden sind, nur einschichtig ist.

Die obersten Zellen des vielschichtigen Plattenepithels, die abgestorben sind, bedürfen keiner besonderen Ernährung mehr. Wohl aber die sehr arbeitstüchtigen obersten Elemente des mehrreihigen Flimmerepithels. Deshalb reichen diese Zellen tief nach innen, vielleicht stets bis an die Basalmembran, um dem blutgefäßreichen, ernährenden Bindegewebe recht nahe zu sein. Derartiges Epithel ist nicht mehrschichtig, sondern vielleicht stets mehrreihig, d. h. alle Zellen stehen mit ihrem Fuß der Basalmembran auf, sie sind aber verschieden hoch und reichen nicht alle bis an die Oberfläche, und ihre Kerne liegen in verschiedener Höhe, so daß Mehrschichtigkeit leicht vorgetäuscht werden kann. Auch ergibt sich daraus, daß vielreihiges Prismenepithel nie so hoch sein kann wie Plattenepithel, dessen Elemente in richtigen Schichten angeordnet sind, so daß nur die unterste Lage mit der Basalmembran in Berührung ist.

Auch vielschichtiges (oder vielreihiges) Zylinderepithel ohne Flimmern kommt vor, wenn auch an wenigen Stellen: an der Conjunctiva bulbi, in der männlichen Harnröhre, in Drüsenausführ-

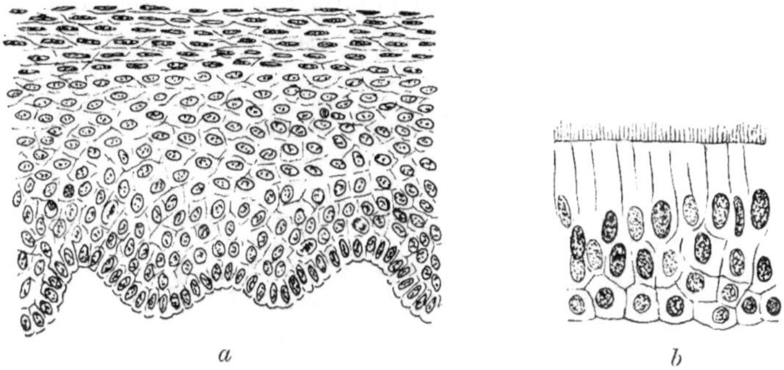

Fig. 53. Mehrschichtiges Epithel, *a* Plattenepithel der Mundhöhle, nach Sobotta, *b* Flimmerepithel der Nasenhöhle, nach Stöhr-Schultze.

gängen. Die obersten Zellen scheinen hier noch eine sekretorische Funktion zu besitzen. Das Vorkommen von Becherzellen wird in der Conjunctiva bulbi beschrieben.

Interessant ist endlich die Auskleidung der ableitenden Harnwege, die sich weder als Platten- noch als Prismenepithel bezeichnen läßt und von Henle »Übergangsepithel« genannt wurde. Das Epithel wird von dem gewebsschädlichen Harn umspült, muß also mehrschichtig sein, um die obersten Elemente ersetzen zu können. Dann aber muß es sich den stark wechselnden Füllungs, zuständen der Hohlräume anpassen können. Deshalb brauchen wir als abschließende Zellage weder tote, starre Plättchen, noch hohesaftreiche Zylinderzellen, sondern große, dehnbare Schollen, die als besonderen Schutz gegen das Eindringen von Urin eine dicke Crusta an der freien Fläche tragen (s. Fig. 54).

In dieser Weise läßt sich der feinere Bau der verschiedenen Epithelformen aus den physiologischen Anforderungen, die an diese Gewebe an den verschiedenen Orten gestellt werden, ableiten.

Aus diesem Bau ergibt sich aber auch weiter das Verständnis für die Verschiedenheiten in der Verbindung der Epithelien mit dem unterliegenden Bindegewebe. Auch diese Differenzen sind physiologisch zu erklären. Warum ragt das Bindegewebe mit Blutgefäßschlingen führenden Papillen in das vielschichtige Plattenepithel ein (s. Fig. 53 *a*), während die Grenze zwischen beiden Geweben beim Prismenepithel (s. Fig. 53 *b*) glatt verläuft?

Die Notwendigkeit der Papillen bei dem Plattenepithel ergibt sich aus zwei Gründen.

Einmal braucht dieses Epithel einen reichen Ersatz für die sich in Menge ablösenden obersten Schichten. Die basalen Zellagen, in denen allein sich noch Teilungsvorgänge abspielen können, müssen, um diesen erheblichen Verlust zu decken, eine Ausdehnung

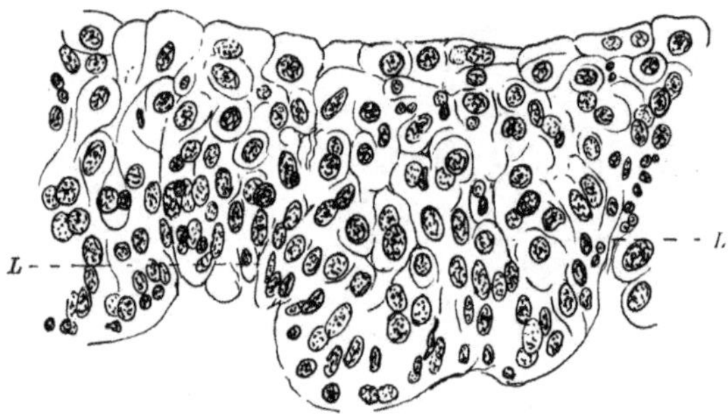

Fig. 54. Epithel des Harnleiters, nach v. Ebner. *L* Bindegewebsleisten.

besitzen, die die der glatten, äußeren Oberfläche um ein Vielfaches überschreitet; diese Fläche wird ihnen durch die eng gestellten Einragungen der Papillen geboten. Bei Zylinderepithel, das der Abnutzung weit weniger unterliegt, ist daher eine derartige Ausdehnung der regenerierenden unteren Zellschicht nicht nötig. Hier genügen die basalen Elemente, die der eben verlaufenden Basalmembran anliegen, um die ausgefallenen obersten Zellen zu ersetzen.

Weiterhin: Epithel ist stets gefäßlos. Das hohe Plattenepithel, dessen Zellen mit Ausnahme der oberen abgestorbenen Lagen auch noch ernährt werden müssen, setzt diesem Bedürfnis insofern Schwierigkeiten entgegen, als nur die innerste Zellschicht an das Bindegewebe heranreicht. Der Saftstrom im Epithel wird aber dadurch intensiver gestaltet, daß das kapillarendurchwobene Bindegewebe sich in langen Zapfen in das Epithel einbohrt, so daß die untersten Lagen nicht nur von unten, sondern auch von der Seite mit Nährflüssigkeit versorgt werden können. Beim mehrreihigen

Flimmerepithel dagegen reicht jede Zelle an die Basalmembran heran, kann also direkt von unten ernährt werden. In den seltenen Fällen, in denen es sich um ein echtes mehrschichtiges Prismenepithel handelt, bei dem die obersten Elemente die Basalmembran nicht erreichen, ist der Weg zwischen ihrem Fuß und dem ernährenden Bindegewebe doch so kurz, daß ihre Ernährung direkt ohne Schwierigkeit von der Unterfläche des Epithels aus besorgt werden kann. Eine Bildung von Papillen erübrigt sich also für mehrschichtiges wie für mehrreihiges Zylinderepithel, deshalb verläuft auch ihre Verbindungsfläche mit der Unterlage als platte Ebene.

Aber das vordere Hornhautepithel! Es besteht aus mehrschichtigem Plattenepithel und ist doch ohne einragende Bindegewebspapillen (s. Fig. 55)! Nun, für dieses treffen die beiden Forderungen, die Papillen benötigen, eben nicht zu: die durch die Lider und die Tränenflüssigkeit gut geschützte vordere Hornhautfläche nützt sich nicht so stark ab, daß eine ebene Ersatzfläche nicht genügte, um den Verlust von abgeschilferten Zellen zu ersetzen, und das Bindegewebe unter ihr trägt auch keine Gefäße! Die Ernährung findet in eigenartiger Weise vom Kornealrand aus statt, und der Saftstrom kann auch das verhältnismäßig niedrige Epithel durchdringen und erhält es lebend.

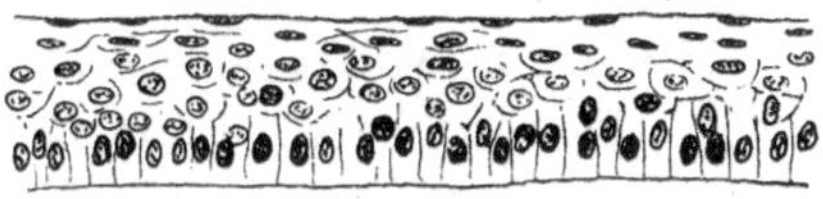

Fig. 55. Epithel der Hornhaut, nach Sobotta.

Eine ganz eigentümliche Verbindung zwischen Epithel und Bindegewebe weist die Schleimhaut der ableitenden Harnwege auf (s. Fig. 54).

In das sogenannte Übergangsepithel schickt das Bindegewebe feine Leisten und von diesem ausgehend zarte, mit Zellen belegte Blättchen (Fig. 54 *L*) und Fäden, die aber die Deckschicht nicht erreichen. Es handelt sich nicht um echte Papillen, wenn die Leisten auch Kapillaren führen. Disse, der uns diese Kenntnis vermittelt, betont mit Recht den physiglogischen Wert dieser innigen Durchwachsung von Epithel und Bindegewebe: »Durch diese Durchwachsung wird eine noch größere Sicherung des Zusammenhangs zwischen Epithel und Unterlage erreicht, als durch die Bildung von Quer- und Längsleisten; eine möglichst feste Verbindung beider Gewebe erscheint aber sehr erwünscht, weil die Wand des Harnleiters bei den beständig ablaufenden peristaltischen Bewegungen Form und Spannung fortwährend ändern muß«.

In dieser Weise läßt sich die Struktur der verschiedenen Formen des Epithels und ihre topographische Verteilung aus ihren funktionellen Anforderungen ableiten, und es ergibt sich dabei die bis ins einzelne durchgeführte Zweckmäßigkeit von Bau und Verteilung.

Ähnlich läßt sich die mikroskopische Anatomie der Organe behandeln. Als Beispiel möchte ich den Bau der Blutgefäße, insbesondere der Arterien, physiologisch entwickeln.

C. Der Bau der Blutgefäße.

Das Blut muß in glattwandigen Röhren laufen, um nicht zu gerinnen. Deshalb ist die ganze Blutbahn vom Herzen bis zu den Haargefäßen innen mit einer geschlossenen, glatten Endothelschicht ausgekleidet, die dieser Anforderung voll entspricht.

Die Kapillaren, der wichtigste Teil des ganzen Systems, von denen aus die Ernährung der Gewebe besorgt wird, bestehen nur aus diesem Häutchen, das Gas- und Flüssigkeitswechsel schnell und ausgiebig gestattet.

Sobald das Gefäß aber größer wird, genügt diese Membran nicht mehr. Ein stärkerer Blutstrom verlangt widerstandsfähigere Wände. Auch haben diese Röhren eine andere Aufgabe als die Haargefäße, da sie nicht mehr dem Stoffwechsel dienen, sondern das Blut — ich beschränke mich auf die Arterien — vom Herzen an den Ort ihrer Bestimmung zu leiten und es zur weiteren Verteilung in sich aufzubewahren haben. Sie brauchen also nicht die Durchlässigkeit der Kapillaren zu besitzen und müssen andere Elemente heranziehen, um ihre Wände zu verstärken. Welcher Natur diese sind, läßt sich leicht aus den physiologisch-mechanischen Verhältnissen des Blutstroms herleiten. Sie sind in zwei Gruppen einzuteilen, denen verschiedene Aufgaben gestellt werden.

Um den Bau der einen Membran, der Media, zu entwickeln, müssen wir einen Ausflug in die Mechanik des Kreislaufs machen. Ich benutze dazu G. Nicolais Kapitel »Die Mechanik des Kreislaufs« im 1. Bande des Handbuchs der Physiologie von Nagel.

Das Blut muß in einem Röhrenwerke kreisen, um Nährstoffe nach und Abbauprodukte von den Geweben bringen zu können. Hierzu ist ein Pumpwerk nötig, das nur pulsierend seine Aufgabe lösen kann. Der Blutdruck ist also in den Arterien diskontinuierlich. In den Kapillaren würde ein derartig ungleichmäßiger Blutstrom dem Wechsel der Gase und Flüssigkeiten sehr hinderlich sein. Hier brauchen wir also einen kontinuierlichen Blutstrom.

In einem starren Rohre würde der Herzschlag bis in die feinsten Verzweigungen die Pulsation fortleiten. In einem dehnbaren Rohre dagegen würde das Blut in den Kapillaren kontinuierlich laufen, denn da »der Druck diskontinuierlich wirkt, kann in der Zwischenzeit zwischen zwei Systolen jedesmal eine gewisse Quantität Blut durch die Kapillaren abfließen, getrieben von dem in der Arterienwand erzeugten bzw. aufgespeicherten Gegendruck. So ist denn beim Einsetzen der neuen Systole jedesmal wieder Platz geschaffen, in den hinein das Blut strömen kann«.

Die Gefäßwand muß also, um den Blutstrom in den Kapillaren kontinuierlich zu machen, dehnbar sein, und dies verlangt eine reiche Einlagerung von elastischen Fasern, die sich in der Tat in großer Menge in den Arterien aller Kaliber finden, wenn auch in verschiedener Anordnung. So erklärt sich die Zweckmäßigkeit des elastischen Anteils der Gefäßwand.

Außer über diese Elastizität müssen die Gefäße auch über einen Tonus verfügen, die ihr Lumen verändern, und dies bewirkt ihre glatte Muskulatur. Diese Lumenveränderung (Nicolai S. 733) bewirkt eine Regulation der Blutverteilung, die bei der zu verschiedenen Zeiten verschieden mächtigen Funktion der Organe sehr notwendig ist. Somit ist auch die Ausstattung der Gefäße mit glatter Muskulatur verständlich.

Aber auch den so differenten Bau der Wand einer kleinen und einer großen Arterie ist physiologisch als zweckmäßig zu verstehen.

Die Regulation der Blutverteilung wird »in den kleinen Ästen und nicht auch in den großen vorgenommen, . . . weil die Kaliberveränderungen in kleinen Gefäßen sehr viel wirksamer sind als in großen . . . Denn während die Durchströmungsmenge bei weiten Gefäßen dem Querschnitt proportional ist, ist sie bei engen Gefäßen dem Quadrat des Querschnitts proportional, woraus hervorgeht, daß eine mäßige Änderung der weiten Gefäße belanglos sein muß gegenüber prozentual gleich großen Veränderungen an den kleinen Arterien. Dementsprechend haben auch die großen Gefäße eine relativ schwache, die kleinen hingegen eine relativ starke Muskulatur, welche die kleinen und mittleren Arterien so stark zu verändern imstande ist, daß unter Umständen ihr Lumen verschwindet« (Nicolai).

So erklärt sich gut die verschiedene Struktur der Wand z. B. einer Fingerarterie und der Aorta. Erstere ist auf Muskeltonus gebaut, ihre Media besteht fast aus reiner Muskulatur mit nur spärlichen, feinsten, elastischen Fasern, letztere braucht keine erhebliche Veränderung des Lumens und weist in ihrer Media ein dichtes Netzwerk von elastischen Fasern auf.

Endlich muß jedes Gefäß, das sich wegen der wechselnden Füllungszustände gegen die umliegenden Organe verschiebt, mit diesem durch eine lockere Bindegewebslage verknüpft sein, um bei seinen Bewegungen nicht gehindert zu sein. Daraus ergibt sich die Notwendigkeit einer dritten, äußeren Haut, der Adventitia. Nur das Herz, das regelmäßige große Volumveränderungen durchmacht, hat sich eine glattwandige Höhle ausgearbeitet, in der es schlägt, ohne durch Zerrungen von der Umgebung gestört zu werden.

Der Bau der Arterien ist also höchst zweckmäßig und läßt sich aus den Anforderungen, die an das Gefäß gestellt werden verstehen: so wurde als nützlich erkannt die Zerlegung der Wand in eine glatte Intima, eine muskulös-elastische Media und eine bindegewebige Adventitia, dann auch die feinere Struktur der Media im einzelnen.

Im vorstehenden habe ich an einigen geeigneten Beispielen gezeigt, daß die finale Betrachtung auch der Histologie und mikroskopischen Anatomie ihre volle Berechtigung hat. Gerade auf diesem Gebiete scheint mir die Frage nach der Zweckmäßigkeit mehr in den Vordergrund gerückt werden zu müssen, schon allein, um die unübersehbare Menge von Tatsachen, die dieser Spezialzweig der anatomischen Wissenschaft bietet, dem Studierenden näher zu rücken und verständlicher zu machen. Anatomie und Physiologie, die auf den meisten Gebieten der Histologie ihre eigenen Wege gehen, müssen sich zu gemeinsamer Arbeit vereinigen und sich ergänzen, um ein einheitliches Lehrgebäude zu schaffen.

Literatur.

1901. Disse, Zur Anatomie des menschlichen Harnleiters. Sitz.-Ber. Ges. Nat. Marburg 1901, Nr. 2.

1901. Gebhardt, W., Über funktionell wichtige Anordnungsweisen der gröberen und feineren Bauelemente des Wirbeltierknochens. I. Allgemeiner Teil. Arch. f. Entwmech. Bd. XI u. XII. II, 1. Spezieller Teil. Ebd. Bd. XVI, 1905.

1903. Gebhardt, W., Auf welche Art der Beanspruchung reagiert der Knochen jeweils mit der Ausbildung einer entsprechenden Architektur? Arch. f. Entwmech. Bd. XVI.

1905. Gebhardt, W., Der feinere Bau der Haversschen Speziallamellensysteme in seiner funktionellen Bedeutung. Verhandl. Ges. Deutsch. Nauturf. u. Ärzte Breslau.

1906. Gebhardt, W., Diskussion zu Triepels Vortrag. Verhandl. anat. Ges. Rostock.

1904. Levy, O., Über den Einfluß von Zug auf die Bildung fasrigen Bindegewebes. Arch. f. Entwmech. Bd. XVIII.

1873. Meyer, H., Die Statik und Mechanik des menschlichen Knochengerüstes.

1909. Nicolai, G., Die Mechanik des Kreislaufs. Nagels Handb. der Phys. Bd. I.

1881. Roux, W., Der züchtende Kampt der Teile oder die »Teilauslese« im Organismus. Leipzig. Auch in ges. Abh. Bd. I, Nr. 4, 1895.
1883. Roux, W., Beiträge zur Morphologie der funktionellen Anpassung. I. Struktur eines hoch differenzierten bindegewebigen Organs (der Schwanzflosse des Delphins). Arch. f. Anat. u. Phys., Anat. Abt. Auch Ges. Abh. Bd. 1.
1906. Triepel, H., Die Knochenfibrillen in transformierter Spongiosa. Verhandl. anat. Ges. Rostock.
1907. Triepel, H., Die Anordnung der Knochenfibrillen in transformierter Spongiosa. Anat. Hefte Bd. 33.

Schluß.

Der Hauptzweck dieser Schrift war, den in Mißkredit geratenen Begriff der »Zweckmäßigkeit« wieder in sein Recht einzusetzen.

Wir versuchten alle Teile der individuellen Entwicklung wie auch verwandte Gebiete auf ihre Nützlichkeit hin zu durchforschen. Dadurch gewann die Darstellung notgedrungen etwas einseitiges, das das Lesen vielleicht erschwert. Auch mir wurde es nicht leicht, mich auf den Plan des Buches zu beschränken; gar oft konnte ich kaum der Versuchung widerstehen, kausalen oder genetischen Fragen nachzugehen; doch habe ich dergleichen Betrachtungen von unserer Schilderung ausgeschlossen.

Wie wir gesehen haben, verdankte der Begriff »Zweckmäßigkeit« seine Mißachtung einer unlogischen Verquickung mit anderen Fragen, hauptsächlich phylogenetischer und kausaler Natur. Von diesen ist er aber völlig unabhängig und beschränkt sie in keiner Weise, sondern ergänzt sie oft.

Ich halte es für berechtigt und sogar erforderlich, bei allen Organen und Vorgängen neben der phylogenetischen Herkunft und der kausalen Genese auch nach ihrer Zweckmäßigkeit, nach ihrer biologischen Bedeutung zu fragen. Auch hier kann das Experiment zur Lösung manchen Problems herangezogen werden; allerdings ist es nicht das vornehmste Mittel zum Studium, wie bei der Erforschung der Gesetze der Vererbung und der Variabilität, denn den letzten Aufschluß wird uns für unsere Frage immer die Beobachtung der Tiere in ihrer Umwelt geben.

Oft genug wird uns hierbei unser anthropozentrisches Denken auf Irrwege führen, oft genug wird eine derartige Forschung infolge äußerer Umstände schwierig oder gar unmöglich sein, und wir werden gezwungen werden, durch Zusammenstellen und Vergleichen von Befunden einer Lösung näher zu kommen, — doch sollen uns derartige Schwierigkeiten nicht von unserem Wege abschrecken. Es ist ein hohes Ziel, ein embryonales Gebilde in jeder Hinsicht erklären zu wollen, und dazu gehört neben der Frage nach seiner phylogenetischen Herkunft und kausalen Entstehung auch die nach seiner physiologischen Bedeutung, seiner Zweckmäßigkeit.

Nachtrag zu den Literaturangaben.

Zu Seite 66:

1915 (1914). Roux, W., Die Selbstregulation, ein charakteristisches und nicht notwendig vitalistisches Vermögen aller Lebewesen. Nova acta Leop. Carol. Acad. Halle. Bd. 100.

Zu Seite 87:

1886. Baer, C. E. v., Das allgemeinste Gesetz der Natur in aller Entwicklung. Reden, gehalten in wissensch. Versamml. 2. Ausgabe.

Zu Seite 138:

1894. Kupffer, C. v., Über Monorhinie und Amphirhinie. Sitz.-Ber. math.-phys. Klasse Akad. d. Wiss. München.

Namenverzeichnis.

Sachverzeichnis.

Vorträge und Aufsätze über Entwicklungsmechanik der Organismen. Herausgegeben von **Wilhelm Roux.**

Heft 21: **Das Kontinuitätsprinzip und seine Bedeutung in der Biologie.** Von Dr. **Jan Dembowski.** 1919. Preis M. 18.—

Heft 22: **Die Regulationen der Pflanzen.** Ein System der teleologischen Begriffe in der Botanik. Von Dr. phil. **Emil Ungerer.** 1919. Preis M. 26.—

Heft 23: **Restitution und Vererbung.** Experimenteller, kritischer und synthetischer Beitrag zur Frage des Determinationsproblems. Von Professor Dr. **V. Růžička,** Vorstand des Instituts für allgemeine Biologie und experimentelle Morphologie der böhmischen medizinischen Fakultät in Prag. 1919. Preis M. 8.—

Heft 24: **Die quantitativen Grundlagen von Vererbung und Artbildung.** Von Prof. Dr. **Richard Goldschmidt** (Kaiser-Wilhelm-Institut für Biologie, Berlin-Dahlem.) Mit 27 Abbildungen im Text. In Vorbereitung

---

Archiv für Entwicklungsmechanik der Organismen. Organ für die gesamte kausale Morphologie. Herausgegeben von Dr. Dr. **Wilhelm Roux,** o. ö. Professor der Anatomie in Halle a. S.

Zuletzt erschienen:

45. Band, 3. Heft. Mit 17 Abbildungen im Text und 10 Tafeln. 1919. Preis M. 38.—

Inhalt: **Spemann, Hans** und **Hermann Falkenberg**†, Über asymmetrische Entwicklung und Situs inversus viscerum bei Zwillingen und Doppelbildungen. Mit Tafel XII—XIV und 5 Textabbildungen. — **Petersen, Hans,** Über den Begriff des Lebens und die Stufen der biologischen Begriffsbildung. — **Gräper, Ludwig,** Mechanische Betrachtungen und Versuche über Zellform und Zellgröße. Mit 5 Textabbildungen. — **Stieve, H.,** Das Verhältnis der Zwischenzellen zum generativen Anteil im Hoden der Dohle (Colaeus monedula). Mit Tafel XV und 7 Textabbildungen. — **Uhlenhuth, Eduard,** Studien zur Linsenregeneration bei den Amphibien. I. Ein Beitrag zur Depigmentierung der Iris, mit Bemerkungen über den Wert der Reizphysiologie. Mit Tafel XVI—XXI.

45. Band, 4. Heft. Mit 22 Abbildungen im Text und 7 Tafeln. 1919. Preis M. 38.—

Inhalt: **Krieg, Hans,** Beiträge zur Rudimentierungsfrage nach Beobachtungen an Anguis fragilis, Chalcides tridactylus und Lacerta serpa. Mit Tafel XXII und 12 Textabbildungen. — **Korschelt, E.,** Über die natürliche und künstliche Teilung des Ctenodrilus monostylos Zeppelin. Mit Tafel XXIII—XXVIII. — **Spitzer, Alexander,** Über die Ursachen und den Mechanismus der Zweiteilung des Wirbeltierherzens. I. Teil. Mit 10 Textabbildungen. — Briefliche Mitteilung Prof. Růžičkas an den Herausgeber. — Autorenverzeichnis.

GPSR Compliance

The European Union's (EU) General Product Safety Regulation (GPSR) is a set of rules that requires consumer products to be safe and our obligations to ensure this.

If you have any concerns about our products, you can contact us on ProductSafety@springernature.com

In case Publisher is established outside the EU, the EU authorized representative is:

Springer Nature Customer Service Center GmbH
Europaplatz 3
69115 Heidelberg, Germany

Batch number: 10682411

Printed by Printforce, the Netherlands